HOW TO
打造自動
賺錢機器

★ 躺 平 族 也 能 賺 的 睡 後 收 入 ★

亞洲八大名師首席暨采舍集團董事長　　**王晴天**
　　　　　　　　　　　　　　　　　　　　 /合著
創富夢工場國際教育機構執行長　　　　**杜云安**

亞洲八大名師首席暨采舍集團董事長｜王晴天

　　大中華區培訓界超級名師。馬來西亞吉隆坡論壇〈亞洲八大名師〉之首，世界華人八大明師首席講師，國際級課程 B&U 全球主講師。

- 2010 年上海世博會主題論壇主講者。台灣地區區塊鏈先驅＆比特幣教父，出版《區塊鏈》一書。
- 2014 年北京華盟獲頒世界八大明師首席尊銜。2015 年於 Beijing 百年講堂對數百位華語培訓講師講授 TTT 專業課程，獲得華語培訓界之最高評價，奠定「大師中的大師」之地位。
- 2017 年主持主講「新絲路視頻」網路影音頻道，獲得廣泛迴響，成為台灣區知名 YouTuber。
- 2019 年起新絲路視頻內容新增時空史地、孫子兵法、鳩摩羅什與金剛經、改變人生的五個方法等相關課程，為讀者開闢新視野、拓展新思路、汲取新知識。
- 2020 年投入撰寫《大師講堂》Mook 系列並開發相關課程。
- 2021 年主講〈真永是真‧真讀書會〉人生大課，成為華語華文知識服務 KOD&WOD 之領航家。
- 2022 年經兩岸六大渠道（通路）傳媒統計，為華人世界非文學類書種累積銷量最多的台灣作家。

　　傳奇還在持續……你將有緣親自聆聽晴天大師的智慧分享！

精彩新絲路視頻

建構你的自動現金流系統

"If you don't find a way to make money while you sleep, you will work until you die."
「如果你沒辦法在睡覺時也能賺錢，你就會工作到死掉的那一天。」

~ Warren Buffett

工作，可以賺取應得薪資與滿足成就感，但誰都無法保證可以永遠擁有一份令人滿意的工作及穩定的收入。因此，提早為自己打造一個不工作，也能有錢流入的自動賺錢機制，絕對是必要的。

每天敲打著計算機，反覆加減，發現再怎麼省、怎麼存，存款還是那麼一點，且支出又不斷增加，每天過著被錢追著跑的日子，讓人喘不過氣。但凡事都有解決的方法，如果你能擁有一個「自動產出收入」的工具，固定幫自己賺錢，生活不就輕鬆簡單了嗎？

所以，想要有錢，就得將賺錢方式系統化、自動化！這樣即便你在家裡睡覺，也會有錢自動流入口袋，就好比直銷有下線一樣，只要培養好下線，就等於有人自動幫你把錢賺進戶頭，賺取被動收入。

用盡全力在職場上求好表現，想盡辦法獲得更多薪水，這就是上班族每天的目標，認真上班→工作量增加→加薪→加班，形成一個無限循環。假如某天你累了想要休息，或是想要到地球的另一端去旅行，你會發現過去的這些努力通通是你帶不走的。儘管你努力存到一筆錢並開始環遊世界，你會發現存下來的錢都花在旅費上，漸漸越來越少，因為你沒有任何現金流或被動收入，能在你停止工作的時候自動流進你的帳戶。

　　且不論你現在的公司待遇有多好、薪水有多高，通常在你脫離「上班」後，這些都不再與你相關，你過去的努力也都只是過往雲煙，但被動收入就完全不同了，無論你是正在工作、睡覺、旅行、還是打遊戲，它都會幫你創造額外的收入，你的存款不斷在長大。

　　因此，越早創造被動收入，越能提早幫助你的人生更自由！不論你目前的薪水多少、待遇有多好，只要你一停止上班，每月的現金流都會歸零，建立被動收入的目的，就是在幫助你建立一輩子都會不斷賺錢的收入。

　　《富爸爸，窮爸爸》及《有錢人想的和你不一樣》的作者，也都在書中強調被動收入的重要性，有錢人讓錢為他們拼命工作；窮人拼命工作賺錢，當你的被動收入大過你的開銷，你就達到財務自由了，而我們的目標就是要盡快達成「財務自由」。

　　在創造被動收入前，你有想過錢是怎麼賺來的嗎？可能是工作、房地產或靠投資股票…等等，想要投資致富，又不想天天看盤、日日操煩，身心勞累，那該怎麼做？你可以試著想想這些收入有沒有什麼共通點，是不是只要找到共通點，就比較容易開發出創富機制呢？答案是……

建立一個系統，由系統為你工作並產生現金流。

　　建立系統需要一定的時間及成本，在「被動收入系統」完成前，你必須要很努力的工作並花上一些時間準備，在未來，我們無法只依靠一份工作生活，當無法預期的事件發生越多越快的時候，單一收入來源的風險太高，就像把雞蛋都放在同一籃子裡，如果失業、因病無法工作或是公司倒閉，那你將怎麼繼續過活呢？

　　當你無法好好處理這些事情的時候，生命將停留在這個高度或是開始走下坡。為了降低風險、提升理想生活的可能性，你需要一台會產生「現金流」的機器，努力「持有」它，並讓它產生穩定且長久的被動收入。

　　想產生被動收入的關鍵就在於「建立系統」，所以，假如你平時是到夜市擺攤賺錢，那就不叫被動收入，因為你沒有出去擺攤的話，就沒有收入產生，要有被動收入，就得建構一套自動化運作的系統才行，那請問要在哪裡建構？

　　答案是網路！現在是網路時代，有現成的網絡讓你與廣大的消費者做連結，為什麼不呢？因此，你絕對要在網路上建構一個系統，在上面鋪上自己的商品、項目或服務，然後想辦法自動化運作，讓它活絡起來。

　　網際網路，作為一種普世的技術，以短短不到三十年的時間，便改變了我們生活中各個面向，改變了產業的生態，更改變我們做生意、經營事業的方式。隨著智慧型手機與平板電腦的日漸普及，越來越多人不再透過電腦上網，選擇透過手機等行動裝置上網，固有的商業模式為之異動。

　　進一步觀察人們在網路中的活動與行為，不難發現大家習慣於使用手機收發電子郵件、閱讀新聞，使用即時通訊軟體與朋友互動、聯繫，更利用網路線上購物、網路銀行、Google 導航……等服務，這都說明了現今人們對網路的依賴性。

　　不是因為網路比較好賺，網路創業的成功率和一般創業都差不多低，但透過網路這個工具可以幫你省下時間，相對比較有創造被動收入的條件。一般人都會覺得努力工作存錢是理所當然的事，學校不曾教過我們建立系統（資產）創造被動收入的觀念，若工作不如意，那就換到下一個工作，從沒想過自己創造收入。

　　網路的崛起真的造就很多賺錢的機會以及工作型態的轉變。有不少外國人就是

自由工作者，靠著網路賺錢旅居各國，再將旅途中的所見所聞寫成部落格分享，有了流量之後又透過聯盟行銷變現。

部落格有了名氣後，將自己的經驗出書或是製作成線上課程賣，所以其實很多人是越花越有錢，因為賺了錢之後在將錢花費在比較有門檻的事物上，像是住高級飯店、去很多不同的國家和私密景點或是高檔的餐廳。

然後又將這樣的生活記錄分享出去，吸引更多人的目光及流量，因為這是多數人做不到的，做一件事產生多種效能，讓每單位時間做的事情變得更有價值。就好比如果你想分享的是旅遊生活，那就可以將旅遊時的經驗、過程或是趣聞拍成影片上傳 YouTube，然後將更詳細的心得寫部落格分享，過程中的風景美照則可以分享 IG 上。

所以，自動賺錢機器講白了，就是設計一套銷售流程，讓系統自行幫你完成許多事情，諸如銷售、成交、收單，賺取收入。銷售流程的設計，就好比將領在指揮作戰，將各

教你釣魚，
還是直接給你魚吃，
何者為重？

個環節布局好，只要有流量導進來，就會有一定比例的人被成交。

凡事最一開始肯定會很辛苦，因為無論你是想要靠知識變現、累積資產還是以專業服務獲得收入，都需要花時間準備足夠的能力與資源。成功人士固然有他們致富的方法與歷程，但自己成功是一回事，要有系統地教授並複製這條路給他人，又是另外一回事！本書教你「已經系統化且分析過確實有效的方法」，幫你省去走冤枉路的時間與金錢成本，讓你輕鬆複製系統，短時間內打造出自動賺錢機器，成為百萬富翁！

王晴天
Jacky Wang

創富夢工場國際教育機構執行長｜杜云安

創富夢工場創辦人，國立台灣科技大學管理研究所碩士。華人地區教育培訓業的先河人物，被譽為世界大師來華巡迴演講之幕後推手！

多年專精於創富教育，專業範圍涵蓋行銷管理、TSE 團隊執行力、領導力、業務銷售、公眾演說、商業談判、賺錢機器等。為國內少數擁有全球四大會計師事務所財會審計師背景的雙語演說家；台科大及東吳大學等學術單位客座講師；中國演說家學會創始副會長；喬吉拉德銷售培訓學院院長；獅子大學特聘教育導師。經濟日報、商業週刊、理財雜誌、優渥誌、中國廣播電台專訪作家。著有《TSE 絕對執行力》、《商學院 MBA 無法教的核心賣點》、《把信送給加西亞》等書，擔任國際行銷大師 Jay Abraham《行銷天才思考聖經》、美國白宮談判顧問 Roger Dawson《無敵談判》總策劃，以及投資大師 Jim Rogers《投資大趨勢》譯者。

杜云安老師影片介紹

★全球世界級大師聯合推薦★

- 「我樂於見到創富教育杜云安這樣傑出的老師，傳播著世界級商業溝通之道，他是華人之光。」～美國白宮談判大師　羅傑‧道森

- 「杜云安老師傳承了我成為世界第一的秘訣，他是全世界唯一可以讓你致富的人，不信你試看看！」～金氏世界銷售紀錄保持人　喬‧吉拉德

- 「杜云安老師的一切都是最棒的。」～《富爸爸，窮爸爸》暢銷書作者、世界財商大師　羅伯特‧清崎

- 「杜云安老師是打造多元化收入的專家，我推薦大家要向他學習如何成為第一名！」～《一分鐘億萬富翁》紐約時報暢銷書作家　《羅伯特‧G‧艾倫》

- 「杜云安老師的商業模式可以幫助你賺大錢！」～美國行銷之神　傑‧亞伯拉罕

- 「我樂意跟創富教育杜云安這樣的專家一起合作，幫你透過判斷未來趨勢，投資獲利，打造賺錢機器！」～國際投資大師　吉姆‧羅傑斯

讓你財務自由和命運改變！

世界上，為什麼有人窮？為什麼有人富？

這些年來，我一直在研究這個問題，我不斷地學習、思考、探索、總結。從小我就夢想成為一名企業家，在 KPMG 工作歷練後，便毅然決然前往中國大陸開創事業。本身為商管科系出身，對於商管知識相當認同，也希望能將這些知識傳播給更多人知曉，於是開設了商業教育培訓機構，專門邀請世界知名的領袖人物、企業先進、知名作家來亞洲演說授課。

創業至今已過十八個年頭，歷經無數挑戰，收穫良多，如人際溝通與關係的建立，與不同領域的專家和企業家協商、合作，與中國大陸政府溝通，與各國優秀的員工及合作夥伴相處，了解各國企業文化，才能恰如其分地領導他們、完成組織目標；同時還要不停地進修學習，才能以專業服人，做員工的好榜樣，成為合格的領導者。

在疫情衝擊下，全球經濟面臨前所未有的嚴峻挑戰，尤其我所經營的跨國集團更是如此，藉此回台發展台灣分公司的機會，靜下心重回校園研究商管最新且更深的知識。台大與台科大擁有頂尖師資，同儕更是菁英薈萃，加入 EMBA 這個大家庭之後，好像已經在世間行走的武僧，再次回到少林寺閉關修練一樣的求知若渴，以歸零的心態，重新審視自己，以求不落窠臼，持續提升自己，跟隨世界的腳步，不斷進化，增進集團價值。

同時，我向世界第一財商大師羅伯特・清崎（Robert Toru Kiyosaki）學習，向金氏世界銷售記錄保持人喬・吉拉德（Joe Girard）學習，向《紐約時報》暢銷書冠軍，多元化收入大師羅伯特・G・艾倫（Robert G. Allen）學習，向世界第一潛能大師安東尼・羅賓（Tony Robbins）學習，向美國白宮談判專家羅傑・道森

（Roger Dawson）學習，向國際行銷大師傑·亞伯拉罕（Jay Abraham）學習，向華爾街投資人師吉姆·羅傑斯（Jim Rogers）學習，用超過十五年以上的時間，研究百位以上億萬富翁的創富模式，開發出一套系統的教育課程〈如何打造賺錢機器〉，包括銷售、溝通、行銷、理財、談判、領導力、企業管理等領域，在華人世界已幫助二十萬人獲得財務的自由和命運的改變！

和國際知名大師合作包含以下

「富爸爸」作者─羅伯特·清崎

金氏世界銷售紀錄保持人─喬·吉拉德

世界行銷大師─傑·亞伯拉罕

世界投資大師─吉姆·羅傑斯

白宮談判專家─羅傑·道森

多元收入大師─羅伯特·艾倫

在研究過程中，我有多次重大的失敗經驗，也有多次奇蹟般的成功經驗。有人稱我為「創富導師」，有人說我是「財富執行力權威」，其實這些都是虛名，真正讓我欣慰的是一個個真實的故事。

在我的學員中，有月薪 25k 的人成為千萬富豪；有人 5,000 元白手起家，最終成為上市公司老闆；有人從馬拉松的舞台上退役後成為知名暢銷書作家。而我自己，也因為我的思想和行動，從一個必勝客打工仔成為跨國企業的教育演說家。

秉持著我的使命，我編寫了這本《How to 打造自動賺錢機器》，把我的致富經驗和理論都寫進書中，我希望能為更多的人和企業提供參考和幫助。

杜云安

Andy Du

Chapter 1 網路，讓所有人都能擁抱大商機

Chapter 2 集客式行銷，讓你自帶流量

Chapter 3 搞懂 SEO，讓你訂單接不完

Chapter 4 修練文案，輕鬆寫出銷售力

Chapter 5 一站式流程，讓客戶自動找上門

Chapter 6 網銷事業，人人都能開始

Chapter 7 流量變現，抓住趨勢、掌握商機

Chapter 8 區塊鏈，新技術創造大商機

Chapter 9 創富系統，讓你從貧窮走向富有

附 錄

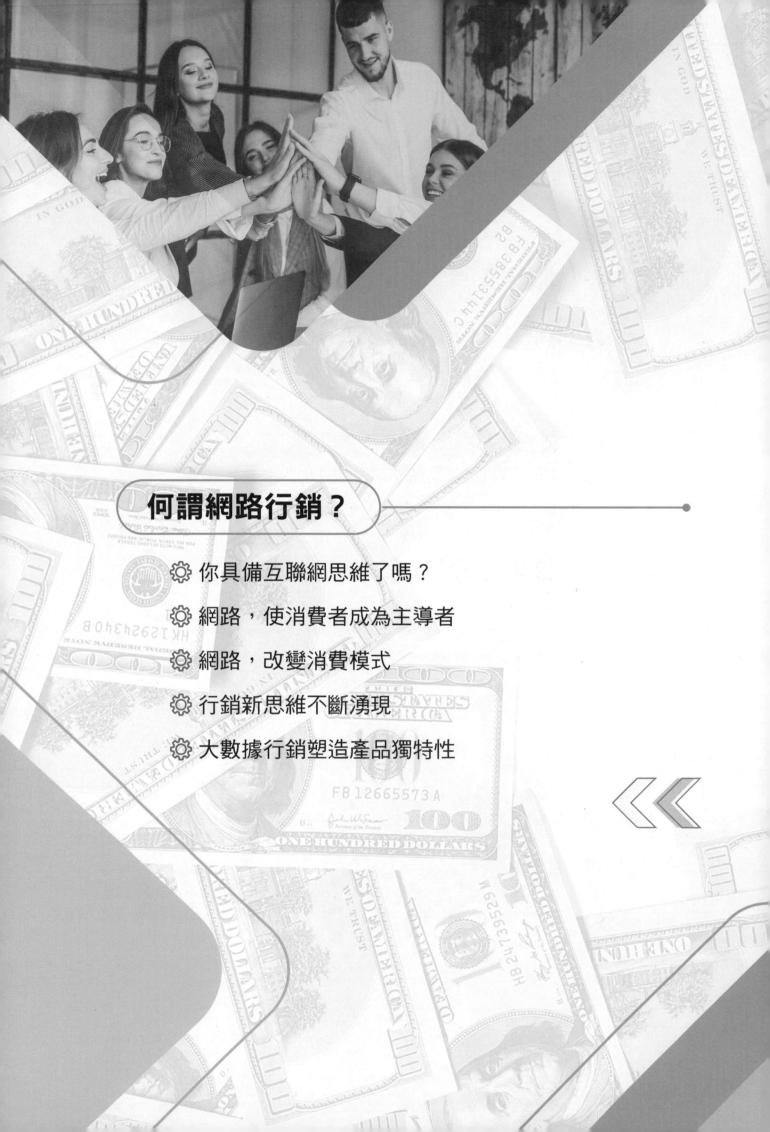

何謂網路行銷？

- ⚙ 你具備互聯網思維了嗎？
- ⚙ 網路，使消費者成為主導者
- ⚙ 網路，改變消費模式
- ⚙ 行銷新思維不斷湧現
- ⚙ 大數據行銷塑造產品獨特性

Chapter 1

網路，讓所有人
都能擁抱大商機

>>>>

Building your
Automatic
Money Machine.

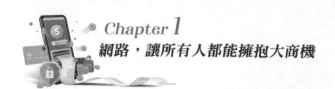
1 何謂網路行銷？

　　網際網路，作為一種普世的技術，以短短不到三十年的時間，便改變了我們生活中各個面向，改變了產業生態，更改變我們做生意、經營事業的方式。隨著智慧型手機與平板電腦日漸普及，越來越多人不再透過 PC 上網，選擇使用手機等行動裝置上網，商業模式為之異動。

　　只要觀察大眾的網路活動，不難發現大家已習慣使用手機收發 E-mail、閱讀新聞，使用 LINE、Wechat 等通訊軟體與朋友互動、聯繫，更利用電商線上購物、網路銀行、Google Map 導航……等服務，這些行為模式的改變，說明現今人們對網路的依賴性有多深。

　　又隨著網路的高速發展，從最早期的電話撥接連網，然後被寬頻連線取代，之後家家戶戶升級光纖網路，現在甚至又多了一項 5G 的選擇，發展速度之快。從各大網路公司的發展動向來看，現在的網路發展已進入第三階段。

通訊時代→電商時代→實體時代（行動網路的 O2O 營銷時代）

　　在有網路前，即便資訊數位化，但相互獨立存於電腦上，無法實現快速的流通與傳播，可有了網路之後，人們得以將電腦上各個獨立資訊連結起來，形成一個巨大的網絡，也就是說，網路的誕生顛覆了數位化資訊的傳播，使資訊的交流變得無比暢通。

　　數位化資訊的種類主要有文字、圖片、音訊和影片四種，它們的載量也是從小到大排序，因而受限於流量，以致網路基本上是沿著文字、圖片、音訊、影片的軌

跡來發展。最早的文字和圖片時期，誕生了像 Yahoo!、新浪、搜狐等搜尋網站；而接下來的音樂和影片時期，又成就了 YouTube、愛奇藝、Netflix⋯⋯等，這些網站所提供的服務，讓大眾可以盡情地看新聞、聽音樂、看影片、玩遊戲，且這些便利的服務大多是免費的！

然而，這些免費服務雖受惠於大眾，卻讓整個產業入不敷出。相信各位都記得早期防毒軟體是要收費的，但自從中國企業推出一款免費掃毒軟體「360 安全衛士」後，便將防毒軟體收費的大門關上了，產品無法再回到當初的收費模式，除非你想要有其他更完善的防護。

即便是後來因遊戲發跡的人士，諸如盛大網路的陳天橋、網易的丁磊，其公司所賺的豐厚營收仍無法填補免費效應衍生的損失，整個產業處於入不敷出的尷尬局面，純線上的網路模式致使各行各業被資金卡得動彈不得，但網路又持續不斷地發展，因而讓人們轉而思考一個問題——

如何透過網路賺錢？

倘若線上無法實現獲利的話，那就必須換個角度思考，將思考方向轉為線下營利，最簡單的辦法莫過於將線上的流量導至線下，也就是相互連接，衍生出 O2O 的概念，邁向第二階段。零售作為市場自由經濟下最核心的環節，它是最能且最容易賺錢的領域，但最大的問題是，如何藉由網路切到該環節中？現在來看，切入方式有兩種，一是影響用戶決策，如 Google 評價、愛評網、易評網之類的網站或應用；二是促成使用者交易，如 Amazon、淘寶、蝦皮、Momo 之類的網站或應用。

相較於決策類及交易類的網站、應用，交易類的網站、應用更賺錢，因為它控制著現金流，直接影響著決策類網站、應用的發展，所以一般大多會優先選擇去做交易類的網站、應用，只有在沒辦法的情況下，才會去考慮決策類的網站。

在這一階段，網路融合了傳統業的零售，誕生淘寶、蝦皮等一批交易類的企業，以及愛評網⋯⋯等決策類的公司，為網路補足了新血，整個產業鏈欣欣向榮，網路基本也算是走完第二階段，在零售這個領域，很難再有更大的想像空間，要超越淘寶更是難上加難。

到了第三階段，不像上個階段只需做個平台就好，線上線下兩頭挑，僅充當中間人的角色而已。第三階段的關鍵在行動網路，主要體現於線上的電商平台、行動裝置和線下門市系統的打通，也就是 O2O 的連接。就線下部分，只是和原來做線下的人相比，他們是從線上轉過去的，用線上的方式去做線下，深入傳統行業的實體經濟之中，想辦法提高網路思維、提升體驗，使最終的產品或服務達到物美價廉的高水準。最典型的案例莫過於小米，它帶動中國整個手機產業的升級，並延伸至其他產業。

該階段的網路發展讓傳統產業的生產得以再造，但這裡的生產不僅是製造，還包括設計及後續的售後服務，把傳產做得更物美價廉，緊扣住用戶的需求，吸引更多的消費者，層次整個提升，不光處理生產需求，更將需求最佳化，甚至是讓消費者產生需求。

整個網路的進化，先是顛覆了數位化資訊的傳播，但免費的服務無法盈利，因而又將目光瞄準零售業，零售業也因此得以在網路上生存。未來，行動網路將逐漸形成物聯網與人聯網的綜合體，伴隨著大數據對人與物的綜合分析，資訊技術產業更迭換代的速度將大幅加快，消費者需要的不僅是商品還有服務，且這裡的服務不只是單純的售後服務，更是基於大數據，對消費者衍生的定期服務，諸如生日、佳節問候等，提升消費體驗。

你具備互聯網思維了嗎？

小米創辦人雷軍曾說：「互聯網思維就是：專注、極致、口碑、快！」老說互聯網思維，其實也就是指網路思維，只不過換個說法罷了。網路是人類最偉大的發明之一，作為一種普世技術，以短短不到三十年的時間，改變了我們的生活，改變了人類世界的空間軸、時間軸和思維。

以中國為例，自接觸網路二十多年來，已發展為世界網路大國，不僅培育起一

個巨大的市場，也催生了許多新技術、新產品、新業態、新模式，創造了上千萬個就業機會、創業者，很多人因此實現了事業夢、人生夢，特別是年輕人、大學生；既改變了產業生態，也改變了我們做生意、經營事業的方式。

「互聯網＋」風潮持續，不但媒體熱炒這個話題，網路創業也喜歡和「互聯網＋」扯上關係。但「互聯網＋」到底是什麼？「互聯網＋」的本質是「無所不在的連結」，因此「網路產業」一詞已不再具有意義，所有的行業，不管是企業還是個人，原有的力量與資源，都可以因為某些「連結」而產生「相乘」的變化。

網路突破的既是科技革命，也是思維變革。網路最初被定義為一種通訊工具、新媒體，如今竟演變成大眾創業、萬眾創新的新工具，只要將一機在手、人人線上和電腦＋人腦融合起來，就可以藉由眾籌、眾包……等方式，獲取大量知識資訊，對接眾多創業投資，引爆無限創意和商機。

這些科技革命，必然會帶來思維的變革，網路化、行動化不斷洗禮著人們的大腦，互聯網思維更是深入人心。

最早提出互聯網思維的人為百度創始人李彥宏。2007 年，李彥宏在接受《贏週刊》的採訪時說道：「以一個互聯網人的角度去看傳統產業，會發現有太多事情可以做，若把在互聯網人精髓裡磨練出來的經驗帶到傳統企業，將得到很大的投資回報。」

2011 年百度聯盟峰會上，李彥宏說：「在中國，傳統產業對於互聯網的認識程度、接受程度和使用程度相當有限。傳統領域中始終存在一種現象，就是『沒有互聯網的思維』。」他說：「我們這些企業家們今後要有互聯網思維，可能你做的事情不是互聯網，但你的思維、想法要逐漸從互聯網的角度去想問題。」這是首次在正式場合提到「互聯網思維」一詞。

2014 年中國民營經濟論壇上，李彥宏說：「中國很多行業用互聯網思維方式再做一遍，會比美國傳統行業的做法更先進、更有效，對消費者有利外，更有益於

社會進步。」

從雛形到正式提出，再到呼籲普及，互聯網思維的脈絡非常清晰。現在，互聯網思維也從最初企業家口中的時髦新詞，成為制定戰略的重要思考方法。

毫無疑問，互聯網思維是當下網路經濟時代必備的思維，目前網路發展的如此發光發熱，證明網路已深入各行業之中，即便是傳統產業，也開始對網路有更多的想法和思考。

幾年過去，經過許多人的演繹和擴充，現在這個名詞的解釋變得更為豐富和多元，網路上隨便搜尋一下，都可以找到一堆書籍和資料。不管你接不接受，網路正改變著我們的世界，且但凡普世性的技術出現，都會伴隨著「跨界」的現象，簡單來說，就是你想置身事外都不行，因為敵人隨時會從四面八方打進來。

原本我們對產業邊界的劃分方式是根據產品，做手機的就是手機公司，做汽車的就是汽車公司，但未來不見得會依循這樣的邏輯，將來會出現很多跨界打劫的企業，只要在傳統企業賺錢的領域主打免費，就能把傳統企業的客戶群帶走。幾年前，每到跨年 12 月 31 日晚上，大家都忙著傳手機簡訊跟客戶、親友表達祝福與恭喜，但自從 LINE、Wechat、Messenger 等免費通訊工具推出，誰還會花錢發送簡訊呢？電信公司的簡訊業務就忽然被人搶走了！

又比如餐飲外送服務變成生活的一部分，只要多付一點外送費，你的選擇就變多了，方便又快速，誰還想在家吃泡麵、啃麵包，又誰能想到泡麵竟然敗在來自於「跨業」的餐飲外送服務之手。

互聯網思維是我們都需要懂的思維，因為我們身處網路高速發展期，即使你不想了解，它也會顛覆你的生活習慣，甚至思考方式。我們要做的就是去理解網路到底帶來哪些改變？並調整自己的思維，順應趨勢，擁抱這些改變，與其被動接受，不如主動學習。

對於互聯網思維這個熱詞，雷軍、馬化騰、馬雲等企業家都對其有不同的定義和解釋，互聯網思維就是在行動網路、大數據、雲端運算等技術不斷發展的背景下，

對市場、使用者、產品、企業價值鏈乃至整個商業生態，都以新的思考方式重新審視。

互聯網思維需要你改變很多傳統的觀念，順應發展趨勢，站在消費者角度，利用網路引導消費者消費，最大限度地滿足消費者體驗的思維觀念。互聯網思維是在搜尋引擎、網路購物、網路行銷、網路傳媒等網路相關行業相繼高速發展下，所引發的一系列思維變化觀念，它改變了消費者與生產者的關係地位，引導著消費者主權時代到來。一般最常以小米做為案例，其顛覆傳統產業，是「互聯網＋」典型的代表。

小米科技創辦人雷軍曾提出「專注、極致、口碑、快」互聯網思維七字訣。其實，小米的一切努力只為一個目標──「粉絲文化」，如下圖所示。

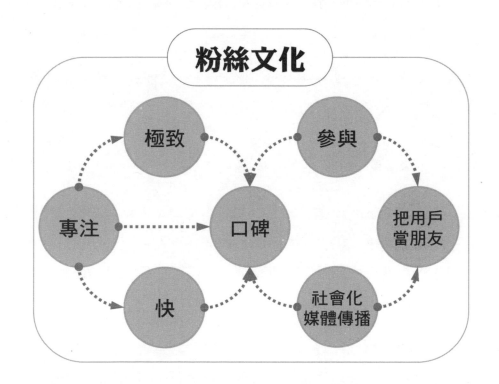

如今，觀眾的參與變得越來越重要，消費者和粉絲的不同在於，消費者在乎產品（不滿意時隨時可以找別的產品），而粉絲在乎產品代表的「意義」，粉絲是為了「意義」而來，當品牌背棄意義，粉絲便不會買帳了。

這就像閱讀小說的讀者是「自願被騙」，人們知道那不是真的，但願意相信才能融入至情節之中，永遠要替「他們是誰、他們在做什麼、為什麼那件事很重要」

說出一個故事。你要觸及消費者內心的情感，而非不斷叫他們買，我們要和消費者建立關係，並盡力維持那樣的關係。

小米手機是完全以互聯網思維運作的企業，透過互聯網開發、銷售，其商業模式也是「互聯網化」的。在行銷中，小米手機採用了網路銷售模式，不設線下實體通路，只在網上銷售，減少中間通路的成本，大大降低了價格門檻。

小米也不進行廣告投放這類傳統的方式，更注重和用戶之間的溝通，進行口碑傳播。正如雷軍所說：「我不在意最終的銷售數字，最重要的是用戶滿意度，如果大部分用戶不滿意，那麼賣出去多少台小米手機也沒有意義。」

以粉絲文化出發，小米注重用戶參與，鼓勵它的四、五百萬用戶，甚至全球用戶一起參與整個手機設計，把用戶當朋友，而非上帝。當你擁有足夠多的使用者後，盈利模式指日可待，這就是互聯網思維的落腳點，也是網路的商業邏輯。

雷軍深諳網路強大的粉絲力量，泡小米論壇已成為他的一種生活習慣；傾聽「米粉」的聲音，成為雷軍每日的必修課。當產品和使用者體驗得到極大的提升後，雷軍成功生產出網路經濟下的市場需求產品和品牌，再利用網路進行推廣和銷售，製造饑餓行銷，讓小米品牌的口碑進一步擴張。

小米模式的成功離不開網路，首先它在網路時代、網路經濟全面興起的大環境下實現，最關鍵的是，小米用網路特有的思維方式來進行產品研發和行銷，讓口碑借助強大的網路平台進行廣泛且有效地傳播，同時透過用戶體驗將網路用戶轉化為粉絲經濟，粉絲的狂熱成就了小米的帝國之夢。

請問網路最大的特點是什麼？在我看來最大的特點是，這張無形的網路讓全世界的人可以根據自身需要實現快速、便捷的連接，每個人都可以毫無阻礙、毫無門檻地進入這個大世界。也就是說，只要你的東西貼近消費者（用戶），在消費者中流傳，那就一定能受到消費者歡迎，膾炙人口。

所以，誰能將群眾的理解應用到網路領域，誰就能找到獲得關注的法寶。整體來看，互聯網思維注重的是：用戶體驗的提升，流量帶動營收，資料驅動營運，產品資訊快速反覆運算，平台趨於基礎功能免費、增值服務收費的模式。

① 消費者思維

重點在參與及體驗。消費者思維即在價值鏈各環節中，都要「以客戶為中心」去考慮問題，以消費者作為核心價值來考量，而要做到「用戶至上」，就要用「同理心」換位思考，進入並了解使用者內心的世界，因為只有深度理解使用者才能生存，商業價值必須建立在客戶價值之上。

例如，小米開發 MIUI 時，讓粉絲參與其中，彙整他們所提出的建議和要求，交由工程師改良，大大滿足了用戶的參與感與自我認同感。小米上至頂層領導下至底層員工，人人都是客服，與粉絲持續對話，及時解決消費者的問題。

讓用戶參與產品開發，便是 C2B 模式。通常有兩種情況，一種情況是按需求訂製，廠商提供滿足用戶個性化需求的產品即可，如海爾的客製化冰箱；另一種情況則是在客戶的參與中去改良產品，任何產品如果脫離了使用者，註定以失敗告終。

試問：當我們在做任何一款產品開發設計前，是不是都會先做好消費者研究分析，客戶需要什麼我們就提供什麼。在產品開發時，也同樣會站在客戶使用是否「方便」、「快捷」、「需求」的角度出發，而不是閉門造車，開發一套多新奇、創新的功能，結果是消費者不需要的，在市場上滯銷。

這些功能開發出來都是一堆廢品！消費者不想懂、也不想管你採用多先進的技術開發，他們只在意產品的使用是否方便、能否快速解決需求、是否合用，這才是消費者關注的重點。

讓用戶參與品牌傳播，便是粉絲經濟。粉絲不是一般愛好者，他們可能是狂熱的癡迷者，但無論如何，都是最優質的目標消費者，因為喜歡所以喜歡，喜歡不需要理由，一旦注入感情因素，即使有些不完美，還是會喜歡，讓粉絲自發地為你的產品宣傳，為你的產品代言；我們需要的是粉絲，而不僅是用戶而已，因為用戶遠沒有粉絲那麼忠誠。

體驗為王，就是要給用戶與眾不同的體驗，給使用者創造驚喜，讓他們有美好或驚艷的購物體驗。消費者體驗至上的核心不該是你做了什麼，而是能讓他們感受

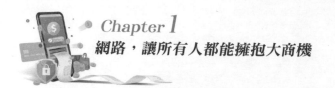
到什麼？消費者體驗是一種純主觀、在用戶接觸產品過程中建立起來的一種感受。

好的消費者體驗，應該從細節開始，並貫穿於每一個細節，這種細節能讓用戶有所感知，而且這種感知要超出預期，給他們帶來驚喜。所以我們要認真思考：消費者從接到包裹到使用產品的每個環節會做什麼？用戶的需求是什麼？

除了滿足用戶需求還能提供什麼？如果體驗是美好的，用戶就會增加、流量就會提升，就能吸引更多的產業鏈合作夥伴，你所提供的產品和服務就會更加豐富，消費者有了更多、更好的選擇，就會進一步提升消費者體驗，形成良性循環。

② 數據思維

以數據為核心來思考問題，解決問題。意思就是要我們相信數據、相信事實、相信證據，而不是單憑自己的經驗和直覺瞎猜。

「缺少數據資源，無以談產業；缺少數據思維，無以言未來。」數據是人工智慧的基礎，也是智慧化的基礎，數據比流程更重要，資料庫、記錄資料庫，都可開發出更深層次的訊息。大數據可以從資料庫、記錄資料庫中搜尋出你是誰、需要什麼，從而推薦你需要的資訊。

用戶在網絡上一般會產生三種數據：訊息、行為、關係。例如用戶登入電子商務平台，註冊 E-mail、手機、地址等，這是訊息層面的數據；用戶在網站上瀏覽、購買了什麼商品……屬於行為層面的數據；用戶把這些商品分享給誰、使用什麼付款方式……則是關係層面的數據。

對這些數據進行收集與分析，有助於企業進行預測和決策，數據能告訴我們每個客戶的消費傾向，他們想要什麼、喜歡什麼，每個人的需求有哪些區別，又有哪些可以被集合在一起進行分類。

例如：Amazon 網路書店，只要在它的網站買書，就會看到大家已司空見慣的推薦服務，得知購買這本書的人還買了什麼，沒想到推薦的書比自己想買的書還要

好，因而對 Amazon 產生一種信任。

在網路和大數據時代，消費者所產生的龐大數據量，使行銷人員能深入了解「每個人」，而不是「目標人群」，就能更精準地針對個性化用戶做精準或客製化行銷。美國有一家創新企業 Decide.com，它可以幫助人們做購買決策，告訴消費者什麼時候買什麼產品，什麼時候買最便宜，預測產品的價格趨勢，這家公司背後的驅動力就是大數據。

③ 流量思維

「有流量才有價值，流量即金錢。」對傳統行業來說，流量會影響銷量，在網路相關的行業裡，流量就是效益的保障。網路產品最重要的就是流量，即使有好的產品以及好的模式，如果沒有流量，就沒有機會轉化成金錢；如果沒有巨大的流量，想要實現大客戶量，顯然是不可能的。

有了流量才能以此為基礎，建構自己的商業模式，因為網路經濟就是以吸引大眾注意力為基礎，去創造價值，然後轉化成贏利。流量也會促進客戶自發購買，因為客戶或多或少都有從眾心理和優越感的需求，可以利用客戶的從眾心理來擴大產品的客戶群，吸引更多客戶。

美國流量資訊網站 Alexa 曾就各大入口網站的訪問流量與經濟價值進行深入分析，結果顯示某網站的流量越大，其商業價值就越大。這種價值初期會表現在該網站的廣告費用及網頁版面收入上，也就是說，一個產品有了流量，才能衡量其價值，因此流量越大，價值就越大。

很多企業都是以免費、好的產品吸引到眾多用戶，他們大多不向用戶直接收費，而是用免費策略極力爭取用戶、鎖定用戶。然後提供新的產品或服務給不同用戶，在此基礎上建構商業模式，比如 360 安全衛士、QQ 用戶都是依託免費起家。看看騰訊的 QQ，因為免費獲得幾億的市場，因此，巨大的流量是價值最好的體現，沒有足夠多的客戶，就不會有足夠多的購買；也就是說，免費通常是為了更好地收費，

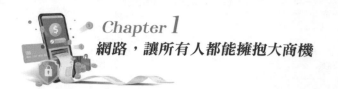
免費模式有主要兩種：一、基礎免費，增值收費；二、短期免費，長期收費。

任何一個產品，只要用戶活躍數達到一定的流量，往往會給該公司和產品帶來新「商機」或「價值」，因為流量是促成客戶購買的基礎，也就是說，一款產品如果沒有流量，就失去了客戶的關注，也失去了客戶可能存在的購買欲。

流量的本質是大用戶量和優秀的服務，更是客戶習慣，它需要長期的營運，需要深耕用戶行為習慣，日積月累。流量僅能幫助快速收集用戶，而留下他們、讓對方認定你的關鍵，則在於極致的服務和體驗。

④ 平台思維

網路上的競爭，已進入平台化競爭的階段，目前網路上的大企業，幾乎都是平台型企業，如 Google、Amazon、騰訊、阿里巴巴等，它們皆是藉由平台以迅雷不及掩耳之勢壯大發展起來的。網路的平台思維就是開放、共用、共贏的思維，平台模式的精髓，在於打造一個多主體、共贏互利的生態圈。平台模式最有可能成就產業巨頭，全球百大企業裡，有六十家企業主要收入來自平台商業模式，包括 Apple、Google 等。

平台思維的核心是「開放、共贏、生態圈」，基本原理是經由平台的搭建，快速整合資源，有效降低通路成本，強化客戶的消費體驗，以形成賣方、消費者和平台方的多贏局面。因為開放可以吸引海量的資源和合作者；追求共贏可以讓這些合作者都受益，使合作更長久，資源聚集得更多；最後形成生態圈，使企業產生更大的商業價值。

也就是大家常說的「我搭台眾人唱戲」、「先利他再利己」、「羊毛出在豬身上」的概念。好比阿里巴巴，它只是提供了一個開放的電子商務平台，並不斷完善這個平台。

而這個平台吸引了海量的買家和賣家，賣家透過這個平台將生意做到全國、甚至全世界，從這個平台賺到更多的錢；買家則可以足不出戶就逛遍全國，還可以方

便地進行篩選和比價，買到物美價廉的產品；隨著平台上用戶和資源的增多，阿里巴巴圍繞電子商務建構出屬於自己的生態圈，最終實現了商業價值。

其實傳統企業打不過網路公司，缺的恰恰就是這種開放和共贏的心態，還有缺乏生態圈意識，所以傳統企業要轉型，首先要將經營企業、經營產品的思想，轉換成經營平台的思想。想要學會開放，就要將企業的資源開放給合作夥伴，甚至開放給自己的員工，像阿里巴巴便相當鼓勵員工透過公司自己的平台和資源創業，成為最佳的見證者。

其次要學會共贏，保證所有合作夥伴的利益，要捨得分利，最後學習如何建設生態圈。Google、Amazon、LINE 這三大巨頭就分別圍繞搜索、電商、社交，各自構築了強大的產業生態。

傳統企業轉型接軌網路，或者新的網路公司創業，甚至是你個人要網上銷售，當你不具備建構生態型平台的實力時，那就要思考如何利用現有平台。馬雲說：「假設我今天是九〇後重新創業，前面已經有阿里巴巴、騰訊，我怎麼辦？第一點，我如何利用好騰訊和阿里巴巴，我想都不會去想我會跟它挑戰，因為今天我的能力不具備，那我的心就不能太大。」

⑤ 跨界思維

任何行業都是業內人士賺取業外人士的錢，想在一個行業生存，就要成為這個行業裡的專家，跨界思維便是用外行人的思維來做內行人的事，讓外行人賺內行人的錢，而這往往能顛覆一個行業。

例如我們現在使用的手機，你能說出它準確的產品定位嗎？它是電話？照相機？還是平板電腦……？現在的手機已不僅僅是手中的電話了，若定義為手中的智慧型機器，還比手機更準確，所以應該叫智慧終端機。好比原本傳統的家用電器賣場，首推燦坤、全國電子，但現在 Momo 購物、Yhaoo! 購物、Pchome……等才是最大的家用電器賣場。

因為跨界者對於這個行業的了解不深，所以行動起來不會綁手綁腳，而且其想法和理念也不同於本業人士，這些思維和理念若能與本行結合，就可能達到顛覆性的效果。

競爭可能來自「跨過界」的企業，企業在進入行動網路的過程裡，跨界思維能使企業快速跳出本行，是快速形成差異競爭力最有效的方法。所以很多人說，跨界者一旦成功，往往都是顛覆式的創新。

舉個例子，從前電話就是電話、照相機就是照相機；現在，手機都至少配置雙鏡頭，也就是說，簡單攝影的功能已成為基本配備，如果傳統照相機業者再不做出因應措施，把專業的單眼相機平民化，那他們很快就會像柯達底片一樣，從此消失。

網路和新科技的發展，純物理經濟與純虛擬經濟開始融合，「跨界發展」令很多產業的邊界變得模糊。如 Apple 跨界進入手機領域，顛覆了 Nokia；LINE 跨界進入通訊領域，搶走電信商的語音和簡訊業務；以阿里巴巴為代表的網路金融正在顛覆傳統銀行；區塊鏈也正影響著傳統的交易模式……

百度創始人李彥宏指出：「互聯網和傳統企業正在加速融合，互聯網產業最大的機會在於發揮自身的網絡優勢、技術優勢、管理優勢等，去提升、改造線下的傳統產業，改變原有產業發展節奏、建立起新遊戲規則。」你不敢跨界，就會有人跨過來打劫你；你不跨界，就有人讓你「出軌」！

免費的午餐，在不久的未來可能成為常態。以餐飲為例，連鎖火鍋店就在嘗試「跨界思維」，「讓羊毛出在豬身上」，比如吃火鍋時，顧客可以透過掃描桌面上的 QRcode，來申辦一張信用卡，遞交申請即可獲贈 100 元折扣金……用戶辦卡為該銀行未來增加收益提供了更大的可能，用戶也在沒有任何損失的情況下，節省了 100 元的餐費支出……

而這一切，都是企業對產品、使用者的理解不斷加深與使用者對產品、服務的要求不斷升級相結合的產物，也將會有一批善於融合創新的傳統企業，透過跨界思維，抓住「讓羊毛出在豬身上」的免費紅利，快速累積海量用戶而成功轉型。

　　阿里巴巴、小米等網路公司，他們一方面掌握著用戶數據，另一方面又具備用戶思維，這就是為什麼他們能夠參與乃至贏得跨界競爭。阿里巴巴、騰訊相繼做起銀行業務，小米做手機外，還做電視，都是同樣的道理，一個真正厲害的企業，一定是手握用戶和數據資源，能夠縱橫捭闔敢於跨界創新的組織。

　　那我們做為一個獨立的個體，更不用受限於組織、企業的規範，靈活度遠勝於他們，依靠網路銷售自己的項目，想必更易於打造自動賺錢機器，不是嗎？

網路，使消費者成為主導者

　　網路滲透到各行各業，成為推動企業進步的新能源。企業與消費者之間的關係也發生著微妙的變化，在消費市場的升級換代中，網路使消費者從傳統的被動接受模式，轉變為如今的主動選擇，消費者可以說是產品的第一驅動力，其主導產品的時代已然來臨。

　　當下我們用網路思維思考問題，其原因歸根究柢是大數據的驅動，因為大數據的結構化和即時性，使我們能夠比以往任何時候都更清晰地認識、了解、判斷我們的顧客。同時，還有一點，也是最重要的一點——真正認清消費者的主導地位，並轉變溝通方式。和消費者建立起長期的偕同默契關係，這是實現「互聯網＋」在產品定位與運作中一定要認清的事實。

　　現在消費者的生活狀態不再是「早上看報紙，晚上看電視」了，網路賦予他們更多選擇，在網路營造的數位生活空間裡，消費者既是資訊接收者，也是創造者和傳播者。

　　企業的所有相關資訊形成後，不管是正面還是負面的，只要消費者對其產生興趣，就有可能成為另一次企業傳播的起點，他們會把這些資訊主動傳遞給另外一群人。

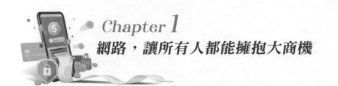

「互聯網＋」時代的商業世界變得透明化，讓消費者得以掌握更多知識，現在的消費者已趨於專家化。企業與消費者之間資訊不對稱的局面進一步打破，消費者之間的溝通也變得便捷和緊密。

過去商家依靠密集的大量廣告曝光、營造概念等方式，可以很輕易地引導消費者產生購買行為。以下一些經典的廣告，是不是一下子就讓你回想起它的產品，然而現今這些基本上已經很難奏效。

⭐ 再忙，也要陪你喝杯咖啡。（雀巢咖啡）

⭐ 不在乎天長地久，只在乎曾經擁有。（鐵達時手錶）

⭐ 鑽石恆久遠，一顆永流傳。（De Beers 鑽石）

⭐ 全國電子揪感心！（全國電子）

⭐ 我會像大樹一樣高！（克寧奶粉）

⭐ 達美樂打了沒，8825252！（達美樂）

⭐ 阿母啊！我阿榮啦！（鐵牛運功散）

「今年過節不收禮，收禮只收腦白金。」這個廣告相信在中國沒有人不熟悉，十多年前，一對卡通老年夫妻做的腦白金廣告曾在中國掀起一陣熱潮，不管你說腦白金俗也好，廣告煩人也罷，不可否認的是，腦白金曾是二十一世紀中國市場賣得最成功的商品之一。

對消費者來說，在一些相對低端的市場，品牌知名度就有很大的市場驅動力。鋪天蓋地的廣告往往能帶動銷量大幅提升，銷量的提升讓企業賺得盆滿缽滿，廣告力度就更大，腦白金的廣告就這樣伴隨了中國消費者十多年。很多人為腦白金的策略稱道，有力的論點就是：廣告的目的本就是為了市場銷售。

但在「互聯網＋」的時代，腦白金這樣的廣告策略已經落伍了！網路的普及讓社會化媒體越來越普遍，正因如此，消費者不再是被企業輕易操縱的對象，對於自己不滿意的產品或服務，消費者可以高調拒絕購買；對於自己不爽或感到被愚弄的體驗，消費者隨時可以投訴，一次不好的用餐體驗，顧客拍照上傳 FB，餐廳的負評一下子就被廣而告知，迅速傳播到四面八方，可見消費者的力量已經崛起，取悅消費者變得越來越困難。

Canyon 是德國的自行車品牌， 但 Canyon 這個品牌本身並不進行任何的製造生產，所有零件都是從世界各地進口到德國組裝，其中車架、煞車系統，有好多零件是 Made In Taiwan。

Canyon 在台灣沒有門市，所以欲購買腳踏車的消費者，至少要等兩個月以上，但還是有許多車友想入手一款 Canyon 腳踏車，並在收到產品的那一刻興奮地發開箱文、分享。

Canyon 自行車創辦於 1984 年，創辦人 Roman Arnold 一開始只是自行車零件的貿易商，從亞洲各地進口很多零件，開著拖車到處銷售，後來以車庫作為銷售據點，之後才進駐到自行車專賣店。

Arnold 起初只是一名郵購、電話行銷專員，一直到 1996 年打造了屬於自己的首部自行車，進而轉換跑道，成為代理商的角色，但轉職沒多久，他便面臨「產品同質化、利潤低以及實體店面通路經營困難」這三大阻礙，他思考著有沒有可能自己成為製造商，打造自己的品牌？於是 Arnold 在 2002 年把品牌名稱「RadSport Arnold」更名為「Canyon Bibybles GmbH」。

2003 年，Arnold 開始經營網路銷售。剛開始只在德國境內銷售，沒想到有不錯的銷量，而網路無遠弗屆，漸漸有來自法國、西班牙、義大利的訂單，此時他突然意識到原來腳踏車也具有海外市場的銷售潛力，Canyon 的「跨境」就此展開。

使用 Similar Web 來看 Canyon 的官網流量來源，你會發現 Canyon 官網的流量近 23% 來自德國、15% 來自美國、6% 來自義大利、美國，4% 來自荷蘭。Canyon 的客戶來自世界各地，而不是大量集中在某個特定國家。

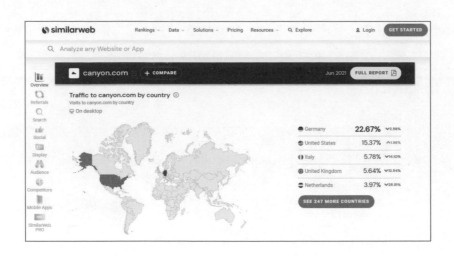

　　Canyon採取直接銷售的方式來經營，消費者從官網挑選、訂購適合自己的車款，透過多語系的官網內容建置及多元支付方式，串接物流系統，賣到世界一百多個國家，以「空軍」（網路銷售）的方式觸及全世界的消費者，直到該地區有大量消費客群後，才落地開設維修門市。

　　2005年，Canyon不同車款的自行車陸續參與國際設計獎，獲得許多獎項肯定，品牌也積極贊助自行車競賽、選手，產品的差異化與獨特性就是Canyon成功的關鍵。

　　他們立志做一個在地化的全球品牌，與世界上任何跟腳踏車相關的社群、腳踏車隊保持良好的關係，用德國早期中央集權的方式統一官方網站，來傳遞所有跟Canyon品牌有關的資訊，以確保品牌訊息的一致性。

　　每當官方網站、社群媒體有新的訊息更新，全世界所有關注自家品牌的消費者，都會接收到一致的訊息，知道Canyon即將推出新的產品。不同於傳統訊息的傳遞是一層又一層的，且過程中可能失真，甚至是產生偏頗，更別說要價格統一。

　　這就像是過去貿易的方式是透過製造商、貿易商、經銷商，最後才到消費者手上，但現在製造商可以直接藉由網路，不再需要這些「中間人」抽去層層利潤，也可以自己做自有品牌賣給終端消費者。

　　所以在Cayon的官網上，你可以看到他們很自豪地提及，Canyon直接將產品送到消費者手中，不會再經由中間商一層一層轉手、利損，使消費者能以相對便宜

的價格，買到高品質的商品。

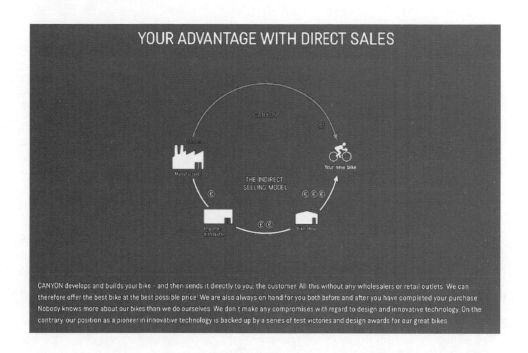

　　Canyon 不發通路，而是按照網路上的預訂、點擊的數據分析與預測，該車款可能要熱銷了，才向供應商叫貨，將零件運到位於德國的工廠，在德國的工廠做最後的組裝。在 Canyon 的官方網站上，消費者填上身高、體重和身材，就能客製化選擇適合自己的車款。

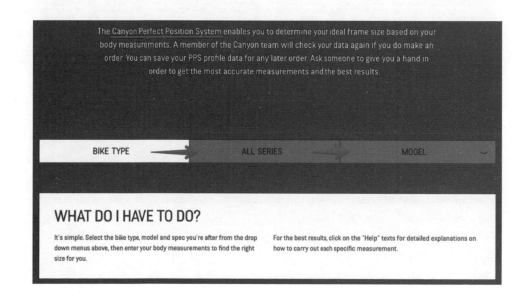

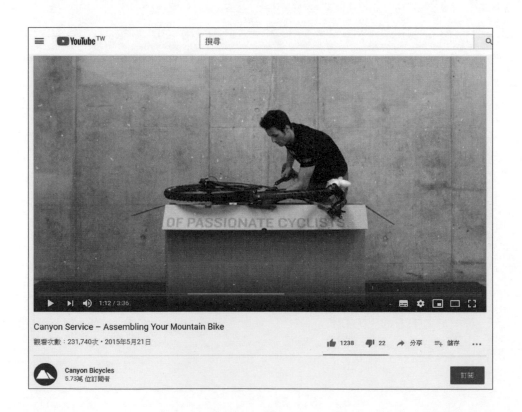

Canyon 的腳踏車產品說明書（某一款產品）有一百多頁，Canyon 也善用網路資源，拍攝商品的組裝影片，放在 YouTube 平台供消費者免費瀏覽，手把手教消費者如何 DIY 組裝屬於他們自己的客製化腳踏車。

如果對當下網路經濟、行動網路視而不見，那它們的殺傷力絕對會讓你意想不到，Motorola、Nokia 的失敗就證明了一點；相反地，倘若能充分利用網路，那它

會讓你的企業重新煥發活力，如 Starbucks 就是個典範。

因此，在今天「互聯網＋大數據行銷」的環境下，我們從現在開始必須要打破原有思維，重新審視自己與消費者的關係，立即做出因應措施，加以調整。

而企業行銷模式的變革更應該即刻啟動，這種變革的核心要從消費者的需求出發，只有充分了解消費者的真實需求，才能做出積極有效的回應，讓買方與賣方之間達成一種高度默契，而這種默契將有助於企業的行銷與長期發展。

網路行銷，顧名思義就是建立在網路基礎之上，實現銷售目標的一種銷售手段，隨著現今網路技術的日益成熟，低廉的營運成本，讓商家、買家能夠利用網路這一平台各取所需。

在傳統行銷時代，往往要透過專業的廣告公司進行策畫，根據自身產品特點，定位消費群體，尋找媒體投放廣告，不但繁瑣且成本投入高。而網路行銷讓所有環節都簡單化，可以跨越時間和空間的限制，直接將廣告傳遞給消費者個人，再加上網路的高技術性、高整合性作為強大的後盾，我們可以用最低的成本投入，獲得利益的最大化。

有別於實體行銷，網路行銷有其獨特優勢，其特點可歸納為以下幾個方面。

① 不受時間和空間上的限制

由於網路不受時間和空間上的限制，資訊能更快、更準確地完成交換，不管是企業還是個人，都能全天候地為全世界的客戶提供服務，便於消費者購買，又為賣方省去繁瑣的銷售工作。目前網路技術的發展已完全突破空間的束縛，從過去受限於地理位置的局部市場，擴展為範圍更加廣闊的全球市場。

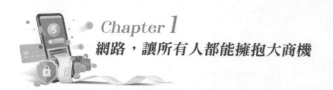

② 傳播媒介豐富

擁有豐富傳播媒介資源的網路，可以對多種資訊進行傳遞，如文字聲音、圖片和影音資訊等，這些傳播媒介能讓產品更為形象化、立體地呈現出來，使消費者對商品的了解更深刻詳盡。

③ 行銷方與消費者之間的互動性

商品的本質資訊和圖片資訊的展示，可以透過網路的資料庫進行查詢，從而在消費者和行銷方之間進行資訊溝通，也可以透過網路進行客戶滿意度調查、客戶需求調查等，為商品或服務的設計、改進提供即時的意見資訊。

④ 交易氛圍的獨特性

網路行銷是一種以消費者為主導的交易方式，因此消費者可以理性地選擇所需商品，避開那些強迫性推銷，供需雙方可以透過資訊交換、溝通建立起良好的合作關係。消費者可以體會到網路行銷帶來的好處：較低的價格、人性化的服務……等，這是其他行銷方式無法比擬的。

⑤ 售前、售中與售後的高度整合

網路行銷是一種包括售前的商品介紹、售中交易、售後服務的全流程行銷模式，它以統一的傳播方式，不同的行銷活動，向消費者傳遞商品資訊，向商家回饋客戶意見，免去不同的傳播方式可能造成的多因素影響，便於消費者即時表達意見，利於商家即時掌控市場訊息。

⑥ 行銷力的超前性

網路作為一種功能強大的行銷工具，它所提供的功能是全方位的，無論是通路、促銷、電子交易，還是互動、售後服務，都滿足了行銷的全部需求，它所具備的行銷力具有前瞻性。

⑦ 平台服務的高效性

網路的高效性正深深改變著人們的生活，可以儲存大量資訊的電腦，為網路行銷提供高效能的平台。它不但能為消費者提供查詢服務，還可以因應市場需求，傳送精準度極高的資訊，即時且有效地讓商家理解並滿足客戶需求，其高效性遠超過其他媒體。

⑧ 營運成本的經濟性

網路發展日益成熟，網路行銷的營運成本也在逐步降低，尤其是與之前的實物交換相比較，其經濟性更具優勢。網路以外的行銷方式需要一定的店面租金、人工成本、水電費用等支出，投入資金遠比網路行銷要高出更多。

所以店家都希望降低行銷成本，以求得利益的最大化，而網路行銷便具有明顯的優勢，其營運成本低廉，受眾規模大，能讓賣方提升競爭力，拓展銷售管道，增加使用者規模，因而越來越受到關注。

	傳統行銷	網路行銷
即時互動	低	高
效益追蹤	不易	容易
口碑評測	不易	容易
費用門檻	高	低
廣告製作	較高	較低
內容操作	不易維持	常態維持
受眾選擇	不易	容易
轉換效率	不穩定	較穩定
客戶服務	間接	直接

網路，改變消費模式

那討論這麼多，請問網路行銷的主題是什麼？核心主題就是你從什麼地方開始，從哪裡開始絕對比你要去哪裡來得重要，所以，你一定要與手中握有的東西產生交集，假如都沒有交集呢？那就要從興趣著手了。興趣能激發出你的熱情，而熱情能讓你產生動力，即使沒賺很多錢，熱情仍能驅使你堅持下去。

靠網路來打造賺錢機器，聽起來簡單，其實有著許多眉眉角角，光在網路上架設平台、銷售商品，就有很多地方要規劃……

⭐ 風格及定位。
⭐ 關鍵字及優化。
⭐ 訂價策略。
⭐ 服務宣言。
⭐ 促銷活動。
⭐ 商品庫存。

⭐ 客戶資料及 CRM（客戶關係管理）。

⭐ 包裝物流運送。

⭐ DSP（數位訊號處理）及人力彈性分配。

若要將網銷流程做得更完善，還有很多東西可以探討，好比「網路行銷五步驟」。

⭐ 接觸（潛在客戶）。

⭐ 建立（目標客戶）名單及信任感。

⭐ 初次成交（目的是以體驗方式建立信任感，並不是為了賺錢）。

⭐ 追售。

⭐ 轉介紹。

而以上步驟可概分為前端與後端，後端應建置自動化運作的系統，然後不斷放大前端，追求顧客終身價值（Lifetime Value，LTV；也稱 Customer Lifetime Value，CLTV/CLV）。其實上述步驟不局限於網路銷售，面對面的直接銷售也相當受用，可將其視為銷售大原則。

隨著科技日新月異與網際網路的發展，消費者的購物型態漸漸產生變化，現代消費者越來越講求快速方便，網路購物不只減少很多時間，也縮短消費距離，因網路購物的普及，只要在家動動手指按按滑鼠，就可以不分時間、地域盡情地購物。

網路購物逐漸取代傳統購物，因網路購物和傳統購物相較下有許多優勢，好比消費者可不必受限於商店營業時間，而急著去買；也不必局限地點，就算要貨比三家，也不用花太多時間來回奔走，對賣方而言，則省時又省租金。

且消費者購物行為已從購物中心的展示區，轉換到居家客廳，消費者可以在家中運用視訊、店家商品的 3D 展示、擴增 VR 虛擬實境……來選購商品、進行比價，然後線上完成付款，在家等貨送上門；但傳統購物仍有其吸引力，因為對消費者而言，逛街也是一種休閒樂趣。

在還沒有網路之前，或者更準確地說在電商興起之前，人們購物的習慣和方式

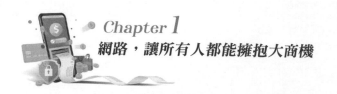

是怎樣的呢？

首先，去哪裡買？也就是購物地點，無非就是自己喜歡的商場、超市，或距離住家、公司較近的商場、超市。由於地點遠近的限制，讓購物時間無法過於隨意，因而有許多人選擇在時間更為充裕的週末出門購物。

其次，如何購買。在商場或超市中，商家會對商品進行陳設、促銷，消費者在選擇產品的時候，也會受到服務品質、店員勸說、價格等影響，最後結合自己內心潛伏的種種欲望、期望，以及自己的品味、愛好，再分析、思考、選擇，才做出購買決定。

這就是傳統的購物方式，雖然受到網路普及的衝擊，但並沒有因此消失，現在仍有很多人選擇這種購物方式，若想買衣服，就到附近的服飾店或百貨公司；若想買日用品，就去住家附近的超市。

歸納一下，傳統消費方式有以下幾個特點。

⭐ 會花費消費者較多的精力和時間。
⭐ 商品都是實物展示，消費者可以透過感覺和知覺（如衣服可以直接試穿），來判定商品品質的好壞，並決定是否購買。
⭐ 付款方式大多為現金支付，消費者在付款時較有安全感。
⭐ 如果遇到商品品質的問題，退換貨比較方便。

十年前，一個人如果經常網購，他的親朋好友可能覺得很新鮮；但十年後的今天，一個人如果從不網購或很少網購，他身邊的人會覺得他落伍了。網路購物是指透過網路在電子商務市場中消費和購物。網路省卻了逛店的精力和體力，只要點擊滑鼠，就可以貨比三家，買到稱心如意、配送便捷的商品，這對消費者顯然非常具有吸引力。

網路購物的過程可分為六大階段，分別是——選擇購物網站、商品搜索選購、下訂單、線上支付、收到貨物、購後評價，如圖所示，其優勢有以下幾點。

⭐ 購物方便快捷。一台電腦、一部手機就可以輕鬆購物，免去人們花費大量時間在商場挑選商品，不僅節省體力，還節省時間。

⭐ 網上購物價格相對便宜。因為其行銷模式只有廠家、商戶、客戶這三級，為此大大降低了商品生產流通環節的成本，利潤也相對得到提升。

⭐ 現代物流與網路購物競相發展，物流配送速度較快，配送容量也比較大。

⭐ 網路支付的安全度和可信度有了大幅提升，消費者可以完全放心網購。

⭐ 網路店家注重口碑行銷，所以售後服務都做得相當不錯，一般都施行七天包退、十五天包換等售後保障權益。

網路購物對消費者來說，能利用更多的零碎時間隨時隨地「逛街」，不受時間和空間的限制，同時獲得的商品資訊也是最全面的，可以有更多的時間去比較和選擇，買到傳統購物模式所買不到的商品；網路購物還能保護個人隱私，內衣、內褲、成人用品、豐胸減肥產品，這些在實體店不好意思難以啟齒的商品，在網店上都能「悄悄」幫你送回家。

從下訂單、網路支付到送貨上門，這種商業模式無需消費者親臨現場，就能在家坐等收貨。同時，因為省去了店面租金、人工成本、水電費用等支出，網購的商品價格往往低於實體店賣的價格，對新世代的消費群體來說，網路購物不僅意味著一種購物方式，更是全新的生活模式。

網路購物對於商家來說，無疑是給自己提供了一個最佳的銷售平台，因而有越來越多企業選擇發展電子商務，因為網上銷售經營成本低，庫存壓力小，受眾人群多且廣，產品資訊回饋即時且真實。網路銷售突破了傳統商務面臨的障礙，成為企業佔領市場的理想工具，快速成長的智慧手機使用覆蓋率，也給行動電子商務創造更多的機會與市場。

　　「互聯網＋零售」是「互聯網＋」最深入人們生活，最容易改變人們消費習慣的一個領域，網路購物已成為時下民眾的消費主場。

　　以「雙 11 購物節」為例，「雙 11」從 2009 年開始，當年阿里巴巴的交易額只有 5,200 萬，十年後則突破 2,684 億人民幣，相當可觀。有人把「雙 11」看作傳統零售業型態與新零售業型態直接乾脆的交鋒，阿里巴巴集團創辦人馬雲也曾表示：「『雙 11 購物狂歡節』是中國經濟轉型的一個信號，是新興行銷模式對傳統行銷模式的大戰，讓所有製造業、貿易商們知道，今天形勢變了。」

　　毫無疑問，中國的零售業型態正在「發生根本性變化」，線上交易形式已由之前零售產業的補充通路之一，轉型為拉動中國內需的主流形式，反過來推著傳統零售業生態的升級；近兩年，零售巨頭 Walmart 在中國屢次關店，更驗證了這一點。

　　全球零售業巨頭們紛紛投入電子商務的行列，以美國為例有 Walmart、Staples、Sears 等，在中國市場，從國美、蘇寧大舉投資電子商務、銀泰、萬達百貨公司全面電商化、Walmart 收購一號店，到中國最大量販店大潤發成立飛牛網……等。

　　台灣傳統零售巨頭大力投入電商領域的也不少，例如統一集團投資 ibon mart、博客來、遠東 SOGO 集團投資 Happy Go、新光三越投資 Pay Easy，另外全聯、屈臣氏、康是美……等通路也紛紛投入電子商務的行列。

　　而行動網路的發展和普及，讓網民從 PC 端向行動終端購物傾斜，行動購物場景的完善、行動支付應用的推廣、各電商企業在行動端布局力度的加大，以及獨立行動終端平台的發展，更使得未來幾年行動購物市場將吸引大量的消費者進行消費。

　　另外，線上線下相融合的購物成為主流消費方式，因為有不少消費者在購買 3C 電子產品時，會先在線上研究再到實體店體驗。對消費電子產品而言，如果消費者在線上研究相關功能及規格後，又到實體店體驗，購買該品牌的機率高達八成，且其中有一半的人會選擇直接在實體店購買。

也就是說，只要消費者有興趣查找、比價並與他人討論，品牌商和零售商就能透過提高透明度和便捷性的線上、線下購物環境，來推動消費者下單購買。對消費者而言，線下、線上購物的界限越發模糊，畢竟消費者想要的不過是便利、個性化、靈活和透明的購物體驗，企業應當整合網路商店與實體店的特色，引導消費者購買符合他們特定需求的產品。

從表面上看，傳統的消費方式和網上消費方式的區別顯而易見，無非就是價格、便捷性、購物所花時間等。但就本質上來說，網路時代的銷售方式讓消費者成為產品專家，消費者甚至比生產者和銷售者更懂得產品，擁有更多的相關知識。現今，消費者不再是產品資訊的弱者，反而成了資訊的發布者、創造者、擁有者、掌控者，這就是網路時代下消費者最大的改變。

拿最簡單的網購點評來講，其只是 UGC（User Generated Content，使用者生成內容）中的一個細分。消費者在網上完成購物後，不但可以分享自己的購物經歷和感受，還可以「曬」產品、發表開箱文，這個很平常的舉動，輕易實現了產品資訊的發布。

而就是這樣眾多的評價，為其他消費者接下來的購物提供了重要的參考依據。據分析，習慣網購的消費者，有近九成的人都會先看看賣家或商店的評價，參考其他買家的評價後，再決定是否購買。

如此一來，生產者和銷售者就必須更重視消費者，否則負評太多將嚴重影響商品的銷售。網路的即時與公開使資訊更加透明，生產者和消費者發布的任何一條資訊，都有可能被人們更正、批駁、揭穿或認同、稱讚，所以企業必須要能隨時面對與自己產品、品牌和銷售信譽、品質的大量資訊，如果不能恰當地回應這些資訊，那很快就會被消費者所拋棄。

不管以何種方式銷售，觀念都是一樣的，無非是想辦法吸引目標客戶的注意，網銷有太多東西可以講了，其中被消費者看見最關鍵，所以下一章著重於集客與各位論述。

過去消費者的購物習慣是 AIDMA：

如今已轉變為 AISAS：

　　潛在消費者在注意（Attention）到廣告並感到有興趣（Interest）後，會先上網搜尋（Search）他人的評價與使用經驗，分析比較後才會行動（Action）購買，之後也大多會願意上網分享（Share）經驗，進一步再與其他潛在顧客們互動，形成「全民自媒體」趨勢。

　　但艾瑞諮詢公司也針對網路消費者的行為模式，提出另一種不同的觀點：

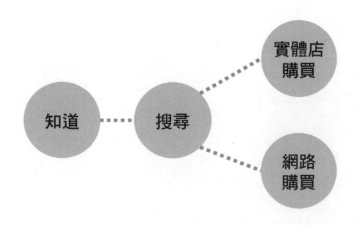

網友在網路上搜尋變得比以前更加頻繁，在網路上分享的訊息，比以前更巨大。再跟讀者分享一個資訊，有 55% 的人會因為你的外在與穿著，選擇要不要與你接近，38% 的人是看你做了些什麼事情及行為舉止，來決定是否進一步與你產生接觸，7% 的人才會真正注意到你在講些什麼。

所以，你一定要在網路上留下一些東西，無論圖片、文字或影片皆可，這樣網友才有可能搜尋到你，進一步認識、了解你，最終成為你的顧客。

行銷新思維不斷湧現

面對洶湧而來的互聯網浪潮，傳統行業應以積極的姿態迎接網路新時代，用互聯網思維去包裝行銷，這就是互聯網＋行銷。

現在，眾多企業皆感受到經濟轉型之痛，困局、危機眾多，傳統企業舉步維艱，曾經的龐然大物在頃刻間轟然倒塌，角落裡小企業瞬間成為行業領先。曾為手機行業的老大 Nokia 如今屈於微軟之下，名不見經傳的小米成為全球成長最快的企業，傳統的工業思維受到互聯網思維的強勢挑戰。

在互聯網環境中成長起來的新世代年輕網路族，已然成為消費主力軍，他們用自己的方式選擇品牌、選擇產品。工業化時代行銷思維的權威性逐漸減弱，不管你願不願意，互聯網思維、「互聯網＋」行銷就這樣來到我們身邊。

隨著網路技術的快速發展，企業行銷需要依靠價值驅動，將企業使命、願景和價值觀與消費者產生互動和溝通，藉此建立起鐵桿「粉絲群」，實現產品的持續銷售。典型的互聯網企業小米科技做的是傳統的事：手機、電視、路由器等電子產品的製造與銷售。而 TCL、聯想、華為等也都在做同樣的事，但為什麼小米卻能成為黑馬呢？因為小米最初便是以互聯網思維來經營，全面顛覆手機業「行規」的小米，被視為互聯網思維的最佳代言者，如今市值已超過千億美元。

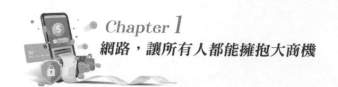
　　傳統企業用工業化生產的路徑前行，流程冗長繁瑣、等級分明，制約了企業發展，而互聯網思維的企業要求扁平化管理，在網路上實現互聯互通和跨越時空的聯繫，因此，隨著網路的發展，從意識、思考方式和行為習慣，到行銷方法，都將產生新模式、新產品和新形態，一種交叉、融合與互補的跨界模式正改變著行銷規則。

　　「互聯網＋」時代講究產品的「體驗」和「極致」，也就是說「以使用者為中心」，將產品做到極致，製造「讓使用者尖叫」的產品。隨著行動網路的發展與普及，用戶與企業之間溝通的管道變得非常通暢，企業完全可以將用戶回饋囊括在糾錯機制之中，形成內部創新的標準化體系，加快產品的更新週期。

　　因此，行銷的關鍵就是要「全通路」接觸顧客，「體驗」至上。以往傳統的做法是企業提供產品服務，藉由行銷、推廣等手段讓消費者購買，贏得市場占有率，而「互聯網＋」行銷需要充分考慮消費者的意見，依據消費者的需求訂製產品，消費者參與產品設計，可以說「人人都是產品經理」。

　　在產品沒出來前，消費者就已經決定購買，所以，有人說到了網路時代，如果企業的所有努力不能取悅消費者（粉絲），那之前投入的一切時間、金錢就是打水漂，市場的話語權就回到消費者手中了。

　　企業要永續發展，就不能忽視消費者的個性化需求，在產品和服務上力求對每個消費者進行識別、追蹤，建立長期的互動。人都是有情感的，當顧客習慣了你的產品服務之後，就不會輕易地離開，反而不會花費更多的時間和精力去了解、適應其他產品；因此，「滿足」消費者需求，讓消費者「滿意」，是每個企業的使命和宗旨。

　　消費者是企業的資源，更是企業的資產。企業要改變以往那種尋求短期利益最大化的「交易行銷」，轉型為追求長期利益最大化的「關係行銷」，在買賣雙方間創造更親密的共用和依賴。因此，累積消費者忠誠度的關係行銷，是未來企業在行銷方面所要重點施力的地方，傳統通路瓦解，企業以通路為王的時代已經過去，網路時代下業者、品牌可以直接與消費者建立聯繫，過去傳統通路控制消費者的能力逐漸減弱，甚至是瓦解。

近十年來，全球的品牌企業開始投入線上銷售，擁有自己的網路通路，像 Apple、小米、Ikea、Gap、Zara、Uniqlo……等，台灣網路原生品牌 Lativ、Pazzo、Grace Gift……等，在線上銷售都取得亮眼的成績。小米是典型的代表，小米在銷售通路上，堅持選用線上的網路通路作為其唯一銷售管道，而當前隨著中國聯通、中國電信定製機相繼問世，小米也真正實現流通管道的多元化。

要知道，單靠網路銷售模式的確為小米省下了不菲的通路行銷費用，且「饑餓行銷」模式又放大了其在通路上的相對優勢，小米這種網路行銷手段使他們的廣告費用只占 0.5%，通路成本也在 1% 以下。

因此，傳統產業想要靠著網路趨勢擴大發展，必須先實現「現代行銷企業」的轉型，也就是人人都在「為顧客服務」，從上到下、從下到上都應理解並知道，只是環節、職務不同，但工作目的一致。以員工滿意帶來顧客、供應商、經銷商滿意和股東滿意，促進社會大眾滿意，也只有如此，才能帶來更多、更忠誠的粉絲，創造更多讓人尖叫的產品。

同時，意識到「行銷」不僅是重要的管理職能，更是企業文化、經營哲學，真正「以用戶為中心」，所有創新都要基於粉絲的需求，行銷才有良好的生存環境。

在最近幾年裡，發展最迅速、市場潛力最大、改變人們生活最多、發展前景最誘人的，莫過於行動網路了。從智慧型手機的普及開始，加上社群媒體的快速發展，消費者的生活早與手機密不可分，手機「走到哪、買到哪」的便利性，更連帶改變了消費者的消費行為，品牌不得不制定相關的行動行銷策略來吸引消費者。

每年行動上網的人數都在不斷攀升，其驚人的成長速度備受矚目，手機網民數量的快速增長，帶動了「行動行銷」（Mobile Marketing），這是一種伴隨著手機和其他以無線通訊技術為基礎的行動終端發展的一種全新行銷方式。

行動網路被認為是未來的發展趨勢，因為網路用戶已不單單只在 PC 上體驗操作，手機用戶也可以透過網路借助 LINE、Wechat、FB、QQ 等各種工具，隨時隨地在朋友圈中進行溝通和交流。因而讓許多企業轉變思維，在行動網路上進行圈地運動，建構自己的粉絲圈，打開行銷管道，將行銷做到極致。

現在是碎片化的時代，當人們干擾太多，注意力已成稀有財，消費者沒有足夠的耐心專注在廣告上，因此，廣告必須夠有創意，才能吸引更多消費者的目光。與PC時代的網路行銷相比，行動行銷更注重個人資訊和感受，互動簡單、便捷，用戶回饋的聲音也更真實和具體，每個人都可以利用手機，成為資訊傳播的中心和新聞源頭。

無論是網路的便攜性、移動性還是社交互動性，都使得消費者間的分享更加便捷，連結日益密切，同時也極大地改變著消費者的資訊獲取和使用模式。行動網路的行銷有以下四大特點。

① 便攜性、移動性

由於便於隨身攜帶，人在哪裡、行動網路就在哪裡，它與手機用戶可說是形影不離，坐車的時候看手機，等人的時候看手機，如廁看手機，睡前看手機……除了睡覺時間，行動設備是陪伴主人時間最多的，這種優越性也是傳統PC無法比擬的。

② 精準性、高效性

由於手機等行動裝置是專屬個人的，是私有財產，自然更具個人性和明顯性，所以行銷時對目標使用者的定位就能更加精準和具體。性別、年齡層次、產品需求等資訊，都有利於行銷人員快速鎖定與自己產品服務相匹配的目標客群，進而進行銷售方案的改進和實施。

③ 成本相對低廉性

行動行銷具有明顯的成本優勢，因為智慧型手機的使用者眾多，覆蓋面廣泛，而且不受時間、空間的限制，行銷快捷便利，所以無論是與傳統行銷還是跟PC行銷相比，行動行銷需要投入的成本都不高，又因其成本投入低廉、價值回報高，能

降低行銷成本，可謂尋求行銷管道、提升競爭力、拓展銷售市場的最佳選擇。

4 社交互動性

無論是行動通訊與網路的結合，還是個人生活與網路平台的結合，都體現了行動網路的社交性，諸如 Wechat、LINE、QQ 還是 FB，其作用都是增加社會交往的頻率與密度。

最初，網路是通訊工具、新媒體；現今，網路是社會大眾創業、萬眾創新的新工具。只要將「一機在手」、「人人線上」、「電腦＋人腦」等概念融合起來，就可以透過眾籌、眾包等方式獲取大量資訊。

基於行動網路社交性的特點，行動行銷在熟人朋友間實現了資訊分享、資訊推薦和互動交流，從而減少用戶對傳統商業行銷資訊的反感與排斥心理。LINE@ 生活圈的多元應用方式，為行動行銷開啟了無限可能，想要成功經營社群，不能只靠傳統的單向傳播，必須透過雙向的互動，了解顧客心理，在商品、行銷操作上才能更得心應手。

看準 LINE 在台灣有廣大的用戶，以及 LINE@ 的精準行銷方式，橡木桶洋酒從 2015 年開始經營 LINE@ 帳號，以招募大量好友為目標，陸續舉辦多元類型的 LINE@ 好友專屬活動，透過有趣的獨家活動，以及病毒式的好友推薦力量，在短短幾個月內，橡木桶洋酒的好友人數突破兩千人大關。其中，好友最喜歡、也最熱烈參與的就是贈品活動，這樣用心的設計，不但能為橡木桶洋酒一次帶來百名好友，也能間接為新產品的上市宣傳。

以新鮮現釀啤酒聞名的美式餐廳金色三麥（Labledor）推出官方 LINE@ 帳號，透過舉辦活動的方式，引導顧客加入官方帳號好友，以隨時推廣最新活動資訊，並利用「優惠券」功能讓已加入的好友有動機持續使用，不會加入領取首次優惠後即封鎖或刪除好友；同時，金色三麥也充分地利用「貼文串」來發布餐廳相關的優惠資訊與活動訊息。

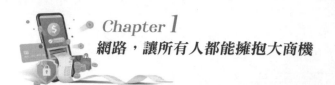

☆ **官方網站連結導入：**透過圖文選單將好友導入至官方頁面，有效指引消費者使用各種提供的服務，包括訂位、菜單查詢、會員以及最新的活動消息，強化好友的轉換率。

☆ **誘人的優惠資訊：**將促銷活動與優惠券功能結合，顧客加入好友可獲取優惠券外，也讓舊顧客可隨時在官方帳號上收到優惠通知以方便取用。

☆ **豐富的活動推廣：**金色三麥把貼文串的空間打造成最佳的廣告版位，將所有餐點優惠與酒促消息，以圖文呈現在貼文串裡，激發好友想要前往享用的衝動，也能創造好友點讚與分享的迴響支持。

社群網站已成為各家企業在網路行銷上爭相使用最重要的社群行銷工具，根據美國某研究中心指出，FB 在過去兩年穩佔所有數位顯示廣告營收第一名，且營收比例高達 25%，營收比例增加到 35%，是排名第二名 Google 的三倍，而 FB 數位顯示廣告營收也成長 5%。FB 不只是現階段最龐大的數位廣告市場，其重要性仍持續成長中，但後起之秀如 IG、TikTok、YouTube，也不容小覷。

如果只看行動顯示廣告營收，FB 仍居第一，根據調查，光台灣就有一○六個 FB 粉絲專頁坐擁超過百萬粉絲，其中企業粉絲團多達五十九個，一旦投入網路社群經營，就必須維持社群一致的氛圍與臨場感，並且持續不間斷地與粉絲互動。

社群媒體不是一個「做一次就搞定」的工具，它是一個必須時時投入其中觀察、用心參與的存在體。當有良好的社群網路，便能拉近與受眾關係的緊密性，但對資源較少或是剛經歷轉型的業主來說，既沒有豐富的社群操作經驗，也沒有足夠的成本在不同的社群上花錢評比嘗試效益，所以如何精準且高效率地操作社群，回收社群經營效益顯得更為重要。

粉絲在社群的留言是品牌貼近消費者的初步關鍵，和粉絲維持良好、定期的互動，把握粉絲留言後的「黃金時效」內回覆，一旦太久才回應留言，效果便會大打折扣。

我們沒有時間和金錢走冤枉路，若想在社群中開創自己的一片天，除了投入一定程度的廣告費之外，更要以社群的速度經營企業，以企業的高度做社群，行銷曝光的效率與速度也是必須的，因為社群變化的腳步很快，沒有時間慢慢學習。

如果能讓社群中的人們看到你的經營內容用心、逗趣，甚至好玩的那一面，商品就會自然而然地進入他們的社群圈裡，以後再被詢問購買的機率也會提高很多。為商品持續建立良好的口碑，把好印象、好服務做到社群之中，讓人們對商品產生後續的信任。

只要口碑在社群中形成一種正向循環，商品的特點、優勢會慢慢擴散到其他更多社群中，然而社群媒體上最容易犯的錯誤是在沒有策略、不知道自己的市場適用哪種平台的情況下，只想著一頭搶進；但其實應該依據品牌特色選擇不同社群風格與路線，找出自己商品的明確受眾、找出商品可個性化的特點。

另外，利用社群媒體進一步接觸客戶，採取對的策略，就能讓粉絲獲得更好、更快的社群體驗，好比聊天機器人，有越來越多品牌開始使用這個新工具，且使用門檻低，因而能成為一項行銷趨勢，粉絲也樂於透過它和賣家、品牌互動。聊天機器人能夠自動回覆聊天對象，還能夠透過詞庫的建立持續改善自己的回答，讓回覆越來越精確、人性化，也可用於社群自動化網路行銷。

大數據行銷塑造產品獨特性

想知道如何從一堆數據中找出顧客嗎？想知道廣告怎麼下才有效果嗎？想知道未來消費市場的趨勢嗎？善用大數據就能有效精準行銷！

近年來大數據的研究與發展日趨成熟，對企業而言，只要透過數據分析資料，進一步了解購買產品和有需求的族群到底是哪些人，就能實現精準行銷。目前台灣市場光一年的大數據商機就突破一千億元，關鍵就在大數據追蹤下，消費者想要或購買的任何東西，電腦都能透過數據分析，讓業者鎖定目標客群，為新世代行銷的新趨勢！

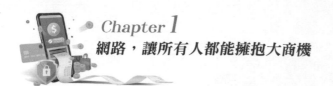

某網路媒體公司指出：「大數據時代，網路媒體正在從單純的內容提供方進化為開放生態的主導者。大數據時代的社會化行銷重點是理解消費者背後的海量資料，挖掘用戶需求，提供個性化的跨平台的行銷解決方案。」

透過大數據分析、追蹤，有助於企業找到目標客戶，並進一步分析鎖定目標客戶群。據報導指出，使用大數據分析行業第一名是美妝業，再來是金融理財、家庭消費品、不動產、飲品和食品類。數據分析是幫助產品找到買它的人，也就是說，具體的數字會告訴你，產品應該要對誰推銷，你再集中火力推銷即可。

大數據資料能協助我們去做一些指標分析和數據的解讀，利用大數據行銷，能精準有效地提升廣告效果，不但可以察覺購物族群的變化，還可以觀察行銷策略的成效如何；根據大數據分析消費者的實際需求，生產具有相應獨特性的產品，最終獲得較高的投資報酬率。

其實在日常生活中，都會留下很多記錄，這個記錄像是我們上網喜歡看什麼內容、我們會分享什麼文章、我是男性或女性、我在什麼地方等等，如果這一些資訊配合消費者實際購買記錄，就可以區分成不同的族群，將商品做關聯性的行銷。

你是否曾有過類似的經歷，連續幾次在某個網站上購買嬰兒紙尿褲，再次購買時，網站會主動為你推薦很多相關產品，如奶粉、嬰兒濕紙巾、安撫奶嘴等，這些商品的廣告郵件、優惠資訊會出現在你常用的 E-mail 信箱中，你甚至會接到推銷電話，告訴你有哪些與嬰兒有關的商品正在促銷。

這就是網路商店透過大數據分析消費者的購買傾向，預測出他可能會購買的商品進行精準行銷；這樣做，無疑增強了消費者的購買動機，同時也多方面滿足消費者的需求，更重要的是，提高了網路商店的工作效率和商品成交量。

大數據行銷是基於大量的數據資料去分析、挖掘，形成客戶畫像，基於客戶畫像進行一系列的行銷活動，比如透過網路數據挖掘，篩出喜歡運動的客戶，對該群體進行行銷。

而且，大數據和資料庫是兩回事。

　　大數據行銷門檻高，需要掌握數據，需要分析挖掘技術平台，資料庫行銷則經由行業管道如銷售人員收集、社會關係收集，形成一個客戶資料庫，依客戶資訊進行行銷，一般是靜態性質的；資料庫，是指你有很完善的數據，比如你可以告訴我台北有多少人使用穿戴式裝置，有多少兒童沒有近視，這就是資料庫的概念。

　　數據資料很大量，可能很精確，也可能不是很精確，但這都是資料庫，我們可以運用這個資料庫來賺錢，收集和累積會員（用戶或消費者）資訊，經過分析篩選後，針對性地使用 E-mail、簡訊、電話、信件等，進行客戶深度挖掘與關係維護以此來行銷，這就是資料庫行銷。

　　而透過大數據分析管理就會更深入一些，以廣告投放來說，從前期推送廣告給用戶，到後期用戶瀏覽廣告，再到用戶購買，直至最後成為會員，這一整個行銷流程都有數據記錄。

　　以產品定位來說，根據其產品特徵，尋找定位目標用戶，首先要搜尋採集用戶數據，包括性別、職業、年齡、婚姻狀態、收入情況、用戶瀏覽行為、購買行為等這些數據，透過數據的收集和分析，對用戶進行畫像分析，掌握用戶需求，進而做差異化產品和精準行銷策略。整體來說這是一個對行銷全流程關注、分析、管理的過程。

　　大數據行銷的價值不勝枚舉，海量的行銷資料能精確獲取消費者及潛在客戶的消費特徵，為企業產品生產提供具針對性的有效資訊。

① 藉由大數據對使用者做行為與特徵分析

　　透過大數據技術分析，結合自家產品的定位，鎖定核心消費群，針對核心消費群制訂行銷策略。例如，小米將目標客戶精準鎖定在草根人群，並透過數據技術對使用者年齡、個性、區域分布等各方面進行分析，然後集中力量在核心區域針對手機用戶造勢。只要累積足夠的使用者資料，就能分析出用戶的喜好與購買習慣，做到「比用戶更了解用戶」，這一點正是許多大數據行銷的前提與出發點。

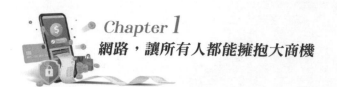

無論如何，那些過去將「一切以客戶為中心」作為口號的企業可以想想，你們真的能及時且全面地了解客戶的需求與所想嗎？或許只有在大數據時代，這個問題的答案才更明確。

② 大數據實現客製化或獨特化的精準行銷

絕大多數的人都明白要施行精準行銷，但這些名義上的精準行銷其實並不怎麼精準，因為缺少使用者特徵資料支撐及詳細準確的分析。依靠大數據支撐的個性化行銷，不但能把行銷資訊直接推送到受眾群體面前，還能保證廣告投放的效果，對受眾群體產生最直接、最有效的消費刺激；現今很多企業或網路電商都會運用此個性化技術進行精準行銷。

雖然大多數的網路電商、購物網站都有產品搜索功能，但海量的產品資訊還是容易讓人覺得繁瑣，看得眼花瞭亂，於是各大網站紛紛在站內引進個性化推薦系統，這一系統能讓使用者從海量資訊中，篩選出自己需要的資訊，從而達到精準行銷的目的，比如知名電商 Momo、蝦皮等，都會基於消費者瀏覽的歷史記錄，推薦符合需求的商品清單，為消費者提供感興趣的商品，達到精準行銷的目的。

透過數據分析管理，為你分析自家產品受歡迎的程度，選擇使用者好評率高、點選率高、毛利高的「三高」產品進行促銷，對於一些差評、點選率低的產品加以改進。例如 7-11 擁有近五千萬種商品，單店匯入均約三千種，每週都有新品上架，且每間商店的商品都有些微不同，而這一切正是由消費者資料決定的。

從店鋪到總部的資訊，以及供貨商、訂貨系統的資訊，7-11 均實現了數位化，在提高顧客體驗的同時，也方便資料採集，而且資料會提示哪一類型的熟食更受當地消費者歡迎，繼而影響新品開發與商品的陳列，提供更好的服務。

精準行銷將取代傳統的撒網行銷，這種精準不僅表現在投放內容的個性化，還體現在投放產品的獨特性上；這種爆品的獨特性會及時、準確地滿足消費者的實際需求。

③ 大數據帶來產品獨特性，投使用者所好

如果能在產品生產前，便了解潛在使用者的主要特徵以及他們對產品的期待，就可以根據這些分析結果確定產品特點，進行特定化生產，這樣產品的獨特性就能投用戶所好。

例如 Netflix 在拍攝《紙牌屋》前，即透過大數據分析了解潛在觀眾最喜歡的導演與演員，結果果然捕獲了觀眾的心，反映在其觀看率上。又比如，《小時代》在預告片投放後，即從微博上透過大數據分析得知主要觀眾群為九〇後女性，後續的行銷活動便主要針對這些群體展開，票房驚人。

透過網路銷售自己的項目，其好處就是能建構一個自動化的流程，讓系統日夜為你銷售，你也能搭配一些線上免費工具，得知市場狀況及銷售狀況，遠比實體銷售要來得輕鬆，不需要自己製作報表、分析，只要透過軟體，所有數據直接呈現在你眼前。

那透過數據行銷，還有許多好處是你不知道的，利用大數據行銷，能夠精準高效地提升廣告能力，獲得的投資報酬率。如果你曾在 Amazon、博客來、Momo 網站上購物，一定有過這樣的體驗，一開始你會看到一些突然冒出來的推薦，網站會根據你正在瀏覽的商品，告訴你瀏覽過這樣商品的人還看了什麼，或是買這個商品的人，他們一併購買什麼商品，然後給你一份推薦清單，其中包括你自己的瀏覽記錄及購物記錄，這種推薦方式便是根據歷史購買記錄分析的。Amazon 便利用這個推薦行銷的方式，在一秒鐘賣出近八十項商品，這就是電商透過大數據分析出該消費者的購買傾向，並預測出他可能會購買的商品而進行的精準行銷。

這樣做無疑增強了消費者的購買欲望，同時也在多層次上滿足消費者的需求，並提高購物網站的工作效率和商品成交率。大數據行銷的價值不勝枚舉，海量的行銷資料能精確獲取消費者及潛在客戶的消費特徵，那大數據行銷的價值具體有哪些呢？以下提出來討論。

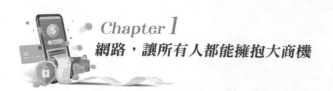
1 用行為與特徵分析

只要累積足夠的用戶資料，就能分析出用戶的喜好與購買習慣，甚至做到「比用戶更了解用戶」，有了這一點，才是許多大數據行銷最有力的依據。

2 精準行銷資訊推送支撐

精準行銷過去幾年被許多公司提及，但真正做到的少之又少，反而是垃圾資訊氾濫。究其原因，主要就是過去名義上的精準行銷並不怎麼精準，因為缺少使用者特徵資料作為基礎及詳細準確的分析。相對而言，現在的 RTB（即時競價）廣告等應用，則向我們展示了比以前更好的精準性，而其背後就是靠著大數據的支撐。

3 引導產品及行銷活動投使用者所好

透過擷取大數據，分析消費者個人喜好及生活習慣，從而創造消費需求，比如：Google 可以知道你通常在哪裡上網、週末去哪裡玩；FB 可以知道你平常喜歡聽誰的歌，只要掌握使用者的習慣，就能投其所好。

遠傳電信曾對大數據應用做了這樣貼切的註解：「觀其所行、揣其所欲、析其所群、投其所好。」並以遠傳推出的 FriDay Video、FriDay Shopping 等 App 為例，在分析數據後，就能針對用戶對歌曲和影片類型的喜好及其購買記錄，做出精準推銷，大大提高轉換率。

此外，不少品牌會在推出新產品前在社交媒體上先「試水溫」，透過按讚數及點閱率來預測銷量；購物網站向用戶推薦商品前，亦會追蹤用戶購買、瀏覽歷史，並分析購買資料，以期消費者有更滿意的購物體驗。

④ 競爭對手監測與品牌傳播

競爭對手在做什麼是每間企業都想了解的，但對方絕對不會告訴你，這時你就可以透過大數據監測分析得知。品牌傳播的有效性亦可透過大數據分析找準方向，例如，可以進行傳播趨勢分析、內容特徵分析、用戶互動分析、正負情緒分析、口碑品類分析、產品屬性分析等，也可以藉由監測競爭對手的傳播態勢，根據使用者的期望來策畫內容。

⑤ 品牌危機監測及管理支援

在新媒體時代，品牌危機使許多企業談虎色變，但大數據的技術可以讓企業提前偵測或有所預警。在危機爆發的過程中，最重要的便是跟蹤危機傳播趨勢，識別重要參與人員，方便快速應對，大數據可以採集負面定義內容，及時啟動危機跟蹤和預警，按照人群社會屬性分析，累積事件程序中的觀點，識別關鍵人物及傳播路徑，進而保護企業、產品的聲譽，抓住源頭和關鍵節點，快速且有效地處理危機。

⑥ 重點客戶篩選

以前讓許多行銷人員最糾結的事是：在品牌的用戶、好友與粉絲中，哪些是最有價值的用戶。現今有了大數據，這一切都可以有事實依據來支撐。從用戶訪問的各種網站，便可以判斷出用戶最近關心的東西是否與你旗下產品相關；從用戶在社群媒體上發布的各類內容，以及用戶與他人互動的內容中，可以找出千絲萬縷的資訊，利用某種規則關聯並綜合起來，讓業者得以篩選出目標客戶。

⑦ 大數據用於改善使用者體驗

要改善用戶體驗，關鍵在於真正了解用戶及他們所使用的產品狀況，做最適時的提醒。例如在大數據時代，你所駕駛的汽車或許可提前救你一命，只要經由遍

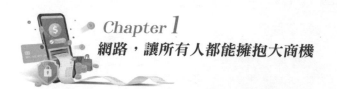

布全車的感測器收集車輛運行資訊，就能在汽車關鍵零件發生問題前，提前向駕駛或車廠發出預警，不僅能節省金錢，還有益於行車安全。好比美國 UPS 快遞早在2000 年就利用這種基於大數據的預測性分析系統，來檢測全美境內六萬輛車輛的即時車況，以便及時進行預防性保養或整修。

⑧ 社會化客戶分級管理支援

面對日新月異的新媒體，許多企業想透過對粉絲的公開內容和互動記錄分析，將粉絲轉化為潛在用戶，啟動社會化資產價值，並對潛在用戶進行多角度的畫像。大數據可以分析活躍粉絲的互動內容，設定消費者畫像的各種規則，相關潛在使用者與會員資料，相關潛在使用者與客服資料，篩選目標群體做精準行銷，進而使傳統客戶關係管理結合社會化資料，豐富使用者不同角度的標籤，並可動態更新消費者生命週期資料，以維持資訊的有效性。

⑨ 發現新市場與新趨勢

大數據的分析與預測有利於洞察新市場且把握經濟走向。例如，阿里巴巴從大量的交易資料中，提早發現國際金融危機的到來；又好比 2012 年美國總統選舉中，微軟研究院的 David Rothschild 就曾使用大數據模型，準確預測美國五十一州的選舉結果，準確率高於 98%。之後，他又透過大數據分析，對第八十五屆奧斯卡各獎項的得獎者進行預測，除最佳導演外，其他獎項的預測全部命中。

⑩ 支援市場預測與決策分析

關於資料對市場預測及決策分析的支援，過去早在資料分析與資料挖掘盛行的年代被提出過。Walmart 著名的「啤酒與尿布」案例即是當時的傑作，其透過數據分析了解到：每逢週五晚上，到超市購買尿片的男性顧客，往往會順便買幾瓶啤酒

回家，為周末的球賽做準備，於是 Walmart 打破常規，將啤酒與尿片擺放在同一區域，成功讓兩項產品的銷售量提升三成。

這樣從資訊的「量」到資訊的「質」，從靜態的儲存到動態的管理、分析，只是由於大數據時代資料的大規模與多類型對資料分析與資料採擷、提出了新要求。更全面、速度更及時的大數據，必然能對市場預測及決策分析進一步發展提供更好的支援，要知道，似是而非或錯誤、過時的資料對決策者而言簡直就是災難。

身處網路化時代，傳統企業必須勇敢面對衝擊，主動變革比創業本身更需要勇氣，我們所要關注的焦點是新時代下客戶的生活方式，克服過去的成功所造成的慣性思維。

當然，在網路浪潮的衝擊下會有一批企業被淘汰，但只要越來越多的傳統企業明白時代轉型的必要與關鍵後，依舊可跳上一曲優美的華爾滋，來一次華麗的轉身。且現在有如此便利的方式能協助我們拓展事業版圖，又為何要將拒它於千里之外呢？只要妥善運用，絕對能為我們創造出不同以往的新境界。

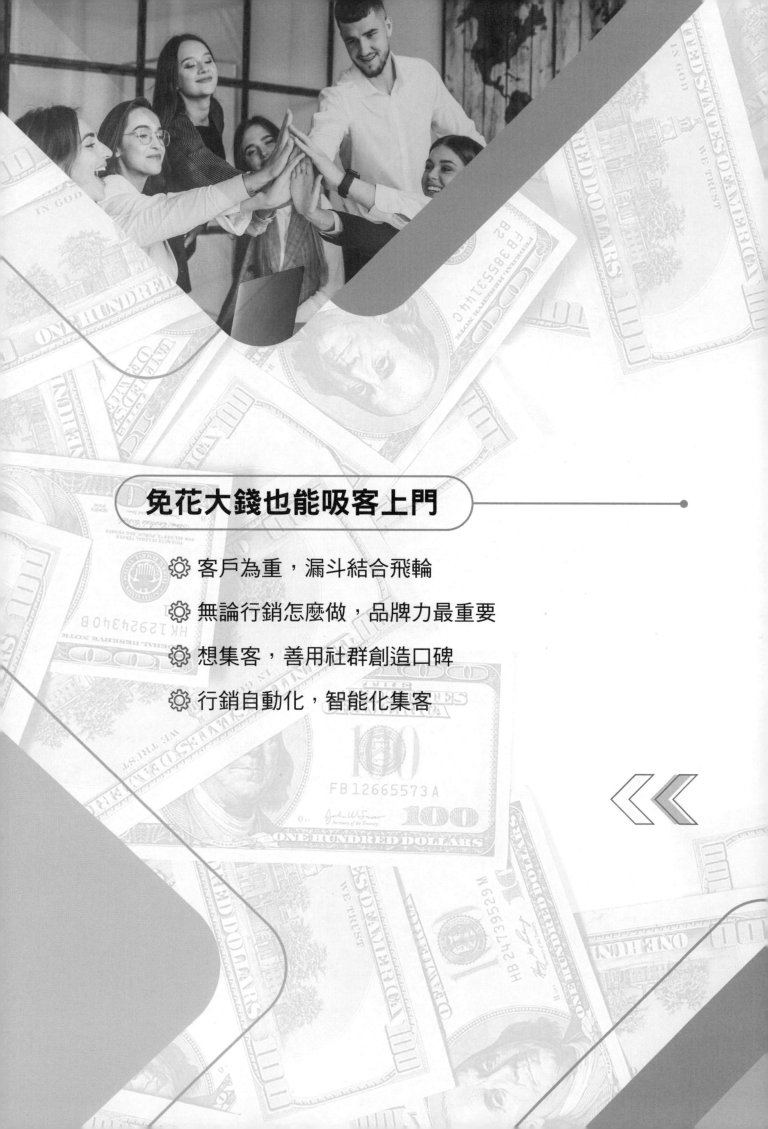

免花大錢也能吸客上門

⚙ 客戶為重，漏斗結合飛輪

⚙ 無論行銷怎麼做，品牌力最重要

⚙ 想集客，善用社群創造口碑

⚙ 行銷自動化，智能化集客

集客式行銷，
讓你自帶流量

Building your
Automatic
Money Machine.

2 免花大錢也能吸客上門

在現今資訊爆炸的網路時代，每個網路使用者每分每秒從 FB、IG 上接收無數條訊息、圖片……等資訊。據統計，大眾平均每天接收約 34G 訊息量，等同於每天接收十萬多個詞彙，但隔天醒來還能記住的訊息卻屈指可數。

隨著時代的演進，使用者開始選擇性的接受有用的資訊，對於廣告產生反射性的「廣告疲乏與排斥」，透過社群口碑管道及下廣告獲得流量的方式蔚為風潮，但是當所能觸及的流量趨近飽和，企業透過廣告分到的流量及用戶注意力正在減少，這時「內容的意義」成為抓住消費者眼球的關鍵點。

近年來，廣告效益降低，使花大錢下廣告不再能獲得流量及轉換的提升，面對流量的下降，以「內容經營」為核心的集客式行銷（Inbound Marketing）成為致勝關鍵。

因此，相較於過去以大量預算曝光廣告，尋找消費者的行銷手法——即傳統高成本的推播式行銷（Outbound Marketing），現在讓消費者主動找上門的集客式行銷，反而成為各大企業的行銷新寵兒。

Inbound →在客戶「有空」的時間，提供有幫助的資訊，解決問題並推薦產品。
Outbound →拼命打廣告、拼命推銷，客戶「沒空」時也持續推銷產品，造成打擾。

集客式行銷是一種使用「優質內容」來吸引客戶的網路行銷方式，透過知識性的「內容分享」來幫每位潛在客戶解決疑問，最終達成銷售目的，被集客式行銷吸引而來的客戶，則大多透過部落格、搜尋引擎與社群網站找到你。

消費者開始會選擇有意義的資訊來作為記憶點，內容行銷跳脫傳統一昧推銷產品的方式，創造對消費者有價值、有關聯性、高專業度的內容，以此來吸引目標客群，再搭配關鍵字研究取得搜尋引擎曝光，使他們了解品牌，進而成為忠實客群。

有別於傳統「推銷型」的銷售方式，集客式行銷不靠「大聲吶喊」來吸引客戶目光，而是先找出潛在客戶的疑問，然後將這些答案散布在網路上，讓顧客自己找上門。

當使用者有需求或問題時，會主動輸入關鍵字上網尋找解答或對應的產品，這些「內容」不以銷售為目的，站在「提供消費者完整的解決方案」出發，產生真正有價值的內容，透過提供需求有效解決消費者的問題，驅動消費者進一步考慮產品、信賴品牌，甚至持續關注和分享的習慣，最終不僅能轉換為實際的營收外，還能帶來長期的品牌效益，累積忠實客群。

行銷種類	集客式行銷 （Inbound Marketing）	推播式行銷 （Outbound Marketing）
核心概念	讓顧客自己找上商家	商家向外尋找顧客
行銷方式	提供有價值的內容，教育消費者	進行大量廣告投放，單純銷售
傳播管道	關鍵字廣告（PPC）；搜尋引擎優化（SEO）；自然搜尋；內容行銷（知識性內容、資訊分享、教學影片）部落格；社群經營；病毒式行銷；口碑宣傳；EDM；E-mail 行銷	彈出式廣告；插頁式廣告；廣告牆；戶外大型看板；電視廣告；平面廣告；廣播；電話行銷；廣告傳單；廣告簡訊；Banner
達成效果	與消費者建立良好的互動與信任關係，消費者因獲得有效資訊而提高轉換率。	未與消費者產生互動，且大多以半強迫式要求消費者接受廣告資訊，容易使消費者覺得被打擾。

現代人的消費模式已跟十年前不同了，以前消費者在電視上或雜誌上看到廣告後，除了自己思考外，頂多就是詢問親朋好友的意見，但現在完全不同，研究顯示，有超過八成以上的消費者會在購買服務或商品前，先在網路上搜尋評論。

而造成這個趨勢的主要原因為：

1 社群網站

由於 FB、IG 這樣的社群網站徹底改變了人們接收訊息的模式，就好比 LINE 改變了 SMS 簡訊收發一樣，許多人的生活也因此與網路更加緊密地結合，廣告與內容分享的定義與差異，也從這時候開始漸漸模糊起來。

2 搜尋引擎與大數據

現代人依賴 Google 搜尋引擎的程度，可能遠比他們想的還要嚴重，搜尋引擎已成為許多人生活中密不可分的一部分。

Google 的搜尋引擎聰明到任何人只要丟關鍵字給它，它就會排列出在網路上所能找到的最好答案，我們甚至可以說若沒有搜尋引擎，就不會有集客式行銷的存在，因此在 Google 搜尋頁的排名，也自然而然成為各家品牌的主要戰場。

3 電子商務

這幾年有許多大大小小的業者、品牌爭相投入電商，由於人們越發習慣在網路上消費，也越來越傾向透過信用卡或其他電子支付結帳，對許多公司來說，不加入電子商務就像錯失了機會一樣。

而既然大家都已經在網路上購物了，還有什麼能阻止消費者去打開瀏覽器另一個分頁，在網路上搜尋關於商品的評論或相關資訊呢？

集客式行銷顧名思義是希望消費者主動聚集，但要如何讓消費者主動聚集呢？答案就是：「提供他們需要的資訊！」在網路發達的今天，網路幾乎成為每個人賴以為生的工具，絕大多數的疑問都可以透過網路取得解答、從網路上獲得所需資訊，甚至十分重視一家餐廳、一個品牌或是一項商品於網路上的評價。

當你想要買東西或遇到問題時，第一件事是做什麼？問 Google。

沒錯！人們不再因為「被動」接收到廣告資訊，看到知名品牌的廣告或明星代言就一股腦兒地去購買那個商品，「限時、限量」的專屬代言在某些商品品類或許是有效的，但前提是該代言的對象，必須符合品牌形象且深得粉絲們的心。

據調查，有81%的人在購物前會先上網搜尋相關資料。如果在網路上找不到你的資料，那成交機會很有可能被競爭者捷足先登！

大部分的消費者在做購物決策前，免不了先「Google」一番。看是否有開箱評測、其他使用者評價、品牌故事、產品特色等，甚至是因為周遭有同樣興趣愛好的朋友推薦，才會進一步評估是否購買。

當我們在工作、生活中，遇到疑問時，一定會希望有經驗的專業人士能提供建議，協助解答我們的問題，而集客式行銷的核心概念就是如此。

你必須先設想潛在顧客的需求，並針對疑問提供專業的解答，把解決方式放在官網、部落格等網路媒介上，當消費者心中有疑惑時，就會透過關鍵字搜尋來尋求解答，你的商品便可能被看見。

因此，如果你還只是透過「單向」的推廣方式來傳遞品牌或產品資訊，很有可能花一樣多的錢打廣告，效益卻愈來愈低。或是，顧客持續接收到你的廣告資訊，但內心沒有和你提供的訊息產生共鳴，甚至感到厭煩，對你的品牌反感，向網頁、平台管理者提報這個廣告讓他覺得困擾、不感興趣。

現今的行銷重點已從「廣告」轉變為「內容」。

以「內容經營」為核心，提供真正有價值的資訊給潛在客戶，並透過免費的社群平台、部落格將資訊曝光，讓潛在客戶主動找上門。如果說推播式行銷是以花大錢的方式追求心儀對象，那集客式行銷便是採取策略致勝，我們不只要追到對方，還要將他牢牢抓住！

在不同平台上鋪天蓋地的傳播內容，讓人們能夠透過不同的管道進到你的網

站，不論是藉由主動曝光還是付費媒體，都要想辦法獲得更多擴散的機會，並做好關鍵字調查及規劃、搜尋引擎優化（SEO）、社群媒體優化（SMO）、網站用戶體驗優化（UEO）的全方位行銷布局。

例如，潛在客戶在 IG 看到一小段影片後，你告訴他到「哪裡」可以看到完整的影片內容或其他更多資訊，也可以搜尋 ××× 進入你的網站；又比如他看到一篇遊記，文末告訴他造訪哪個網頁或網站，有更多的旅遊地點分享。

此外，你也可以自己創造搜尋量，像是你主動曝光一內容時，吸引大量的潛在客群開始搜尋相關的關鍵字，累積相關的搜尋結果和聲量。就像先前選舉的時候，「蜂蜜檸檬」、「愛情摩天輪」、「移民」等關鍵字，在台灣 Google Trend 上的搜尋突然爆量，你便可以好好利用這波熱度來集客。

其實集客式行銷適用於任何人，可謂未來網路行銷的主流趨勢，只要再搭配 SEO、社群行銷、行銷自動化等，便能將它的效益「最大化」，而這些行銷方式在後面章節都會個別介紹。

網銷名人賽斯・高汀曾說過一句話：「Don't find customers for your product, find product for your customers.（不要幫你的產品找客戶、要幫你的客戶找產品。）」這句話聽起來饒口，卻道出集客式行銷的精髓。

簡單來說，在銷售產品前你應該先「取得客戶信任」，而經營部落格、經營粉絲團、經營 YouTube 便是讓消費者認識你最好的方式，當消費者覺得你的分享很專業時，未來只要他們有購買產品的需求，便會選擇購買你的產品。

所以只要有心，即便目前沒有產品可賣，也可以先採用內容行銷的方式「集客」，透過文字或影片，養一群死忠的客戶，這也是在為自己塑造個人影響力。

當然，世界上的行業千百種，你可能會想問：「有沒有什麼行業『特別適合』集客式行銷呢？」當然有，那就是單價較高的產品、項目，好比魔法講盟的課程，或是消費者會「持續回頭購買」的產品，其得到的效益最為顯著，但其實只要你的內容夠吸引人，客戶依然會被你牽著鼻子走，甚至成為你的粉絲。

台灣原創彩妝品牌「UNT」前共同創辦人簡士傑便十分熟悉集客式行銷，他曾說數位行銷可分為媒體、顧客歷程、公關、客戶關係管理（CRM），但業界大多會將資源挹注在推播式行銷，選擇靠打廣告拉流量，忽略了行銷其實要「集客＋公關＋CRM」相互配合，效益才會更好。

而集客式行銷的本質又在於提升品牌本身的內容，那有哪些方式可以讓顧客主動上門呢？答案是創造符合顧客取向的內容。

指甲油的市場很大，各家廠商推出各式不同色系的指甲油，以滿足消費者想變換顏色、愛美的心，而為了便於分類，廠商大多以色號來區分眾多的產品，但UNT反其道而行，不以數字訂定色號，改用文字取代顏色分類，讓每個顏色的指甲油彷彿有了生命一般。

例如：「盛世冒險系列」、「自己的旅行系列」，不同顏色還有專屬文案，色號「赫本」，文案為「星期一是第凡內早餐，星期二是羅馬假期，我整個禮拜都是赫本。」文案為指甲油增添意義，很多女孩感覺買了「自己的故事」，從個人需求出發，打造出有故事的指甲油，更滿足現代年輕人所追求的文青感，也因此讓UNT指甲油在台灣的銷量遠超過競爭品牌OPI。

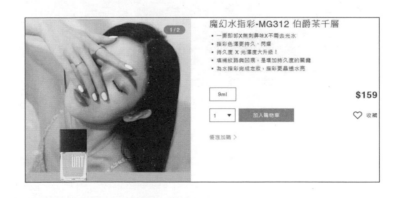

此外，保養品起家的UNT也透過產品問答、保養彩妝諮詢來了解消費者輪廓，並蒐集官網上大量的有價內容，對於較深入的發問，他們會去諮詢醫師、藥師，然後在官網上詳細回覆。

很多人有肌膚困擾，但又不想去看醫生，於是UNT就想到可以幫消費者解決，UNT不是從賣商品的角度回覆，有適合的商品才會另外留下連結向其推薦，

且提供肌膚諮詢對保養品賣家而言理所當然，消費者也不會覺得置入商品，之後再經由粉絲口耳相傳，到處推薦其他找不到地方諮詢的消費者至 UNT 爬文了解。

所有留言都是消費者真正在意的問題，而且每個字都是關鍵字，是很好的流量來源，還能導流到購買頁面，十個問題就一頁，可以想像是幾千頁的關鍵字，這些關鍵字所帶來的流量相當可觀。

UNT 還做了一個創舉——打造一面美甲牆。美甲牆附屬在 UNT 的網站下，號召所有顧客把他們的美甲照和其他人分享，非常多顧客主動 PO 文、留言，互相推薦討論，這就是集客式行銷，這樣的流量雖然小，但停留率很好，從美甲牆連結至官網購物的消費者眾多，轉化率非常高，流量品質雖然不如下廣告預算來得高，但非常精準，又不用花廣告費用，相當適合品牌用來長期經營。

現在已經了解集客行銷能帶來的好處，你一定迫不及待想趕快進行。下列提供「集客式行銷檢核表」，檢視你現有的資源和未來目標，再逐步優化每一個環節，相信你的客戶很快便會聚集起來。

		項目	勾選 ✓
	1.	是否有官網？官網是否有搭配部落格？	
	2.	官網是否符合 SEO 優化策略？	
	3.	官網是否有多語系的選擇？（如果你預計拓展海外市場）	
	4.	官網是否有做符合行動裝置的網站（RWD、AWD）或 App？	
	5.	是否清楚品牌核心價值及產品特點？短中長期目標是什麼？	
	6.	能夠代表品牌理念的三個形容詞。	
	7.	品牌色系、風格、想傳達給潛在消費者的感覺。	
	8.	是否已清楚知道你的潛在客戶樣貌？有參考數據嗎？	
	9.	你缺哪些打造集客式行銷所需的專業人才？	
	10.	行銷預算中，有多少比例可以分配給集客式行銷？	

　　將網站的內容與規劃做好，提供潛在消費者真正有價值的內容，並且不斷優化與累積，加上一些 SEO 與 SEM（後面會介紹），你就能成功透過集客式行銷，用網路自然搜尋的流量，為你找到合適的潛在客群，不再被高昂、一次性的廣告費綁架。

　　經營內容，不僅能樹立自家品牌的專業形象，更有機會與顧客建立信任感、增加互動。當顧客信任你、相信你的專業、對你有好感時，他們會更願意購買你的產品或服務，甚至成為忠實顧客，也有可能進一步為你宣傳，形成口碑效應。

　　集客式行銷雖然不像推播式行銷，可以在短時間內就有大量廣泛的廣告曝光度，它以細水長流的方式耕耘累積，看似被動，卻反而能從網站的內容與經營看到你長期深耕的結果和努力。

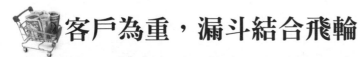

客戶為重，漏斗結合飛輪

　　傳統的行銷從使用者的認知到產生購買行為是線性的，但數位時代來臨，人

們的消費流程不再是線性的，在此跟各位探討一下行銷漏斗（Marketing Funnel）的流程。消費者可能透過網頁中的廣告或關鍵字搜尋，來找自己想購買的商品，然後透過比價、網友評價……等，鎖定不同的網站或平台，但最後可能會在實體店購買，不見得會線上買單，而你所帶給消費者的購物體驗和售後服務（客服），會再影響消費者是否回流。

每個商業行為都有它特殊的行銷方式，這要看你如何與目標客群建立關係，運用什麼樣的行銷手法。所以在了解何謂集客式行銷後，你要知道如何建立行銷漏斗，思考怎麼找出目標消費者的需求，最終滿足客戶來達成正向的投資報酬率。

下面分別介紹集客式的行銷漏斗四階段：引起消費者吸引（Attract）、轉換（Convert）、成交（Close）、滿足（Delight）。

① 吸引（Attract）

設法引起消費者注意，從眾多訪客中吸引「對的」訪客進入到漏斗中，訪客的來源很多，那要如何從陌生流量中，吸引到合適的訪客呢？關鍵在於：當訪客有需求或疑問，透過網路搜尋相關資料時，網站內容必須符合他們的需求，要能解答他

們的疑惑。

你可能會想，我怎麼知道消費者要什麼？他們又會問什麼？所以我們必須先找出潛在消費者的輪廓才行，並設想他們可能會想搜尋怎麼樣的資訊或關鍵字。

⭐ 潛在消費者的特徵是什麼？（性別、年齡、收入、居住地）

⭐ 希望獲得什麼樣的資訊？（實際上的幫助、對市場現有產品的滿意度）

⭐ 使用案例（產品的使用情境、如何取得資訊、誰能影響決策）

⭐ 獲取資訊的管道為何？

⭐ 痛點（使用的顧慮是什麼、為什麼感受會不佳）

最常見的消費者輪廓分析會從基本的人物特徵，如性別、年齡、收入、婚姻狀況與興趣習慣等方向切入市調，消費者對產品及服務的使用情境、狀況也是一大重點。在描繪出潛在消費者輪廓，並了解他們想獲得的資訊後，內容撰寫可以圍繞在客戶的需求痛點、客戶的目標、客戶遇到的挑戰上，針對這些資訊將消費者分類，然後再根據人口統計資料、產業類別等，透過不同的角度，尋找最適切的主題，產出有價值的內容。

前面一直強調，集客式行銷以「內容」為核心，提供有價值的資訊，替消費者解惑，那為什麼一定要有內容呢？因為有了內容後，你才能經營 SEO，透過社群媒體傳播內容。你必須了解到自己該如何去滿足這些陌生的訪客，他們想得到什麼有用的資訊？可以使用什麼管道來獲取？

⭐ **產出內容，經營部落格：** 撰寫深度內容是贏過競爭者的關鍵，部落格文章絕對是內容行銷中不可或缺的，除了能增加流量外，消費者也會對你的品牌留下好印象，讓轉換更順利。

⭐ **優化搜尋引擎：** 不管是什麼人，都會習慣在搜尋引擎上找能夠解決自己問題的答案，所以關鍵字可謂引導的重中之重，我們必須設計與品牌或商品相關的關鍵字，這樣就可以針對受眾的問題，進而優化你的 SEO 排名，讓消費者在搜尋引擎上輸入關鍵字後，可以順利看到我們，搜索引擎把你排的越前面越好。

⭐ **經營社群媒體：** 想要帶來龐大的訪客，社群媒體如果經營的好，幫助會非常

大。除了定期發布貼文、舉辦活動、發布優惠等，跟社群網站上的粉絲互動，會讓他們更想關注你。社群是一個能同時維繫客戶關係並吸引新顧客的媒介，且一般社群平台還有提供洞察報告的服務，你可以藉此得出受眾的特性，調整內容與社群經營的模式。

② 轉換（Convert）

你要明白，每經過一層漏斗，你的訪客就極有可能流失一部分，你可以透過階層轉換率來計算有多少消費者能順利進到下一層。

假設曝光時期有千人，轉換率 30%，代表進入發現時期的人數為三百人，以此類推，每階層會根據你操作的完成度，來決定階層轉換率的高低。而轉換率基本上不太可能是 100%，留存下來的數量會隨進程減少，因而形成漏斗形狀，所以，你可以透過在每個階層推出對應的行銷策略，來提高漏斗的轉換率，將效益提升。

轉換是集客式行銷中至關重要的環節，當你已確實吸引消費者來到你的頁面後，你必須設法讓消費者留下個人資訊，並繼續保持互動，根據他們的購買歷程制定行銷策略，讓可能有興趣的消費者掉入漏斗之中，成功轉換為潛在客戶。

- ⭐ **蒐集客戶名單**：消費者進入頁面後，網頁排版必須清楚，內容要能滿足對方的期望，並間接透露未來將提供消費者更多實用、有趣的資訊，設法讓他留下個人資訊和 E-mail，例如訂閱 EDM 等，以此蒐集名單，讓消費者確實進入你的魚池之中。

- ⭐ **善用 E-mail 行銷**：獲得消費者資訊後，E-mail 行銷是將消費者轉化為潛在客戶的利器。我們可以寄送一封歡迎信，信中除了消費者感興趣的資訊外，也可以提及未來的活動或其他優惠資訊，並於信末設置行動呼籲，設下誘餌，引導消費者至下一階段。E-mail 行銷也可讓先前買過的客戶「再行銷」，成功促使更多銷售。

- ⭐ **設計吸引人的行動呼籲（CTA）**：行動呼籲通常會設於網頁或部落格中，大多以按鈕輔以文字的方式呈現，希望消費者進行下一步動作，例如點擊購買、觀看影片、訂閱 EDM、下載檔案或填寫資料……等，消費者只要點

擊，便自動引導他們至專屬頁面。

③ 成交（Close）

成交是最重要的一部分，要讓潛在客戶成為願意下單的顧客，必須花不少功夫，我們要持續提供優質的內容給潛在消費者，才能讓他們繼續留在行銷漏斗中，完成最終的購買行動，這一個階段必須要下非常大的功夫，才不會讓之前的心血白費。

⭐ **顧客分析與管理：**要讓潛在客戶決定購買，需經歷一段漫長的溝通，透過顧客分析、找出客戶輪廓，並了解影響潛在客戶最終成交的主因，以此提高客戶的終身價值。根據不同對象選擇最適當的溝通管道，所以在最初的吸引階段，就要找到「對的流量」進入漏斗，第二階段的轉換因素，也會間接影響到成交結果。

你必須與潛在客戶持續溝通，而不同型態的消費者族群，會有各自適合的溝通媒介與內容。例如學生及年輕族群，可以利用社群貼文傳達商品資訊及優惠活動；上班族則可以寄送商品推薦及優惠資訊的 EDM，只要與顧客保持溝通，便能有效增加轉單率。

⭐ **提供個人化內容：**即便進入第三階段的客戶非常多，但要能成交才算達成目標，所以你必須了解這些顧客的購買歷程，以進一步提供他們所需的內容。

例如直接進入第一階段購買的顧客，提供的內容以建立品牌形象、商品介紹為主，讓他們對品牌有更深的認識；而訂閱 EDM 或留下個人聯絡資訊的潛在消費者，則可以持續提供他們希望獲得的產品資訊。

針對不同階段的客戶，提供不同的內容，有利於將潛在客戶轉換為購買商品的顧客，促成潛在客戶成交，不僅是透過 EDM 進行 E-mail 行銷，也包含商品網站或社群媒體平台，要確保你所呈現的內容，符合個別潛在客戶所需的內容，以縮短他們考慮的時間。

⭐ **改善顧客成交流程：**透過改善顧客成交流程，搭配行銷活動來縮短銷售週期，能加速潛在客戶完成購買。銷售週期是指消費者在獲得商品資訊到決

定購買的時間，一般來說，時間越短越好，當我們計算出銷售週期後，需要製作能夠配合銷售週期的「再行銷活動」，改善顧客的成交流程。

⭐ **限時性**：好不容易到了這個階段，如果讓已經進來的客戶又跑出去，那前面的付出全都白費了，所以搭配好的行銷活動，採取限時制的方式，也能減少消費者思考及猶豫的時間，加快購買效率。

在促使成交的階段中，可使用 E-mail 使行銷自動化，以此提升轉換效率，根據每位潛在客戶不同的消費歷程，來設計符合需求的信件內容，設定不同的觸發條件自動寄送 E-mail。

提供專屬內容給個別的潛在客戶，應將心力著重於哪些內容對客戶而言最有影響性，換句話說，我們「需考慮每位潛在客戶所處的各別需求階段，提供相對應的內容給對的受眾」，促使客戶逐步上鉤並完成購買。

第一階段主要是為了讓你真正需要的「對的訪客」進入漏斗，第二階段再將這些訪客提升為潛在客戶，提高轉化的可能性。而第三階段的成功與否和前兩個階段環環相扣，因此經由顧客分析，了解各個族群適合什麼樣子的銷售方式，可以有效提高成交。

④ 滿足（Delight）

集客式行銷的真諦就是透過提供優質內容，滿足對方所需，以此聚集客戶，並非在短時間內將利益最大化，而是要培養出專屬於自己的忠誠客戶，因為做生意就是要往長遠去想，才能創造長久的利益。

因此，在客戶進入最後階段，維繫客戶對品牌的忠誠度至關重要。可以回想一下，在第一階段，客戶透過搜尋引擎或社群平台找到你，持續推進下一步的主因，便是疑惑被解答、需求被滿足。

但消費者的需求是會不斷變動的，所以你必須更深入了解他們的需求，可以試著透過訪問調查，快速了解顧客到底滿不滿意你的產品或服務，最簡單直接的方法

就是請他填問卷。記得問卷的問題不要互相矛盾，也別問太多個人背景，不然關係沒養成，還造成反效果。

⭐ **進行問卷調查：**了解需求最直接的方式就是問卷調查，在做問卷調查前要先決定好問卷的目的性（想透過問卷了解什麼？）、背景性（對方應在什麼情境下回答問題）及邏輯性（注意問題不要互相矛盾）。

⭐ **優化社群：**社群媒體是與顧客溝通的管道，更是內容行銷的重要傳播媒介，透過分析社群後台的數據洞察報告，我們可以掌握顧客輪廓、使用習慣及容易感興趣的內容，並依此調整後續內容的方向。

⭐ **數據分析與測試：**在網路行銷中最常用的測試方法就是 A/B 測試，針對優化目標選擇測試項目作為單一變因，並以測試項目作為差異，製作 A、B 兩個版本，讓兩組隨機且平均分配的受測者，分別體驗 A 或 B 版本，測試兩個版本的差異對最終目標是否產生影響，針對個別的反應及回饋，作為產品服務和內容優化的依據。

集客式行銷透過內容帶來自有流量，與此同時能夠持續吸引新的顧客到來，有新顧客進來也可能有舊的顧客流失，一般來說，最有效的方式是利用 E-mail 行銷與消費者進一步溝通，提供他們在不同購買階段所需的內容，維繫長期且穩定的顧客關係，將流失率降至最低。

但除了內容的產出外，你引導訪客連結過去的頁面也有些地方應注意，提供以下幾點供各位參考。

⭐ **完整性：**除進站看到的商品、商品呈現、商品文案、商品購買（購物結帳），也包含看不到的部分，好比購買前和購買後的系統。

⭐ **細節性：**每個頁面都可以安排不同階段的引導，以此加深訪客對品牌的好感及印象。

⭐ **過濾性：**能透過某一階段的過濾佔比，稱為「轉換率」；反之則是「流失率」。轉換率（Conversion Rate）＋流失率（Churn Rate）＝ 100%。顧客必須透過所有階段的過濾，才會成為最終的購買者，而越優質的品牌，各階段的顧客轉換率越高。

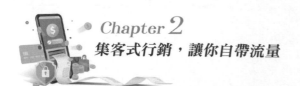

⭐ **連結性**：每一階段環環相扣，連結在一起。任一連結的績效，都會影響整體品牌的效果。整體連結的強度不在於最強處，反而取決於其最弱之處，因為消費者一旦斷掉連結，就會離開或流失。

⭐ **循環性**：顧客完成購物，即代表順利通過漏斗的過濾。下次購物時又從漏斗最上端開始，逐一通過各階段。

⭐ **合併性**：對顧客來說，每一階段都代表不同的購物成本。在已經熟悉品牌後，顧客可能會合併階段，以節省成本。

透過行銷漏斗，可以了解將陌生顧客轉換為忠實顧客的過程，在吸引新顧客加入的同時，也需透過 E-mail 行銷鞏固舊顧客。有人說，推播式行銷就好比西藥，吃下去可以馬上看到成效，但有點治標不治本，無法集中火力鎖定精準客群。集客式行銷則比較像是中藥，要用細火慢煮，喝下去或許沒辦法立即見效，但它調整的是「體質」，雖然需要經過一段時間的運作，才能看見成效，卻能營造一個永久且穩定的行銷模式。

雖然花費較長時間，但若是能夠持續提供消費者優質的內容，搭配 SEO 及 E-mail 行銷，定期檢視行銷活動成效，並加以優化，消費者能從各個管道看到你的內容，然後「主動搜尋」你的網站，你也可以確保這些消費者肯定是「高品質」名單！

早期投入集客的心力就像朝一個有漏洞的水桶加水，你的產品還無法全面解決顧客需求及問題，水桶會因此大量漏水。也就是說，你還不夠吸引顧客來與你互動，投資的金錢也可能漏出去。

不過漏出的金錢並不會白費，相反地，這段期間你與消費者的互動，能幫助你了解項目真正的問題出在哪，你的水桶會慢慢補齊漏洞，開始能夠裝水。許多人會因為早期漏出金錢便淺嚐輒止，認為都在虧本，其實這個觀念是不對的，投入心力進行集客行銷，才能確實省下你產品開發錯方向的時間。

所以，才有人會說「集客就是一切」，集客行銷不只幫你取得客源，也讓你更了解顧客、市場資訊，開發出市場接受度更高的產品。

　　而除了行銷漏斗外，現有另一行銷法為「飛輪模型」（Flywheel），HubSpot 的執行長布萊恩·哈利根曾說：「若想要成為有影響力的公司，你就要擁抱飛輪模型，讓行銷漏斗成為過去式」。

　　飛輪模型有別於以往從上到下的漏斗模型，以客戶為中心，在各個階段提供完善的消費者體驗，減少各種阻礙成交的摩擦力，設法讓顧客開心，願意幫你說好話，進而吸引新的潛在客戶上門，不斷產生動能，持續帶動業務成長。

　　在飛輪模型裡，消費者為核心，珍惜每個互動，注重每次客戶與企業互動時的體驗，在各階段中，都想辦法讓客戶有美好的感受。所以，就我個人認為，兩者其實是可以並進的，互不衝突。

　　為什麼 HubSpot 要放棄行銷漏斗，改採飛輪模型？因為 HubSpot 每次問用戶選擇他們的原因時，理由都是市場和行銷做的好等等，但近年漸漸改為「口碑」，可以見得，消費者已逐漸開始信任其他消費者使用後的感受。

　　因此，你可以先以漏斗執行，廣泛吸引住消費者並成交後，再改為飛輪經營，當初為了獲取客戶所付出的動能將持續擴大，不斷儲存和釋放能量，口碑效應更甚。

　　我們現今所處的時代，信任度持續走低，以至於流量獲取成本越來越高，潛在

用戶越來越偏向於自己做更多事前的研究，口碑的重要性因而被放大數倍，若忽略客戶所帶來的能量，無非是給自己扯後腿。

飛輪的重點就是把客戶所帶來的增長能量、效益，持續輪轉下去，且你之後再疊加上去的所有能量，都是在增大能量池的大小，所以你必須確保所有的力量方向一致。比如，業務和客服之間若沒有一致性，客戶會因此感到不愉快而離去，客戶的流失將使飛輪的速度慢下來。

當飛輪成功運轉起來後，我們便要考慮摩擦力，找到任何可能導致客戶不悅的地方，並加以改進，以此來降低摩擦力；若要提高轉化率，無論是取悅客戶、找到流失的問題，都可以提高飛輪的速度。當然，也可以從公司內部來探討摩擦力，若你自身的專業不足，都有可能導致摩擦產生。

當我們成功提高速度和降低摩擦後，會發現客戶對品牌的好感度上升，飛輪旋轉時能產生更多的能量，替品牌帶來更多增長。

將飛輪發揮得淋漓盡致的品牌非 Amazon 莫屬，對 Amazon 來說，核心業務包含第三方賣家平台、物流、Prime 會員服務；且在 AI 時代，Amazon 的核心業務更倚重 AWS 雲計算、Alexa 語音識別平台、Echo 等物聯網設備。

而 Amazon 最重要的業務就是 Prime 會員，這是其用戶價值體系的核心和基礎。調研機構 CIRP 最新公布的數據顯示，Amazon 付費 Prime 會員數量為一·二億，打破歷史記錄，且在疫情期間 Amazon 的付費用戶更增加六百萬名。

Prime 會員既是 Amazon 在線上零售的立足點，也是整個 Amazon 的核心。每年繳交 99 美元的會員費用，就可以享受包括產品優惠、物流配送、線上訂閱服務、音樂網劇、雲存儲空間等一系列會員權益，消費者成為會員後會發現，在 Amazon 平台上幾乎能買到所有生活所需用品，價格亦十分優惠，這便是 Prime 會員服務想達到的目的：一日會員，終身會員。

Amazon 所有布局皆圍繞著一個核心，那就是擴展 Prime 會員的服務，這些服務將滿足 Prime 會員從線上到線下的所有需求，比如在家透過 Amazon 下單，出門

逛超市就去全食超市^註，通勤的路上靠 Amazon Go 的消費模式。所有服務都指向未來，一個龐大的商業帝國圍繞 Prime 會員構成了緊密的齒輪咬合，這是一個環環相扣的邏輯。

會員服務留住買家，雲物流這些基礎設施留住商家；商家多了，能進一步留住買家；買家買得越多，商家就越離不開；反過來，再讓基礎服務變得更有競爭力，三個齒輪彼此咬合，將震盪放大。

一分投入，三分收穫，以多樣化、便利的服務招攬客戶，為飛輪注入力量，接著龐大的消費者又吸引更多賣家進駐，最終更多元豐富的商品又再吸引其他消費者；如此循環，推動飛輪快速運轉。

---

* 註：全食超市（Whole Foods Market）為美國最大有機食品超市，2017 年 Amazon 以 137 億美元收購全食超市，擴大零售領域的版圖。

無論行銷怎麼做，品牌力最重要

集客式行銷是一種商業方法，著重於吸引潛在客戶和訪客，而不是用廣告的促銷活動和無關緊要的內容來干擾他們，你不是把產品塞給你的客戶，而是要專注於創造有價值的內容，回答他們的問題，並解決他們的問題。你必須將集客式行銷做到……

當消費者需要購買時，他會主動來找你。

雖然集客式行銷的成果可能沒有其他廣告投放那麼即時，但長遠來看，它對你的效益絕對更有價值。

1 提升信任和可信度

若客戶是自行做功課，評估後選擇你的產品或項目時，往往比你自己到處打著「買這個準沒錯」的廣告，效果來得更好，且信賴度相對較高。

正如前文所說，現在絕大多數的消費者在購買前，都會事先 Google 評價及相關資訊，所以產出有用的內容才會如此地重要，再利用社群媒體或部落格文章等方式，絕對有助於品牌與消費者之間形成更強的連結。

2 有效流量和銷售機會

集客式行銷不僅創造品牌意識，只要消費者輪廓正確，便能吸引到有效流量，然後再轉換階段，有針對性地提供客製化資訊，讓可能對你的項目、產品（或解決方案）感興趣的潛在消費者順利成交。

3 減少廣告預算，擴增客戶名單數

如果你只採用傳統的廣告投放行銷方法，除了在這個全數位時代是非常無效外，大規模的行銷也非常昂貴，且存有風險，好比把所有雞蛋放在一個籃子裡，或是在黑暗中射箭（亂槍打鳥），希望它能擊中目標。

所以你可以透過多樣化的行銷策略，將部分預算轉移為集客式行銷，透過集客式行銷策略與 CRM 建立自己的客戶資料庫，慢慢地你會發現，如此操作不僅可以節省大量廣告預算，你的客戶名單也將越來越多，且都是品牌認同度極高的忠實客戶，將長尾效應拉升，很快便可以看到明顯的效益增長。

4 學習和發展的機會

積極與客戶互動，傾聽他們的對話、問題和回饋，有助於了解如何改進產品和

服務。

總結就是吸引到「正確的客戶」，然後不斷創造出他們喜歡並感興趣的內容、滋養他們，轉換成忠實客戶。傳統行銷各式各樣的廣告、參展，目的是在潛在客戶心中建立印象，舉例像是電視、廣播、雜誌、報紙、電話等，你能想到的所有傳統媒體工具，都可以叫做推播式行銷，但吸引的力度有限。

今時不如以往，現在消費者的消費模式已跟幾年前不同了，據統計，有八成以上的消費者會在購買服務或商品前，先在網路上搜尋評論，一個具影響力的網紅推薦，都會對產品銷售造成影響。

因此，為自己建立有價值的內容變得更加重要，透過「優質內容」來吸引客戶；用客戶感興趣的知識或內容來吸引客戶，最終達成銷售目的，請各位謹記以下兩點。

⭐ 透過搜尋引擎找到潛在客戶感興趣的內容，像網站、部落格或粉絲專頁。

⭐ 潛在客戶因為內容的質量高而關注品牌、產品或服務。

且在全面數位化的發展下，如何把「內容」搬到網路上，更是我們必須著重思考的。集客式行銷所概括甚廣，從SEO、部落格、E-mail 行銷、社群、數據分析、產出優質內容到行銷自動化等專業且複雜的知識，因此想與各位討論一下該如何操作為好。

① 品牌定位策略與行銷分析

每個成功的行銷策略都是從一個計畫與分析開始的，思考自身擁有什麼資源，以及市場現況、競爭對手為何，了解自己在現今的市場環境下，是否有相應的能力、產品及技術等資源，去與競爭者競爭，是否具可支撐性（Sustainable），以達到最實際的規劃，讓客戶的體驗階段到最後作購買決定時，都有完整的消費感受。

② 內容行銷

產出具有吸引力及引導性的內容，而這些內容要針對你的目標客戶量身設計，而不是發一個跟品牌毫無相關的文章，你要有明確的內容規劃及戰略。

- ✪ 你要製作什麼樣的內容？
- ✪ 目標受眾是誰？
- ✪ 哪些內容可以獲得受眾的喜愛？
- ✪ 內容將提供買家什麼樣的購買體驗？

③ 搜尋引擎優化

現今的消費者在購買商品前，都會先在網上搜尋、瀏覽，多方比較評估，所以在撰寫內容時，可以考慮的更深一點，多設置一些可能被搜尋的關鍵字，讓關鍵字穿插在內文之中，這樣消費者在網路上搜尋時，便能找到你的產品或項目，而非競爭對手，搜尋引擎優化能強化內容行銷的能見度，兩者是相對的。

④ 社群媒體行銷

社群媒體是推行內容行銷相當有效的管道，像 FB、YouTube、IG、Twitter、Ptt、Dcard、LinkedIn 等，如果善加利用都是非常棒的行銷工具。

⑤ E-mail 行銷

E-mail 行銷在網銷中佔有一席之地，使用電子信箱來推廣品牌，能有效培養新、舊客戶的黏著度，在集客過程中提供價值。

⑥ 影音行銷

幾乎全球性的品牌都已經開始使用影片行銷與消費者互動，據統計，消費者較容易接受影片行銷，甚至希望品牌多利用影音的方式來提供內容或展示項目，讓他們能利用瑣碎的時間接收，不用耗費太多時間在閱讀文字上。

影片行銷在數位轉型策略中已成為關鍵一環，魔法講盟就有專業的攝影團隊，可以製作各種風格的影片，像線上課程、採訪……等，教你拍出自己的影片形式，也能以合作的方式，協助你拍攝影片。

現有許多大企業也確實經由內容行銷集客，穩固品牌，使客戶的品牌忠誠度提升，獲得不少回響，以下提供一些案例供各位借鑑。

① IBM：科技顧問業的知識平台

即便像 IBM 這樣的國際大品牌，也必須採用各式不同的方式來集客行銷，策劃一系列不同類項的內容，諸如部落格、資源中心和 YouTube……等。

傳統的 B2B 企業大多以電話、E-mail 和客戶拜訪等方式來行銷，因為這類公司的產品專業性大多較強，除了有功能上的使用需求外，一般消費者不會購買，但這樣的操作模式，會讓自身企業被囚禁在 B2B 模式之中，把自己的發展性設限。

身為科技顧問龍頭的 IBM 也同樣面臨此問題，內容行銷的對象以企業為主，但他們加以變化，其推出的 IBM 影音串流平台即是許多企業觀看產業趨勢的入口網站，以高水準的專業形象提供知識內容，並透過不同主題的部落格，區隔出各領域的目標受眾，替自己的科技趨勢創造品牌專業性，得以將自身專業創造出的行銷效益最大化，充分利用內容向消費者展現自家品牌專業的形象。

可見，即便是 B2B 品牌，仍要以內容來集客行銷，畢竟品牌在溝通時面對的仍舊是「人」，以說故事的方式呈現品牌價值，能使對方更易於被說服。

2 Red Bull：能量飲如何玩轉年輕世代

知名機能性飲料品牌 Red Bull，透過自媒體長期經營內容，改善原先產品線單一的問題，也因此強化贊助對象的獨特性，得以投資高品質的影片內容。這樣的內容行銷方式，確實讓 Red Bull 成功集客，品牌印象深深烙印在年輕消費族群心中，使 Red Bull 在各媒體和社群中擁有高度影響力。

Red Bull 跨足多領域的方式，也為其創造各式商業機會，為自己的能量飲料做出最完美的行銷。「Red Bull TV」為 Red Bull 自家的網路影音平台，平台上有許多令人看了血脈噴張、手汗直流且大起雞皮疙瘩的刺激內容，但討論度最高的還是「Red Bull 同溫層計畫」（Red Bull Stratos），Red Bull 贊助奧地利極限跳傘家 Felix Baumgartner 進行超高空跳傘，他從四萬公尺高空「跳」回地球表面，展現過人的體能，打破人類最高跳傘高度。

這部影片在直播時吸引近八百萬人收看，目前影片點閱數也超過四千萬次，而 Red Bull 在 YouTube 上的整體訂閱數已超過千萬，許多評論家皆認為其影響力甚至超過 ESPN 等國際級專業體育媒體。

3 IKEA：用短片訴說內容，引發顧客共鳴

最擅長以說故事方式行銷的品牌，非瑞典家具品牌 Ikea 莫屬，以「為大家創造更美好的生活」為主軸，透過在地化的故事來加強消費者的黏著度。

歐洲各國皆有人口老化的問題，而老化速度最快的則是西班牙，Ikea 便以此為核心切入當地市場，一名退休老人因 Ikea 的鐵椅展開新生活，藉以集客行銷。場景拉到台灣，Ikea 把故事主角改為檳榔攤老闆娘，在地文化融入內容之中，Ikea 將那狹小的檳榔攤加以改造，老闆娘終能擁有舒適的環境。

Ikea 根據行銷地區的不同，產出各種不同的故事，內容鮮少直接傳播其便宜和富設計感的產品優勢，選擇聚焦情感層面，觸動消費者的心，利用在地化的角色和劇情鋪陳，讓消費者也能感同身受地將自己代入角色之中，拉近 Ikea 與消費者之間

的距離，更創造出為消費者設想，願意共同創造美好生活的品牌形象。

透過檳榔攤的故事，敘述店鋪狹窄而面臨空間收納的問題，經過 Ikea 規劃動線後，輔以自家產品的設置，成功解決老闆娘（顧客）的煩惱，在消費者腦中留下深刻的印象。Ikea 透過這種故事性的廣告，創造出許多消費者想知道，又真正解決他們問題的內容，觸動共鳴外，更確實觸發消費者心中購買的欲望，抓住消費者的眼球，達到集客效應，也確實提升品牌力！

品牌形象就是指一個品牌在消費者心中建立起的評價或認知，具有舉足輕重的地位，甚至可能是他們在消費抉擇時的重要關鍵，所以在進行集客行銷時，你所產出的內容相當重要，能塑造出你的品牌形象，但在經營品牌前，要先告訴大家一個很重要的觀念，那就是找到自己的市場定位。

你可能會疑惑：做品牌不就是要讓大家知道我們是誰嗎？為什麼還要區分市場與目標群眾？讓品牌眾所皆知確實是品牌形象的最終目標，但如果沒有在一開始就確定好市場中的定位與目標群眾，很容易迷失自我，變成誰也吸引不了的品牌。

人的記憶是短暫的，為了讓受眾記住你，盡可能地提到品牌的名字可以幫助消費者留下更深刻的印象。舉例來說，知名住宿比價平台 Trivago，他們在短短一分鐘的廣告內就提到七次品牌名稱，使品牌深深烙烙印在受眾的腦海裡。

「美名更勝財富」，打造品牌知名度，有助於幫助顧客建立品牌認知，優化整體的品牌體驗，進而提高轉換機會，並與競爭品牌做出區隔，強化顧客的黏著度。品牌知名度能為品牌奠下良好的溝通基礎，開發基數足夠的潛在客戶，持續開拓、加以經營，必能使品牌長久立於不敗之地，不用特別行銷，也能時時集客。

想集客，善用社群創造口碑

同樣的產業就有各式各樣不同的產品，那要如何在產業中脫穎而出，最重要的

就是網路行銷方法。網銷對各行各業來說，可謂面臨巨大的考驗，業主與行銷人員無所不用其極地使用各種網銷工具，想要搶下客戶，必須想盡辦法用各種方法彌補「產品優勢不夠」的問題，再延伸出品牌重視的「口碑行銷」集客效益。

你可能有這樣的感觸，為什麼廣告成本越來越高，打了廣告，卻都打不中目標客戶。到底怎麼取得自然流量？怎麼把品牌和產品打入消費者心中？品牌力必須利用良好的社群經營手法來達到目的。

試問社群在網銷中扮演什麼角色？老實說現在要想「社群行銷」，有一定的難度，所有品牌幾乎都有粉絲專頁，想用低廣告成本、甚至免費達到宣傳品牌或產品的效益幾乎不可能。

大環境較不利於社群經營，偏偏絕大多數業者對於社群經營觀念錯誤，看不到效益，只好砸廣告爭取曝光，現在的閱聽人又越來越聰明，不容易被廣告吸引，因而形成高成本、低成效的惡性行銷循環，讓大家叫苦連天。

根據維基百科對社群行銷的定義，是個人或群體透過群聚網友的網路服務，來與目標客群創造長期溝通管道的社會化過程。所以，社群行銷需要透過一個能夠產生群聚效應的網路服務媒體來運作或經營。白話一點，社群媒體行銷並不是單指在FB上做行銷活動，而是在「有人群」聚集的網路平台、通路上行銷，都可以稱為「社群行銷」。

而社群行銷的定義，不只是導購，很有可能是相關議題探討，或是利用近期火紅的議題延伸。所以，社群行銷和內容行銷有著密不可分的關係，社群行銷是將內容散布出去，用更新鮮、更專業的方式包裝內容，將內容行銷的效益最大化。

2008 年，美國總統歐巴馬利用 YouTube、FB 等網路平台在初選中擊敗聲望極高的希拉蕊。2015 年，台北市長柯文哲利用線上網路平台發表新政，使用YouTube 推播競選廣告，成功當選台北市長，他們並不是獲得什麼一呼百諾的魔力，只是有效利用社群來集客。

錯誤的社群經營觀念誤把「社群」當作「廣告平台」、「推播通路」來經營，造成互動率極低，形成沒有流量、自說自話、沒有交流的殭屍社群。你要創造的是

消費者的「情感交流」，而非不斷放送產品與活動訊息，讓你看起來像直銷，造成反感。

　　社群真正的核心價值是：建立人與人之間的連結，建立起品牌與消費者的橋樑，用真心與他們溝通，創造消費者對品牌與服務的好感，讓他們自然將品牌或產品擴散出去。關於銷售，就讓產品自己說話吧！

社群行銷、口碑行銷和集客有什麼關係？
答案是，集客需藉由口碑，而口碑就在人群裡。

　　口碑行銷在業界盛行已久，利用開箱文、心得文來影響消費者決策行為，就是以往口碑行銷的模式。但現在這些圖文並茂的開箱文、心得文，對消費者來說可能已沒有當初的信任感，因為大多為贊助文章，也就是常聽到的「業配文」。當然，我們不能全盤否定開箱、體驗文，這對某些產業來說還是有其效用存在。

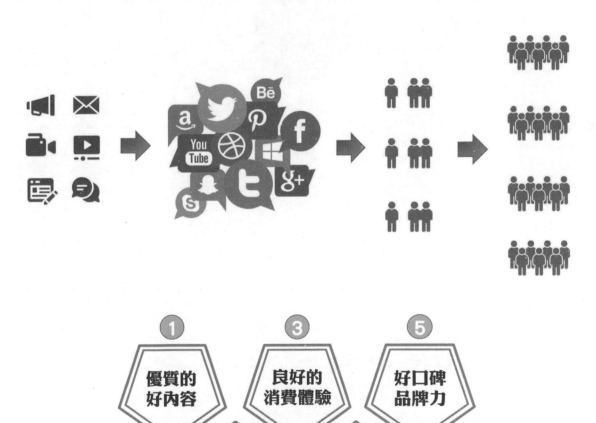

那社群行銷和口碑行銷到底有什麼關聯？現在的口碑行銷不像當初那樣發動網軍幫你推廣就好，你必須把你的品牌、產品和服務做好，讓消費者真心推薦給他的朋友，發散出去，形成真正的「口碑」。

而社群就是建立良好口碑的最佳管道，利用真實的「好內容」，來打動消費者、正中痛點，因為內容實用而被擴散，減少廣告開銷，內容發散後品牌力也逐漸形成，尤其是對獨立創業者和中小企業來說，沒有大企業的規範束縛，反而更能用心「玩社群」。

集客式行銷透過長期的「內容行銷」，以導入時間成本的方式，取代高花費的廣告成本，發展出能打中消費者的痛點，讓消費者化被動為主動，搜尋品牌與產品，在線上形成社群，在線下形成口碑，建立起品牌力，打造具有含金量的行銷通路。

社群平台已徹底改變消費者接收訊息的方式，不同於以往從電視、廣播、看板接收品牌或產品廣告，消費者現改以手機搜尋資訊較多，因此許多企業都選擇跳過傳統媒體，直接與消費者溝通，和他們取得關係。

而以集客行銷來說，要擴散出你精心製作的好內容，產生品牌力，除了 SEO 搜尋引擎優化外，就是靠內容行銷和社群行銷來形成好口碑，利用社群的高擴散

力，使好內容被看見，讓消費者自動找上門。

找出一套明確的品牌核心價值，並持續加以傳播，使消費者與品牌產生情感連結。「真心」經營社群，製作有用的內容，將社群行銷視為集客行銷中重要的一環，運用社群擴散的力量，提升品牌力。

但在經營社群前，別忘了先了解各社群的定義及優勢，思考社群經營可以為品牌帶來哪些好處，有針對性地進行內容行銷，才能規劃出最有利的策略，將效益最大化。

社群媒體是網路普及下的產物，只要是可以用來創作、分享、交流的網路平台，都可以稱為社群媒體，常見社群媒體有 FB、IG、Twitter、YouTube、Podcast、LINE、Dcard 及 LinkedIn 等，不同社群平台的性質不同，使用的族群也不一樣。

社群經濟正是基於社群而形成的一種經濟思維與模式，它基於社群成員對社群的歸屬感和認同感而建立，借由內部的橫向溝通，發現社群及成員之間的需求，然後再透過這些需求，獲得相對應的增值。

相較於傳統媒體，社群媒體具有以下優勢：

⭐ **培養社群，維持互動、溝通：**愛好者彼此聯繫，一起做感興趣的事情，提供他們第一手訊息與內部消息。
⭐ **即時且公開：**訊息可即時發送且公開發布，讓人較易於接受。
⭐ **讓成員協助開發產品並提供內容：**在網路世界，大家可以暢所欲言，可以利用有創意的想法，來開發產品，有些網友甚至是業界的菁英人士，能夠給予建議。

組成社群的人通常具有很強的共通性，無論是興趣、職業、性別及年齡等，鮮明的分類可以幫助品牌鎖定目標客群。社群平台也很適合讓業者與消費者進行雙向溝通，透過頻繁的互動建立鮮明品牌形象，社群平台的訊息傳播非常快速，有機會形成病毒式行銷，讓品牌知名度快速竄升，提升消費者對品牌的忠誠度與黏著度。

且現在社群平台都建置得很完善，透過社群經營可以將受眾分成不同類別，並

針對不同需求規劃合適的行銷策略，滿足客戶需求，提升成效。而要想掌握社群經營來集客，你需要精準擬定社群行銷策略，整理如下。

① 制定目標及受眾

制定目標是社群行銷的第一步，要先了解品牌想達到的目的，掌握主要消費族群的喜好、年齡、職業等，才能根據痛點設計出目標客戶喜歡的內容與行銷策略。且不同產品、服務或活動的目標客戶可能不太一樣，所以必須不斷調整行銷策略，才能維持社群互動和觸及率，進而提升轉換率。

舉例來說，如果你想透過社群創造品牌聲量，規劃策略時就必須注重曝光量及互動率；如果目標是導流，則應該注重轉換率和點擊率。此外，選定目標受眾也是很重要的工作，消費者輪廓的不同，採用的策略、素材及社群平台都會不一樣，不能僅產出一種內容就想打通關，這樣可能造成反效果。

② 選定社群平台

每個社群的特性及使用族群都不盡相同，你必須根據品牌形象、目標客戶及銷售策略……等，選擇合適的社群平台，才能將成效最大化，以最常見的 FB 及 IG 為例，FB 使用者的年齡層比 IG 高，因此，若你想要打入年輕市場，選擇 IG 作為主要社群平台會比較合適，當然，你也可以根據社群的類向調整你的策略，以符合該社群的走向。媒體素材也會影響社群平台選擇，好比 IG 的素材主要是圖片；FB 可以結合較長的文案內容；YouTube 則以影片為主，現在還有以聲音為主的 Podcast。

如果你還不太熟悉社群的操作，也不用緊張，先主力經營一個社群平台，穩定後再延伸到其他社群媒體即可。我建議根據主要消費族群的使用習慣來選擇主力平台，可以得到更好的成果。

社群平台	特性	使用族群
Facebook	使用人數多，可發表長文案搭配圖片或影片，適合用來經營官方網站，發布重要的內容，若要轉發也相當容易操作。	使用者年齡層分布廣泛，主要活躍族群介於三十至五十歲，樂於分享有趣的內容。
Instagram	以分享照片、圖片為主，使用者較重視拍攝技巧，適合分享即時生活（限時動態），受到網美的喜愛。Po 文可以使用 #Hashtag 來連結品牌或好友。	使用年齡層較年輕，即時、快速的互動可以增加品牌黏著度。
Twitter	歐、美、日、韓常用的社群媒體，適合即時、簡短的訊息傳播，限制使用者發文的字數在一百四十字，以發布有趣的內容、圖片，以及激勵人心的格言為主。	使用者落在二十至二十九歲區間，大多喜歡第一手的消息，任何即時、快速的訊息，或是有趣的圖片都能引起大量的關注。
YouTube	影片為主，隨著影音內容日漸取代傳統電視節目，現今消費者也大多習慣使用手機觀看，且影像比文字更容易被記住，因此 YouTube 的廣告效益不斷提高。	使用族群廣泛，且行動裝置普及化，使用者佔全世界 1/4，台灣有超過 90% 的民眾每月至少造訪 YouTube 一次，每日使用者則高達 70%，逾半數使用者每天在 YouTube 花費超過一個半小時。
Podcast	藍芽耳機普及後開始盛行的社群媒體，雖然互動機制較少，但可以隨時接收資訊的特性，受到很多通勤族的喜愛。	通勤族、家庭主婦、學生等族群，一邊做事或通勤的同時，可以一邊接收資訊，或是提供睡前時間的陪伴感，適合培養受眾對品牌的依賴感。
LinkedIn	使用 LinkedIn 多是因求職的需要，或是同事之間的聯絡管道，透過 LinkedIn 經營社群網絡關係，因此使用者通常是對你的公司有興趣的人，像是找工作或商業合作夥伴。	使用者比起其他社群網站而言較年長，大部分是在三十至六十四歲之間，使用比率約佔成人市場的 28%，教育程度以大學畢業生居多。

③ 規劃優質內容

　　有了明確的目標受眾，選定社群平台後，就要根據平台屬性及客群喜好，選擇合適的素材來製作內容。優質的內容可以建立長遠的互動關係，增加目標受眾對品牌的信賴感，帶來集客效應，有利於品牌長遠經營。

且考量消費者輪廓及社群平台特性製作優質的內容，可以引導用戶主動分享、互動，維持穩定的社群互動及觸及率。如果消費族群喜歡時事新聞，可以多分享與品牌或產品相關的新聞內容；如果圖片素材的觸及率比文字素材更好，那就以圖片作為主要素材，視反饋隨時變化。

④ 利用社群營造口碑

雖然提升轉換率是品牌最終目的，但在曝光產品資訊前，要先培養用戶對品牌的信任感，才能觸發購買產品或服務的動機，一直推薦產品反而會讓消費者反感而失去信任。當用戶信任品牌並使用過產品後，可以進一步觸發社群分享，讓品牌力像滾雪球般不斷增強。

⑤ 強而有力的行動呼籲

社群媒體的流量必須透過「行動呼籲」來轉換，根據轉換的目標不同，行動呼籲可以是登陸頁、官方網站、網路商城等連結，將流量從社群導引至目標網站，提升品牌的轉換率。

⑥ 追蹤成效

大部分的社群平台都有提供數據統計的服務，可以透過後台的數據統計，分析行銷策略的成效，觀察不同的內容、素材、發布時間等成效的影響，進而調整社群行銷策略，維持穩定的效益。

不管是什麼樣的年齡，在什麼地方，從事什麼行業，人們都一定有消費需求，且有自己的喜好，好比習慣使用某品牌的牙膏，或是某品牌的 3C 產品，這些擁有

相同喜好的人們聚在一起，就構成許多粉絲團。而在網銷時代，有粉絲的地方就能行銷，你可以借助粉絲的力量展開粉絲經濟，進而成為網銷中最奪人眼球的社群行銷。

這個時代做生意的關鍵就是「社群經濟」，用社群創造商機交流、推薦、分享、購買，藉由社群互動產生購買行為，這也是社群經濟有意思的地方。在以前，行銷主要透過廣告，一看到電視廣告，你便知道它要賣東西給你，所以防備心會早早升起。

但如果你看到一堆明星為某產品代言、見證，就會很自然地跟著大家買單。好比喜歡 BMW 的人，他們本身大多也是 BMW 的玩家，於是這些玩家便組成社群或社團交流，若你是 BMW 車商，想要尋找高消費力的潛在客戶，那就可以加入諸如此類的社群、社團，這樣你很快就能銷售出去。

使用者因為好的產品、內容、工具聚集在一塊，經由參與式的互動，共同的價值觀和興趣形成社群，從而有了深度連結，盈利的商機自然浮現。LINE 就是一個非常典型的案例，它從一個通訊工具竄起，逐步加入朋友圈貼文與評論等功能，然後又添加 LINE Pay、LINE 購物、LINE Taxi 等功能。

也有人靠經營 FB 粉絲團賺錢，以藝人柯以柔創立的「柔媽咪團購福利社」為例，初期藝人的光環對他多少有些加持作用，但她能將社團經營至二十萬人左右，就不僅僅是靠藝人光環了。

其實，她除了經營粉絲專頁外，也有創立自己的部落格，且她在直播時，不像電視購物、傳統夜市或其他 FB 直播主賣貨一樣，以叫賣的方式不斷對商品喊價，她以媽媽的角度去介紹自己使用過的商品或吃過的東西，如何去挑選產品給孩子，並在線上與社團成員互動，交流這些商品的使用經驗及回答成員對商品的疑問，諸如功能、價格、規格、成分等等。這樣的模式，讓她每次推出的限量商品都秒殺售罄，荷包自然賺得飽飽。

不過，每個人的個性及經營方式不同，一般人選擇考量加入的社群也會不同，並不是說直接叫賣的模式就不可行，生鮮直播主丟丟妹便靠著獨特的叫賣模式

吸金，不吝於展現身材，直播以熱舞登場，個性熱情又阿莎力，時常打折、贈送「丟」禮物，因而有丟丟妹稱號，已累積逾百萬粉絲追蹤，曾創下兩分鐘進帳二百萬的超高業績。

粉絲能帶來財富收入，能顯示一個品牌或一個人的號召力和資源，財富不等於粉絲，但粉絲卻能轉換成財富。不同的人吸引不同的粉絲，明星吸引的是關注娛樂圈的年輕粉絲，現代作家吸引的多是文藝青年，這些粉絲在各自的圈子裡相互交流、樂此不疲，成為各行業最活躍的免費廣告連結。

比如在電影產業，電影公司以明星的知名度吸引觀眾先看片花、預告片，利用粉絲間的相互傳播達到票房大賣，粉絲行銷不僅在電影行銷方面常被使用，現在也廣泛用於商品行銷中。

很多行業開始重視粉絲的作用和號召力，粉絲概念開始向更廣闊的領域延伸，不再只有明星藝人才有粉絲。行動網路時代下，粉絲經濟日漸蓬勃，只要你擁有夠多的粉絲，那你的產品便有籌碼大賣。

我們可以利用自身的品牌知名度，吸引一批相同價值觀的忠實用戶，例如讚賞 Apple 品牌的「果粉」，就為 Apple 創造了大部分的收入。此外，我們也可以依靠優質的產品品質、服務品質等，在社群上進行長期經營和推廣，聚集一大批關注者，拉攏消費者組成龐大的粉絲群體，而這些粉絲群體透過強大的社交網絡相互傳播分享資訊，達到擴大知名度、增加產品銷量的行銷目的。

Apple 手機產品將粉絲行銷的效果發揮得淋漓盡致，甚至出現一些狂熱粉絲，徹夜排隊也不嫌累，只為了買到最新款的 iPhone 手機。由粉絲所產生的行銷效果極其明顯，驚為天人，但也說明一點，這樣的忠誠粉絲需要以優質的產品為根本，如果產品本身不夠出色，粉絲的行銷效果也不盡理想。

除了投放廣告讓消費者認識產品外，你也可以靠社群來經營品牌形象，拉近與消費者之間的距離。以全聯福利中心為例，過去的主力消費者多為三十五至五十五歲的中年族群，近年以出色的社群粉絲團經營吸引不少年輕消費者。

粉絲團以有趣圖文「火鍋料標語」引發社群上的轉發潮，讓網友們主動分享圖文、達到宣傳效果。全聯成功透過社群操作吸引到新的消費族群，更替自己塑造便宜、經濟實惠的品牌形象，三十歲以下的消費者甚至成為成長最快的消費族群。

所以，你要用實際行動去拉攏更多的粉絲，而不是被動地等待粉絲為你做任何事情。你一方面要站在消費者的角度，更要站在粉絲的角度，設計出能滿足他們潛在需求的產品；另一方面，則要建立與粉絲交流互動的平台，讓粉絲成為你產品的支持者和傳播者，讓他們主動為你的產品代言、打知名度，替你集客。

而要想讓所有人為你的產品和服務按讚，既要有實實在在的好產品、好服務，還要有忠實的用戶。一個品牌要想做出成績，最重要的是有好的口碑。而好口碑既是傳出來的，更是做出來的，那要如何做才能贏得所有人的讚，讓「讚」替你吸睛又吸金呢？

① 讓粉絲留下評論

口碑行銷離不開傳播媒介，因為你需要為產品、品牌的傳播，提供一個良好的網銷戰場，並在此媒介遍地開花。官網、FB 粉絲團、LINE@ 等都可以成為消費者互動的平台，不但可以傳達自己的行銷理念，還可以傾聽顧客的心聲和訴求，在交流中加深情感互動。

但有九成的消費者都只會瀏覽帶過，兩成的人願意留言互動、點讚，只有一成的消費者願意主動分享自己的購物體驗，希望自己的使用心得能幫助到其他人。

使用者願意互動交流的原因可大致分為以下幾種。

⭐ **利誘驅使：**只要留言就可以抽獎或得到獎品。

⭐ **氛圍驅使：**看到大家討論熱烈，引起共鳴後踴躍發言。

⭐ **情感驅使：**使用感受強烈，因而有極端的購物體驗想要宣洩，有可能大好也有可能大壞。

⭐ **個性驅使：**本來就喜歡和他人分享和傾訴，希望自己的使用心得能幫助到

其他人。

一般最常吸引消費者留言的方式為提供贈品或抽獎，這樣雖然可以讓留言區活絡起來，但消費者的留言參考度可能下降，所以有些品牌甚至會請水軍或是員工、朋友充數，在下方留言，提升留言區的力道，釣出那些真的有參考價值的留言。

2 主動為你按讚

能確實讓消費者受益的產品才是好產品，能確實解決消費者問題的項目才是好項目，如此才能贏得使用者真心的讚美。如果你能給顧客一個特別難忘的美好經驗，例如你的餐點好吃到讓他難以忘懷；你為他推薦的衣服讓他走在路上被稱讚；第一次用 App 叫車或使用電子支付，便利的介面讓他容易上手……等等，只要帶給他開心的體驗，你就成功賺到一名粉絲，他就會自動自發地幫你口碑行銷。

在顧客至上的今日，消費者體驗和口碑俱佳才能刺激他們的消費行為。倘若你的產品不夠好，花再多錢行銷也是做白工，就像雷軍對小米目標的描述一樣：「做讓使用者尖叫的產品是我們的追求，我們更追求用戶使用過後真心的推薦。不僅要把產品做好，而且要讓你的消費者、你的用戶向身邊的人推薦，這就是小米的目標。」好的產品、好的服務都是讓消費者主動為你按讚的籌碼。

3 口碑行銷，好評推薦

為產品、項目付出許多努力，相信大家都會希望使用者主動將我們的「好」擴散出去，吸引更多潛在用戶，讓更多人知道，甚至是認同我們的產品。

而只有真正使用過產品的人、被服務過的人，才能說出真實感受，並完美的傳播給其他人。所以，我們要積極培養最佳粉絲，讓這群粉絲們帶出更多的潛在用戶，真實的體驗與推薦更容易贏得消費者的信任，他們才會願意再介紹給身邊的親朋好友，甚至是影響身邊的人的購買決策，因此這又回到我們一開始強調的，若要

做好集客行銷，那便要產出好的內容或項目，以此來培養你的首波粉絲！

⭐ **培養你的鐵粉：**持續提供有用的內容替消費者解決問題，或是良好的產品品質，讓他們擁有良好的消費者體驗，才能確實培養出專屬於你的鐵粉，為你的品牌做口碑。

⭐ **搭建社群，串起網絡：**社群前面已有提及，諸如 FB 粉絲頁、Twitter、部落格、LINE@、官網等，提供消費者更多互動的管道，客戶正面的評價是最好的口碑行銷。

⭐ **反饋和評價：**鼓勵客戶分享、反饋，然後將這些資訊轉傳給潛在客戶，讓他們知道擁有產品後能獲得的好處。

有在經營電商的平台，都相當看重消費者給出的評論，因為他們明白，只要有消費者關注，那就等同於擁有銷量，評論就是他們的利潤來源。好比蝦皮的商家大多很在意售後的評價分數，若客人未給五星好評，便會主動用聊聊功能詢問買家，是否有哪個環節出錯，或是產品哪裡有問題，盡力維護店家的評價。

為什麼賣家們要這麼做？誠如前面所說的，現在的消費者很重視口碑及好評度，你在蝦皮上逛店家的時候，你要的商品有好多間店家在賣，除考慮價格外，你是否會看看他的星等評比？如果店家只有三顆星，你可能就會擔心商品品質不好或售後服務不佳等問題，因而直接跳過，選擇接近滿星等的商家，甚至是選擇「嚴選賣家」。

至於該如何提升自己的品牌好感度或店家好感度呢？首先，耐心是一定要具備的，每個環節都要做到盡善盡美，日積月累下便能看到成效。而提高服務品質也是關鍵，維持一定的服務品質，不因為消費者態度不佳便影響自己的服務態度。

當然，最重要的是你所提供的產品質量及內容，若想集客和留住客戶，持續提供好的內容和產品是定不可少的。

網銷最佳平台：FB

社群行銷大行其道，而最多人使用的社群之一莫過於 FB，因此，你可以在 FB 上舉辦活動，倚賴社群媒體的特性，強化宣傳的效果。

＊ 人人有帳號，降低參與門檻：藉由 FB 舉辦活動或經營粉絲團，網友可使用已有的 FB 帳號輕鬆加入，不必再熟悉新的活動介面，也不需要再填寫個人資料登入會員，方便又快速。

＊ 強大的人際網，提高觸及率：據統計，FB 用戶每人平均有二百名以上朋友，利用人際網絡的力量增加曝光率，一個拉一個，增加知名度與影響力。

＊ 實名帳號、提高活動灌票門檻：FB 為實名制，網友在申請帳號時需要以真名提交，加強網友在網路上各項行為、言論的責任感，也可避免假帳號被使用於活動中，產生灌票等問題，可讓活動更具公信力並保障網友的權益。

行銷自動化，智能化集客

在近年疫情的衝擊下，造成線下消費劇烈震盪，線上消費氣勢如虹地增長，這時「網路」便成為主角了，若你還不轉換跑道至網路行銷上，根本別想存活下來。所以你必須積極規畫各種不同的網銷策略，同時並進執行。

你可能會有疑問，要統籌所有的銷售規劃，每天又要發想各種優質內容，這些事情就已耗費掉你所有的精力，又該如何挪出時間操作呢？沒錯，人的精力確實有限，所以我才一直強調「自動化」，將行銷整個過程自動化，利用 AI 來管理，自動將潛在客戶轉變成真實買家，透過需求轉化、潛在客戶管理、銷售和市場行銷過程中，將各類任務和工作流程自動化，那你就能把心力放在其他更重要的事情上。

隨著下廣告的效益越來越低，許多業者已漸漸將推播式行銷的比重降低，甚至是不再選擇推播式行銷，轉而投向集客式行銷的懷抱中，但集客式行銷相當看重內容質量，必須花費更多的心力思考、腦力激盪，所以若想要在競爭的市場中展露頭

角，勢必得將流程自動化才行。據統計，未來將行銷自動化的企業高達 75%，甚至更高，因此這可謂勢在必行的頭等大事。

行銷自動化有助於縮短銷售週期、增加收入、增加行銷投資回報率，對集客行銷來說是不可或缺的。且行銷自動化也有助於我們評價潛在客戶，區分那些準備購買和那些需要進一步培育的人，系統能經由人口統計學、公司規模、行業、職稱屬性、E-mail 的點擊率、網站訪問和內容下載等使用者行為的統計，來進行綜合評估，舉例如下。

假設今天有十位訪客進入你的網站，被你的產品吸引，決定留下資訊，希望未來還能收到相關新品資訊，只要填寫表單留下資料，系統會觸發自動發送一封 E-mail 歡迎信。兩天後，五位訪客再度造訪網頁，並將之前瀏覽的商品加入購物車之中，但其中二位最後沒有完成結帳，這時自動化機制可透過消費者行為，將他們分成三個族群，並對他們寄送不同的 E-mail。

⭐ 對於完成下單的客戶，主動寄送訂購確認單，並感謝其購買商品，後續可再寄送出貨進度回報，文末可再推銷其他產品，或是「其他人也購買……」等資訊，看能否促成另一筆訂單的成交。

⭐ 對於註冊後毫無作為的五位會員，寄送專屬的優惠資訊，下誘餌使他們重訪網頁。

⭐ 對於那二位未結帳的買家寄送提醒結帳信，默默推他們一把，促使成交。

可以發現，將潛在顧客導入行銷自動化漏斗，接著採取一連串行銷活動，促使他們成為有效顧客的流程，不需要繁雜的人力操作，一切都可以透過系統設定自動完成，你就可以將心力放在後續的飛輪模型上，將客戶的品牌忠誠度再提升。

據統計，有 67% 的行銷人員偏好使用行銷自動化，其中更有 87% 的頂尖企業使用，如此一來便有更充裕的資源投入其他行銷活動，為公司營收帶來 14% 的成長。以下列舉行銷自動化帶來的五個好處。

① 提升執行效率

應用行銷自動化最主要的目的是希望節省人力的執行成本，將人力放在不可被科技取代的部分；另一個目的也是希望自動化工具能取代重複性的動作，讓我們能把心力放在更需要腦力激盪的事物上，例如策略的制定、優化消費者體驗及活動成效監測等。

② 提升投資報酬率

只要認真集客，你的產品一定會越做越大，但規模擴大，勢必耗費更多的人力及時間在處理瑣碎的事情上，大大降低你的市場競爭力，使投資報酬率下降。這時行銷自動化工具就顯得相當重要了，它可以助你減少許多繁雜的手動程序，以 E-mail 自動化為例，當潛在顧客在不同的消費者歷程時，設定特定的消費者行為觸發機制，讓信件透過你設定的規則，將指定信件傳送給指定階段的客戶，使我們與顧客的溝通更加即時，且符合客戶個別需求。

如此一來，不僅能提升轉換率，也大大提升工作效率，能有更充裕的資源將心力投入制定行銷策略及產出內容中。

③ 客製化行銷

「客製化」對開發潛在顧客來說至關重要，收集並分析大量數據描繪消費者輪廓，再根據不同區塊的消費者特性製作行銷地圖，將適當的內容在對的時間傳達給對應的消費者。

④ 即時衡量成效

有 37% 的行銷人認為，自動化的一大好處是能夠即時衡量行銷成效表現。行

銷自動化根據即時的數據分析，讓我們了解哪些行銷活動對消費者來說是有效、哪些是無效的，進而調整接下來執行行銷活動的方式。

⑤ 開發新客戶且維繫舊客戶

顧客終生價值是指每個客戶未來可能為我們帶來多少效益，意即企業與顧客的關係並不會在顧客決定購買商品後終止，我們必須不斷維繫與顧客間的關係，讓舊顧客回流的同時，也開發潛在顧客。

行銷自動化能夠持續追蹤行銷活動成效並優化行銷流程，提供消費者適合的消費體驗，因而有更多的時間及資源，著重於獲取新客戶的開發與舊客戶的維繫。

但要釐清一點，自動化雖然可以幫你將繁雜的行銷活動精簡化與規模化，但它無法取代知識的激盪，內容的產出及策略規劃還是必須靠自己；自動化工具雖然能節省時間、提升效率，但它仍是一筆預算支出。

因此，使用行銷自動化工具前，要確保自己的資金充足與否，才進一步考慮以金錢換取時間，架構一個自動化的網銷系統，後面章節會再向各位介紹如何低成本架構系統，助你打造出屬於自己的自動賺錢機器。

網銷的秘密：SEO

搞懂SEO，
讓你訂單接不完

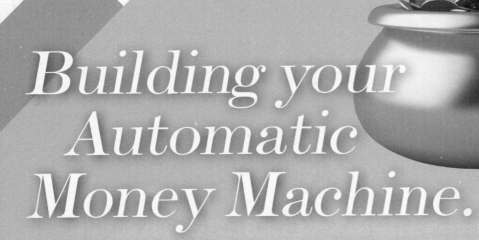

Building your Automatic Money Machine.

3 網銷的秘密：SEO

　　魔法講盟之前邀請六位知名網銷老師一同傳授「如何透過網路，打造自動賺錢機器」的方法，獲得廣大學員的迴響，我因而決定集結課程之精華出一本書，重新彙整並加上個人經驗分享，除基本的理論教學外，更要能真的串起自動化流程，協助讀者和魔法講盟的學員、弟子確實賺到錢。

　　談到網銷，有一個重點絕不能忽略──搜尋引擎最佳化，也就是俗稱的 SEO（Search Engine Optimization），所以要來好好跟各位討論，了解這玩意兒究竟是如何運作的？它的演算規則、機制又是什麼？相信你一定知道，在現今這個時代，任何人要想賺錢，勢必得要有一個項目，推有一項商品或服務要賣、推出，就算只是一個想法也行，將想法透過網路來販售，把腦中的知識變現。

　　那透過網路來銷售你的項目，是不是要先有一個網站或平台來上架呢？好，重點來了。請問要如何讓廣大的網友們，看到你的網站（網頁）？就算是透過別人的平台上架，那在眾多賣家中，要怎麼讓大家看到我們店鋪的商品？現在網站多如天上之繁星，究竟要如何提升能見度，使消費者一眼就認識、看到你？

　　看到這，你可能就覺得難如登天，但這還只是成功網銷的第一步而已。試問，倘若大家都不知道網站（網頁）、店鋪的存在，你要如何賺大錢呢？有上過魔法講盟課程的人都知道，我所創立的是培訓暨出版行銷公司，最擅長的理應是書籍出版，為什麼卻可以講授網路行銷的課程？拿什麼內容跟各位上課？

　　三十年前，我獨自創業做出版，起初生意都算穩定，但大概從二十年前開始，

香港首富李嘉誠派人帶幾十億元資金到台灣收購出版業，野心甚大的他，打算在台灣組建一間最大的出版集團，也就是現在的城邦集團，從那時起，出版業漸漸走向下坡，絕大多數的出版社不是被併購，要不就是結束經營，運氣好的小出版社或許還能堅持下去，但也只能在夾縫中求生存，所幸當初我做出正確決策，順利挺過危機，現在才能屹立不搖地在業界挺立著。

二十年前，我帶領著出版夥伴們擴展業務範疇——「自資出版」，你隨時都可以做測試，只要在 Google 搜尋引擎輸入「自資出版」，可以看到我的出版集團排列在第一、第二位，就算沒有前三名，也都會在第一頁，這就叫 SEO，把關鍵字的能見度提高，你可以參考下方圖片框線處。

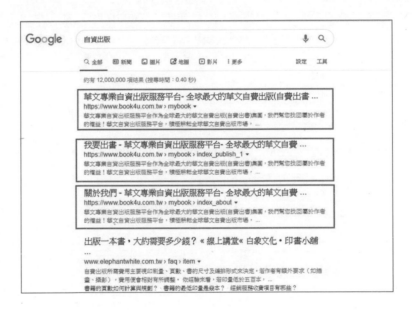

搜尋「自資出書」及「自資出版」，皆排列前二、前三位。

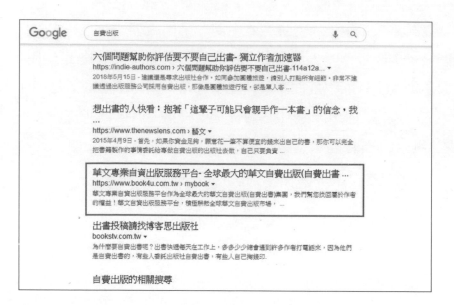

搜尋「自費出書」及「自費出版」，皆於第一頁曝光，擁有一定能見度。

　　當有人要搜尋這項服務或找華文網出版集團時，只要輸入關鍵字，公司名稱及服務項目就會出現在搜尋網頁的最前面、最頂端，且我們未編列任何廣告預算，便能讓出版集團在搜尋頁上包辦前面的名次，成為台灣最大的自資出版平台、自費出版集團，港台的競爭對手們卻為此花費了許多資金……請問這是如何辦到的？答案就是「SEO」，這也是為什麼我有資格開這門課程的原因。

　　之前我授課時，曾寫了以下幾點給現場學員，現在提供給各位參考。

⭐ 每個網頁最好都能有一個獨一無二的標題。
⭐ 避免網頁全部或絕大部分都用相同的標題。

⭐ 標題要簡短，描述要明確（包含內容和原始程式碼）。

⭐ ODP（Open Directory Project）開放式目錄專案：網站目錄。

⭐ 網頁要避免與內容無關的標記， 好比⋯⋯
　　– 太籠統的描述。Ex：這是最佳網頁 or 你一定要造訪的網站。
　　– 用關鍵字堆砌描述。
　　– 複製網頁內容做為標題，因為這樣字會太多，且沒有另一種觀點或寫法。

⭐ 對 SE 及想連結的使用者， 網站要友善，避免冗長或不明的資訊，無法識別、描述不明確。

⭐ 網址要由（相關）文字組成，而非一堆符號或亂碼。

⭐ 建立目錄架構或網站索引，讓訪客可以輕鬆且清楚地得知所在之位置。但要避免 P1、P2⋯⋯ page.html 深層巢狀子目錄，或是任何與主內容無關的項目。

⭐ 在網站首頁就要有導覽的功能，幫助訪客能快速找到他們所需的內容。

⭐ Sitemap 網站架構可提供訪客及 SE 同時使用，但如果另行提交 Xml Sitemap 專供 SE 使用，可大幅提升排序！也就是所謂的雙軌—— Html & Xml。

⭐ 層級架構要自然流暢，使用科層式而非扁平式（網站內所有網頁都互聯），但要避免按數十次才能連結到。

⭐ 避免 Flash 圖檔連結，盡量以「文字」連結。

⭐ 優質內容 & 服務→口碑效應（連結）。

⊗ 內容目標在使用者，而非 SE。

⊗ 更多、更好的「錨定文字」。

⊗ 使用 robots.txt 檔案，告知 SE 哪些內容需檢索，而哪些內容無需檢索。

⊗ 使用 nofollow 對抗垃圾與負評。更高的手段 About ＿＿＿＿＿ 可 ask ＿＿＿＿＿。

⊗ 設定並告知 SE 這是行動網站，現在網站顯示方式區分為 PC 版＆行動版。

⊗ 各大 SE 均有「網站管理工具」，可多加運用。Ex：Google Analytics ＆ 網站最佳化工具。

⊗ 他山之石可以攻錯，看看別人再＿＿＿＿＿。

上述中，有提到專有名詞「SE」，一般人可能不了解是什麼意思，我特別提出來解釋。

1 系統工程師（System Engineer，SE）

系統工程師的工作，基本上就是建構出一個可執行系統的環境，並給予一些回饋和建議給分析師及設計師，但大多在系統運行出現一些無法掌握的問題時，工程師才會給予回應。

工程師的工作性質跟系統設計師最為接近，有一點最大的不同，他不需要具備一定的軟體開發經驗，也就是不太需要會編寫程式，較看重作業系統、服務器系統，但對網路運用環境要有相當程度的了解。一項專案中，系統工程師負責的範疇大概如下。

⊗ 規劃及建置系統執行環境。

⊗ 安裝及設定使用者端環境。

⊗ 伺服器（Server）的安裝及設定。

⊗ 提供環境設置建議給分析師及專案經理。

⊗ 最佳化系統可靠度及效能。

⊗ 撰寫可靠度及效能測試計畫書。

⭐ 對電腦及相關周邊設備有一定了解。

如果你擁有像系統設計師一樣的技術背景，可是不具備美感，那你就可以選擇系統工程師這條路，沒有一項系統開發專案不需要工程技術，任何一個案子都會有工程師的位子，差別只在於是何種產業技術而已，所有系統運行需要的條件，都由系統工程師解決、處理。

② 系統分析師（System Analyst，SA）

SA 是 System Analyst 的縮寫，一般稱為系統分析，主要工作就是透過一系列分析工作，把客戶想要的結果產生方式，以各種文件表達出來，進而形成系統產品設計，讓開發團隊能根據這些文件，實際產生這個結果。

上述解釋可能較生硬、難理解，假設你要料理一道糖醋排骨時，會去查找食譜，根據食譜了解這道菜色所需的材料及烹調順序，並提供一些料理的小技巧，讓成品更色香味俱全，令人食指大動。系統分析師就好比撰寫食譜的人，較偏重於工作流程及處理邏輯，透過他的統整，開發團隊才能理解系統完整的架構。

且系統分析師不僅是要對電腦裡的資訊進行規劃、運作，還包括現實世界中實際的流程及組織，這些都要由系統分析師來執行。簡言之，在一個開發項目中，系統分析師要負責的工作有……

⭐ 藉由系統需求及使用者的現有標準作業流程，來建立出符合期望的新作業流程及搭配流程的系統功能及模組規劃。

⭐ 依據功能及模組規劃案，訂出初步資料庫內容及系統與使用者間的權限搭配規範。

⭐ 訂出各軟體零件、環節的規範，如物件、函數庫……等等。

⭐ 設計新的標準作業流程，將系統功能或模組綁入這些流程中。

⭐ 依據客戶的環境及需求，尋找合適的工程師來搭配。

系統分析師也具以下特色。

⭐ 不會太在意系統的環境及用什麼開發工具，優秀的系統分析師，其產生出來的文件，若以任何不同的開發工具，應該都要能夠完成且產生相同結果，最後由系統設計師決定哪一種最合適。

⭐ 系統分析師著重於流程及執行邏輯的表達。

⭐ 側重於軟體的邏輯性，不用學習多種開發工具，只要會一種程式語言即可，以該語言工具來實踐邏輯觀。

⭐ 具有全局觀，不拘泥於單一角度或局部思考問題，這點是最困難的，因為在規劃模組及功能時，一定要同時考量到所有直接相關及間接相關的程序及邏輯問題，所以全局觀是相當必要的。

與系統設計師相比，分析師更偏重在邏輯及系統順利執行的搭配表達上，他們不需要去擔心使用什麼作業系統或開發工具，如前特色所述，好的分析文件可以用任一開發工具來完成，分析師因而不受限於 IT 技術，但仍有專業領域的限制。

俗話說術業有專攻，鮮少有系統分析師同時專精於數個領域，熟悉汽車業運作規範的分析師，就相對不擅長金融業的開發項目，反之亦然。但系統設計師就不會有這種限制，他們可以和任何產業的專案開發團隊配合運作，因為他們主要是根據分析文件來設計、開發。

簡言之，系統分析師著重在流程及管理分析及再造範疇，作業流程除在少數領域裡共通性高，但核心流程仍需長期鑽研，上述提及的汽車及金融產業就是一例。因而，一名優秀的系統分析師必須具備以下能力，提供給你參考。

⭐ 至少熟悉一種程式開發語言。

⭐ 熟悉軟體工程，對於開發工具的使用方式及特色熟悉。

⭐ 對管理制度或作業流程設計熟悉。

⭐ 熟悉 UML 或類似的系統描述工具。

⭐ 邏輯能力良好。

⭐ 良好的溝通能力，主要作為了解需求之用。

⭐ 相關的業界熟悉度。

系統分析師的工作性質與專案經理最為相近，所以一般系統分析師在規劃職業

生涯時，通常會將專案經理視為下一階段的目標。

③ 系統設計師（System Designer，SD）

系統設計師不像分析師有那麼多的工作要求，但仍需一定的技術，不管是畫面的構成、程式操作性，甚至細及軟體的定義及規範，對於設計師的能力都相當要求，像很多軟體的功能很強，但使用者怎麼用都不順手，怎麼用怎麼彆扭，那這就跟設計師有著絕對的關係。

系統設計師是讓系統最佳化的推手，分析師規劃出來的要求都只是邏輯上的構思，在不同的程式上執行，可能有更好的方式來呈現，而這一切都需要由設計師來進行調整，依據他們對使用環境及開發工具的了解，來設計、建構軟體。

舉例，一套相同的金融軟體，在 Windows XP、Mac、Windows 10 各種不同的系統下，就有很多不一樣的展現模式和技術，倘若又搭配不同的開發工具，如 C++、JAVA……那差異絕對更大，這時系統設計師的功力就此展現。一般來說，系統設計師在一項客製化專案中，所負責的工作範疇如下。

- ⭐ 設計畫面素材規範。
- ⭐ 設計頁面結構及規則。
- ⭐ 設計系統操作畫面，並編定欄位規範及防呆處理。
- ⭐ 設計權限管理與系統操作機制。
- ⭐ 撰寫使用手冊。
- ⭐ 調整各項功能定義，使其符合畫面欄位規範及操作搭配。
- ⭐ 配合分析師撰寫系統開發文件，提供工程師編碼（Coding）之用。
- ⭐ 撰寫使用者介面（User Interface Design，UI）測試計畫書。

一名稱職的系統設計師，還需要以下條件。

- ⭐ 至少對一種作業系統熟悉、充分了解。
- ⭐ 熟悉兩種以上開發工具，其熟悉度包含標準安裝裡的各個函數庫、系統常

數、物件定義和語法，以及輔助工具開發廠商、重要的工具使用方法。

⭐ 具備一定的美感。

⭐ 至少會使用一種繪圖工具軟體。

⭐ 曾擔任軟體工程師三年以上。

若說系統設計師賦予程式靈魂和神經系統的話，那程式設計師便替系統創造了軀體和外觀，唯有將兩者結合，才能產生出正確、美觀又好用的系統。

一項系統的開發需要分析師、設計師及工程師共同配合，系統分析師著重於資料的流動符合原先規劃的順序及結果測試，系統設計師則著重在操作畫面中的防呆測試及操作介面的正確性，而系統工程師則在系統可靠度上進行規劃，三人缺一不可。

SEO 前置作業：網站架設

在正式進入正題前，你知道操作 SEO 需要什麼嗎？答案就是要先創建一個自己的網站或是平台。

舉凡個人品牌、電子商務、廣告設計或行銷公司等各行各業，都需要透過企業形象網站，來將網路流量中的訪客，轉換成真實的客戶，並透過網站上的產品介紹與諮詢服務，讓客戶對產品甚至是品牌形象有進一步的認識。

可以試想一下，當你剛發現一個可能符合自身需求的商品，但從沒聽過該品牌名稱時，優先想到的是否就是拿出手機上網查一下，如果這時候沒查到官網，或網站設計的很糟糕，購買意願肯定會大幅降低。

但並非只要網站架起來，客戶就一定找得到你的官網，有時候即使是官方網站也可能輸給其他大型網站頁面，更不用說一些可能產生誤會的負面抱怨文。所以在

建設官網時，網站的 SEO 就顯得相當重要，一般以詳盡的方式介紹公司與商品，較有機會出現在搜尋頁前段。

一個好的網站，首要條件是好的視覺設計與動向，使導入的流量可以有效轉化成客源外，最重要的是，記得提交網站地圖（Sitemap），將網站架構條列化，清楚呈現，讓搜尋引擎可以清楚知道你的網站原型如何。

此外，好的網站架構更可以強化網站 SEO，讓網站在搜索引擎的茫茫大海中，能擁有非常好的搜索曝光度，更可以結合關鍵字廣告、社群媒體及網路整合行銷，讓你的項目、品牌結合多元化推廣，大幅提升曝光度，達到有效提升知名度的最大收益。

提到社群分享，千萬別忘記加上 Open Graph Protocol，這是在 2010 年由 FB 主推的資料視覺化格式，雖然這名稱聽起來有點難理解，但其實只是在你的網站頁面上放一些 Meta 資訊，例如 <meta property="og:title"content=" 你的頁面標題 "> 這樣的 Html tag。然後在發表近況或用 Messenger 聊天時，只要貼上連結，底下就會自動出現縮圖、標題，這些正是資料視覺化的效果。

這個標題可以隨意更動，不一定要跟網站的 <title> 內容一樣，主要用途是當分享頁面至社群平台或通訊軟體時，你可以指定顯示哪張圖片、哪個文字標題。如果網站沒有寫 Open Graph 資料視覺化的相關程式碼，基本上是不會顯示任何資料視覺化的效果，除非分享的網站有自動擷取縮圖、標題的功能，才會有資料視覺化的效果。

雖然原本是 FB 主推，但因為每個比較完整的網站都有包含，所以其他平台也都開始使用，例如 LINE。因此，如果你想要在 FB/LINE 分享時顯示特定的文字與圖，就必須好好設定它。

再來，一個具備良好形象的官網，除了「設計稿」美觀以外，還要考量到在各種裝置的表現如何，不同的裝置有不同的長寬比與解析度，即使設計稿上看整體不錯，但可能並不適合手機或平板瀏覽。

更不用說現在的入口網站多元，除了從 Google 等搜尋引擎外，也有可能有一半的人是從 FB 的 App 進來的。為了避免使用者離開，FB 的 App 會用自己的瀏覽器連結至外部頁面，所以頁面會再更小一些。

現在的裝置與可變化性太多，所以不太可能為了每個裝置、平台都設計一個網站。為了解決這樣的問題，可以使用響應式頁面設計（Responsive Web Design，RWD）的技術，一般常見簡稱為 RWD 或是取第一個字 Responsive。主要的原理就是判斷裝置的顯示畫面，系統會自己將頁面放大縮小或是重新排列組合，所以也有人說這叫做自適應網站，對製作網頁的人來說是一大福音。

響應式頁面設計需要程式前端的概念，自己實作的話會比較辛苦一些，且自己製作的話，在銜接的時候也會比較麻煩一點，所以我們可以選擇使用框架來幫我們

實現，而目前最流行的就是 Bootstrap 系列。不過官網如果是以 WordPress 套版來架設的話，通常不會使用 Bootstrap（一組用於網站和網路應用程式開發的開源介面）操作，這部分就要看你哪個方便使用。

接著還有一個需要關心的問題——網站速度，通常開啟網頁只要超過三秒，網友瀏覽的意願就會大幅下降；超過五秒，如果他不認識你，應該就已經關閉頁面了。影響網站速度的因素有很多，從伺服器的選用、網頁的擺設、程式碼撰寫的方式、頁面快取、資料庫效能等，所以調整網站速度，其中可能包含簡單的優化到需要極為麻煩的優化，很多程序必須要有些經驗才能完成。而無論你是想要找人還是自架一個形象官網，你需要考量的最少有下面幾點。

- ✪ 網站形象設計。
- ✪ 良好的使用者體驗。
- ✪ 對應多裝置：響應式頁面。
- ✪ 搜尋引擎最佳化（SEO）。
- ✪ 社群分享視覺化。
- ✪ 網站效能優化。
- ✪ 提交網站地圖。

以上根據網站的重要程度，有各種不同的設置。一般來說，如果你的網站沒什麼特殊功能，不用變化，也不會持續上新文章的話，那你可以選擇純 Html 的靜態內容，這樣就只要把設計弄好就可以了。

如果沒事就要上文章、公告的話，較實用的會是 WordPress，像美國白宮與微軟部分部門也是使用 WordPress 作為基底來架設網站，但當然有做很大的修改，且一般公司也不會有這樣的預算，使用 WordPress 的好處就是基本功能一開始都設定了，也有很多免費的資源可以使用，未來要加功能還可以選擇社群提供的外掛，或是使用 PHP 程式碼撰寫自己所需的功能。

但如果你的需求會超過基本規格，有很多特別的功能或是整個流程都跟 WordPress 不一樣的話，從頭自架網站就會比修改 WordPress 要來得輕鬆些。比方說 Ruby on Rails、PHP 的 Laravel……等，都會是很好的選擇。但如果要用到這

些，就代表你要雇用工程師了，或是同等級的人力資源開銷，所以如果不是要靠網站服務賺錢的話，可以不考慮。

總之，關係網站效用、預算與開發時程的因素太多了，光基本的項目就很瑣碎，也相當花時間。一個優秀的網站，完全可以用套版的方式，來組合成精緻的頁面，雖然消費者可能覺得不足為奇，但絕對能滿足他們的需求，得到他想要的資訊。

所以，在架設網站的時候，應該先思考網站用途、規模，這是很現實的問題，時間、人力都是成本，你自己和提供服務的業者都包含在內。許多朋友可能想要有一個自己的網站，但不知從何著手，現在就來講解一下網站是如何架設、主要有哪些部分。基本上，網站是由三大部分組成……

① 主機空間：網站的家

不論網站是自己架設還是請設計公司幫忙製作，都需要一個地方放置網頁資料，這地方就是主機空間。而主機空間便是將一台電腦安裝好作業系統、系統程式跟做好相關的設定，接上網路線，大家使用手機或是電腦透過網路連上這台主機後，就能看到設計好的網站。取得主機空間的方式有很多種，你可以……

⭐ **自己架設：**你可以買一台電腦、實體主機、VPS，自己安裝作業系統、伺服器系統，在做好設定後，看是要放在家裡或是放在辦公室，再接上網路，但記得電腦二十四小時都不能關機，這樣有人要看網站內容時，才能連上你的電腦查看資料。

⭐ **買虛擬主機：**你也可以直接買虛擬主機。虛擬主機已經安裝好作業系統、控制台和做好相關設定，只要註冊一組帳號、密碼讓你放置網站資料，再把設計好的網站資料放在上面即可。

② 網域 & 網址：門牌

在網路上是以 IP 來辨識各設備的位置，但 IP 是一串數字，沒意義也不好記，因而誕生了網域（Domain）這項服務，方便大眾記憶網站位置。舉例來說，你在手機輸入華文網或新絲路網路書店的網域 www.silkbook.com，就會連到我們網域的 IP 和主機，就可以看到我們公司的網站。

一般來說，「網址」的意思與「網域名稱」差不多，但還是有細微的差異，網址代表網頁在網站中的位址，一個網址只會對應一個網頁，一個網域下卻可以有很多網址。例如新絲路網路書店的網址為 www.silkbook.com，而培訓課程的網址是 https://www.silkbook.com/page4-1.asp，雖然網址不一樣，但不論是課程頁面還是首頁，網域都屬於 www.silkbook.com，因為這兩頁對應到同一網站，只是在網站中的位置不同，因此，網址不一樣，但會有相同的網域。

常見的網域類型有 .com.tw、.tw、.com……等，不同類型的網域由不同的註冊局管理，像 com.tw 和 .tw 這些結尾的網域是由 TWNIC 財團法人台灣網路資訊中心管理，但 TWNIC 沒有提供網域註冊服務，若要註冊網域需透過註冊商或是有提供網域註冊的服務商。

付費網域通常以年為單位，最短註冊一年，最長（含已註冊但未到期的部分）為十年，但不同的網域可能會有不同規範。

③ 網站資料：裝潢與擺設

介紹完主機空間與網站的網域、網址後，最重要的就是網站的樣式設計與內容，這樣當網友在電腦輸入網域、連上主機後，才能看到你做好的網站內容。

你的網站如果比較簡單、只有幾個頁面，可以只設計成 Html 網頁；但如果比較複雜，希望有後台可以管理會員資料，例如購物車、會員管理，或是可以登入後台發布新的文章或最新消息，通常會用到資料庫，例如 PHP 與 MySQL 資料庫來撰寫。

⭐ **Html 網頁：** 你可以直接使用文字編輯器編寫程式碼，也可以使用 Dreamweaver（付費軟體）、Word 等編輯器來撰寫。

⭐ **網站系統：** 你可以請網頁設計公司幫你製作有後台的網站系統，或是自己設計。目前常見是用 WordPress 來架設網站，搭配漂亮的模板主題，就可以架設一個專業的形象網站，放上你想發布的內容。

後面會針對實際運用 WordPress 架站進行講解，以下先列出幾點常見的架站問題。

① 架設簡單的網頁

如果只是簡單幾個頁面的 Html 網頁，你可以花錢請網頁設計公司製作，再上傳到虛擬主機，但依網站規模不同，設計一個網站通常收費二至五萬。如果沒有這個預算，又有些時間可以編排頁面，也可以考慮自己用 Dreamweaver 把網頁設計好，再傳到虛擬主機。

② 架設比較複雜的網頁

如果你希望網頁可以比較有專業感，具備發布消息、部落格……等功能，一樣可以找網頁設計公司設計，費用大約五到十萬，遠高於這金額也有可能，因為設計公司需要花比較多的時間處理頁面設計、程式碼撰寫。

如果沒有這樣的預算，而你本身又有比較多的時間，也願意自行研究如何操作的話，那你可以選擇以 WordPress 架站，搭配免費或付費的模板與外掛，你的網站也可以非常專業。

3　如何挑選虛擬主機方案？

會選擇虛擬主機來架設網站，而非直接找網頁設計公司統包所有的服務，不外乎是希望節省費用，或對電腦操作有一定的熟悉度，希望能自己處理。

在購買主機方案的時候，要先思考架這個網站，需要多少空間、流量……等資源，再選擇適當規格的方案即可，如果希望花少錢，便擁有大空間、流量……等規格，其實不大可能，除非有什麼促銷優惠。

每台實體主機都有他的軟硬體效能和資源的最大值，不可能有完全不限空間、流量，或是超大資源的方案，因為業者只是從其他方式去限制罷了。

4　虛擬主機提供的信箱好用嗎？

虛擬主機上的信箱通常不大好用，因為虛擬主機是設計來放置網頁，不是拿來傳檔案、備份或是當信箱使用。你看到的信箱功能，是虛擬主機的管理軟體有另外設計郵件在系統上面，讓你可以同時使用郵件的功能，但郵件涉及到廣告信、病毒的判斷，還有對方主機對於廣告信判定的問題，這些虛擬主機系統都無法輕易做到。如果你對 E-mail 的需求較高，我會建議把郵件獨立出來，改用專業信箱來代管，例如 Outlook 或 Google 的 G Suite，才能有較好的郵件使用品質。

5　網域可以跟主機商一起買嗎？

曾有主機業者在客戶要轉出網域時，要求客戶支付一筆費用，才允許客戶帶走網域，否則不願意提供網域，關於這類問題，我是這麼看的——「贈送」的說法，當初買主機宣稱送網域，業者可能主張網域送的是使用權，客戶並未另外支付網域費用，所以若不續約主機，就得看網域使用幾年，另外支付使用網域的費用，才能把網域帶走。

會有這種爭議，有可能是業者看客戶要搬走，想留住客戶的手段，這樣確實不

好，也有可能合約裡確實有提到，但購買時沒有特別注意。

今天你的網域若單獨跟其他業者或註冊商購買，也可能在轉出（索取轉移授權碼時）時被刁難，並不是只有主機業者會刁難客戶轉出網域，因此，這類問題無關於主機跟網域是否不能跟同一業者購買，而在於業者的處理方式。

是自架網站還是使用開店平台服務好？

過去店家習慣開設實體店面，以此作為商品銷售的主要平台，但不管是店面租金、水電營運還是人事薪資，這些顯性支出都成了讓人打退堂鼓的成本，隨著近年網路科技以及網路技術的發達，商品銷售戰也因此從實體店面拓展到網路商城，或是架設自己的網站上。

一個好的網站，能幫我們創造有形與無形的價值，包含品牌形象的建立、透過線上訂單創造收益、獲得額外品牌合作等。所以，一個網站架構明確、定位清楚、且符合使用者需求與創造良好使用體驗的網站架設是非常重要的。那網站架設流程為何？在選擇網站架設公司或架站軟體前，需要先做足哪些架設網站的準備？首先，架設網站的大框架和執行細節的釐清與規劃非常重要，就連網站架設完成後的維護、管理也需要事先規劃。

且電商網站的開設更為繁瑣，可不像建立形象官網這般容易，除了需要思考品牌形象外，還有網站前台的動線擺設或稱瀏覽商品的使用者體驗、Banner 廣告效果等等，這些就有如實體店面的裝潢般，絲毫不得馬虎。除了一般人常考慮到的前台外，電商網站還有幾個重要的環節：掌握交易命脈的金流、物流系統串接；讓消費者可以輕鬆下單的購物車系統；以及讓商家可以輕鬆上下架、管理商品的後台系統；訂單產生與追蹤狀態的訂單系統……等等，這些看似獨立的功能，在一個成熟的電子商務平台中卻密不可分，此外還有像是帳務系統、促銷系統（例如優惠券發放）、業績報表等其他附加功能。

相信許多人看到這裡就為之卻步，退而求其次地選擇進駐主流的大型購物電商網站開店，如 PChome、Momo，一來是考量到大型購物網站的使用者流量，再來是考量到其所擁有的行銷及媒體資源，這種做法看似節省了成本，但又好似在一間超大型的百貨公司中，開設一個獨立店面，人潮與自身盈利的轉換，往往不是這麼透明，更別提可能會有同類型的產品層出不窮，陷入削價競爭的惡性循環中，這樣又該如何擔保你所投注的廣告成本能否有效轉換成流量呢？

一般來說，網路銷售有這幾種方式……

⭐ **購物網**：自有商品品牌商為主。

⭐ **購物商城**：是商家，且有商品賣皆可。

⭐ **市集平台**：不用是商家也可以。

⭐ **自有品牌網路商店**：自行設計平台、規劃銷售，金流系統可能委外。

像 PChome 與 Yahoo! 等大型電商，他們又另外區分成「購物網」與「商城」。如果是購物網的話，可以想成他們就是你的下游進貨商，所以需要給予一定的利潤，畢竟就是要讓利才會有人肯幫你賣商品。

不過他們網站做活動時，不太會考慮小型品牌自身的商業模式，促銷價可能打擊到其他通路，傳統大賣場也是如此，但不像網路那麼好比價。再來還有庫存問題，當天送、12hrs 寄送等都是要把貨放在他們的倉儲，不然無法做到，但是放在那不代表賣得出去，所以這些成本都必須考量進去。

如果是商城的話，每筆單會收取一定的費用，不過整體會比購物網低一些，當然平台效益也會低一些，因為這等於是自己開店，網路商店是一體兩面的。「購物網」還算是單一店家，所以不會有同品牌商品在競價，但「商城」是由多家商店組成，所以有可能發生「同一商品」競價的可能性。

再來，無論是「購物網」或是「商城」，都有可能發生你的文案成功說服客戶，結果下方的推薦系統，例如：「你可能還喜歡」、「其他人也瀏覽過」等功能，使消費者被吸引至別間競品商店（單純比價的客人）。

如果你認為商城產品太多不好展現，那市集平台諸如露天拍賣、蝦皮又更複雜了。因為市集平台中還會有個人賣家販售，甚至是追求最低價的店家，毫不考慮服務，這些都會影響來客的品質，非法店家最麻煩的是他不追求合理利潤，但對正當經營的公司來說，沒有足夠的利潤是營運不下去的，還可能花費更多的時間與成本在客服上面，造成嚴重影響。

當然，你也可以選擇多平台並行，但如果你使用多平台的話，在帳務整合上會是一場災難，各家電商的報表可能格式都不同，寄退貨也有相對應的方式。各平台上還有競價的可能性及貨源倉管，包含不同平台的寄倉、退貨、運費補貼等，光這些就有可能使營運成本增高許多。

還有一點很重要，FB 與 Google 的廣告比起傳統行銷，CP 值可能還要來得高很多，從事網路行銷相關工作的人就知道，他們是多麼重要的一塊，但如果你的商品是在平台底下販售，那客人在買完產品後，你的品牌忠誠度有絕大多數都貢獻給平台了。

你分給平台大筆的利潤，最後連廣告效益都被他們分走，廣告費用有可能佔營業額的 20% 以上，且網銷很重視客戶回饋，也就是常看到的 FB 像素、Google 的

GA 與 UTM。基本上，假如你沒有自己的網站，就無法知道這些回饋內容，無從去優化你的行銷漏斗，更不用談什麼網銷策略了。

我們都要審視一下自身的商業策略，如果是新品牌，其實自架網站在沒有商譽的情況下是相當不利的，因為顧客信賴度不夠，尤其現在詐騙盛行，即使是露天拍賣或蝦皮，他們都比你的賣場要值得信賴的多。

所以一般常見的策略為，先選擇一至三個平台，最後留下有用的，並同步建立品牌形象官網，預算若足夠，可考慮建立電商平台，能更早開始記錄客戶購買資訊及測試行銷策略，一個正式完整的網站，對你的商譽絕對是正面的，而且這些需要時間發酵。

那如果決定先從自己的自有平台商店著手，要如何開始呢？有以下幾種選擇。

⭐ **開店平台：**是商家且有商品賣皆可。

⭐ **自有品牌客製化網路商店：**金流需要公司審核，且另外找金流商配合。

如果營業額小的話，其實開店平台有一定的優勢，可以讓你註冊完直接開始，後台已經建立到一定的完成度，樣板也優化到顧客都能輕易操作，抽成雖然會比直接跟金流公司談來得多，但如果註冊費與抽成加一加，小於自架或請別人客製化架站的話，仍會比較實際一點。

可優點同時也是缺點，當年度結算抽成的金額大到一定程度時，可能會超過客製化商店架站。固定樣板的缺點就是如果你想要改動外觀與動線做行銷時，會有很大的挫折感，因為要顧及其他客戶的使用習慣，所以可動性不高。

加上獨家網站功能會無法使用，比方說你想一個同時包含兩種功能，就無法達成，後台的報表也是一樣，你無法更動它的行為，即使不適合你的帳務方式或行銷策略，你也只能適應它。

現在坊間有很多高流量的電商架站平台，但要想讓自己架站或是委外架站與專業的調性相同，若沒有一定預算與金額的話，要達到電商平台的流暢度與完整度十分困難。

不過有一好就沒有兩好，電商平台也不是做慈善的，「養套殺」算是現在網路服務的基本概念，先用便宜的費用吸引用戶，等自己足夠強大時，再開始改變規則或設下障礙，最後漲價。你可能會想說，大不了搬家就好，怎麼會有問題？問題可大了，會這樣想的，大多是對於網路服務連門都還沒入的人，有些問題會隨著真實情況改變，所以這邊只討論最常見的幾項。

大部分的情況，搬家雖然可以掌握所有的顧客與訂單，但可能無法掌握廣告等隱藏起來的部分，現在 Google 與 FB 都用 AI 在做訓練，所以你的廣告成效跟你餵多少資料有關，而 AI 自動學習這樣的概念跟時間資料累積也有關，是動態一直在改變的。

這就是平台套住顧客的一個點，這部分如果跟行銷廠商合作的話也要注意一下。首先 Google Analytic 是掛哪一方？ FB 或其他追蹤碼的策略是誰設定的？廣告帳號是用誰的？是自有網址還是平台網址？有沒有結合部落格系統？ E-mail 廣告信系統是用平台的還是第三方的外掛？短網址會不會失效？

如果一開始就辛苦一點，先把這些弄懂再架設自己的網站，可以省去很多麻煩，因為需求改變，在轉移的時候雖然也很麻煩，但只要資料在自己手裡，未來產生變動時，影響的風險會小很多。

電子商務最直接的就是廣告，以 SEO 觀點來說內容行銷當然是王道，但內容行銷是需要時間發酵的，總不可能批貨後先讓內容行銷跑一段時間，才開始收益賺錢，除非你已經是權威網站，不然你的內容行銷基本上不會立即見效。

① 外包網站架設公司 vs. 自行架設網站

首先，你需要評估自行架站還是外包，這關係到架站前的規劃與時間、金錢和人力，即網站架設費用和成本，再選擇最符合需求和條件的方式架設網站。網站架設費用及所需成本整理如下表。

	自行架設網站	外包網站架設
時間成本	多耗費在工具（網頁製作軟體、網站架設軟體）、相關知識研究，與細節規劃和執行。	主要耗費在與外包團隊來回溝通的時間。
人力成本	非專業背景的小團隊獨立製作較耗費時間，分工需更明確；若團隊內有網站架設工程師，可分配較深入的技術性工作。	安排窗口和網站架設公司溝通，團隊可繼續執行其他工作。
架設成本	自行架設網站的步驟較為繁瑣，包含註冊網域、購買（或租用）網站空間等。以市場平均網站架設費用價格來看，註冊國外網域一年約需 300、500 元左右；而買斷「伺服器」一年需 3～10 萬元，租用「虛擬主機」則需每月支付約 3,000～8,000 元不等的月費。	視網站功能以及不同網站架設公司的報價而有所不同，一般約 3 萬至 50 萬元不等。形象網站價格可能較低；而電商購物網站因為功能複雜，價格相對較高。

② 自行架設的網頁製作軟體與架站平台推薦

自行架設網站其實有許多線上資源，如架站平台、網頁製作軟體等能夠利用，下面列出幾個比較知名的架站平台與網頁製作軟體供你參考。

- ☆ **Wix**：主張快速架設美觀、專業的網站，想快速搭建網站的人可以選擇使用 Wix。若想架設小規模的品牌網站、個人簡歷網站或作品集，Wix 能快速架好入門款。

- ☆ **Weebly**：和 Wix 很相似，都屬於操作簡單、介面視覺化的架站平台，同樣適合快速架設網站，且不需要太多額外功能的使用者。

- ☆ **WordPress**：目前全球網站架設平台的主流，約有 25% 的網站使用它來架設，Wordpress 還分為 Wordpress.com 和 Wordpress.org 兩種，使用者可視需求選擇合適的方案。

- ☆ **Dreamweaver**：全名 Adobe Dreamweaver，是知名公司 Adobe 開發的網頁製作軟體，除了基本的網站編輯功能外，標榜「所見及所得」，編輯

器呈現的樣貌即為網頁的樣貌，算是對使用者非常友善的網站設計軟體。

③ 網站架設流程與網站架構釐清

網站架構和內容主軸的關聯性很高，內容主軸若不清楚，整個網站的架構和脈絡將會模糊不清，一個雜亂的網站會使瀏覽者也陷入混亂，因此，網站架構和網站內容主軸的規劃，必須更加嚴謹，這些也都仰賴明確的網站架設流程，在初步規劃網站架構時，便能先將一些基本的錯誤排除。

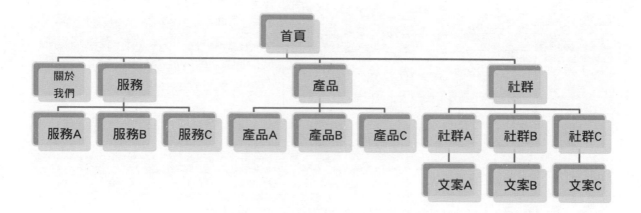

所謂網站架構就是網頁間的分層關係，在初期可以先用簡單的樹狀圖列出網站層級關係，網站中要有哪些資訊、哪些主題和子主題。你也需要了解網站的基本資訊和頁面有些什麼，像是「關於我們」、「團隊介紹」、「服務介紹」、「最新消息」等，這些基本頁面視產品與產業有所不同，可以參考相關產業的網站，然後利用線上繪圖工具畫出較正式的網站架構圖。

最後，網站架設完畢後，後續的系統維護和內容優化、SEO 排名優化等，也要一併進行規劃。把網站架設好之後，接著要做的便是把網站推上搜尋引擎第一頁，利用 SEO 搭配內容行銷，讓網站發揮最大效益。

而長期維護的資源分配也相當重要，你可以自己處理內容和 SEO 優化，也可以將內容和 SEO 外包給專業公司。無論如何，長期維護的工作絕對不能少，你可以選擇自行維護或外包，若當初便是委外架站，要看之前是否有外包到系統維護服務，系統維護的項目也視網站類型而定，不見得都一樣，下面列出基本維護項目。

⭐ 網頁錯誤檢測。

⭐ 安全性維護。

⭐ 伺服器維護。

好的網站勢必得依靠好的網站內容，才能被搜尋引擎判定為優質網站，因此除了在網站放上好的內容外，更需要定期追蹤、更新並加以優化。網上有許多追蹤網站的工具，較為知名的免費工具比如 Google Analytics，用於分析使用者行為與流量數據，進而為內容優化提供方向。

如何用 WordPress 架構網站？

網路上看過一種說法，如果是一般的網拍賣家，如果月營業額沒有超過 10 萬元，基本上老闆應該連自己的薪水都發不起。若商品毛利有 50%，也才月入 5 萬，扣掉店租、水電、其他公司雜支，應該只剩下 3 萬元左右的月薪，而且還沒有年終。

如果要低預算又有發展性的話，WordPress 會是你最好的選擇，全世界有 30% 以上的網站都是用 WordPress 架設，WordPress 是一個設計良好的「免費開源」網站架設工具。

基本用法是用滑鼠點擊安裝 / 下載 / 拖曳排版等功能，網頁的穩定性也相當優秀，只要熟悉它的操作，即可使用大量免費的外掛程式，達到一般公司官網所需的功能，是相當好發揮的架站平台。

現在電腦硬體設備愈來愈便宜。租用一台架設網站的雲端主機可能每月 150 元不到。現在一般公司多半會給員工一人配一台電腦，最低階的電腦大概也要 1.8 萬元，這樣可以租用網路五年，如果一家公司五年生不出 1.8 萬元的維護費用，老闆應該要轉換跑道，可能不太能領導一間公司。

所以「現在」網站相關硬體設備花費，絕對並非設立網站最大的阻礙，現在的阻礙多半是網站設計費太貴，工程師薪水愈來愈高，好像月薪不到 7 萬、年薪不及 100 萬都不是好工作似的，這樣預算根本不夠，所以如果架設網站不需要工程師幫忙的話，可以省下近九成的費用。

以結論而言，WordPress 確實可以解決使用者的技術問題，如果你沒有任何程式背景，WordPress 與他的相關免費 / 付費資源，幾乎可以讓你達到「一般網站」所需的所有功能。市場上一個商業網站做到好，預算從 3 萬一直到 20 萬以上，甚至上百萬都不奇怪，要比這低幾乎不可能，因為人都要生活，老闆也要發薪水。

所以如果自己架站是可行方案的話，想必可以解決很多問題，至少少了來回溝通的設計想法誤差與時間，最重要的是能省不少錢。

WordPress 是一個以 PHP 程式語言製作而成的內容管理系統（Content Management System，CMS），之所以要使用程式語言，是因為網站的運用需要

控制作業系統以及儲存資料到資料庫。

　　不懂程式、不懂電腦的人對這句話可能有點難以理解，我們從架設網站的目的來講會比較容易懂，內容管理系統就是所謂的部落格系統（Blog），說到部落格就會想到文章。

　　說到文章，大家對於微軟出品的 Word 應該不陌生吧，無論你今天是記錄日常生活小事、學校的報告或是商品的銷售文案，都可以用 Word 完成。當你打完 Word 文章按下儲存檔案，那你的電腦裡面就會多出一個檔案，基本上他就是儲存在硬碟裡面。

　　至於控制硬碟儲存檔案的是作業系統，由 Windows 系統或 Mac OS 系統在管理。如果你要作業系統依照你的意思行動，那就必須寫程式來控制它，也就是說，Word 是用某種程式去撰寫的。

　　回到我們想要做的網站，就算只是部落格系統，我們還是會儲存文章、修改文章。只要儲存資料，就一定要有儲存記憶體裝置（一般來說就是硬碟），而要控制硬碟就要控制作業系統，所以我們需要使用程式語言。

　　程式語言有很多種，比方說當紅的 Python 或是剛剛說的 C++，亦或是 Ruby 語言（使用 Ruby on Rails 框架）以及現在 WordPress 討論的 PHP。每個語言都有他的歷史背景，其中 PHP 就是為了網路而生，即便在現今這百花齊放的年代，市佔率仍遠超過 50% 以上。不過單純用檔案對程式來說比較沒有效率，所以現在多半把顯示資料放進「資料庫」中，以 WordPress 來說，這個資料庫就是指 MySQL。

　　但不管是什麼程式語言，如果你想要做複雜的事情，就必須依照程式語言所提供的「語法」去撰寫你想要的功能，有點像即使我們會打中文，還是需要一些知識背景與文章排版，你才有辦法了解 WordPress 是什麼。

　　所以如果你要製作一個網站，無論是怎樣的網站，若要有儲存這個功能，你就需要寫一些程式。如果網站還要包含一些商業功能，比方說購物車、會員系統、連

絡表單，那你要寫的程式就更多了，而且如果你不熟悉程式語法的話，網站掛點的機會很高。

好在大多數人需要的功能都大同小異，所以才能造就一般人只要熟悉 Office，就能在文書作業上暢行無阻。早期很多工程師嘗試製造自己的「網站軟體組合包」，囊括所有常用的網站功能，WordPress 便是其中一支，但 WordPress 最後仍以「可擴充性高」為賣點與網路社群討論度高，成為目前最大的勝利者。

網路社群討論是一件很重要的事情，再聰明的人都會突然卡在某個點無法理解，這時如果能快速找到會的人詢問，是非常令人安心的事情。而且又因為WordPress 的可擴充性高，所以國內外都有好心的獨立開發者或是以此營利的公司開發各種功能。

不過付費功能在 WordPress 中只是一個選項而已，依使用者的需求選購，WordPress 與他的社群比較友善，免費下載的外掛能達到很多功能。當然，如果你要組出最適合你的網站，需要花相當多的心力，但你可以想成自己在遊戲裡打怪練功，現在只是改在現實生活中鍛鍊而已。

這就是推薦使用 WordPress 的原因之一，因為絕大多數的功能都能免費下載安裝。如果你想要改變外觀樣式的話，也可以利用主題（Theme）功能去改變，只要下載新的主題，你的網站外觀就會完全不一樣，而且光免費的就有上千組樣式可以讓你選，且都相當專業，完全看不出來是新手的作品。如果你從零開始學寫程式，大概要鑽研一、二年才有可能做出等級相當的網站設計，一般主題作者都遠超過一、二年的程式新手水準，所以有免費的為什麼不用呢？

當然，沒有講到的好用外掛還有幾百種，畢竟這是日積月累，全世界的開發者的成果，沒介紹到的百萬下載量熱門外掛也有十幾組以上。全世界有幾百萬個網站都在使用，不用想也知道它具有一定的穩定性，你自己寫的程式已經過不下萬人的驗證。

但玩過遊戲的人都知道有所謂的能力值平衡概念，功能通常都有正反兩面。比方說速度快的賽車，如果在道路上駕駛出事的話，問題就會很嚴重，但如果你一開

始就是在賽車場上跑，問題就相對不容易出現。

WordPress 雖然有完整的外掛機制，但外掛程式的作者多半不會去考慮其他外掛的功能與寫法，所以外掛有一定的機率會彼此衝突。又因為 WordPress 的使用者多半是沒有寫過程式的人，所以即便外掛會寫很多防呆機制，這些防呆程式多半只會防止自己不被其他外掛影響，無法保證其他外掛是否能正常運作。

WordPress 因為它平易近人的特性，很多網友看了網路文章就可以輕易地操作，但到了一定程度的設計後，一般人基本上就無能為力了。所以，即使是使用 WordPress 架設網站，成長到一定複雜程度後，還是必須尋求程式專家協助。當然，如果你能跟網站一起成長是再好不過了，但一般情況下，外掛都能處於穩定狀態，只是情境假設舉例。

如果你真的發生這樣的情形，Html、CSS、JavaScript、jQuery、PHP 的程式語言你至少都需略懂才改得動。你可以把 WordPress 想成可以利用滑鼠拖曳安裝的方式產生 Html/CSS/JavaScript/jQuery/PHP 等程式碼，但若想要細部調整，電腦沒那麼聰明，只能做到被設定好的功能，如果你的想法無法實現的話，你就要自己去寫這些功能，比方說位置往右移一點點，這就要你自己調整了。

再來，如果網站運作良好，流量太大也可能造成系統的負擔，不過這對完全不會程式的人來說，算是進階的網站架構，如果不想處理系統維護優化等問題，也可以使用類似的虛擬主機 Web Hosting 服務，只要付錢租用，廠商便為你解決基本的環境問題。

WordPress 是一種製作網站的工具，你不用自己寫程式，就可以擁有專屬的網站或部落格，做成自己喜歡的樣子，長期經營下有機會轉為獲利。

如果你完全不會寫程式，光是靠現成的外掛輔助，也可以做成部落格、購物網站、作品集網站、公司形象網站、會員網站等等。剛剛有提到 WordPress 分兩種，介紹如下。

⭐ 一種類似痞客邦，使用 WordPress.com 這個網站，把 WordPress 安裝在

他們的主機上，你只要申請帳號，就可以試用免費陽春版，不用擔心購買什麼網路空間的問題，但這種若要升級到使用全功能所費不貲。

⭐ 另一種做法是利用 WordPress.org 提供的免費 WordPress 工具，網站架設在自己找的網路空間裡，這種就不用每個月付錢給 WordPress.com，只要一年付一次網路空間和網址的費用就行了。

如果你是認真考慮建立個人品牌、業餘微型創業，我較不建議使用網路上推薦的免費空間之類的，因為基本的投資可以確保你有好的開始。若使用 WordPress 架設自己的網路空間，那要花多少錢？實際一點的情況，一年可能 3,000 元，且 WordPress 操作便利，就像在使用 Power Point 做簡報一樣，說簡單很簡單，但要做到進階，也可以很困難。

那如何用 WordPress.com 做網站或部落格？又要如何用 WordPress.org 的方式自架網站呢？

① 購買主機空間和網址

這個步驟其實很簡單，不過十分鐘的事，困難點在於跟誰買？買錯了，以後很麻煩！很多新手，為了省點錢，怕英文不夠好，因而選擇購買國內不知名的網路空間，花比國外多的錢之外，還買到一堆問題，得不償失。

⭐ **Bluehost Basic**：價錢優先，便宜又穩定。

　1.主機＋網址：第一年約 2,200 元（第二年起一年約 3,200 元）。

　2.只能放置一個網站，如果你是個人的小型網站或部落格，建議可以從這個主機下手。

⭐ **Siteground GrowBig**：速度優先，穩定服務好。

　1.主機＋網址，第一年 2,620 元（第二年起一年約 5,000 元）。

　2.可放無限個網站，各表現都比 Bluehost 好，但費用較貴，適合中小企業商用網站。

兩者購買方式大同小異，先根據你的需求選擇方案，填入網址名稱（Insert Domain），再輸入個人資料和信用卡資料就可以購買了。

Bluehost 購買後，會自動安裝 WordPress，直接進入 WordPress 後台，馬上開始建站。Siteground 則需要多一、二個步驟來安裝 WordPress，安裝完進到後台時，如果使用介面是英文，點選左側的控制選單「Settings」→「General」，下拉選單「Site Language」，點選最下面倒數第二個的「繁體中文」，再按「Save Changes」就可以了。

② 換上喜歡的外觀

WordPress 網站剛誕生時，版面是空白的，你可以挑選自己喜歡的樣式來搭配。在後台，左手邊控制選單的「外觀」→「布景主題」→「新增」，在這裡你可以搜尋免費的「安裝」與「啟用」，或「上傳」另外下載的付費樣式，選擇好後再「啟用」即可。

安裝好主題後，通常會有「Import Demos」（Install Demos） 之類的選項，讓你一鍵匯入範例檔案，讓你的網站和展示圖一模一樣。不論最後選擇安裝什麼主題，你都可以在「外觀」→「自訂」，來更新 Logo 和調整設計外觀，不必太過緊張。

在這邊介紹一個布景主題網站「Avada Live」，收取一次性費用約 1,800 元，終身使用、更新，不另外收費，可說是非常萬用，能設定的功能也很多，適合各行各業、各種用途，不論是購物網站、部落格、形象網站都可以。

很多人會選擇自己到 Themeforest 找主題，但安裝後卻不會用，好不容易弄清楚後，又發現這個主題不好用，白白浪費很多時間和金錢，之後換主題又多花一次錢，且還要花好幾個月研究怎麼用，所以像 Avada 這種一次性付費的布景網站，CP 值非常高。

當然，預算不夠的人可能會問：「難道沒有免費的布景主題能下載嗎？」當然有，假如你真的想用免費主題，你可以試試 Astra！

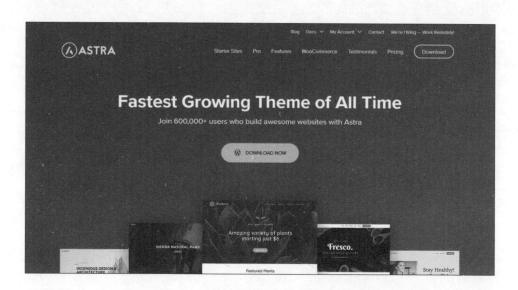

Astra 免費版的功能就很多了，有很多現成的展示網站可以選擇，也有一鍵快速匯入展示網站，只有一些特殊的功能被鎖住，必須升級才能使用。我會建議你搭配其建議的內容編輯器，可以直接開始。

③ 認識網站後台

WordPress 的網站，有分對外公開的網站（前台），還有管理員才看得到的控

制台（後台），後台最上方有一排工具列，左手邊也有一整排的控制台工具。

④ 網站內容

接下來就是依照你想做的網站，填入所需文字，諸如介紹、文章……等等。

⑤ 加上額外需要的功能（選擇性項目）

WordPress 除了幫網站換裝很方便外，還可以利用「外掛」，讓你的網站增加許多額外功能。WordPress 預設的功能大多和撰寫部落格相關，像是發表文章、上傳圖片、審核留言、置頂文章等等，如果你希望網站不單是部落格，還要能同時做網路購物、會員管理……這些都可以靠新增外掛來設置。

可以套用的外掛種類非常多，簡單或複雜的都有，像購物網站最常用到「WooCommerce」、線上表單功能則是用「Contact Form 7」或「GravityForms」、用拖拉方式來改變文章順序可以用「Post Types Order」。未來，你可能需要更多不同的功能，只要到 Google 搜尋你想要的功能，建議以英文搜尋為主，例如：「Top Gallery Plugins」，就可以找到很多相關的熱門外掛。

增加外掛的方式很簡單，在後台左手邊的控制選單點選「外掛」→「新增外掛」，就可以搜尋免費的外掛，直接「安裝」與「啟用」，或者「上傳」買來的付費外掛再「啟用」。

以上就是用 WordPress 建構網站最基本的步驟，一步一步操作、完善，相信你也能做出獨一無二的網站，妥善利用外掛，就能確實打造出一個自動化系統的基地，日夜替你賺大錢。

下面列出 WordPress 初學者最常出現的問題，跟大家討論一下。

1 分不清楚 WordPress.com 和 WordPress.org

很多人不清楚 WordPress 網站有兩種不同的做法，分別是：

⭐ **不自己租主機**：把空間寄放在 WordPress.com 的網站下，製作上會有一些限制。

⭐ **自己租用主機**：下載 WordPress.org 的免費軟體，安裝在自己租用的主機上。

很多人在沒有搞清楚的狀況下，就直接買了 WordPress.com 商務版，後來才發現，如果想做成他心目中的網站樣貌，商務版還是有很多限制，只好認賠殺出，重新開始。切記，千萬不要買了主機，又將 WordPress.com 升級成商用等級，只要選一個就好！

2 網址和主機分開買？還是一起買？

比較有經驗的人或是工程師，常會勸新手分開買網址，才不會被主機商「綁住」，主機商賣的網址都比較貴。針對這點，其實他們說的沒有錯，可是分開買的結果就是，新手會面對很多和網域相關的專有名詞，最後搞得自己霧煞煞，主機沒辦法安裝 WordPress，常常一卡就是好幾天，然後放棄。

如果你是業餘的，可以選擇網址跟主機在同一個地方買就好了，這樣可以省去很多麻煩，還可以主機和網址一起續約繳費，不用擔心忘記繳錢被停用。

③ 主題安裝完，和範例不一樣？

新手第一次使用 WordPress 時，很常在主題市場選一個看似漂亮的主題就直接買了，安裝完購買的主題才發現卡住了，不知道要怎麼繼續，套用後跟展示的不一樣。

所以，要特別提醒新手們，要找有「One-Click Demo Import/Install」的主題，一鍵匯入所有範例內容和主題設定檔，這樣網站就會和展示模板的網站一模一樣。

④ 不知道怎麼改成自己想要的樣子？

很多新手在匯入模板主題後，便進入最挫折的階段，為什麼呢？因為他們不知道該怎麼變更網站排版、修改網站的內容，對此提出幾點建議。

⭐ 每個布景主題的網站後台都不一樣，它影響的不只是外觀，還影響後台管理方式，所以我才會建議新手選擇像 Avada 這樣大眾普遍使用的布景網站，這樣你遇到問題時，有經驗、能幫你的人會比較多，才好在網路上尋找解決辦法。

⭐ 免費的主題，很多都沒有一鍵安裝範例檔案的功能，所以可能會讓新手卡比較久。雖然付費主題的功能比較完整，又可以快速匯入範例檔案，但假如你想省錢，從免費主題試試，有一個 OceanWP 還不錯，不僅免費又可一鍵匯入範例，有興趣的讀者可以試試看。

⭐ 在做第一個網站時，不要急著「客製化」成自己想要的樣子，先忍耐點「將就著用」，在不改變太多外觀的情況下，試著看懂後台範例內容與前台的連動性，而且千萬記得不要馬上把範例內容刪掉，在網站完成以前，這些範例可以給你一些參考。

另外，你也可以閱讀主題的操作說明，能助你快速上手。

⑤ 裝一堆外掛，網站速度變慢

很多人懂了什麼叫外掛後，就會開始搜尋「外掛推薦」，在網站上安裝輔助的工具，結果很多同一性質的外掛產生衝突，導致網站變得越來越慢。所以，請盡量以「能不裝就不裝」為最大目標準則，如果是相同類型的外掛，建議裝一個就好。

系統使一切自動化

相信各位都能認同現在員工很難搞這件事，自主意識相當強烈，若跟機器人相比，還不如創立一個網路機器人，只要你能將網路做到自動化，直接把網路變成你的員工，讓他來幫你工作，一年三百六十五天都可以二十四小時為你工作，而且還不用加薪、給獎金，當一切都自動化後，你就能產生被動收入，由它來替你賺錢。

像我就有許多被動收入，除房地產所帶來的租金收入外，我所出版的書賺取的版稅也是一種被動收入來源，現在也積極投入礦機進行加密貨幣的挖礦，並且涉獵 NFT 收藏，開發不同領域的被動收入。

而在創造被動收入前，你有想過錢是怎麼賺來的嗎？可能是工作、房地產，或是靠投資股票……等等，可以試著想想這些收入有沒有什麼共通點？只要找到共通點，就比較容易開發出創富機制。

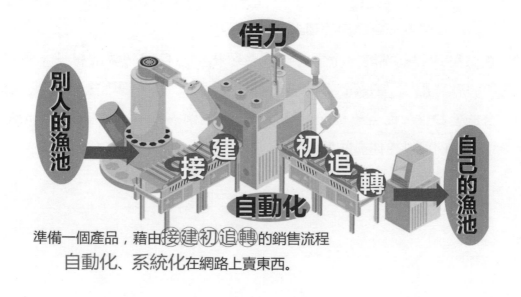

準備一個產品，藉由接建初追轉的銷售流程
自動化、系統化在網路上賣東西。

自動賺錢機器的兩大秘密為⋯⋯

⭐ 自動化：借助系統的力量，讓自己要做的事越少越好。
⭐ 借別人的力：不喜歡、不擅長、不願意

為什麼要自動化？目的在於讓你自己要做的事越少越好，就能更專注在其他更重要的事情上，好比產出更好、更吸引人的內容和文案，如此一來就能自動替你產生源源不絕的被動收入。

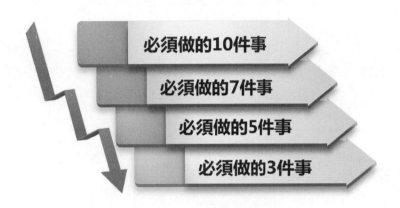

而產生被動收入的關鍵「建立系統」，假如你平時是在夜市擺攤賺錢，那就不叫被動收入，若你沒有擺攤做生意的話，就沒有收入產生，因此要有被動收入，就得建構一套自動化運作的系統才行，那請問要在哪裡建構？

當然是網路阿！現在是網路時代，有現成的網絡能讓你與廣大的消費者做連結，為什麼不呢？所以，你絕對要在網路上建構一個系統，在上面鋪上自己的商品、項目或服務，然後想辦法自動化運作，讓它活絡起來。

那該如何活絡起來？假設你在家中挖了一個大坑，想趕快在裡面填滿水，你會選擇怎麼做？

⭐ 增加水桶容量（要求加薪、跳槽）。
⭐ 多挑幾桶水（兼差）。
⭐ 建置管道，讓水注入。

相信你跟我一樣會選擇建置管道，沒錯，要讓系統活絡的關鍵便在於建置管

道。建置又可以分成兩項來討論：自行建構和借用他人的管道。傳統的培訓課程會教你如何建構「自己的管道」，但這是不對的，倘若別人有現成的資源，你為何不與他合作，借用他的管道來使用，反而選擇自己想辦法籌措資源？不僅浪費時間又多花成本，所以，聰明的人一定會選擇借用他人的管道。

⭐ 建置管道，一段一段接管，從河邊引水至家中，完工後只要在家打開水龍頭，水就源源不絕地流出來。

⭐ 借用別人的管道，不需要耗費時間心力建設管道，只要利用別人已建好的管路，坐在家中坐享其成，水就會自動送上門。

借了之後，就可以自動產生收入，創造自己的被動收入。那再請問何謂資產、何謂負債呢？學過會計的人一定都知道，但這裡不討論會計，只談實際的賺錢方法，舉凡能產生收入的就稱為資產；反之產生支出的就稱為負債。

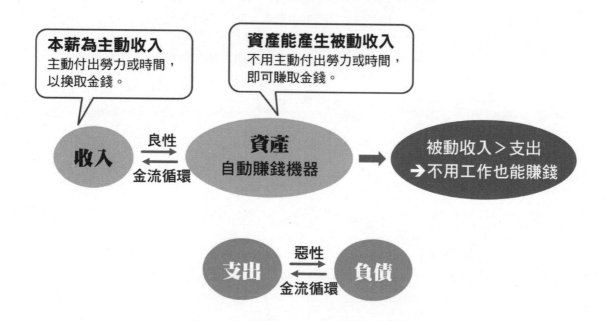

因此，我們要想不斷產生被動收入，最好的方法莫過於將自己打造成賺錢機器，而賺錢機器又可分為狹義和廣義……

**狹義 ▶ 準備一個項目，藉由接、建、初、追、轉的銷售流程，
在網路上以自動化、系統化的方式販售。**

首先，當然是要有項目，這時你可能心中會產生一個疑問，請問傳直銷是不是

一種項目呢？答案是肯定的，任何東西都可以成為我們的項目，你甚至可以把演講內容整理起來，節錄出重點，這份筆記就變成你的項目、商品了。

項目到底是什麼？

服務　有形或無形商品

制度、規則　課程

某種方案　邀您加入某個組織

資訊的反差與落差

項目就是您要賣的東西

就好比之前購物網站有賣家販售「全彩印北一女筆記」，該筆記是北一女畢業的楊同學幫她的學霸好友所販售，按照不同科目分成國文、英文、地理、歷史，以工整的字跡將各科重點謄寫出來，並搭配精美的自製圖表，賣家甚至另外附上勉勵考生的小紙條，在知名網路賣場上銷售逾四千組，銷售額高達百萬元，而這筆記便是他所販售的項目，就只差自動化的銷售系統了。

那適合網銷的產品有哪些呢？

⭐ 速銷品與常銷品。

⭐ 獨特性商品（僅此一家，別無分號）。

⭐ 不大需要售後服務的商品。

⭐ 可明確定義的商品。

⭐ 易於運送的商品。

⭐ 單價不高的商品。

⭐ 實體通路不易買到的商品。

⭐ 無形商品，例如資訊型產品，其邊際成本趨近於零。

所謂的資訊型產品就是將知識、資訊變成產品銷售，藉此獲利。常見的形式有實體課程、DVD、MP3、實體或線上研討會、線上教程、電子書、資訊與獨門秘方、聯盟行銷、App、影音檔、銷售文案廣告等軟體類，以及資訊型、服務類的商品等。

接著，我們來討論何謂廣義的自動賺錢機器……

廣義 ▶ 費曼式＋晴天式學習法。

廣義的賺錢機器就是從自己出發，無論是學好公眾演說、出一本書，還是接受國際課程的培訓，或具備 WWDB642……等行銷能力，亦或是對區塊鏈等新科技、概念略懂，將所有的知識內化，把自己打造成一台超強的自動賺錢機器。

自動賺錢機器五大系統

若把經營名單（客戶）視為經營一個「魚池」，將客戶比喻為一條條魚，透過網路捕魚、蒐集名單以獲取客戶，魚池中有肥美的大魚，又有活力十足、潛力無窮的小魚，當大魚成長完畢後可直接出池，小魚則留在魚池，繼續培養。

透過自動化的系統，評估是否可以出池，對於尚未成熟的小魚，不斷供應營養，大量提供資訊或不同的項目，刺激他們購買的欲望，實現銷售加速；而作為支

撐的行為解構，則可以不斷了解魚的情況，及時做出池或加速的準備。照顧好大魚（大客戶）十分重要，但同時培養其他有潛力的小魚，也是相當必要的，當大魚出狀況，平時又有培養眾多小魚的話，就可以在市場景氣不佳的時候，仍保有一定的銷售業績。

關於魚池，有兩大思維可以進行探討，一是找魚、再捕魚，二則邊釣邊養。

⭐ **找魚、再捕魚：**在網銷的世界，上半場以流量為王，無論是線上投放還是線下拉人，只要能找到名單、創造流量都好。

⭐ **邊釣邊養：**魚鉤掛餌，同時在旁邊撒飼料（誘因），讓魚群（客戶）游到魚鉤旁吃飼料、吃餌，目標成功上鉤，大功告成。

要建立一個魚池系統，有一定的困難度，困難點在於魚鉤的多樣性及適用性，魚鉤說白了就是我們的管道，隨著網路日益發達、便利，社交端的用戶只會不斷增加，因此，能否將這些用戶一網打盡，便關係到我們釣魚的效果。

我們的魚一般都是從別人的魚塘裡來的，我們要做的就是把別人的魚變成自己的魚。那該怎麼做呢？假設，我們魚塘裡既有的客戶有一百名，每個客戶可能自己又有十位相同需求的客戶，那我們可以預估潛在客戶的魚群為 $100 \times 10 = 1,000$ 條，只要善加利用社群通訊軟體的傳播效應，經由客戶口耳相傳，再適度與之產生連結、互動，就能將對方引至我們的魚池之中，池塘內的魚將以幾何級數增長。

平時可以多到一些社群平台或論壇網站積極發文，替自己打開管道，吸引魚群從 A 魚池流至你的魚池，自然有機會上鉤。而建構一個魚池、擁有名單，後續的客戶關係建立也相當重要，針對目標魚群，提供針對性的內容，對用戶行為不間斷地進行預測，觸發行銷動作，加速他們長大，替自己創造收益。自動賺錢機器，講白了就是設計一套銷售流程，讓系統自行幫你銷售、成交、收單，賺取收入。銷售流程的設計，就好比將領在指揮作戰，將各個環節布局好，只要有流量導進來，就會有一定比例的人被成交。

成交系統的核心就是將陌生開發、沒有任何信任基礎的客戶，透過流程設計，一步步地進行引導，進而成交。而在現今網路世代，建立信任最好的辦法，莫過於

145

免費策略，主動且免費貢獻客戶想要的價值，以此吸引他們上鉤，然後再設計一個成交階梯。

比如你要賣一件 1,000 元的產品給客戶，那你可以先銷售 99 元的商品，讓彼此產生基本的信任，這樣未來要銷售千元產品時，較容易卸下對方的心防。

假設我手中正好有一項目要販售，要如何設計這個成交系統呢？

⭐ 提供免費贈品，將魚兒引流至我們的平台、銷售頁面。你可能會說，我的事業沒這麼大，沒有架設任何網站，那你也可以將對方吸引至 FB 或 LINE@ 之類的粉絲頁面。

⭐ 在贈送的環節中，設計一個橋段讓對方回覆關鍵字或留言，以獲取另一單價更高的贈品。

⭐ 在第二份更高價的贈品中置入行銷文案，那些認真操作、獲得兩項贈品的客戶，已透過這些流程表現出對你的基本信任，這時只要再提出銷售主張，約莫有 2% 的客戶會馬上被成交。

銷售流程的設計其實非常簡單，它能加快你的成交速度，最重要的是能讓你和魚池建立信任，助你自動成交、賺錢。

而一般談到倍增，我們心中浮現的第一個想法應該都是「直銷」，倍增本身是一件很迷人的事情，但只要跟直銷扯上邊，就會讓人覺得不切實際，因為透過倍增所帶來的獲利實在太驚人了，輕而易舉就能獲得巨大的財富。

那倍增系統最重要的關鍵便在於複製，在過往，大家會認為複製是最困難的部分，讓行為模式持續複製下去，並不是件簡單的事情，但現在透過網路卻能輕易達到，而且是快速達到。在十幾年前，網路還是一個新興名詞，幾乎所有行業都還是依靠傳統模式、通路在運作，無法想像會發展至現今的數位化，甚至又誕生新興的區塊鏈技術和元宇宙。

如今網路浪潮席捲全世界，每家企業和個人幾乎都處於網路世界當中，無處不網路。許多人睜眼起床第一件事情不是刷牙洗臉，而是先連上網路使用手機，可見

網路與我們的日常生活連結有多深。

從產品面來分析，傳統模式銷售範圍較小，通常只有自己周遭的生活圈與朋友圈，但透過網路來發展的話，線上傳播資訊快速，距離範圍更沒有受限，銷售對象十分廣大；且傳統模式的經營成本較高，產品推廣有限，宣傳效果會隨著時間而遞減，與網路相比可謂弊大於利。

改從人脈面來看，傳統模式必須不斷找人，這是一件相當困難的事，若要持續做大更是難上加難，但網路無遠弗屆、人群廣泛，能使你的倍增更快速、持續性更久，商品容易開發、倍增，線上與客戶溝通也十分方便，利於成交。網路的倍增系統，便是以直銷的精神、連鎖店的格局、量販的通路、郵購的便捷為基石，集各家優點於一身，以科技的高效率及網路的即時性，達到薄利多銷，快速累積財富。

行銷的最終目標無非是為了替品牌賺取更多的收入，為了達到目標必須先導入流量、將流量轉換為潛在客戶、推動潛在客戶成為忠實顧客。而行銷自動化在「轉換為潛在顧客」、「推動潛在客戶成為忠實顧客」這兩個階段有較大的影響。

但要注意的是，不是自動發出很多訊息給潛在顧客就是行銷自動化。舉例來說，現在很多 E-mail 行銷只是對整個潛在顧客名單發送一封又一封的郵件，然後就坐等他們開啟郵件並消費，但結果通常是⋯⋯

⭐ 浪費時間及金錢向沒興趣的人行銷。
⭐ 破壞你的魚池名單。

也就是說，這樣子的流程是沒有效率，甚至可能造成反效果。其實只要站在顧客的角度就可以略知一二，如果你是顧客，也會希望收到的訊息是只對你說，而非可以明顯看出是同時傳送給成千上萬人的版本吧？這也是集客行銷強調的，我們要針對內容出發，個人化的訊息會使人覺得親近，產生直接與品牌互動的親切感，顧客也會因此產生更多的信任，而信任後也就有更大的機會購買。

行銷自動化讓你能夠依照顧客的表現與他們連結，比起千篇一律的推銷訊息，給予顧客切合需求的內容更能降低他們的購買障礙，達到營收成長的目標。

147

① 轉換流量為潛在顧客

預測什麼時候該對潛在客戶啟動行銷流程是很困難的，你可以透過顧客行為來做為提醒，也就是顧客做出特定動作，像「註冊成為會員」、「回到網站上」、「要求試用」、「觀看網站上的行銷影片」、「出席網路研討會」、「參加病毒擴散任務」……等，你就會收到通知，表示已經可以對這些潛在顧客啟動接下來的行銷流程。

一旦得到潛在顧客的相關資訊，應該要謹慎利用它，而不是放在角落積灰塵，利用這些資訊區隔顧客表現，制定相對應的推銷策略。基本的區分可以是「顧客活動歷史」、「個人資訊」、「公司屬性」……等，以達到對下一步要傳達的行銷訊息做出差異化和個人化。

最後，將每個潛在顧客都導入銷售流程是不可能的，必定會有一些疏於照顧或失去興趣的潛在顧客。因此，你必須重新培育沉睡的潛在顧客，將他們再次導入培育流程，透過重新與潛在顧客接觸，調整內容以切合他們的需求，讓這些沉睡的顧客再度進入轉換流程。

② 推動潛在客戶成為忠實顧客

並不是顧客完成一次消費後，行銷流程就算是功德圓滿了，「顧客願不願意再度光臨」也是一個很重要的課題。因此，在購買後啟動涓滴銷售能不間斷地與顧客聯繫，持續與顧客接觸並帶給他們有價值的內容，以引導消費者再度回到我們的銷售流程中。

「如何降低每得到一個顧客所花的成本？」想必是每個品牌都非常在乎的事，以獎勵機制觸發自動病毒擴散就是一個很經典的方法，也就是讓顧客為你宣傳！Dropbox 就是使用這樣的策略提高了 60% 的註冊率。

這樣等於是重跑一次漏斗的概念，但如果你能妥善搭配飛輪模型，那就不會有這樣的問題產生，因為顧客的忠誠度極高。

最後最重要的觀念是，我不斷提到在行銷自動化的流程要極力避免任何硬性銷售的文字、內容或是訊息，反而要給予消費者更加個人化、更為切合需求的內容，因為行銷自動化並不能直接幫你衝高營收，而是讓品牌與顧客之間的互動更有效率，一旦與顧客產生連結、建立信任，內心的購買障礙逐漸降低，消費自然而然就會發生！

自動化行銷小幫手

　　想像日常生活中，如果有一個機器人助理無時無刻在身旁協助你，那生活將會變得多輕鬆呢？

　　這個機器人助理不需要任何食物、照顧或是金錢……它始終在等待你下達一個指令，然後透過手機協助，並且解答你的問題。

　　在機器人助理的幫助下，你能花費比之前更少的時間來記住密碼、分析數據結果，以及尋找客戶資料，而且還能從中蒐集相關性的問題。

　　有了機器人助理後，你會發現自己有更多的時間專注在產生更多效益的工作上。雖然目前還沒有建立出一個能完全配合需求的專業機器人助理，但已經有一個相當接近的產品：聊天機器人。

　　以往提到機器人，大多會認為對這產品感興趣、有幫助的僅限於軟體開發人員和工程師，但現在發展的聊天機器人，對於非技術背景相關的行銷人員相當有助益，能為永無止盡的 E-mail、會議或是代辦事項中提供解決的方法。重點是，這些工作大部分都是行銷人員平常會花相當多時間及心力去做的事情。

　　那到底什麼是聊天機器人呢？簡而言之，聊天機器人就是智慧型助理，能透過文字或是語音進行溝通，目的在解決用戶特定的問題。

　　其實機器人不是近幾年才開始流行，早在 1988 年 MIT 人工智慧實驗室就推

149

出了 Eliza，被認為是史上第一位聊天機器人。隨著時代推演，人工智慧、語意分析不斷演進，再加上網路社群平台的加持，這幾年機器人掀起一陣熱潮。

聊天機器人（Chatbot，簡稱 Bot），其實是透過 AI 人工智慧，利用電腦程式模擬真人來跟使用者對話，隨著網路普及，網路購物、訂餐也越來越普遍。

起初發明的目的是為了回應訂餐，讓訂購餐點的人能立即得到回覆，確認是否點餐成功，因為回答均都大同小異，因此業者延伸應用，利用機器人來產生一個制式化的回應，解決買賣中大大小小的問題。

還記得手機剛推出 App 時的熱潮嗎？大家開始瘋狂下載各種新奇有趣的 App，也有許多人看上這一波熱潮，開始製作各式各樣的手機應用程式想大撈一筆，但後來發現使用者會使用的 App 通常就固定幾種，大部分的 App 其實鮮少使用，且占空間。

並不是說 App 這項產業已經過時，但其成長停滯卻是不爭的事實。據統計，美國前十五大 App 發行商的平均下載量下降 20%。但機器人不一樣，國際研究顧問機構 Gartner 調查，2020 年有 1/4 的企業在使用機器人，他們甚至大膽揣測，到了 2022 年，逾五成的企業每年花在自動化機器人的投資將超過傳統 App，這也揭示了機器人將是改變未來銷售方式及客服的明日之星。

聊天機器人現在被廣泛應用於各社群平台，如 Slack、Messenger 和 LINE 等，其實機器人一直到 2016 年底才開始盛行，FB 才開放給開發者使用，讓他們將機器人建立在 Messenger 中，機器人這才慢慢崛起。使用機器人行銷有幾大好處，除了增加觸及人數外，還能……

① 24 小時回應，節省人力成本

一般消費者對於產品的提問大多類似，大部分為基本詢問，若要一個個回覆其實相當耗時又費力，對企業來說更是一項人力成本。若在非上班時間提問，也得等隔天才能回覆，可能因此錯過顧客選擇購買或其他決策的黃金時間，非常可惜。

但機器人完全不受時間的限制，與消費者二十四小時連結，即使顧客在國外提問有時差，它也能立即回覆，當然只能回覆簡易的問題，但還是能大大節省人力成本，提高效率。且假如觸及人數增加，留言人數也會因此暴增，若還是以人力回覆，會因工作量增加忙不過來，很容易遺漏訊息。

② 透過轉發增加相關性分數

在使用機器人的過程當中，越多人觸及、越多人分享轉發，這些資訊都會一起被統計到各大社群平台的計算機制裡，來提高粉絲專頁該則發文廣告的相關性分數。

相關性分數為 FB 衡量該發文廣告的受歡迎與接受程度。相關性分數越高，廣告投放的金額就越低，之後在做廣告投放的時候，也能夠節省成本，一舉兩得。

③ 建立名單

得到有效的客戶名單是行銷中非常重要的一環，藉由機器人回應，它會透過系統私訊，直接得到對該服務或產品有興趣的名單，更能透過使用者在回覆的過程中，將客戶名單進行歸類並做篩選。

名單建立起來後，可以針對用戶進行再行銷，如此一來，不僅沒有額外的花費，也能更有效地進行產品推廣，或是將人流導引到實體銷售。

你可能會問，使用聊天機器人的目的是什麼？現在各行各業皆開始跟風使用自動化機器人，但我們得先思考使用的目的是什麼？適不適合用於你的產業之上？依照每個產業產品的特性，制定的規則與方式也不同，必須思考如何結合自己的事業，達到目的。

機器人雖然已號稱能夠擬真人的方式與使用者對談，但仍無法取代人類。畢竟訊息內容還是得靠人來打，使用者某些沒預設到的問題，需要真人再來做加強，無

法完全倚賴機器人。所以還是需要人與機器人配合，才能創造出最有效率的局面。

了解使用聊天機器人的目的後，就要開始制定策略與架構。那要如何利用系統化、有邏輯的方式，一步步引導使用者來進行問答與購買，讓他成為回流客、穩定客源呢？

在撰寫回覆的內容時，要注意自己使用的詞彙與語氣，需要有禮貌、友善，但不要過度官腔，讓人感覺是機器或是自動回覆系統，適時帶點情緒、甚至加一些表情貼圖，可以讓人感覺更貼近。

除了從自己的角度思考外，也要試想如果自己是客戶，會想知道什麼問題？什麼樣的流程會是客戶喜歡的？如何才能引導客戶到他想要的頁面，或是得到客戶需要的資訊。從客戶角度出發，能夠使整個系統讓人更舒服，並且更完善。

機器人的內容製作不太可能一次到位，每次做完的結果都需要分析與討論。看看使用者大多點哪個連結，為何會選？是否還有其他缺漏的地方？在與人對談的回應中，是否真的有解決到別人的問題？大家的反應如何，最後是否真的有購買商品？一次一次地測試，藉由客戶的反饋來慢慢改善，使系統內容變得更完整。

以下分享幾個簡單的觀念教你如何設計一個行銷機器人，相信任何人都能輕鬆上手。

① 確定機器人的用途和它要解決的問題為何

在市場行銷中，你需要了解你的客群是誰，以及他們正在努力解決的問題，這被稱之為目標市場和目標市場的痛點。

這非常重要，因為當你知道目標市場是誰之後，你才能更快、更直接地設計，傳送專屬於他們的行銷訊息。而且，你必須清楚知道他們正在努力解決的目標問題，才能設計出能解決他們問題的產品。

在設計機器人時了解往哪個方向前進相當重要，因為機器人的溝通順暢性或是

語調必須吸引客戶的個性和需求。

② 確定機器人的類型

現在市場上已出現大量的聊天機器人，機器人可劃分為兩個主要類型，分別是資訊型和實用型，你必須先確定聊天機器人要解決的問題性質為何，這樣才能選擇出最適合你的機器人。

⭐ **資訊型**：為用戶提供一個全新且更簡單的方式去取得資訊。換句話說，聊天機器人幫助用戶省下特地去找資訊的時間。

⭐ **實用型**：可以幫助用戶完成操作或解決問題。實用型機器人的其中一個例子就是前文提到的訂餐聊天機器人，它可以幫助用戶訂購餐點。

因此，你要解決的問題將決定你選擇建造哪一種類型的機器人，是資訊型還是實用型，當然，你也可以兩者混合。

③ 選擇一個平台建造專屬於你的行銷機器人

機器人需要一個可以讓它們依存的平台，更確切地說，應該是需要一個通訊App，這也是你的目標市場能真正發揮作用的地方。在選擇前，你應該先想想：使用這個聊天機器人的用戶，他們會在哪個社群平台出現？然後就在該平台建造屬於你的行銷機器人。

在確定要在哪個平台搭建之後，你接著要選擇建造機器人的平台。這可能會有點很棘手，雖然現在網路上有很多機器人建造平台，但對於非技術背景相關的人來說還是有一定困難度。

④ 透過不斷的嘗試，增加機器人的溫度

一旦決定好了機器人的通訊 App 和建造平台，你就要開始賦予它一些個性。

你的機器人必須能解決用戶問題外，還要能以簡單、有趣和具有個性化的方式去運作它。機器人的缺點就是它們不是真人，因此，為了設計出高品質的行銷機器人，你要盡可能讓它像活生生的人。

當你在設計機器人的個性，並在建造整個對話流程時，首要條件是把目標市場放在最重要的位置。如果你的機器人是專為餐廳經理設計的，那它的個性一定跟少女的個性大相逕庭。

機器人的個性和流程建立完成後，就要開始在目標市場上進行測試。尋找願意為你提供真實反饋的群體，讓他們不停測試，找出其中缺點，這會是一個持續測試和改進的過程，可能會讓人感到不耐煩，但相當必要。

⑤ 找出你自己的癢點

經常在行銷中聽到：「找出自己的癢點。」換句話說，就是去創造或行銷那些會吸引你的東西，如果你喜歡這個產品、服務或是想法，其他人可能也跟你一樣。

如果你不確定要建造什麼類型的機器人，你只需要先建造一個能解決問題的機器人，抓準用戶的癢點後，再設計出一個能滿足用戶需求的機器人，可能就這麼歪打正著，用戶的問題點跟你相同！

SEO 讓你如虎添翼

當網站都設計妥善後，你要開始想辦法增加你的能見度，透過搜尋引擎最佳化（Search Engine Optimization，簡稱 SEO），也有人翻譯成搜尋引擎優化，這是

一種利用搜尋引擎的搜尋規則來提高網站排名的方式，為了讓網站更容易被搜尋引擎接受，搜尋引擎會將網站彼此間的內容做一些相關性的資料比對，然後再由瀏覽器將這些內容以最快速且最完整的方式呈現給搜尋者，所以 SEO 不是電腦程式，也不是一套軟體，它只是一個讓搜尋引擎輕易找到你的網站，並獲得領先排名的概念。

為何要做 SEO ？因為需要流量，而流量的最大宗就是搜尋流量。你可能無法理解搜尋流量的重要性在哪，重要性在於你搜尋的都是陌生人，陌生開發永遠是最重要的，好比魔法講盟舉辦一堂課程，若只開放給魔法弟子上課，在公司的小教室，這樣就無法接觸到新客戶、新學員。

那請問，老客戶重要還是新客戶重要呢？答案是「都重要」，所以我們做網銷，除了要留住舊客戶持續消費外，開發新客戶也是相當必要的，因而需要透過搜尋來找到新的人。

搜尋引擎行銷（Search Engine Marketing，簡稱 SEM），顧名思義就是透過網路搜尋引擎來進行行銷活動，例如使用者在搜尋引擎輸入關鍵字，然後依照顯示的搜尋結果點選符合需求的資料。全台灣有超過億個網頁，每個人都想被搜尋到，而決定誰先被搜尋到的「裁判」就是搜尋引擎。

台灣目前最常使用的搜尋引擎不外乎 Yahoo! 和 Google，網站被搜尋引擎排在越前面，代表越受搜尋引擎喜愛，所以你要絞盡腦汁獲得搜尋引擎的喜愛，讓自己的網站被排在第一頁，這樣才能創造流量，進而創造營收。

搜尋網站就像一場歌唱比賽，評審（搜尋引擎）訂出比賽規則，音色佔幾成，技巧佔幾成，台風佔幾成，再把每位參賽者的分數乘上每個評比項目的比重數，得到一個總分後，依序排出名次。

網站就是歌唱比賽的參賽者，我們把網站所有評比項目挑出來，每個評比項目都做到最好（最佳化或優化），每一種搜尋引擎每一個評比項目的比重有所不同，但結果基本上不會差異太大。

　　無論是 Yahoo! 還是 Google，都不會隨便公開搜尋機制，因為這是他們的機密，且搜索引擎會不斷變換排名評比規則，每次評比的改變都會讓一些排名很好的網站，在一夜之間名落孫山，而失去排名的直接影響就是失去網站固有流量；所以每次搜索引擎評比的改變，都會在網站之中引起不小的騷動和焦慮。

　　其實我們可以換個角度想，如果我們是搜尋引擎，我們會如何排序網站呢？網站管理員以及網路內容提供者在九〇年代中期開始使用搜尋引擎來優化網站。此時第一代搜尋引擎開始對網際網路分門別類，一開始搜尋引擎利用一些蜘蛛機器人（Spider），擷取網頁程式找到連結，並且儲存所找到的資料。

　　蜘蛛機器人（Web Spider）是相當形象化的名稱，將網路比喻為一張蜘蛛網，由蜘蛛機器人在網路這張大網中爬來爬去。他們透過網頁的連結位址來尋找網頁，從網站某一頁面開始，一般通常會是網站首頁，抓取網站內容，然後又從網站中其他的連結位址至下一個網頁，一直迴圈、連結下去，直到蜘蛛將網站所有子頁連結完畢。

　　一個搜尋引擎不大可能把網路上所有網站抓取完，從目前各大搜尋引擎公布的資料來看，容量最大的搜尋引擎也不過抓了 40 至 50%。主要原因在於抓取技術，有些網頁、網站無法從其他網站中的連結中找到；另一原因則是儲存技術和處理技術，如果以每個頁面平均大小為 20kb 來計算（包含圖片），假設全網上有百億個網頁，那容量便是 100×2000G，相當可觀。

　　即便能夠儲存，要下載下來也存有一定的難度，若以一台電腦每秒下載 20kb 計算，需要三百四十台機器不停歇地運作整整一年，才有可能將所有網頁下載完畢，更何況有些網站的資料量很大，每個頁面的下載效率都有所差異。

　　因此，一般搜尋引擎所派出的網路蜘蛛只會抓取重要網頁，而網頁的重要性則依據網頁的連結深度，一般有兩種策略：廣度優先和深度優先。

1 廣度優先

網路蜘蛛會先抓取起始網頁中連結的所有頁面，然後再選擇其中一個連結頁，繼續抓取該網頁中的連結。這是最常見的方式，因為這個方法能讓網路蜘蛛並行處理，提高抓取速度。

2 深度優先

網路蜘蛛會從起始頁開始，一個一個連結持續追蹤下去，連結完所有頁面後，再轉入下一個起始頁跟蹤連結。

由於不可能抓取所有的網頁，有些蜘蛛會針對不太重要的網站設置訪問層數，所以才會產生部分網站的網頁不會被搜尋到，因為網路蜘蛛根本沒有連過去，反之，只要抓住這個關鍵，架設扁平式結構的網站，其能見度就會非常高。而且有些網站的頁面會加密，部分網頁需要有許可權才能瀏覽，這時蜘蛛就會被阻擋在外面。

過程中同時包含了將網頁下載並儲存至搜尋引擎擁有者的伺服器中，這時有另外一個軟體 Indexer 來擷取頁面中不同的資訊，包含頁面中的文字、文字的位置、文字的重要性以及頁面內的任何連結，之後將頁面置入清單中等待過些時日後，再來擷取一次。

隨著線上文件數目日積月累，越來越多網站管理員意識到隨機搜尋（Organic Search）的重要性，所以搜尋引擎公司開始整理他們的列表，以顯示最恰當、適合的網頁為優先，搜尋引擎與網站管理員的戰爭就這麼一直打下去。

一開始搜尋引擎是被網站管理員本身牽著走的，早期版本的搜尋演算法有賴於網站提供資訊，如關鍵字的基本定義標籤（Meta Tag）。當某些網站管理員開始濫用標籤，造成該網頁排名與連結無關時，搜尋引擎開始捨棄標籤並發展更複雜的排

名演算法。

Google 由兩名在史丹佛大學深造的博士生賴利‧佩吉和謝爾蓋‧布林開始，他們提出一個網頁評估的新概念，稱為「網頁級別」（Page Rank），又稱「網頁排名」，是 Google 搜尋引擎演算法重要的開端。

網頁級別是指透過網路浩瀚的超連結關係來確定一個頁面的等級，Google 把從 A 頁面到 B 頁面的連結，解釋為 A 頁面給 B 頁面投票，Google 根據投票來源（甚至來源的來源，即連結到 A 頁面的頁面）和投票目標的等級來決定新等級。

今天，大多數搜尋引擎對它們如何評等的演算法保密，可能使用上百個因素在排序，而每個因素本身和因素所佔比重也可能不斷改變，儘管如此，我們還是可以把自己當成搜尋引擎來思考。

不論是坊間已出版有關搜尋引擎優化的書或是網路上連篇累牘的文章所提到的蜘蛛程式、關鍵字密度、Page Rank 或網站架構等，都是 Google 或 Yahoo! 搜尋排行的依據。

不過就我的看法是，Google 和 Yahoo! 也沒公布他們搜尋的依據或是排名的公式，去猜測這些，然後再以猜測為果，來找出原因的意義實在不大，還不如設身處地想想，如果你是程式設計師，你會以什麼為依據來做搜尋排名。

如果以程式設計師的角度來判斷誰的網站有資格排在前面，我想他們一定會對這個網站進行以下評估。

- ⭐ 是否被人知道？
- ⭐ 是否被很多人知道？
- ⭐ 內容是否豐富到足以讓訪客停留久一點的時間？
- ⭐ 是否會被網友們口耳相傳、介紹？
- ⭐ 其他因素。

像這些思考只能算是基本層次，就如同馬斯洛的需求階層一樣，這只是最基本的。而身為 Google 或 Yahoo! 的程式設計師，想必具備高超的程式設計能力，對

軟體或是網路有更多的理解，且集合眾人之腦力，他們所設計出來判斷網站排名的標準，當然更深幾層。

既然是做網路世界的網站排名，且這排名會讓全世界的網民知道，那總得讓網友覺得客觀公正、心服口服，找不出瑕疵才能顯現出我們全球最大入口網站的功力與公信力。

按此思維，Google 及 Yahoo! 的工程師除了上述這些人們普遍知道的評估標準外，一定有許多他們自認更客觀且公正的評估準則。就讓我這 IT 門外漢試著揣摩一番。

⭐ 首先，網站首頁一定讓人一目了然，知道是做什麼的。

⭐ 其次，網站本身的架構要完整。

⭐ 再來，網站一定容易瀏覽，不會讓人等太久。

⭐ 網站內容一定跟搜尋的主題有高度相關。

⭐ 網站的內部連結一定順暢，不會自己找不到路。

⭐ 網站的流量一定不會少。

⭐ 網站在其他網頁想必也有連結（或是所謂介紹），且連結越多表示越受歡迎。

⭐ 網站的成立時間越久想必愈經得起網友考驗。

⭐ 網站的內容很新，且時常更新。

⭐ 然後，網站不能作弊，藉由程式或搞小動作來欺騙搜尋引擎以提高排名。

姑且做個結論，相信 Google 及 Yahoo! 的程式設計師也會同意，就是以搜尋者方便性為考量的網站，就一定會被搜尋引擎所認同，能符合這原則，網站排名一定不錯。

搜尋引擎不只一個，在各國家地區也互有慣用網站，譬如 Google 在許多國家都是第一選擇，而在台灣及香港，Yahoo! 則略微領先；到了中國大陸則大多使用百度或搜狐……等。

因此，在考量該以哪一個搜尋引擎為目標，還是以全部為目標去爭取排行就值

得考慮，畢竟像華文網這種兩個搜尋引擎都高居前幾位的 SEO 規劃，可不是每個人都做得到的喔。

我會建議在考慮選哪個搜尋引擎為標的時，最好是看你在哪個地區為標準，畢竟你的目標消費群都在這裡搜尋，當你滿意選定的第一目標後，再去第二選擇做提升排名的動作。

因為兩個搜尋引擎在做排行依據時會有所不同，畢竟是兩個不同的團隊規劃，怎麼可能一樣！不過可稍稍放心的一點是，在其中一個搜尋引擎中有好的名次後，在另一個也一定不會差很多，因為英雄所見略同。

說到這，我一邊回憶、一邊檢查。回憶什麼呢？當華文網站位居 Google 第一時，在 Yahoo! 還不是，但沒差幾天（其實並不記得到底差多少天）就也高居第一。另一方面我也去查了一下，不知在 MSN 搜尋引擎（Bing）又是如何？答案是第二名，正好驗證了我起初的判斷。

以台灣為例，Google 或 Yahoo! 是台灣最受網民偏愛的兩大搜尋引擎，所以你可以依照各自特性或偏好，來決定先在哪裡做優化排名。至於其他入口網站呢？是否也要去找出適合的規律，然後進行優化的動作嗎？

台灣其他常見的入口網站不是跟 Yahoo! 就是跟 Google 聯播，採用同系統的搜尋，譬如 PChome 跟 Google 聯播，MSN 跟 Yahoo! 聯播，所以鎖定 Google 或 Yahoo! 就等於同步鎖定其他幾個入口網站。

不花錢就有好成績才是真本事，對搜尋排行而言，你要先把心力放在「自然排序」，才是優化的首要工作。那花錢的結果是什麼？自然排序又是什麼？請參考下圖。

框起來的是所謂關鍵字廣告，在框裡的右上角可見到「廣告」字樣。真正的網站排名從框線下方開始，這就是「自然排序」，各家網站所追逐的便是這部分的排名，也就是前面章節爭取進入前三頁、前兩頁的說明。

針對使用者搜尋關鍵字的意圖，Google 會透過他們的系統來進行運算，用一套精心設計過的「演算法」，把他們認為最能解決這個搜尋意圖的結果呈現給使用者，而且搜尋結果的順序不會因為你有付費，排名就能輕易提升，也沒有任何一種管道可以付費給 Google，讓他們將你的自然搜尋排名提前。

每個人都會好奇，自然排序的依據或標準為何？答案大概只有搜尋引擎才知道，但我把它想像成和市場佔有率同樣的觀念，暫且稱為「搜尋引擎佔有率（Search Engine Share，SES）」。

就像市場上各家品牌排名，以佔有率高低來排最容易理解，也會被廠商及消費者接受。佔有率的依據不外乎是銷售量或銷售金額占所有總量的百分比，網站排名應該也類似此方式，表示一個網站在總領域的份量，再以此做排行依據。

有了 SES 這個假設，我再以行銷研究多變量技術中的「因素分析」，來進一步推敲搜尋引擎是如何做排行依據的。我還特別去請教一些網路重度使用者，請他

們憑其親身使用經驗說出他們認為網站哪些因素會受搜尋引擎所重視，而依其品質來做判斷、排名。

假設，搜尋引擎看的重點是一個網站的內容組成是否夠優，而決定優質與否由許多因素決定的，先稱之為「集群因素」，每個集群又是許多個別因素所組成，稱之為「個別因素」。

每個集群因素之間互不相關，表示各為獨立，每個個別因素都對整個網站的優質程度有所貢獻，又稱為「個別因素對整體網站優化之解釋能力」，簡稱「個別因素解釋能力」，於是每個個別因素解釋能力加總就是集群因素之解釋能力，只要把這些集群因素解釋能力相加，那就是整體解釋能力。

每個因素的重要性不一，但可按其解釋能力由最高依次往下排列，但總解釋能力一定為 100%。所以，要做 SEO，只要好好關注這些集群與個別因素，並盡力提升至高水準，那你的網站排名一定不會差。

我特意整理出以下十九個搜尋引擎不會告訴你的祕密，為我多年的研究和經驗，相信絕對能對你的 SEO 有所助益。

① 網頁標頭

網頁標頭上的標題最好要跟搜尋的關鍵字有全部或部分吻合。今天如果有一個人想要出書，假設他知道自資出版這樣的概念，他也許會在某入口網站搜尋自資出版或自費出版等關鍵字，當網站標題有「自資出版」或「自費出版」的字眼時，就容易被搜尋引擎搜尋到。

所以，有些網站的標題會看到一連串很長的文字，其目的就是把該網站有關的文字都設定上去，以提高被搜尋到的機率。

② 網頁內文出現關鍵字

網頁內文出現的關鍵字若越多，基本上有助於搜尋，但如果故意放置太多的關鍵字，也可能被搜尋引擎判定為作弊。

華文網為全球最大的華文自費出版集團，網頁中出現多次「自費出版」和「自資出版」關鍵字，有助於搜尋。

③ 網站的年齡

網站成立時間越久，照道理來說流量會比較大，被搜尋到的機率基本上比一個全新的網站來得高。

④ 內容更新的頻率

網站如果有定期更新，搜尋引擎基本會判定這是一個有人經營的活網站。

⑤ 網站的流量

流量大，代表有很多網友喜歡造訪，搜尋引擎大多較喜歡這樣的網站。如果你已經有架設網站，想知道究竟自己的網站流量有多少的話，Google 有一個統計網站流量的工具，Analytics 可以掃描右側 QR code 註冊，即可免費使用。

⑥ 網友停留網站的時間

網友停留網站或網頁的時間越久，代表網友花較長時間觀看該網站或網頁的內容，搜尋引擎可能會喜歡。

⑦ 網站首頁是否一目了然

如果首頁看了半天仍看不懂主題是什麼，網友下次就不會再來了，搜尋引擎就會判定這是一個設計不佳的網站。

⑧ 網站動線

一個網站動線不佳，就像一家百貨公司動線不佳，一定會造成顧客的反感，同樣地，搜尋引擎會判定你的網站動線是否合宜。

⑨ 網站程式語言

如果網站首頁是用 Flash 製作，搜尋引擎較不易抓到，最好以搜尋引擎喜歡的 Html 程式語言來設計為宜。

⑩ 網站隱私權條款

網站如果有加入會員功能，需要填寫資料註冊的話，網站上要有清楚的隱私權條款說明，以確保網友個資安全。

⑪ 外部連結

如果你的網站被其他 PR 值高的網站連結，表示網站受到他網的肯定。PR 是英文 Page Rank 的縮寫形式，Page Rank 取自 Google 創始人，前面有提到它是 Google 排名運算法則的一部分，Page Rank 是 Google 對網頁重要性的評估，是 Google 用來衡量一個網站好壞的唯一標準。

PR 值的級別從一到十級，十級為滿分，PR 值越高說明該網頁越受歡迎。Google 把自己的網站的 PR 值評為九，說明 Google 這個網站非常受歡迎，也可以說這個網站是非常重要的。PR 值只有一的網站表示這個網站不太具有流行度；PR 值為七到十則代表這個網站非常受歡迎。

12 Meta 說明

在網頁中加註 Meta 的語法能協助搜尋擎引找到你的網頁。Meta 在網頁實際上是看不到的，若要看到要在該網頁點右鍵，選擇「檢視原始檔」，即可看到網頁的程式原始碼。

圖左為 Chrome 瀏覽器，圖右為 Edge 瀏覽器。

網頁原始碼。

13 網站描述

當我們在輸入關鍵字後按上「搜尋」鍵，就會出現好幾個跟此關鍵字有關的網站，基本上會分成標題和網站描述兩個部分。假設我們輸入「自資出版」後按搜尋，如下圖。

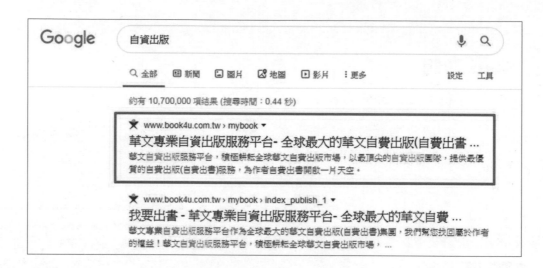

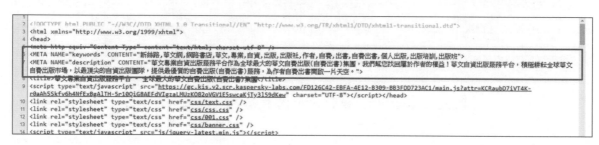

標題：華文專業自資出版服務平台 - 全球最大的華文自費出版集團。就是我們該網站的 TITLE。

網頁程式語法：\<title\> 華文專業自資出版服務平台 - 全球最大的華文自費出版（自費出書）集團 \</title\>

網站描述：華文專業自資出版服務平台作為全球最大的華文自費出版（自費出書）集團，我們幫你找回屬於作者的權益！華文自資出版服務平台，積極耕耘全球華文自費出版市場，以最頂尖的自資出版團隊，提供最優質的自費出版（自費出書）服務，為作者自費出書開啟一片天空。以上文字就是介紹這個網站的描述，可以在原始碼中檢視。

網頁程式語法：<META NAME="description" CONTENT=" 華文專業自資出版服務平台作為全球最大的華文自費出版（自費出書）集團，我們幫你找回屬於作者的權益！華文自資出版服務平台，積極耕耘全球華文自費出版市場，以最頂尖的自資出版團隊，提供最優質的自費出版（自費出書）服務，為作者自費出書開啟一片天空。">。

⑭ 網域名稱（Domain Name）命名

網路上辨別一台電腦的方式是利用 IP Address（例如：192.83.166.15），但 IP 數字不太好記，且沒有什麼特別的聯想意義，因此，我們會為網路上的伺服器取一個有意義又容易記的名字，這個名字我們就叫它「Domain Name」。

就是一個網站的網址，例如 http://www.book4u.com.tw 就代表賣「書」的網站；http://www.cake.com.tw 就代表賣「蛋糕」的網站；http://www.cup.com.tw/ 就代表賣「杯子」的網站。所以，如果你提供的產品或服務跟網域名稱（Domain Name）有符合，就比較容易被搜尋到。

⑮ 文章標題

網站中的文章若取一個和關鍵字吻合的字詞，也有助於被搜尋到。

⑯ 網站地圖

網站地圖是用來描述網路結構的。有些網站比較複雜，有很多分類和層次，有些人可能一時之間找不到自己要的資訊，這時網站地圖可以方便網友快速查詢到自己想要的資訊。

17 圖片優化

除了文字外，在搜尋引擎上搜尋結果有時會出現圖片，其實可以動一些手腳讓圖片被搜尋引擎找到。右圖是一張蛋糕圖片，如果你希望這張圖片能被網友搜尋到，你可以在 Html 程式語法寫成：<img src="cake.jpg"alt=" 蛋糕 ">。

「alt」的功能是當圖片無法正常顯示時用來替代圖片的文字說明。所以當你在 alt 後面加註說明這張圖片所代表的意義，就有機會被搜尋引擎找到。圖片檔名最好設定成跟圖片有關的英文，例如 <img src="1.jpg"alt=" 蛋糕 "> 這樣的寫法就比較不好，另外如果加入一些和圖片無關的關鍵字例如：<img src="cake.jpg"alt=" 蛋糕交友一夜情 "> 這樣搜尋引擎可能不會喜歡。

18 主機放置地點

如果你的主機是交由他人代管或自己的，而你的網站是繁體中文，主機位置若能放在台灣，對你來說是最佳選擇；若在國外，搜尋相對不利。

19 錨點文字（Anchor Text）連結

例如在網路上發表一篇文字，文章中有一句話：亞洲八大名師王晴天。在「王晴天」這三個字的地方會有一個底線，用滑鼠游標移到「王晴天」這三個字的地方點下去，可以連結到預先設定好的網址（例如：王晴天的 FB）。你可以在文章中設定多個錨點文字，像維基百科就在文章中置入許多錨點文字。

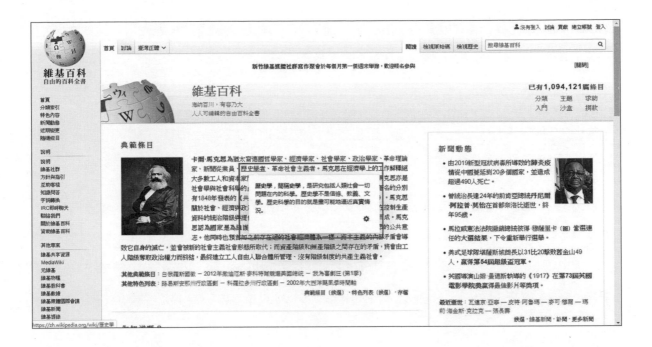

Google 在《搜尋引擎最佳化入門指南》中告訴我們，每個含有連結的都算是錨點文字，而文字的下法最好避免幾點：

⭐ 避免使用「閱讀更多（More）」、「點擊此處（Click here）」作為導引連結的文字。

⭐ 避免使用不相關的字詞做錨點文字連結（譬如文字是王晴天，連結到的頁面卻是王力宏的官方網站，這就不是相關字詞）。

⭐ 避免以一段話來做為錨點文字。

上述十九個 SEO 的做法，是比較正規的做法，一般稱為「白帽」，其實還有一些不正規的做法，也可說是作弊的做法，稱為「黑帽」。

像假首頁作弊法、迷你字作弊法、別名網址作弊法……等，我不建議你使用作弊法，一旦搜尋引擎發現你作弊，有可能將你列入黑名單除名。

你聽過黑帽 SEO 嗎？早期人們開始知道演算法以文章內的關鍵字多寡來做為排名後，為了快速讓排名往前，會在文章內塞入大量關鍵字，以便於讓搜尋引擎找到，讓網站出現在搜尋結果前幾頁的暗黑手法，就稱為黑帽 SEO。

這些關鍵字通常僅構成無用的資訊，內容本身往往不具可讀價值，它或許可以

讓你的網頁出現在相關關鍵字的首頁，但當網友透過關鍵字的搜尋進入該網站後，往往不會停留超過三秒，因為這就好比「圖文不符」。

因此，儘管你使用相關的關鍵字，看到自己的網站出現在搜尋結果的第一頁，但你仍然無法獲取任何顧客。以往有許多黑帽客會利用這種招搖撞騙的方法，來欺騙那些不懂網站架構及搜尋引擎優化的人，但現在已比較少見了，為什麼？

現今，搜尋引擎的規則有變得較為嚴謹，這類型的網站會被搜尋引擎判別為不好的網站，欺騙使用者點擊，無法讓他們獲得實際資訊。一旦被 Google 演算法解讀出這樣作弊的手法，不僅排名往下掉，甚至有可能受到 Google 的懲罰，讓網站消失在搜尋結果頁面，整體而言，採用這樣的暗黑手法，對自家官網是百害而無一利。

而黑帽 SEO 的反面，人們則稱它作白帽 SEO。白帽想要傳達的概念其實是一種以「懂得遊戲規則」，了解 Google 背後演算法的邏輯跟機制，能夠協助你優化網站內容，讓 Google 可以更輕易地爬取你的網站資訊，並且透過一些小技巧讓你的網站在搜尋結果下，能有較好的資訊呈現方式，也就是我上述教各位的十九種方法。

SEO & SEM 有什麼分別？

事實上，SEO 是透過了解搜尋引擎演算法的規則，來調整與優化網站，使網站的關鍵字排名，能得到大幅度的提升，也就是所謂的關鍵字排名優化。

SEO 是網路行銷的其中一個方法，透過一系列針對網站的優化，能夠經由程式碼優化及外部連結優化的方式，提高網站排名與曝光度，使你欲曝光的關鍵字能出現在搜尋引擎結果頁面，甚至是達到第一名的位置。

自然搜尋結果我們稱為 Organic Search，也就是透過 SEO 優化後所得到的排

名。若需要付費，則稱為 Paid Search，也就是透過投放 Google Ads 廣告所得到的排名。

SEO 是「Search Engine Optimization」（搜尋引擎最佳化）或「Search Engine Optimizer」（搜尋引擎最佳化專員）的縮寫。雖然 SEO 能改善網站並節省時間，但如果優化的方式錯誤，則會有破壞網站、影響網站信譽的風險。

在維基百科的解釋裡，SEO 為搜尋引擎最佳化，而我們習慣稱之為搜尋引擎優化，搜尋引擎優化是優化網站的過程，目的是讓搜尋引擎喜歡你的網站，給予你的網站較高搜尋排名結果。

SEM 則是搜尋引擎行銷（Search Engine Marketing）的簡稱，意思是針對搜尋引擎而進行的行銷活動，SEM 的目的是為了讓網站獲得在搜尋引擎的曝光與點擊所進行的各種行銷行為。

以廣義來說，任何與搜尋引擎相關的行銷，就屬於 SEM 的範疇，因此，搜尋引擎優化（Search Engine Optimization）也是 SEM 其中一環。

以狹義來說，SEM 漸漸成為付費點擊廣告的代名詞，因此現在普遍稱 SEM 為付費點擊廣告，也就是 Google Ads。事實上，很多人常常會把搜尋引擎行銷和搜尋引擎優化搞混，以為 SEO 和 SEM 是同樣的東西，或是根本就不曉得兩者之間的關係。搜尋引擎行銷和搜尋引擎優化時常會被搞混或誤用，搜尋引擎優化在台灣都已經不算是非常普及的名詞了，搜尋引擎行銷更是沒有人能輕易分辨。

SEO 就好比「不用錢的廣告」，讓你的網站出現在受眾目標的眼前，不用花一分一毫，就能取得海量的點擊與瀏覽數，在行銷尤其是網路行銷當中，這是多麼難能可貴的一件事。全世界每天有 75% 的人使用 Google 搜尋他們想要的東西，在 Google 前五名當中，點擊率加總高達了 65.15%。

可想而知，當你在 Google 搜尋結果當中獲得前五名的排名時，你可以從每天三五〇萬次以上的搜尋分到多少流量，那一定非常可觀。既然你現在已經了解在 Google 上獲得前面的排名是多具優勢的一件事，接下來就要想辦法讓你的網站盡

可能出現在 Google 首頁當中。

搜尋引擎優化行之有年，目前決定關鍵字排名的因素逾百種，雖然沒辦法完全操控數量如此龐大的優化因素，但可以盡量滿足搜尋引擎，並盡可能達成所有對優化有幫助的事項。

知名 SEO 大師布萊恩・狄恩曾分享如何快速在利基市場，搶下 Google 搜尋引擎排名的方法，並一步步告訴你要怎麼執行。步驟如下……

首先，你可以找一個熱門但不是那麼好理解的議題，然後看看網路上有沒有人針對該資訊做出相對簡單、清楚、易懂的資訊圖表。如果沒有的話，那恭喜你，機會來了！

⭐ 做出相關的資訊圖表、議題評論、盲點解惑。

⭐ 找到相關的意見領袖、網站，分享你自製的資訊。

⭐ 想盡辦法，讓你創造的內容能接觸到更多人，被更多人分享。

⭐ 在分享時，請分享者鍵入連結，回連到你的網站、部落格、平台。

當然，這樣做的前提是你自己的網站已經營一段時間了，且網站的經營模式有著明確的主軸，才有機會成功。

比方說，你是一個才剛起步的化妝品牌或是對美妝很有興趣的素人，因為肌膚特別敏感，所以對市售的化妝品品質好壞非常挑剔。因此，你過去曾針對市面上知名品牌的各類型商品比較過，那你就可以做一個評比的資訊圖表，告訴那些在網路上跟你有相同困擾的使用者，分享你的使用見證。

想要讓網站出現在搜尋結果的第一頁，要做的努力很多，而且它是一個持續且累積的過程。千萬別期望能不勞而獲的一夕致富，這樣的想法太天真！如果你的網站今天才做好，在完全沒有內容經營的情況下，便期許在開張第二天就帶來成千上萬的自然搜尋流量是不可能的！

Google 演算法考慮的要素非常多元，同時包含「技術」以及「內容」兩種面相，來判斷網站或是網頁的資料是否能排在搜尋結果第一頁，而兩種面向中也各有

許多可以實際針對網站完成的優化項目。SEO 是針對不同面向中的不同項目提出整體性的優化方案，透過這樣的方法讓網站在使用者搜尋某個關鍵字時，可以得到良好的自然排名，進而提升網站流量；達到商品曝光、蒐集使用者、宣揚特定理念等種種目標。

在 SEO 領域中，「技術」以及「內容」兩種面向，分別稱作「Technical SEO」以及「Content SEO」。

① 技術 SEO：讓 Google 讀懂你的網站

在技術層面，主要目標就是要讓「Google 讀懂你的網站」，由於 Google 的網路蜘蛛不一定看得懂所有網站內容，因此需要一些「默契」來讓網站可以被看懂，例如 301 轉址、SSL 憑證設定、Sitemap 如何產生和網站速度優化等。

這些項目都是在技術 SEO 領域上，常會面臨到與需要解決的問題，而且都需要透過工程師，修改網站程式碼或是網站架構才能夠解決。

② 內容 SEO：透過優質內容創造網站流量

在內容部分，和技術為主導的 SEO 有極大的不同，因為內容可以說是現代 SEO 的顯學，甚至是現今網路行銷的重中之重，任何類向都強調內容，至於在內容上的 SEO 包括……

⭐ **關鍵字研究**：透過關鍵字的數據，找出市場上熱門的話題是什麼、有哪些關鍵字在搜尋結果中還沒有最好的解答，有沒有什麼可以試著去進攻的關鍵字。

⭐ **文案撰寫**：撰寫的文案夠不夠精彩，有沒有辦法滿足使用者在搜尋這個關鍵字時所抱有的期待。

⭐ **轉換成效優化**：使用 Google Analytics 來研究透過 SEO 進入網站的使用

者，是不是真的有在網站內進行轉換；針對不同關鍵字進站的用戶，是否要設計不同的行動呼籲。

⭐ **Title/Description 優化：**內容 SEO 更加強調 Title/Description 的文案撰寫，包括是否夠吸引人，讓人願意點擊、是否有帶入目標關鍵字等。

以上這些項目不是單靠程式碼就可以解決，需要縝密的計畫，包括撰寫文案時，適度融入品牌精神，設定品牌的目標族群是誰，要先攻佔什麼關鍵字才最有效，與前面所述的技術 SEO 有著截然不同的差距。

一般會尋求協助的網友，往往都是在技術階段遇到了問題，在這個階段，便需要有熟悉 Google 所提出的網站架構規範的專業人員輔導。

當技術上的問題解決之後，他們在過去所累積的內容就有辦法得到對應的排名，再配合關鍵字調查，找出更多適合網站的關鍵字，自然而然可以得到更多的搜尋流量。

你一定要在技術 SEO 的基礎上，先做出一個至少六十分的網站架構，可以參考以下幾點，進行簡單確認。

⭐ 網站的所有頁面都能被收錄。

⭐ 透過連結頁面，檢查頁面內容確實能夠被讀取。

⭐ Title/Description 已經有所規範，且有辦法針對特定頁面進行客製。

如果能夠達到上述三點，你精心撰寫的內容就可以被收錄了。在資源有限的狀況下，建議先解決以上問題，再著手發揮內容 SEO。

內容 SEO 絕對可被視為網站的主體，如果網站上的內容貧乏，只依靠轉載的文章，你的技術 SEO 做的再完美也是枉然。國外知名 SEO 媒體與問卷服務公司合作過一個調查，發現高達 70% 的搜尋者在選購產品時，會選擇點擊他已知品牌的搜尋結果。Google 確實也會給予知名品牌更多在搜尋結果上曝光的機會。

要達到前面所提的，讓你的品牌成為在搜尋結果中消費者偏好的品牌，有很多種方法可以讓品牌曝光，漸漸讓市場認識這個品牌，進而認同這個品牌。

傳統的電視廣告、發傳單、廣告看板；數位的 FB 廣告、關鍵字廣告、聯播網廣告……等，這些都是能讓品牌接觸到使用者的機會，透過這些管道，讓消費者接觸到品牌，而他們之後的行為又會加以影響網站的 SEO。

① 品牌關鍵字的搜尋量

品牌關鍵字的搜尋量這件事情相當的直觀，當有人對你的品牌有直接需求、進行查詢時，就有可能影響到品牌名稱、關鍵字的搜尋量。而這可以有三種不同的觀測方式。

- ⭐ **關鍵字廣告規劃工具：** 在關鍵字廣告規劃工具內，直接輸入品牌名稱就可以看到品牌的搜尋量。使用這一項工具最方便的點在於，如果再搭配其他的競品關鍵字就可以達到比較效果，讓你比較同產業內的品牌關鍵字搜尋量，了解市場上消費者的品牌偏好。

- ⭐ **Search Console 內的「搜尋分析」報表：** 使用 Google 網站管理員 Search Console 內的「搜尋分析」報表可以參考品牌的曝光次數，得到比關鍵字廣告規劃工具還要精確的數字，其他相關的延伸關鍵字也都能夠進行統計。

- ⭐ **Google Trends：** 如果你經營的是一個大品牌，也可以選擇利用 Google Trends 來分析搜尋趨勢，Google 能為你整理出許多相關資訊與新聞。

對於有充足資源可以拍攝電視廣告的大品牌而言，就可以透過這樣的方式來衡量線上與線下的廣告成效。目前主流的做法是在廣告的最後放上一個搜尋框的行動呼籲，看過廣告的受眾若想要再得到進一步的相關資訊，有可能搜尋相關字詞。

② 外部連結

透過外部連結，可以評估出目前網站是否有人推薦以及衡量行銷在公關上的成效，例如是否有具權威性的網站引述並連結？是否有相關合作夥伴轉載或是媒體採

訪等。

由於外部連結是早先 SEO 就一直存在並被強調的觀念，所以積極建立於不同網站內的優質連結，無論是對網站排名還是品牌，都能有顯著效果。

③ 直接流量

直接流量指的是並非透過宣傳管道而進到網站的流量，這些人大多是把網址記在書籤或是直接輸入網址進入網站的網友。直接進入網站的使用者，對品牌通常有一定忠誠度，所以直接流量的多寡，可以反映出品牌經營是否成功。

SEO 僅是網路行銷其中一個環節，相信有很多人都希望可以透過 SEO 技術，單靠關鍵字操作便將網站推到首頁，但我會建議你試著從品牌本身去思考：「要如何繼續創造自己的品牌帶給使用者的價值？」SEO 搜尋量將會印證整體操作的結果。

自動化最後一步：金流！

很多人在經營網站時都希望可以透過網路交易，其實網路交易的方式相當多樣，至少超過十幾二十種以上，不是只有大家印象中的線上刷卡而已，每一種都有自己的特性，適合各式不同的商品，接下來就來說明一下有哪些線上交易金流可供選擇，不過因為種類蠻多的，我僅討論市場上較常聽到的。

1 ATM/ 網路銀行轉帳

這是一般最常使用的，因為不知道該如何申請金流，就直接將自己的銀行帳號放上網，讓買家自行匯款，再搭配 Google 表單回填匯款資訊。這是最不花成本的方式，但有個缺點，就是如果交易筆數過多，查詢顧客是否有付費或是支付金額是否正確時會相當麻煩。

現在銀行有推出虛擬 ATM 帳號，每位顧客拿到的虛擬 ATM 帳號皆不同，這樣就可以確實掌握住每位顧客是否有匯進來，查證金額時也相對容易些。這項服務很多銀行都有提供，只不過這個服務需要技術人員寫程式來對接，所以必須額外多花一筆費用來申請使用，不過如果你的交易金額筆數很多，我蠻建議申請這樣的服務。

2 線上刷卡

相信這個大家都不陌生，現在的購物網站基本上都有提供，當然最主要的提供者為銀行，不過現在很多金流中心也都有提供，每筆交易平均抽 2 至 3% 的手續費，此部分也需要技術人員寫程式來對接，但我認為這是最便利的一種方式，你也可以同時提供銀行匯款帳號、信用卡和虛擬 ATM 帳號這三個服務給顧客使用。

經統計，有逾七成的消費者使用線上信用卡刷卡付費，以 ATM 付款的只有 22%，郵局劃撥更少到 8%，所以這就告訴我們一件事情，如果你真的要提供線上支付功能，為避免消費者覺得付款過於麻煩而流失，使用線上信用卡支付是最方便的，雖然銀行會收取手續費，但產生的效益遠超過手續費，奉勸大家不要為了省小錢花大錢。

3 信用卡傳真

這跟 ATM 轉帳道理是一樣，只要你的商店有申請信用卡服務就能使用，但要

花費人力處理傳真，比較不推薦。

4 超商付款

超商付款要付一筆蠻高的手續費給超商，從 18 至 60 元不等，還要外加 2% 等至少三種以上不同的手續費比率，這項管道不用自己去跟超商談，直接向代理公司申請即可。

超商付款是消費者不放心使用 ATM 或是信用卡消費時最保障的方式，對不信任網路交易機制的人來說，是個很好的服務，但交易金額限制在 2 萬元以下，適合小額付款。

接下來的付款方式適用於虛擬商品及小額支付，說明如下。

1 郵局匯款

很多不知道如何申請網路交易的人，最常用的方式就是提供 ATM 帳號和郵局匯款帳號，請消費者至郵局匯款後，再傳真、上傳匯款單。這比 ATM 還麻煩，較不推薦，而且還可能因為不用立即付款，顧客不會衝動消費，導致成交率降低。

2 貨到付款

嚴格來說，這不算線上交易，充其量是請物流送貨時代為收費，當然，請物流公司代收款，店家要多收一筆手續費。現在的物流公司都有提供這樣的服務，跟郵局匯款方式一樣，不用特別的程式鍵接，只要在網頁上提供消費者選擇即可。

③ 小額付款

小額付款通常用在消費金額幾百元或是百元以下的產品或虛擬商品，必須特別申請該金流業者的小額付款帳號，才能和商家或另一位顧客進行交易，對消費者來說機動性不夠，但如果是跨國交易，那是個不錯的選擇，好比 PayPal。

④ 點數儲值

這通常使用在遊戲網站居多，很多遊戲網站都會請顧客去超商買點數卡，之後再到網站上進行點數登錄，或直接線上購買點數進行消費，用多少扣多少，有蠻高比例的顧客在購買完一定金額的儲值點數後，並不會立即消費完畢，對店家來說，可以有較高的金流可操作，但相對的，網站要結束營業時，如何將點數轉換成現金退還給顧客是一個大問題。

以上都是一般線上交易常採用的金流模式，除了上述所講的，要再跟各位聊聊電話繳費，此種方式偏重於小額付款，對不固定族群來說很方便，但也會被電信公司抽取一定的手續費，所以建議使用在無成本的虛擬服務上較恰當，當然，如果有其他金流方式更好。

有些具備刷卡服務的店家會提供電話付款方式，有的靠語音系統，讓顧客聽語音進行付款程序，但有些是直接由客服人員接聽，由客服人員代為操作刷卡，這個適合比較不方便使用網路付款的顧客。

你也可以考慮納入電信帳單，但這必須跟電信業者洽談，最著名案例無非是KKBOX，每月的月租費納入電信帳單中收取，使用者可以不用特別轉帳繳款，相當很方便，且可以跟電信業者合作，提供優惠方案，讓客戶在無形中一直使用下去，如此穩定的金流對網站經營來說是個不錯的選擇。

上述這些都可以參考使用，但如果覺得麻煩，現在還有業者專門提供第三方金

流的服務，包含多種付款方式，相當便利，不限於申請設立多年、擁有一定營業額的公司法人才能申請金流工具，每個人都可以用信用卡、超商、支付寶收款，很適合個人創業。

以民宿業者為例，由於屬於個人創業，以前都只能要求訂房旅客以匯款方式付款，對國內旅客來說已相當不便，國外旅客更不可能先行轉帳付款，故大多只能先預訂住房，入住時再以現金支付房款。但這樣對國外旅客來說並不方便使用，且對民宿商家而言，取消入住的損失風險也很大，須全由民宿業者承擔。

但申請第三方支付功能後，只要將系統裝載在訂房網站上，國內旅客不但可以到超商列印條碼臨櫃付現、線上刷卡或以虛擬 ATM 帳號轉帳，付款後馬上收到入帳訊息，不用再人工對帳，外國旅客也可以使用信用卡、銀聯卡或支付寶，在線上付款訂房，有助於民宿業者將服務推廣範圍擴及全球，對商家來說應有莫大助益。

首先我們先來了解一下，目前主要的金流服務提供商可分為「銀行」及「第三方支付金流公司」，其中，會想要直接串接「銀行」的利基點，無疑是想壓低交易手續費的 % 數，也就是刷卡一次付清的手續費，至少要壓到 2% 或更低才會划算。

然而，一般商家在刷卡流量較小時，根本無法靠低 % 數省下多少錢，主要是串接銀行金流還需額外負擔服務年費（每年萬元起跳）、串接費用（每次萬元不等）、金流維護（每年二萬元起跳），串接成本所費不貲，難以負擔。

若不想浪費成本，我會建議先從選用「第三方支付金流公司」開始，衡量過每月刷卡的總額後，再考慮串接銀行金流也不遲，屆時若能以高交易量為籌碼，相較於第三方支付金流公司，的確能和銀行談到較低的 % 數。

而第三方支付金流公司是介於電商網站與銀行之間處理線上交易。所以與第三方支付金流商合作，賣家可以省去與銀行來回交涉的成本，且串接快速方便、大大減輕商家初期刷卡金額較少的負擔，而且銀行提供的服務，第三方支付金流服務商更是一樣都不會少。

那第三方金流又該如何選擇呢？選用第三方支付金流平台服務，除了保障雙方權益及確保交易過程的安全之外，更是為了讓你方便使用主流支付方式、以及顧客習慣的方式向顧客收款。

所以，在選擇考量上，除了比較各金流平台「手續費」、「平台費」的費用高低外，最重要的是比較是否有提供符合自身需求的收款服務，一般常見可供選用的服務包括如下。

- ⭐ 信用卡線上收款。
- ⭐ 信用卡分期線上收款。
- ⭐ 信用卡定期定額線上收款。
- ⭐ ATM 虛擬帳號。
- ⭐ 網銀 ATM 轉帳。
- ⭐ 超商代收、超商貨到付款。
- ⭐ 宅配貨到付款。
- ⭐ 行動支付付款。

其實，只要站在消費者需求為首要考量來選擇就對了！金流收款最普遍的方式就是刷卡，刷卡更包含一次性與分期，對賣家的一大好處就是提供顧客「免出門立即結帳」的快速付款，減少消費者猶豫的時間，而且「信用卡分期」對於銷售高單價商品的電商，更是不可或缺的選項。

目前市面上較多人使用的金流方有……

- ⭐ 綠界
- ⭐ 藍新金流
- ⭐ 歐付寶
- ⭐ 智付通
- ⭐ PayNow

台灣常見的第三方支付金流服務商，包含綠界科技、藍新金流、歐付寶、支付寶（中國）及 PayPal……等，族繁不及備載，在此我以使用大宗「綠界科技」及

「藍新金流」來討論。

① 綠界科技：串接物流零障礙

第三方支付金流商綠界科技（歐付寶控股旗下），特色為個人會員註冊後即能收款，支付收款方式大致都包含上述說明，並提供快速收款連結、一址付及 ECPay 收銀台……等大幅提升便利性，適用於個人賣家、部落客及直播主。不但支援電子發票，更提供物流服務，四大超商（7-11、全家、OK 及萊爾富）物流倉、黑貓宅配等都有串接。

而「7-11 店到店超商取貨」為其最大特色，不管是否串接其他第三方支付金流商，要提供消費者「7-11 超商取貨」，電商賣家就得另外申請寄送服務，許多電商賣家為了省去麻煩，第三方支付金流商會直接考慮綠界科技。

② 藍新金流：支援實體刷卡機，多元電子支付

以電子支付會員制度為主（ezPay 簡單付），藍新金流提供個人、公司及機關整合且多元的收付服務，不僅線上金流，藍新也提供實體刷卡機服務，其加值服務除了 Apple Pay、Google Pay 及 Samsung Pay 等設定外，更包含了支付寶串接，讓買家與賣家交易更簡單快速。而「捐款平台」是其加值服務的最大特色，能讓公益社福團體有更多元的管道接受捐款。

除上述金流外，現在便利商店也各自推出「店到店取貨付款金流服務」，因為個人平台無法提供超商取貨付款服務，買賣雙方必須議定交易方式，買家需花費時間轉帳匯款，並額外負擔手續費，賣方則需承擔商品寄送後是否可收到款項的風險，但此全新的金流服務，對賣家而言是相當便利的。另外還有行動支付、電子支付也是相當不錯的選擇，但差異在哪？簡單分辨如下。

⭐ 不可轉帳及儲值的是第三方支付。

⭐ 可以轉帳及儲值的為電子支付。

⭐ 不能轉帳，但能儲值的則是電子票證。

據資策會產業情報研究所（MIC）2021 年行動支付消費者調查，與 2020 年相比，發現消費者選擇行動支付的偏好度明顯提升，從 37％成長至 50％，實體卡的比例則從 35％降至 26％。除偏好外，常用度也是重要指標，2021 年行動支付常用度（69％），緊追實體卡（74％）與現金（71％），與實體卡的差距從 2019

年 26％縮短至 2021 年 5％，反映出 COVID-19 疫情因素加速消費者使用行動支付的習慣養成，未來有機會超越現金及實體卡。

另也調查台灣人民在疫情期間的消費行為，最常用的是實體卡（56.2％）與行動支付（55.7％），行動支付幾乎追上實體卡，行動支付也是疫情期間消費者使用頻率增加最多的，有近六成消費者提升使用頻率，而增加實體卡比例者有 34％、電子票證增加 28％，現金的使用頻率減少最多，以避免與他人有過多的接觸。

使用行動支付的前三大原因，依序為「方便（63％）」、「優惠（47％）」與「衛生（41％）」，反映出疫情期間消費者對於無接觸需求的高度重視，甚至進而吸引非用戶開始使用行動支付，考量防疫而有意使用行動支付的非用戶，從 2020 年 17％增加至 2021 年 38％。

至於行動支付場域排名依序為「便利商店（70％）、網路商店（56.3％）、量販店（55.8％）、超級市場（51％）、連鎖餐飲（47％）」。增幅最大場域前五名依序為「網路商店、外送平台、繳費、超級市場、自營非連鎖餐廳」，其中網路商店成長 10％、外送平台成長約 9％。

在疫情的影響下，帶動網購需求快速成長，但隨著社會講求便利性的發展下，消費者的消費習慣產生變化，且實體業者也日漸朝向電商化，以及網購節頻繁舉辦等大環境發展，行動支付結合會員點數與行為數據，將成為業者網購、跨領域導客與促銷的有力工具。

所以，在現今積極尋求數位轉型的時代，無論是實體店面或品牌官網，「金流」絕對是客人下購買決策的關鍵，趕緊跟上腳步，確實打造出自動賺錢機器吧！

槓桿加大成功力，改變人生方程式

真永是真・真讀書會
★開啟你的腦知識★
帶您通透萬本書籍，活用知識、活出見識。同時同地舉辦大咖聚，CP值爆表！

課程資訊

亞洲／世界八大名師
★站在巨人肩上借力★
八大名師就像一盞明燈，指引您邁向致富的道路，顛覆你的未來！

課程資訊

出書出版實務課程
★寫出你的專業人生★
企劃、寫作、出版、行銷一次搞定，讓您藉書揚名，建立個人品牌！

課程資訊

微資創業計畫
★啟動多元財富流★
賺錢也賺知識的自動財富流，輕鬆創業，為自己創造永續收入！

課程資訊

國際級講師培訓課程
★跨出舞台尋獲掌聲★
就算您是素人，也能站在群眾面前，自信滿滿地開口說話！

課程資訊

公眾演說完整課程
★用說話接軌世界★
改變一生的演講力，讓您一開口就打動人心、震撼人心、直指人心、觸動人心！

課程資訊

終極商業眾籌模式
★籌集眾人之力圓夢成真★
把不可能變成可能，藉由各界贊助支持，籌錢、籌人、籌智、籌資源，無所不能籌！

課程資訊

區塊鏈NFT趨勢課程
★元宇宙盡在手中★
結合區塊鏈賦能與N種應用，改寫商業規則，打造新鏈結、新模式、新價值！

課程資訊

八大名師暨華人百強PK大賽
★站上國際級舞台★
遴選優秀人才站上國際舞台，擁有舞台發揮和教學實際收入，成為影響別人生命的講師。

課程資訊

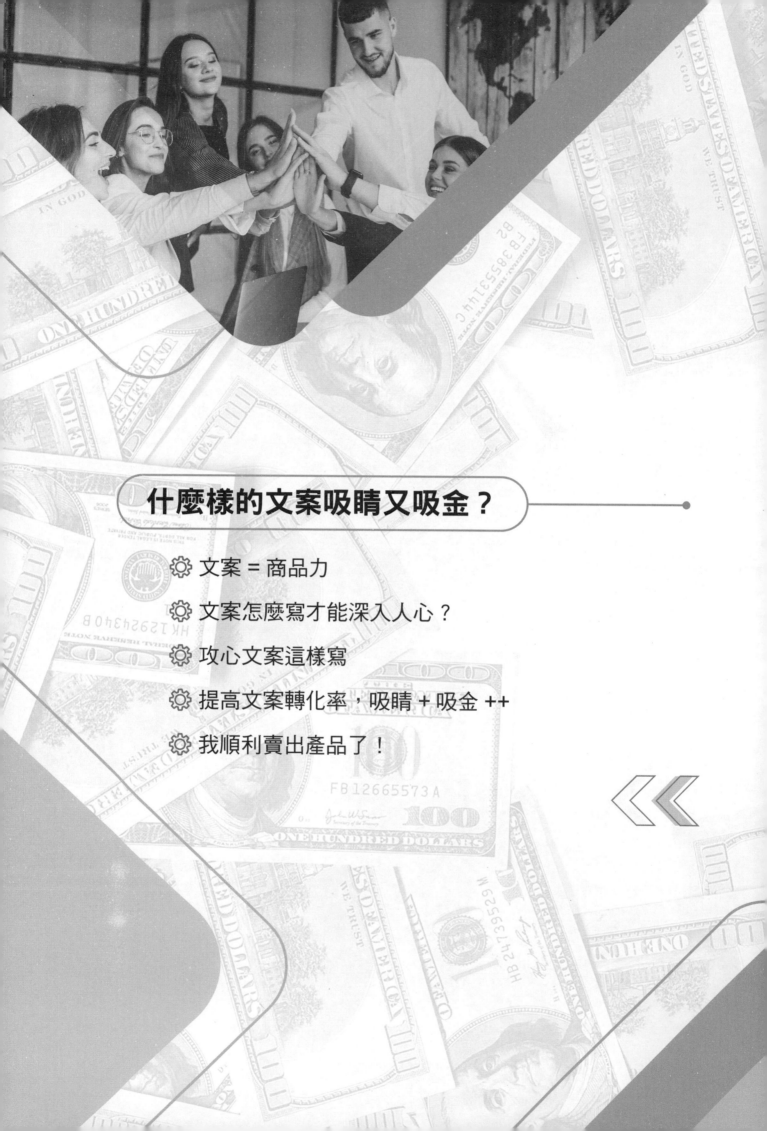

什麼樣的文案吸睛又吸金？

⚙ 文案 = 商品力

⚙ 文案怎麼寫才能深入人心？

⚙ 攻心文案這樣寫

⚙ 提高文案轉化率，吸睛 + 吸金 ++

⚙ 我順利賣出產品了！

Chapter 4

修練文案，
輕鬆寫出銷售力

Building your
Automatic
Money Machine.

4 什麼樣的文案吸睛又吸金？

現在很多人都想學習行銷文案該怎麼寫，利用網路來賣出自己的產品（項目）或服務，所以我特意拉出一個章節討論，將撰寫文案的重點精華彙整出來，相信你看完後文案力大大提升，付出跟以往同樣的時間，收入卻能大大提升好幾倍，順利把產品（項目）、服務銷售一空，取得無盡的財富。

首先，你知道銷售文案是什麼嗎？請先問問自己到底清不清楚何謂文案？倘若你對文案毫無概念，不曉得它的用處是什麼，又要如何改善文案力呢？銷售文案狹義來說，是為了把某項商品（項目）、服務賣掉，而特意設計出來的一段文字；廣義來看，則是指任何人、任何機構，設計出一句話、一段文字，甚至是一整篇內容，以期閱聽眾受到文案影響，採取他們所希望的行動，而這行動不外乎就是贊同支持、成交。

簡單舉例，每到選舉前夕，一定都會舉辦政見發表會，讓參選人能公開向全國民眾闡述自己的政見，未來預計規劃什麼建設、如何增進人民福祉……等。請問這些政見算不算一種銷售文案？答案是肯定的，這就是候選人在推銷自己，試圖增加民眾對他的好感度，倘若你認同他的想法，就會將手中那神聖的一票投給他，而這就是候選人所希望的結果、目的。另外像宗教活動，台上佈道者講得賣力，內容十分精彩，你因此受到感化、為之動容，在心中產生歸屬感，形成信仰，那傳教士也順利達到目的，成功吸納更多的信徒。

其實銷售文案充斥在你我生活周遭，它以各種不同的形式呈現，好比男士遇到心儀的女性時，大多會展開追求，積極發送訊息，試圖與對方保持熱絡的互動，訊

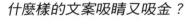

息內容極盡撩撥，希望以此取得佳人歡心，進一步成為女朋友或伴侶，這些訊息也算是銷售文案。

那你知道這些曖昧、撩撥的文字，推銷的是什麼嗎？是表達愛意，將自己推銷出去嗎？其實都不是，你推銷的是美好的未來，透過文字向對方傳達：「若想擁有美好未來，那跟你交往準沒錯。」但美好未來才是吸引窈窕淑女的重點，你只是附屬品罷了。

因此，文案講白了就是在撰寫廣告文宣，將任何對外的宣傳文字化！透過寫作技巧將原先讓人反感的推銷，藉由文字變得充滿感情，使用優美的詞藻，以符合時代潮流，在無形中影響消費者，產生想購買產品（項目）、加入社團與你互動的念頭，甚至是實際作為。所以，文案企劃有時候也會被稱為「文字業務員」。

文案的露出、曝光管道，從街道廣告牌、官方網站、電子郵件、數位廣告、產品型錄、社群媒體……等，它無所不在，是行銷不可或缺的一環，廣告大師大衛・奧格威曾說：「廣告的作用在於銷售，而成功的廣告，源自於對消費者的了解。」你還認為銷售是只要產品好，就不用考慮任何廣告嗎？趕緊想辦法提升自己的文案力吧！

文案＝商品力

有時候要販售的產品可能你自己也不認同，該如何把它的特點寫出來？又要如何在自己都不認同的情況下，說出它的優點呢？每個老師都想得天下英才而教之，同理，每個行銷企劃也都想拿到優秀的產品，好能盡情發揮，但天下哪有這麼好康的事呢？

先來討論：什麼是好產品？

請問一項商品的好壞誰來認定？是開發人員、製造人員覺得好，還是老闆覺得

好呢？亦或是獲得市場肯定的產品才算好……什麼樣的調查結果能決定這是個好產品？更重要的一點，如果這件商品真的好，又怎麼會輪到你來寫呢，照理說，需要極致包裝的產品，應該是極需拯救的產品，你認為這樣的推論正確嗎？

其實，不能說這個邏輯是否正確，因為產品的價值有時候反而是靠文字賦予的，但有時又是兩者互相幫襯，沒有正不正確之說。所以，在思考是否為好產品時，你應該從「產品力」出發，首先要對產品力有全面的認知，才知道怎麼把它寫好。

那什麼是產品力呢？產品力也就是所謂的產品競爭力，意指產品在市場上與其他競品比較時具備的優勢，所以，千萬不要把產品力當作產品的品質或其他等等，這觀念都是錯誤的，會使你產生錯誤的認知。

有時候不是自己覺得產品好，擁有專利技術或耗費多長時間研發……等等，該項商品就具有產品力，一定要和其他產品比較，才能評價出你的產品到底有多好，倘若沒有這樣的認知，那品牌、公司永遠只能開發出產品力低落的商品，就好比那些自認懷才不遇的詩人或有志之士。

好產品：市場競爭力強（銷售量好、市占率高）。

那假如商品（項目）是市場上唯一的產品，市占率 100%，只有一間公司生產、販售，每個月又只能賣出一項，可是它並非私人飛機、遊艇……等超高單價的商品，這樣的產品你能說它是好產品嗎？

有些產品成功搶下灘地，看似獨占該領域的市場，但現實終究是殘酷的，你也要考慮這項商品之後是否有市場，有沒有消費者買單，還是曇花一現，只有剛推出時，能在市場上蹭到一些熱度而已呢？如果銷售量好，但市占率其實很低，那充其量只能算是利潤好的產品，並非真的擁有良好產品力的商品，這點必須特別釐清。

產品力＋行銷力＝暢銷商品

①　產品差異性

有時候生意、銷路會不好，是因為有其他競爭對手瓜分市場，這時產品的差異性就顯得特別重要。舉例來說，街上有很多賣牛肉麵的商家，但大多只有紅燒、清燉兩種，如果你能跟別人不同，研發出獨一無二的新口味，自然就能避開紅海競爭，殺出自己的一條路。

一般會認為牛肉麵的變化僅能從麵體、配料、湯頭來調整，自這三個原料思考，這固然是改良的方向，但你千萬別被此框架局限住。換個方向思考，試著從文字下手，讓文案替你創造出新噱頭，又何嘗不是一種差異化？

②　產品競爭力

住家周圍，一定會有幾間開了很久，但東西難吃的店家，他們可能在當地開了十年，但在這十年中，廚藝絲毫沒有進步，跟第一天開店的味道一模一樣。這是為什麼？我認為最有可能的原因是店面是自己的，所以沒有房租壓力，不用擔心會因為沒生意而倒閉，對他們來說，有賺到錢就好，而這樣的店家在市場上是沒有競爭力的。

開業十年，料理水平卻沒有提升，競爭對手可能僅開業一年，但烹飪水準卻不斷進步，因為他們投入、用心去做，若不上心，客人覺得餐點不美味便不再光顧，那吃虧的絕對是自己，每月的房租還是要付，因此這類店家的競爭力絕對會提升。

那一般的商品該如何提升產品競爭力呢？除創新外，不外乎是透過網路效應，藉由網路助力來打造出眾人哄抬的「爆品」。現今網路無遠弗屆，「網路效應」可說是眾多商業模式中，最易打造出爆品的方法，網路是打造「爆品」相當重要的關鍵，一樣商品的爆紅沒有絕對的模式，但大多是先經由一小群鐵粉散播出去，一傳十、十傳百……被眾多人知道後開始熱銷，產品競爭力也應運而生。

③ 行銷力

大多數的人認為行銷是廣告與曝光，最多再加個文案，這樣的想法其實沒有錯，但你要了解行銷其實是產品的一部分。

以牛肉麵舉例，牛肉麵有特色且色香味俱全，用餐環境也好，但光這些並不能代表產品競爭力滿分，因為真正的產品力，除了產品本身外，還包含價格、通路、銷售方式給人的感覺，消費者體驗要好才行。

如果給你的產品打個分數，有些競爭對手的產品力分數也跟你差不多，但他的價格跟你的價格一定不同，事實上價格本身也是產品的一部分，在百貨公司銷售，跟在路邊店家販售，就算店內環境都一樣，也會給客戶塑造不同的感覺，甚至連有沒有名人或藝人的推薦、要不要排隊，這些都算是產品力的一部分。

一個 LV 精品包如果放在菜市場內便宜販售，你還會認為它是精品嗎？產品要物超所值，先要能取得消費者的信任及好感度，所以並非價格低就是產品競爭力強。

無論是做行銷還是寫文案，我們永遠要記得這句話：「好產品，來自於站在對的市場上。」產品和市場兩者是配對關係，即使你的文案寫得再好，若放錯市場那就是對牛彈琴。

兩者又可比喻為追求關係，倘若一對男女的個性或興趣本就相當契合，那整個追求過程其實不需要花費太多時間，兩人很容易因為價值觀相同在一起，也就是所謂的互相吸引；假如價值觀有些不同，也是有機會可以在一起，但中間可能就要花費較多的心力。拿到產品上來說，你的商品只要在市場上測試失敗了，那你就要盡快轉移目標客戶，轉換至另一個市場。

因此，當你覺得產品文案不是那麼好發揮時，或許是碰到以下問題了。

① 市場反應

產品在市場上的評價不佳，有各類品質或服務問題反饋。

② 主觀角度

自身並非產品受眾，認為該產品（項目）對你來說不必要。

③ 客觀角度

產品實際銷量很差，公司內部也認為設計、研發不如預期。

倘若你的產品市場反應不佳，那跟你的文案沒有太大的關係，絕大部分的責任在於開發和銷售端，改善品質及銷售人員的服務態度後，大多能解決這項問題，文案的力量在於吸引消費者的目光，讓他們產生購買的欲望。但如果原因在於主觀及客觀角度的思考，那我們就要根據以下內容進行討論，好好調整產品路線，從根本解決問題。

① 主觀：我就是認為產品差！

很多人在替產品寫文案的時候，總會套入自己的想法，直觀地認為自家商品就是不好，對它帶有既定的負面印象，盡說些這不好、那不好的話，抱著消極態度，無法贏過競爭對手，卻從沒想過如何包裝，如何將產品塑造得更為吸引人。

一項已經在你心中被打負評的商品，倘若你還是用原先的想法、角度來看待它，它是絕對不會變好的，這時不妨以不同的角度思考，或許就會有不一樣的見解。且若你打從心底便認為它不好，那你的文案字裡行間都會透露出來，進而感染

至消費者，使他們也覺得這項商品沒有那麼好。

假如實在找不到切入點，可以試著問問周遭的人，而不是陷入死胡同，不斷在「不好」這件事上糾結。千萬記得，一項產品除了本身的品質外，它的好更關乎於是否投射在正確的市場上，你的目的是將產品賣掉。

② 客觀：產品的銷售量很差

產品在市場上的銷售量不如預期，問題可能不在產品本身，而是弄錯市場，但有時候可能也會面臨「必須」在錯誤市場開拓的情況。遇到這樣的問題，其實並非沒有路可以走，你只要將原先的產品視為一項新產品，再搭配不同的策略去推，那就可以了！

文案的修改方向可以依著以下五個方向修改。

⭐ 思考產品還能解決客戶的什麼問題，提出新的使用方案。

⭐ 與其他競品比較，條列出存在何種差異，而這些差異中，又有哪幾項可以成為賣點。

⭐ 根據新方案和差異性，改變產品優勢，找到市場切入點。

⭐ 為讓新定位符合市場，調查該市場受眾，以他們習慣的文字行銷，較能取得共鳴。

⭐ 試著增加新的誘因或好處，剛出手便成功抓住消費者目光。

以上這些說得較為複雜，簡言之就是……

⭐ 原本在廁所用就換到廚房用，在房間用就變在戶外用。

⭐ 賣咖啡，你原先比的是咖啡豆品質，現在變成跟烏龍茶比提神。

⭐ 「銷售第一」改為「最受消費者喜愛」，「工法超好」變成「百年工藝傳承」。

⭐ 「歡迎採購」變成「哎唷，你還不趕快買？」，「品質優良」改成「我們東西真的很好用喔！」。

⭐ 提供贈品，例如購買即贈 ×××。

將原先的產品當作完全不一樣的東西來寫，用全新的策略去打另一個市場，常說天下最愚蠢的事情，就是每天做相同的事情，卻期待出現不同的結果，因此，若想要改變，就要轉換市場或想想其他的應對策略。

市場雖然殘酷，卻是最好的老師，它從不明說應該怎麼做，你必須透過不斷摸索和測試，從經驗中學習，讓所有產品都變成頂尖的「爆品」、「好產品」。

產品力不該是被我們檢測出來的數值，只有我們自己能讓產品變得有力，倘若連自己都不認同這項產品，又該如何去包裝、推出，被市場上的消費者所接受呢？

文案怎麼寫才能深入人心？

一般來說，文案最終的目的就是要使人行動，以廣編的銷售文章來說，就是要閱聽者看完內容後，在心中產生「想購買」的欲望，以文字來創造銷售業績，但有時我們常常會忘了自己是在做行銷，經常一下筆就先將產品（項目）的優勢、成分、材料……等寫出來，讓人以為在看產品說明書，以致消費者認為與自己無關，沒有興趣。

一個好的文案，要在開頭點出消費者痛點，引起對方的好奇心，好比「怎麼可能找不到高 CP 值的民宿？」、「給不知不覺桌面就雜亂不堪的你」……等，從訴求點中帶出策略，再從策略帶入產品，一篇好的文案架構得從這關鍵出發。

但即便你掌握了消費者的需求或是他們可能感興趣的議題，你仍要記住……

銷售目的不同，採取的策略就不同。

銷售文案的目的有很多種，不管是想招生、提高銷售，還是先打知名度，等品牌廣為人知後，才開始啟動產品的銷售，你都必須在文案的開端便取得消費者的認

同，這樣他才會繼續往下讀。你首要思考的應該是——該如何讓消費者信任我，讓他們從口袋中多掏一點錢？唯有讓文案充滿故事性，才能打動消費者的心。

各位還記得曾經風靡全球的 iPod 嗎？Apple 在產品發表會上推出 iPod 的時候，全世界的人都驚呆了，但並非是因為這項產品史無前例，而是 MP3 這個東西很早之前就有了，蘋果卻把它當作新品亮相。

請問這個市場上早就有的產品，還能有什麼與眾不同的驚人之處？當然，一個新產品的推出，或多或少都能找出一些特點，但這裡想討論的並非 iPod 這個可能人人都有的「MP3」，而是要跟各位探討賈伯斯當時是如何推銷它的？

當別人還停留在描述產品層面，以「1GB 儲存量」來宣傳自家 MP3 時，蘋果先一步打入顧客內心，讓「口袋裡裝著 1,000 首歌」這種感覺，使消費者得到比買一個音樂播放器更多的幸福感，因為消費者買的往往不是產品，而是一種感覺，甚至是更好的自己。

「產品本身可以做什麼」與「顧客能用產品做什麼」聽起來差不多，實際卻完全不一樣，曾任《哈佛商業評論》主編的西奧多‧李維特還有一個著名理論〈李維特的鑽孔〉，他在《引爆行銷想像力》中借電鑽推銷員之口說：「去年，我賣出一百萬個直徑 1/4 英寸的電鑽，但顧客想要的其實不是直徑 1/4 英寸的鑽頭，而是直徑 1/4 英寸的孔。」人們出於某種原因需要一個孔，所以他們買鑽頭來實現這個目的。

因此，在行銷你的產品（項目）時，如果僅基於產品的特性（鑽頭搭配鑽孔）是不可能成功的，你必須講出他們想聽的，且要能達到目的才行，好比：你可以用這顆鑽頭鑽出一個 1/4 英寸的孔。所以，你要將產品的資訊包裝成知識或一段故事，有意識地布局文章，而在產品導購文的撰寫上，大致上可分以下三種。

1 資訊型

開門見山地揭露訊息，例如「亞洲八大名師高峰會」，好處是寫法單純、資訊簡單清楚，但因為內容相對無聊，且明顯就是在「打廣告」，是較不推薦的寫法。

2 知識型

先提供情境，然後列點跟讀者講述道理，最後達成目的。例如「如何讓流量爆棚？經營社群關鍵絕學」、「網路行銷七大心法」等，因為文中會分享心法、新知識、小技巧，使閱讀眾覺得自己吸收 Know-how，因而產生閱讀意願，但要盡量控制字數，最好在五百至八百字之間，並列點清楚。

3 故事型

「人」是非常感性的動物，想要與一個陌生人快速建立信任的關係，相較於前兩者，「說故事」是最好的方式，最不會讓消費者感覺這是廣告。

以適當的文字、姿態、音調和節奏說一個具有文化意義的故事，能讓人和商品產生共鳴，快速地融入產品價值的世界，與商品建立關係，但需要審慎構思文末結尾的方式，你可以用括號帶到「如果你看完故事，還有興趣，可以參考以下網址」或附上 QRcode 等，盡量不要直接放上促銷、產品資訊，否則又會讓閱聽眾覺得原來前面寫的是廣告文。

最好的文案寫法雖然是賣故事、賣觀點，但這不代表資訊型的效果一定最差，這和你選擇的平台（如新聞媒體、自家官網）、如何跟社群互動有關，因此你是否清楚認知自己的銷售目的，是一件相當重要的事情。

你可能會認為銷售文章就是一段擁有起承轉合的文字，但其實從標題、開頭到內容的規劃及寫作風格等，都需要有意識、有原則地進行布局。若要成功將產品銷售出去，就不能讓文案看似一則廣告，你可以試著用創辦人的故事來開頭，以此為賣點，來提升品牌知名度，帶動產品銷量。

⭐ 塑造情境，引發好奇。

⭐ 釐清目的，置入關鍵字。

⭐ 說一個深植人心的故事。

相信大家都看過這個廣告：某家庭因為沒有裝冷氣，所以家中十分悶熱，致使家裡的嬰兒一直無法入睡而哇哇大哭，女主人沒辦法，只好抱著熱到睡不著的孩子站在屋外納涼，工作結束後返家的男主人看到這幕，臉上露出十分不捨的表情。

接著畫面跳到家裡添購新家電後，母子倆坐在藤椅上看電視看到睡著，男主人下班返家後看到這幕，露出欣慰的笑容。

各位腦中一定都浮現這個廣告了吧？那再舉一支廣告，你一定也看過。

為了拼事業賺錢，連年夜飯都無法回家吃的女孩，深夜在公司加班後返回住處，看見頭髮斑白的父親買了一台洗衣機，坐在租屋處樓下等女兒回家。

爸爸把洗衣機搬上樓之後，看見女兒的房門上貼著提醒自己繳費的便條紙，一股酸楚從心中湧現，便從口袋裡掏出一綑錢遞給女兒，女兒驚訝地詢問父親怎麼會有這麼多錢，因為家中的經濟狀況其實並不寬裕。爸爸回答：「咱買多少，全國電子就借我們多少，攏免利息。」

在這些廣告中，並沒有大肆鼓吹任何促銷或優惠專案，僅在廣告末打出十二期零利率的靜音畫面。

全國電子總經理接受雜誌採訪時曾說道：「大打賺人熱淚的親情牌後，再從容不迫地端出解決方案，不僅賺到眼淚，也賺到鈔票。」這是他對自家產品貼近消費者心意的期許，「全國電子，足感心」這句知名廣告標語，是全國電子總經理希冀所有員工做到的價值，他當時與吳念真導演討論廣告該如何呈現時，為了更凸顯企業的「同理心」，又再加上了一句「有些事情，我們不能不為你想」，在吳念真以誠摯的聲音詮釋下，果真強烈觸動觀眾的心。

這類的廣告，貼近一般民眾的生活訴求，讓有過相同經驗的觀眾產生共鳴、為之動容，連生活較有餘裕的觀眾，也對該品牌萌生善良且正面的印象，願意購買該品牌或該店家所販售的商品，這是一種非常強大的行銷軟實力，也是行銷文案的威力所在。

但現在很少人會在撰寫文案前，先擬定一個寫作計畫，倘若沒有計畫，在寫作中很容易不小心模糊焦點，忽略各階段的目的，甚至是失焦，導致文案尚未曝光就宣告失敗。要寫出一篇讓消費者注目的好文案，其實有一套紀律與流程……

消費者分析、落標、內容、收尾、修潤

只要釐清這幾點，就算你再怎麼菜，也能寫出吸引人的文案。

① 誰在看你的文字？

理解你的 TA，鎖定目標受眾（Target Audience，簡稱 TA）是誰是最重要的事情，永遠不要忘記文案是為誰而寫，不是為自己、為同事，更不是為老闆，而是為了消費者，無論是寫銷售文章、新聞稿還是廣告詞，定位一定要正確，你的文案重點要放在客戶身上。

提筆前，試著在心裡描繪一下消費者，思考如果「你」是消費者，你會想「知道什麼？」、「為了解決什麼而購買？」，而「這項產品（項目）、服務，對我又有什麼好處？」將文案繞著這三點打轉，以此來規劃寫作方向。

商品

女性貼身衣物，兼具設計感與機能性，穿著舒適外，又可凸顯個人品味。

滿足需求

性別 ♀

年齡

25～40歲

特質

自主意識強烈，不跟風，具備一定經濟能力。

在想什麼

有哪些品牌的貼身衣物好看又好穿？

追求

實穿、實用，又不乏美感的女性內衣。

② 如何讓標題脫穎而出？

　　大家一定都有逛過超市吧？想想光是買個醬油，就有多少牌子讓你挑選？更何況是在網路世界呢？網路乘載著你無法想像的資訊量，你的產品（項目）、服務，猶如滄海一粟，究竟該如何讓自己受到消費者的注意呢？答案就是標題。

　　消費者在瀏覽網頁、產品時，視線會優先停留的地方就是標題，倘若標題不吸引人，內文寫得再有文采、產品多厲害，都不會被消費者看見，別想進一步與他們產生接觸。因此，你的標題要能引起消費者的好奇心，不見得要詳述或揭示產品資訊，只要能抓住他們的眼球就好。

　　且現在資訊管道眾多，訊息繁雜，大家很容易以走馬看花的方式閱覽，與自己無關的訊息就迅速滑過，甚至忽略，所以，與其拋個大方向與多數人喊話，你更應該施以精準行銷，直接鎖定特定對象。因此，在撰寫標題時，要明確點出「給誰看？」，讓你的 TA 覺得這對自己有幫助，待他們上鉤後，接下來就看你如何大展身手，將他們引導上岸。

③ 如何讓消費者看下去？

　　要讓上鉤的消費者繼續看下去，那內文的可看性就相當重要了。你可以選擇講一則故事，或提供一個真實情境，這都比列出一長串的資訊和數據資料來得強，且更容易讓消費者理解。譬如……

　　⭐ 使用產地嚴選大豆。

　　⭐ 在我遇見這個「命定」的大豆前，已走遍日本各地，拜訪超過 300 間農家了。

　　請問上述兩種，你覺得哪個比較有畫面、有故事性呢？相信第二種肯定是比第一種來得有溫度多了。所以，與其介紹產品的特色，不如站在消費者的立場，直接告訴他們能獲得的好處為何，像帳篷若為「鋁合金材質」，好處就是「重量較輕」，針對 TA 的需求下手，呈現產品特點，讓他萌生「對，我要的就是這個！」的想法。

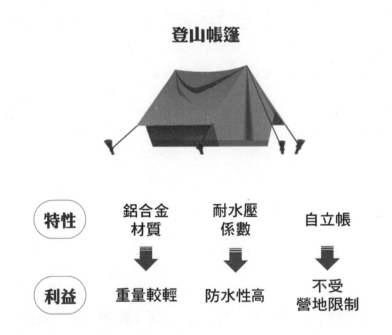

④ 收尾，強化消費者的購買意願

　　成功抓住消費者的眼球後，對方會開始思考產品規格的問題，評估是否與家中狀況相吻合……因此你要在尾段詳細說明資訊，以強化他們的購買意願，立即下單

付款，不然枉費你前面所塑造的情境。

5 修潤，用字夠精準嗎？

精煉的文字能使文章較無壓迫感，增加閱聽眾想繼續閱讀的意願，修潤原則如下。

⭐ **製造句子節奏**：適時改變句子長度，甚至可以合併句子，把長、短句混在一起，避免文章看起來單調。

⭐ **刪除冗詞贅字**：將「非常」、「很」、「或許」等贅詞刪除，讓文章變得精簡。

⭐ **確認語意順暢**：經過多次修改後，要再次審視文案的邏輯、每個段落的鋪陳是否合理，必要時可將段落重新組合，讓想法表達得更加順暢、連貫。

你要清楚明白，寫文案並非巧妙運用文字而已，重點要放在讓文字產生效果。構成一個文案的基本要素，不外乎是與認知、情感與行動相關聯，試想一下，假如你是房屋仲介，你會對買房的客戶說「品質傳承，榮耀人生」嗎？肯定不會！仲介在跟客戶推銷戶型的時候，一定要有一個明確的目標，先了解他們對房子的需求是什麼，你不可能對一家十口的大家庭，推銷兩房一廳的房子。

同理，在網銷的大潮中，市場上的競爭格外激烈，眾多產品和資訊使人眼花撩亂、無所適從，讓消費者心甘情願掏出「銀子」購買你的產品，這是你的最終目的，因此，事前的規劃與策略就顯得非常重要，寫文案前，你得先確立以下四大要素。

⭐ **說什麼（What）**：想吸引目光還是想讓人買到剁手？確認自己要傳達的核心訊息。

⭐ **對誰說（Who）**：確定你的 TA 是高中生、上班族還是家庭主婦？以找到最佳切入點。

⭐ **在哪說（Where）**：廣告只在網路曝光嗎？還是有很多宣傳媒介呢？「平

台」的選擇，決定你的成敗。

⭐ **怎麼說（How）：** 你的產品好在哪裡？營造出一種「非買不可」的情境。

一般最常觸犯的錯誤，莫過於僅專注在文案寫作，而忽略了文案的目標：「我們為什麼而寫？」、「想讓消費者感受到什麼？」假如你的文案寫得不清不楚、摸不著頭緒，消費者看到無法馬上聯想到其中含義，那你將錯失最佳的行銷時機。

也有很多品牌會認為自己的產品天下無敵，行銷自己的商品時，條列出百項特點，當然，百項是有點誇張，但他們就是能想到說詞把內容填滿，殊不知這樣會導致消費者混亂，因獲得的消息過於雜亂，反倒讓他們一個特點都看不見，認為是流水帳。如果是這樣的話，你當初是為了什麼想破頭呢？以下試舉一案例。

敏敏是一名賣靈骨塔的銷售員，某天他去拜訪一位退休在家的老夫婦，這對老夫婦身體健康，無病無痛，根本沒設想過自己的身後事。當敏敏開始切入重點時，兩老就直搖頭，沒好氣地說：「說這些做什麼呢？真是觸霉頭，我們現在健健康康，根本就不需要阿！」敏敏表示理解他們的想法，但她補充道：「這個靈骨塔的地點是郊區環境最優美的地方之一，有高山、流水、樹林、陽光，風水非常好。」繼續說：「有許多三、四十歲的中年人都買了，您倆老辛苦了一輩子，一生都在為兒女操勞，相信您們一定會希望百年後有一處安好的棲身之所吧？而這就是您們最好的選擇。」

「現在塔位詢問度相當高，公司已經決定優惠促銷到後天截止，之後價格就要上漲兩成呢！目前所剩不多了，希望您們真的可以考慮一下，我好為您們保留位置。」兩老聽著聽著臉色變得有些凝重，彼此一言不發。

敏敏又說：「我們還推出了一個『生生世世、天長地久』方案，我想這是許多夫妻心中的願望，雖然生不能一起，但死就要在一起，您們肯定也是這樣想的，對嗎？而且現在很多上了年紀的長輩，都希望能事先將自己的身後事處理好，一來不用晚輩操心，二來是不用擔心之後家產處理不當，致使自己無法安心入土。且可以依照自己的喜好來決定，又能跟親愛的太太再續前緣，這樣不是很好嗎？」兩位老人家成功被敏敏說服，一次買了兩個相鄰的塔位。

所以，在動手寫文案時，先理一下上述四大要素，能跳過許多不必要的冤枉路。文案不是在追求言詞精美，而是要能精準傳達訊息，必須瞄準核心目標人群。曾有位長官這麼問新入伍的士兵：「指揮官最重要的能力是什麼？」

「溝通力？」

「不是。」

「個人魅力？」

「不對！」

當現場一片鴉雀無聲，教官才緩緩說道：「是看清楚真正的戰場在哪裡。」我們若認為自己的產品能賣給所有人，將市場設定得過大，那你的目標對象就會變得模糊，反而不知道你訴求的重點到底是什麼。請看下述兩個文案。

⭐ A：「全新設計，節省 50% 耗能。」
⭐ B：「全新設計，為您節省 50% 成本。」

兩者都以商品相同的賣點出發，只是表現角度不同，A 偏重說明產品有多好，用戶還需再進一步思考，這個賣點對我的好處，但 B 直覺說明能給用戶帶來的好處。行銷企劃和使用者所關注的點大多會不同，前者老想表達更多商品特點，但消費者未必會在意你的商品好在哪裡，簡言之就是他們只在乎該商品能替他們帶來什麼好處。

⭐ **受益點（賣點）**：找商品與消費者之間的關聯，讓他們感同身受。
⭐ **解決方案（痛點）**：引起消費者的共鳴，給出解決方案，勾起他們的購買欲。
⭐ **解決效果（目的）**：點出沒有我們的產品會出現哪些問題，但只要使用了，這些問題就全都能解決。

好的文案，絕不是賣家自顧自的推銷，必須對消費者心理和需求有深刻的調查和了解，美國知名廣告人德魯・艾瑞克・惠特曼曾對消費者心理提出一項「手

段——目標鏈」策略，表示消費者的購買行為並非是滿足當下的需求，而是要達到未來某個目標，之所以購買這項產品（項目）或服務，只是為了實現那個目標的手段。

比如購買性感內衣的女性是基於什麼原因購買，自然是為了讓自己變得性感，當然這只是一個說法，她背後真正的目的是要吸引男人的目光。寫文案，不要只想著寫自己想說的話，要洞察消費者的終極目標和需求，為了成功將產品銷售出去，在撰寫文案時要思考如何幫消費者解決問題，一個問題就是一個痛點、利益點，其對應著一個解決方式。

好比前面提到的 iPod 例子，如果一則文案能將這些痛點用消費者有共鳴的文字表現出來，那你就成功了。根據這個邏輯進行思考，你一定也能寫出「把 1,000 首歌裝進口袋」這種經典文案，而不是容量高達 4G 這類了無新意的字句。

但你可能會問，其實很多時候我們並不了解自己所面對的消費者，你不知道他們屬於哪個階層，你不清楚這類消費者有什麼習慣、需要什麼，而且很多時候是連消費者自己都不知道心中想要什麼，這時你就要扮成促使他們消費的推手，替他們找出深層的需求。

碰到這種情況，該怎麼做呢，總不可能文案放著不寫？這時你可以走到消費者族群中去找靈感，試著成為這類消費者的一員，或是進行街頭市調，聽聽他們的想法，在意、喜歡、討厭什麼？把資訊蒐集齊全，再觀察他們的日常生活及消費行為，從種種線索去推敲出他們心中的渴望。

資訊越具體越好，這樣你才能說出吸引他們的話，比如面對愛好動漫文化的年輕消費族群，若在文案裡和他們談「情懷」，他們可能看都不看，但如果文案裡出現「萌」、「天然」、「腹黑」等，他們就會把你當成同類，成功打入他們的心，你必須以同樣的熱情投入產品的體驗和研究中。廣告大師威廉・伯恩巴克說：「魔力就在你的產品裡面，你必須和你的產品一起生活，你必須全身心融入。」

攻心文案這樣寫

什麼是攻心文案呢？消費者會跟你買東西，正常來說有兩個理由，一個是需求，一個是欲望。厲害的文案寫手能夠讓那些沒有需求的消費者，看到文字就刺激到他，在心中產生購買的欲望。

你認為有可能嗎？你覺得我們有沒有可能莫名買一個自己根本沒有需求的產品呢？舉例，請問人類的生理設定，有沒有需要去買一種填裝黑色液體，還會冒泡泡、喝起來非常甜的飲料？相信大家腦中浮現的飲料應該是可樂，那你認為人類需要去攝取這類的東西嗎？但我們卻還是會想去買可樂來喝。

可樂是僅次於水，世界銷量第二大的飲料，那我們為什麼需要可樂？因為我們都在不知不覺中，被可樂的廣告所影響。又好比中秋節，你知道為什麼中秋節要吃烤肉，其實以前的中秋節是不烤肉的，僅單純賞月、吃月餅，頂多再剝個柚子，戴柚子帽，家人聚在一起。

那是從什麼時候開始烤肉的呢？答案是「一家烤肉萬家香」的廣告出現後，所以現在只要中秋節，大家就會認為要準備烤肉了！被這個醬料廣告的文案洗腦。因此，之後只要到中秋節，大家就會很自然地把中秋節和烤肉聯想在一起，反正都是要團聚，順便烤肉又有什麼關係呢？因而成為全民運動，甚至演變成一種文化。

再試舉一例，請問男生求婚為什麼要送鑽石？早期，鑽石商人其實賺不了什麼錢，開採、後加工的成本都很高，花大筆資金後卻賣不掉，因為大眾根本不曉得為什麼要買鑽石，導致鑽石商虧損、破產，且絕大多數人認為，若要買珠寶，倒不如買較保值的黃金。

如果有錢人都不買鑽石了，更不用說窮人，他們更是買不起，於是呢，鑽石商人思考著如何把鑽石跟日常產生關聯，把腦筋動到女人身上，因為女人結婚後，處理家務、生小孩，可能會讓自己的手變粗糙，甚至是身材走樣，那只要身材一變形，男人就有可能變心。

所以商人把吸引點建立在如何讓你的愛人永不變心，最好的檢驗方式就是看男生求婚時，願不願意買一個世上永不會改變的事物「鑽石」，代表他對你的心意永

遠不變，也就是大家耳熟能詳的「鑽石恆久遠，一顆永流傳」。

那為什麼文案要寫得攻心，你知道現在現代人每天要接受多少訊息量嗎？為了應付這種現象，人們已經被培養出一種特異功能，將廣告訊息自動閉屏化，只要滑一下，感覺下面這是廣告，就會直覺性地將廣告關閉。

文案寫手費盡心思、挖空腦汁寫產品的廣告文案，希望瀏覽者能多看幾秒鐘，但沒想到根本還沒看清楚，就本能地把廣告關掉。換個角度想，如果你自己是廣告寫手，你會希望瀏覽者連看都不看嗎？你當然希望他看對吧！偏偏現代人看的意願不高，要怎麼辦呢？

在這裡傳授你一個高招，那就是寫一個看起來不像廣告的廣告，因為只要對方看一眼，馬上認為是廣告的話，直接把視窗關閉，那你就別想曝光了，更別想說要把產品賣出去。還記得剛剛前面討論銷售最重要的事情是什麼嗎？那就是要跟客戶有所接觸。

那要怎麼寫一個不像廣告的廣告呢？跟各位分享一個發表在微博的案例，文章發布者分享老闆買了一支新手機後，就開始有一堆問題產生了。

公司恰好要製作一本宣傳冊，小冊子內要露出公司主管們的合影，他便召集主管們，拿著手機喀擦一拍，但沒想到老闆不大滿意，認為大夥兒排排站，照出來死氣沉沉的，覺得應該要有活力一些，以表現正面的公司形象，沒想到老闆找給他的活力照是這樣的……

沒錯，就是這種鳥瞰拍法，這樣的拍攝手法相當有難度，於是他硬著頭皮研究如何拍出這樣的照片，他心中浮現的第一個辦法是「自拍棒」。但這種角度的照片，自拍棒少說要十公尺高才行，一般的自拍棒根本不可能這麼長，所以他稍加進行改良，拿掃把、晾衣桿等工具來加工，進行延伸，好不容易長度夠了，又面臨另一個問題，就是拍攝者根本按不到自拍棒上面的照相鈕，這個方法不管用。

後來去問了在玩攝影的朋友，才知道這類照片必須用無人機拍攝才行，但無人機這麼貴，總不可能為了拍一張主管想要的照片，就特別去買吧？所以他又思考著怎麼做一架類似的東西。

東想西想好不容易想到一個辦法，他跟老闆借手機來進行測試，最後手機順利如同無人機起飛了，卻無法向無人機那樣遠端遙控，老闆的手機就這樣飛走了⋯⋯而在大家發現無法降落時，老闆急忙要去拯救自己的手機，於是手機成功拍下一張充滿活力的照片⋯⋯不曉得這名博主的老闆是否滿意呢？

你認為這篇文章真的只是單純分享如何製作無人機嗎？其實該文章是這台手機的業配文，手機外型亮眼之外，重量又極為輕巧，隨便製作的無人機都能讓它翱翔天際。此篇微博受到廣大網友迴響，該手機被廣為討論，廣告效益奇佳，其銷量可想而知。

這種文案，不像一般廣告一看就知道是在推銷產品，成功抓住網友的眼球，創造出話題及流量，後續帶出無比的效益。但有了好故事、讓人認同的理念後，若不曉得產品在哪買、多少錢等於白搭，現代人大多懂得使用 Google 搜尋關鍵字，但如果關鍵字找不到產品資訊、或放在版面設計不佳的官網或購物流程不便的平台上，購買欲望會大大降低。

很多客戶有好的產品、故事與理念後，因為網站老舊無預算修改，或是無法更改商品的購物平台，導致產品銷量無起色，反而覺得白花錢下廣告，你必須明白，內容行銷絕不僅跟內容有關而已，從好的文案到進入購物平台下單、付款流程⋯⋯等，這些環節都是消費者決定下單購買的重要體驗過程。

現在的消費者並非討厭廣告，而是討厭其不真實的內容與呈現方式。許多人以為只要受眾定位正確，廣告內容越誇大，先獲得大家眼球注意後便可以準備收錢，如果這麼簡單，只要灑錢下廣告客人就會來，就不會有這麼多產品賣不好下架；這麼多店開了又倒，倒了又開。

你覺得自己有辦法寫出像這樣的銷售文案（章）嗎？當然可以，我們要對自己有信心。接下來就要跟大家講解，如何透過五個步驟，就寫出攻心文案，未來只要透過這五個流程，就能寫出超吸金的銷售文案。

① 你攻心的目的是什麼？

首先，你要先搞懂自己要賣的商品為何，將產品功能、特色、規則及優點都列出來，然後再把以上內容，翻譯成消費者看得懂的文字，且最重要的是「對消費者的好處」，說出他們聽得懂、有感覺的文案。

現在很多業務員，他們都犯了一件錯誤的蠢事，他們喜歡用一些專有名詞把客戶唬得一愣一愣的，認為客戶這樣就會買單，覺得他很厲害，但事實真是如此嗎？未必。

好比你今天要販售的東西是 iPod，這台 iPod 用了最新的硬碟技術，容量高達 64G，那請問消費者都會清楚這項技術的優點在哪嗎？消費者會有概念知道 64G 有多大嗎？

這些名詞對他來說如此陌生，你認為他會跟你買嗎？所以較好的說法是什麼？你可以對他說這台 iPod 可以存到一千首歌，這樣是不是明確多了？消費者一聽就懂，這樣較能讓他們妥善思考到底要不要買。

② 明白你要攻誰的心

你永遠必須搞清楚你要賣東西給誰？畢竟身為一個文案寫手，通常不是只給一個人看，除非你寫的是情書。通常寫文案是要寫給一群人看，所以你要思考 TA 有什麼特質，再針對他們的特質去講合適的話。

假設有一種培訓為「把妹課」，你可能會想怎麼可能有人花錢去學習如何把妹呢？但還真的有，而且這種課程還不便宜，兩天的把妹課程收費 3 萬元。那把妹課大多是賣給男性，年齡層大概會落在哪裡呢？二十幾歲嗎？不對，二十歲的男孩基本上還不會買把妹課，一來是因為沒有錢，二來是他們累積的挫敗感還不夠。

一個男生在二十歲的時候剛邁入思春、會想要追求異性，但他們絕不會考慮花錢買專業知識，他會先用本能去嘗試，默默對異性付出，吸引對方。一直到獲頒一堆好人卡，深刻體悟到自己的辦法行不通，最後才願意妥協，花錢購買把妹課，看到這，有些人肯定是心有戚戚焉吧？

那會購買此課程的人大多是什麼職業呢？絕大多數人大多會認為是「工程師」，沒錯，真的有很多工程師會購買把妹課，且工程師還有細分，像土木工程師就比較不會買，資訊工程師就比較多一些。

那購買者的個性為何？有什麼痛苦和困擾？這些都是寫文案時需要思考的東西，確實明白你的受眾是誰。試舉例，如果把妹課的招生文案寫……

**「各位尊敬的男士們，讓我們一起用喜悅的心情，
來迎接這個令人心情愉悅的訊息，跟女士們溝通有著獨特的藝術。」**

這樣的文案是否會有人買？答案是不會，因為你講得太文謅謅了。你的用詞優美，去參加作文比賽或許可以拿高分，但在現實生活中，產品根本賣不掉。所以，文案能力好壞與否，跟你的作文能力沒有絕對的關係，只要能寫出觸動消費者的語言，對方就會買。

如果是我，我會選擇這樣勾起別人的興趣……

「兄弟們，歡呼吧！

原來被正妹已讀不回的關卡，是有攻略可以破解的！」

這樣寫是不是就會吸引有需要的男性同胞們購買？

③ 抓到對方的瞬間注意力

各位，你要明白一件事情，當一個訊息閃到消費者眼前的時候，其實他並不會馬上決定需不需要這項產品，反而是思考這對他有什麼幫助，如果他發現這東西對他沒有幫助，會立即選擇滑過、打叉關掉，這是為什麼？所以，你必須練就一項本事──抓住消費者的注意力。

那要如何抓住消費者的注意力，利用一句話便成功勾心奪魂呢？

✪ 文案的標題。

✪ 信件的郵件主旨。

✪ LINE@ 的第一句話。

✪ FB 貼文（粉專或個人頁）的第一句話。

✪ 網拍賣場的商品縮圖。

✪ FB 廣告的圖片素材 & 標題。

	錯誤	正確
案例	親愛的顧客您好，我們在此鄭重地邀請您來參加我們於台北矽谷舉辦的……	這是一個非常簡單的賺錢方式，它不需要任何成本，也沒有什麼風險，但我覺得很奇怪，為什麼不是每個人都會去用它？

現在一般人不會每封 E-mail 都打開來閱讀，只會在時間有限的情況下，點開比較好奇、有興趣的信件，那假設在有限的時間看到這兩封信的標題，你會開啟哪封？再想想，現在商家發文的時候，又是使用哪種文案寫法呢？

你會發現，絕大多數的商家，都會使用過時、錯誤的方法，來呈現他們的文

案，你用這種方法，客戶根本連看都不看，事實就是這麼殘忍。

④ 不斷誘使對方願意繼續讀下去

當閱讀眾已經被你抓住瞬間注意力後，他會想用一點時間來研判要不要繼續往下讀，即使他開始看了，也不見得會讀完。所以，你可以將心比心地想，如果在看一個文案時突然被打斷，好比有人傳 LINE 或門鈴突然響等等，你把注意力移開，那文案就沒有讀完了。

所以，你必須引誘對方把內容讀完，那可以用哪些方式來刺激消費者讀下去呢？答案就是小標題。一般文案的標題下方，排著密密麻麻的文字，如果你是消費者，會不會覺得頭昏眼花、提不起勁看完？所以你要分段落，適時加入一些小標題，字體比一般內容大一些，顏色醒目，以此吸引讀者繼續閱讀。

再來，你認為文案要不要加入圖片？再請問文章搭配圖片有沒有什麼學問呢？一個文案只有文字沒有圖片，就好比開水配白麵包，吃起來食之無味。還有一個吸引目光的小技巧，那就是利用轉折句，發想一些反方向勾起消費者好奇心的句子。

⑤ 促使對方讀完後採取行動

衡量文案寫得到底好不好時，只有一個標準，那就是消費者是否有採取行動。假設我現在要開一個文案課，那我必須讓人覺得文案這件事真的很重要，看完之後就報名這堂課，請問這個文案是成功還失敗？

文案若想要被關注，我們都知道標題要夠吸引人的注意力外，有些地方也是需要注意的。現在身處資訊爆炸和眼球經濟的時代，無論是專業媒體，還是自媒體……等，都面臨如何從繁雜的資訊當中跳脫出來，成功吸引消費者是他們的一大考驗，這時標題變成最有力的工具之一。標題可用主張、主打的主題，或提供的承諾做為開頭，刺激消費者的情緒反應或是引起他們的好奇心，但要避免成為標題黨。

這類聳動的標題稱為誘餌式標題（Clickbait），根據韋氏詞典解釋，Clickbait 的意思是「旨在吸引讀者點擊鏈接的東西，尤其當鏈接指向的內容並沒有太大意思或價值的時候」，通常用來指那些誇張的標題，在中文裡常被稱「標題黨」、「釣魚式標題」。

該詞最早出現於 1990 年代，由 Click（點擊）和 Bait（誘餌）組合而成，詞末的 Bait 表明，一旦咬餌上鉤點擊了鏈接，往往就會因與標題不符的內容而感到受騙，故 Clickbait 常帶有負面的意思。

「史上第一個沒有圍牆的監獄，但沒有一個犯人敢逃跑。」

沒有圍牆的監獄裡面，卻沒有犯人逃跑？這樣的標題，不免讓人萌生好奇心，吸引網友點開文章，想一探究竟。但實際點開後才發現這個標題跟內文其實沒什麼相關，內文只是在介紹一間位處荒涼地區的監獄，自然嚴峻的地形和環境，成為該監獄天然的圍牆，使得裡面的囚犯無法逃離。試想，如果標題是「一座位處荒涼郊區的監獄」，想必不會有人想點開閱讀。

很多文章都是在點擊閱讀後，才知道實質內容與自己對標題的想像差距很遠，而有被騙的感覺，這樣的標題雖能吸引流量，但真的適合作為文案標題嗎？倘若標題下的太過離譜，會讓閱聽眾產生誤解，降低人們對該產品的信任及好感度，所以，唯有合適的標題才能吸引消費者的目光，有如畫龍點睛，為產品增添好感。

且在撰寫攻心文案時，要先篩選、劃定出目標，這樣能便於你使用正確且適當的詞彙來撰寫文案，以「有溫度」的文字，來吸引潛在消費者閱讀你的產品文案（章）。也別忘了注意要以什麼方式來表達資訊，產品核心利益為何，你要清楚明白能用什麼方式傳遞資訊給潛在客戶，然後將這些資訊放進標題裡。

有時也可適時尋找專業權威背書，但這並不是真的要你找到業界權威來代言，而是「引經據典」，技巧性地利用權威曾做過的研究或論文，將這些資料引用至你的文章當中，變成你的一項利器，使產品獲得消費者的信任。

簡單舉例，大家小時候一定都有學騎腳踏車的經驗，剛開始起步學習時，大多

213

會在腳踏車旁邊加裝輔助輪，防止小朋友在學習的過程中，因重心不穩而摔倒。

日本有位玩具開發商，特地研發出一台專門給兒童、初學者學習使用的「變身腳踏車」，它可以把踏板拆掉變身為滑步車，讓剛接觸腳踏車的小朋友能先以腳蹬的方式滑行，培養平衡感。

這項商品被寄予厚望，但銷售數量僅有年度目標的一半，商品的設計概念明明不錯，為什麼市場反應卻這麼差？原來問題出在商品的宣傳文案上面，宣傳詞「不用練習就可以直接學會騎腳踏車」，未能成功吸引爸爸媽媽們的目光。

於是，玩具商換個說法，將宣傳字句改為「哇！三十分鐘就學會騎腳踏車！」修改後的文案，成功獲得爸爸媽媽們廣大的回響，看到此宣傳文案就想試騎，銷售額足足增加三倍。

文案撰寫過程中，困難點往往在於如何鋪陳，但就是想不出用詞詞彙和創意，而經常在撰寫發想時卡關，因此，為了詞能達意，你可以「使用有感用詞，讓人願意玲聽」，如此一來就能將語意傳達給受話方。例如：

⭐ 藉由向對方呼籲，讓對方強烈感受到是在對自己喊話，覺得「這就是對我說的」，進而願意聆聽的方法。

⭐ 在表達心情或傳遞情感時，使用誇張的用詞強化感受。

⭐ 如同對某個人說話，組織想要傳達的內容。利用手機錄音功能，把想寫下的文章，預設談話對象說出來，談話對象盡可能設想具體，將能產生更具臨場感的字句。之後，再聽一次錄下的內容，將這些內容文字化，雖然未必是通順的文章，卻能成為文章的參考，想強調的重點自然會被強調出來。

⭐ 避免籠統地思考，要確實捕捉內在言語。

無論是標題、商品說明及文案等，都需要確認語句「是否抽象」和「是否淪為陳腔濫調」。如果發現確實有此情況，要盡量改為較具體的說法，例如：

⭐ 將「迅速回覆」改寫成「一定會在當天內回應」。

⭐ 將「種類豐富」改寫成「品項高達四十五種」。

⭐ 將「認同」改寫成「只要用過一次，必定成為常客」。

⭐ 將「好吃」改寫成「連最後一滴都會喝完」。

⭐ 將「便宜」改寫成「可用舊商品以超低價換購」。

下方整理出國內外五十個標題範例，讓讀者們參考。

 五十個標題範例

1. 我知道您不認識我……但是我希望您能夠了解一下，現在還不算晚。

2. 致：希望某天能夠辭掉工作的男女。

3. 如何擁有好口才，點石成金的能力和靈活的頭腦。

4. 你在房地產行業獲利的最佳機遇是什麼？答案會令你大吃一驚。

5. 用聽的也能學行銷。

6. 我們有十五種不同賞心悅目的顏色，五種尺寸，不到 200 元。

7. 與其他品牌相比，選擇多五倍，取貨地點多二倍。

8. 每天二十四小時聽候您的差遣，全年無休。絕不另外收費。

9. 帶走我的錢包，留下 100 美元作為生活費，七十二小時內我將買到本地最好地段的房屋。

10. 當我使用 ABC 產品後，我比以前瘦了三十九公斤。

11. 誰不希望洗得更潔淨？無需努力洗刷就可辦到！

12. 賺錢如此簡單，太不道德了？

13. 我們幫你讓狗狗聽懂主人的話。

14. 房仲業客戶難開發？房市低迷？六十六萬名客戶讓你經營。

15. 這是一則流傳在台北高中生之間的傳奇故事。

16. 數學界從未公開的得分真相。

17. 兩個故事很短，卻感動了許多人。

18. 完全免費！您絕不可錯過的一堂課！

19. 最後倒數四十八小時！建構二十四小時全年無休的自動賺錢機器，讓錢自己流進來。

20. 有 100 塊錢在本文最後等著你。

21. 如何讓一位長相平平的女孩變漂亮。

22. 給那些老婆不會省錢的先生們的建議。

23. 為什麼有人一直在股票上賺錢？

24. 發掘隱藏在您薪水裡的財富。

25. 三個女人有二個可以在十四天後皮膚更完美。

26. 我如何運用一種笨方法致富？

27. 輪胎被三百根釘子刺穿，竟仍保持原有氣壓！

28. 《熱賣上千件》純棉抗皺免燙訂製襯衫 999 元。

29. 我妹寫日記三個月減重十五公斤。

30. 沒有性，我的人生是黑白的。

31. 花蓮政大書城民宿，免費住宿抽獎進行中！

32. 學會談判！讓世界都聽你的！

33. 滿百送千！

34. 當爸媽真的很累，沒有祕技怎麼行！

35. 品味，你的第二張名片！

36. 未滿十歲請勿閱讀本郵件。

37. 用一首歌牢記五十個英文單字。

38. 填履歷送 100 元 7-11 禮券。

39. 沒飽不買單，燒肉隨便吃。

40. 三十九歲負債族靠三個覺悟賺到千萬身價。

41. 從 5 萬到 3 億的創業實例分享。

42. 讓你業績多三成、年薪多 48 萬的祕訣。

43. 你應該建立不只一條收入管道。

44. 我做一輩子機殼，還不如賣雞排。

45. 說對三句話，業績多九倍。

46. 出書，沒有你想像中那麼難。

47. 如何用 10% 的薪水賺 100 萬。

48. 不看盤，每月輕鬆賺 20 萬。

49. 如果你的電腦資料今天發生了意外，那你明天還能如常使用嗎？這裡有一種保證 100% 有效的方法，可以確保意外永不發生。

50. 真奶茶傳奇！狂銷六十萬包！

 ## 提高文案轉化率，吸睛＋吸金＋＋

隨著時代的進步，媒體的快速更迭，使大眾的生活型態產生改變，產品的宣傳曝光從最早的報紙、DM 傳單、電視廣告，到現在只要拿起手機上網，便能得知各式資訊，一個網頁頁面可以連結至其他更多的頁面，這時文章的轉化率就顯得相當重要了。

只有對產品、用戶、競爭產品等各要素進行透徹的分析，選對溝通策略，確定訴求方式，文案才可能提煉出直指人心的「競爭性利益」，完成漂亮的臨門一腳，促進轉化率的提升。

十萬點閱率是無數文案和新媒體運營者渴望攻克的一塊高地，然而在熱鬧的背後，有很大部分從業者正在面臨「如何提升文案轉化率」這個難題。文案「叫好」能讓創作者臉上有光，但文案能「叫座」，才是商業世界所追求的目標。

事實上，要實現「高轉化率」需要的不僅是文案這一環節的助攻，它與整個營銷策略、銷售策略、價格策略等因素都密不可分，文案只是最末端的一個環節，依據這些策略，更好的與消費者進行溝通，為其提供競爭性利益，從而促使消費者購買行為的過程。

好文案是相當重要的！那該如何寫一個好文案？

首先，以銷售為目標、以讀者為核心、產品的作用要比產品是什麼更重要，三點相輔相成、缺一不可。銷售是文案產生的緣由，一切不以高轉化為目的的文案都是耍流氓，它的使命就是讓更多人關注和購買，否則就沒有其存在的價值。

　　要做到高轉化就必須要以讀者就是產品使用者為核心，考慮產品能給使用者帶來的作用和影響，這也是高轉化文案的前提。在現實中，我們往往會身在其中而忽略上面的規則，或走偏了方向。

　　因為了解產品，而把注意力放在產品的優點上，它有什麼樣的性能，有哪些高科技，為什麼創造等等。但卻忘了產品本身是為人服務的，它能給人們帶來什麼？會給使用者解決什麼問題？

　　在任何文案撰寫之前，確定好以上三點，再進行創作，才算是打好了基礎和方向。

　　接著，探究「那又如何」。在以產品給使用者帶來的好處為目標撰寫文案時，始終用「那又如何？」進行驗證，也就是想像用戶在看了你寫的好處時，卻反問你：「那又如何？」這意味著你沒有寫出產品對使用者帶來的好處，一層層往上找，讓用戶問不出「那又如何」，才是他們真正想要的產品。

　　世界上有各種各樣商品為人們所用和服務。物質和精神，文字毫無疑問歸屬到精神領域，對於寫作者來說，可能耗盡心血寫下的文章，最終發布之後閱讀寥寥，讓很多人產生挫敗感。

　　所謂轉化型的文案，就是這個文案的目的是特定的，它被寫出來的唯一意義，就是要引導用戶完成某個特定行為，俗稱一次轉化。例如標題的最大意義，就是要能夠吸引閱聽眾去閱讀正文，而商品詳情頁所展示的文案，其最大意義則是要能夠促成用戶下單購買。

　　而在轉化型文案中，又分為短文案和中長文案兩種。短文案可以短至一個標題，甚至是一個 Banner；中長文案可以是一則社群貼文、一個商品描述，或一篇轉化型短文。

　　短文案和中長文案，在常規性的寫作方法和注意事項上有所不同，另想趁這個機會跟讀者們導正文案的觀念，如果你想將文案從零分提升到六十分，只要根據前面所傳授的寫作技巧，再勤加練習，相信對各位來說不會是一件特別困難的事情。

但如果你想將文案從六十分提升到九十分，那就有一定難度了，因為寫作這件事情是很主觀的，除撰寫人對市場的觀察外，本身對文字也要有一定的水準，需要長期的累積沉澱、練習，以及一些天賦，才有可能下筆如揮毫般，寫出富有「溫度並帶有感覺」的文字。

　　那這邊僅討論關於提高文章轉化的方法和發想，協助你提升至六十分。你可能會認為這樣對我有什麼好處？千萬要記住你的文筆好壞是其次，重點要放在留住網友的目光，進一步變成你的客戶，進行消費行為。

　　短文案的寫作，若把短文案寫得達到及格分以上，能帶來比較好的轉化率，其實寫文案不太需要高超的寫作技巧和華麗的詞藻，只要懂一點點寫作原則，找到合適的寫作切入角度後，再用人都能聽懂的白話表達出來，就足夠了。

　　而，最簡單通俗提升短文案轉化率的兩個原則，是……

⭐ **找靠山：**跟某些權位高、影響力強的人或事物形成關聯，透過他們的影響力來吸引用戶的注意，提升點擊訪問意願。這個方法尤其適用於你要推送的項目、產品，其知名度和影響力可能還不足以刺激消費者的時候。

⭐ **顛覆思維：**有意識地拋出某些可能顛覆大眾常識性的認知，甚至可以是天馬行空、不可思議的觀點或言論，從而引發網友的好奇心，借此打中他們點擊訪問的意願。

　　假設某篇文章的內容、議題都是一致的，然後想像一下兩個例子中，將一般普通的標題換個方式表達，以剛剛提及的「找靠山」和「顛覆思維」來重新發想標題的話，請問對刺激網友點擊頁面，提升轉化率的效果有多少？

⭐ **普通：**火辣健身 App 深度產品調研分析報告。

⭐ **找靠山：**同樣的健身 App，與 NIKE+ 相比，到底狂在哪裡？

⭐ **顛覆思維：**改了兩個版本就成功融資 1,500 萬元，這款產品是如何做到的？

　　再試舉一例。

⭐ **普通：**如何從 0 開始經營一個人氣 LINE@。

⭐ **找靠山：**這個 LINE@，為何可以比 XXX 還厲害？

⭐ **顛覆思維：**五個月零預算零基礎，他們就這樣超越了 60% 的同類 LINE@。

那假如要給這篇文章來取幾個轉化率不錯的標題，可以怎麼做呢？針對這樣的內容要挖掘其標題寫作方向，可以發散性地思考一些特定問題，然後每個問題都要經過詳細的描述和表達，並參考借鑑上文提到的兩個原則來進行調整，保證能讓你提升至六十分，你也可以從以下幾點來思考。

⭐ 分析的事情本身夠不夠刺激？

⭐ 分析的事情跟誰有關？是誰來分析的？

⭐ 是怎麼分析的？

⭐ 相關分析和事件可能還跟誰有關？

⭐ 理解這個分析後，可能帶來什麼？

⭐ 假如以上均不符合，則可考慮人為強力背書。

接著，我們再來聊一下中長型轉化文案的寫作。中長型文案的字數少說要一百至二百字，需提及的資訊要更多，不像一般二十字以內解決問題的短文案，只要突出重點，能在一、兩個點上迅速引起網友的興趣就好。

所以，在撰寫中長型文案時，要多思考一下前後的邏輯性及內容結構，透過一點一點的資訊外露，逐步把消費者的興趣和欲望烘托勾引起來，最終形成轉化。你要先規劃一段引文，引起網友的注意，再逐步激發他們的興趣，勾起其欲望，最後促成用戶行動，完成轉化。

另一種則是以故事的方式，把潛在客戶代入情境之中，並在情境中引出某些問題或矛盾點，激起他們的好奇，再提出關鍵問題，最後順水推舟，把解決方案（你

的產品、項目或服務）推銷給消費者。

還有一種比較簡單的方式，把用戶在執行轉化行為前，可能面臨和思考的所有問題都表列出來，然後根據這些問題進行解惑。比如消費者在考慮是否報名線上課程時，可能會在腦中思考以下問題。

⭐ 課程講什麼，能解決什麼問題，不能解決什麼問題？

⭐ 跟其他同類課程相比，這個課程有什麼特色？

⭐ 課程的老師是誰？老師有何特點？

⭐ 課程適合誰來聽，不適合誰來聽？

⭐ 課程的時間、地點、費用、報名上課方式？

⭐ 課程的評價如何？

所以，你只需針對這些問題逐一給出解答就好。最後，再來明確一個轉化型文案撰寫的核心原則——你只有先幫助消費者建立認知，才有機會激發他們的興趣。

簡言之，你要先確保網友能看懂你的文案，唯有在這個基礎上，才能進行下一步的轉化。否則如果用戶連看也看不懂，你可能根本沒有機會去激發他的興趣，所以，一個轉化型文案沒寫好，真的會與懂得操作的人產生十倍以上的差距。

你要明白一件事情，那就是在這個碎片化且資訊爆炸的時代，商品文案能和消費者連接的時間其實只有幾秒，若能夠做到吸睛誘使他們點擊，那這個標題就是好文案了。首先，你要確定的是寫作內容要給哪些人看？能替他們帶來什麼作用？這樣你寫出來的標題才會與他們有所貼近。

再者，找到消費者的需求所在，找到需求等於找到喚起他們情緒的鑰匙。我曾在書中看到這麼一個案例。

　　A 準備為一間製造測量設備的公司撰寫文案，該公司的設備可以測量濕井中未處理的汙水深度。於是 A 特別採訪了設備公司的銷售經理，以明白濕井和演示設備是如何工作的，並了解如果沒有這項設備，可能會對環境造成什麼影響？

　　結果發現，假如不使用這款設備，未經處理的污水會溢到街上，流到周遭的學校、商家及住家之中，所以得出這麼一個文案……

作為公共事業經理，你一定不想因為污水淹沒街道而上頭條。

　　精準的把後果投放出來，撩撥大眾一級情緒裡面的恐懼，從而影響人的決定行為。從這個案例可以得知，撰寫者需要轉換視角，從你感興趣的內容，轉變為潛在客戶對什麼感興趣？

　　想像你的 TA 凌晨三點仍無法入眠，在床上輾轉反側，試著思考讓他們無法安然入睡的原因是什麼，要比你賣什麼重要的多，這也是為什麼我始終強調，不管是產出集客所需的文章還是撰寫產品文案，都要以消費者為核心，產品作用比產品是什麼更重要的緣由。

　　其實文案這東西，就像兩個人聊天一樣，你和別人說話，對方能從你的話語中感受到什麼是很重要的。文案也是如此，雖然可能僅是簡短幾個字，卻能引起受眾共鳴，並刺激受眾消費，這才是一個好文案。

① 文案要具體

　　文案最大的禁忌，當屬「話說得不明不白」。什麼樣的文案叫不明不白？比如下述這些常出現在文案中的字詞：非常、不可思議、別樣、極致……等等。這些詞帶到文案中，看起來仿佛很有文采，但也僅限於文采了，對消費者而言，這個產品到底是什麼，他們依然不清楚。你說它很大，有多大？你說它很棒，有多棒呢？

　　其實，說直白一點，就是沒有底氣罷了。解決方式就是，更深入了解自己的產品，了解它更多的資料，或是以大眾有概念的東西來比較，比如硬幣的厚度、手機螢幕的大小等等。

② 收集產品資訊

這一點要和上一點結合，把文案說的具體，前提就是要收集更多的產品資訊，比如相關的資料、特點等等，這些資訊不僅是產品本身的基本資訊，包括競品的相關資訊、市場調研的數據等等，這有利於更加了解產品和消費者的態度，如此一來，你在寫文案的時候就能有多方面的考量。

需要注意的是，收集產品資訊並不是要你把這些全都寫在文案中，而是讓我們有資本去選擇適合的資訊，挑選出必要的內容提供給消費者。

③ 解決 VS. 預防

在討論這點前，我先來說一下這兩個詞的意思。

⭐ 「解決型文案」能為大眾立刻解決某問題。
⭐ 「預防型文案」指問題並非是現在出現的。

簡單舉例，比如「吸煙有害健康」，這就是典型的預防文案。有抽煙習慣的讀者們對這句話一定不陌生，每盒煙上都印有這段話，但為什麼你還是會去買香煙，並吞雲吐霧一番呢？思考一下，這種預防型的文案，有沒有可能讓你心中產生一絲絲僥倖心態，吸煙或許會危害身體，但依照每個人抽煙的頻率不同，不見得會產生同等的影響？

那解決型文案是什麼？比如蜂蜜產品，在挑選商品時，A 店家說他們的蜂蜜可以延緩衰老，而 B 店家則說自己的蜂蜜可以通腸胃，你會選擇哪間下單？答案當然是通腸胃，因為這可以解決現存的腸胃問題，A 店家主打的延緩衰老這件事，僅僅是一個預防。

所以，在撰寫文案的時候，要根據產品實際的效用或設計，來思考你是要打解決牌還是預防牌？

還有另一種文案純屬娛樂性質，主要是想和消費者開開玩笑，與他們產生互動

性。但不大建議朝這類方向撰寫文案，剛開始或許能博得網友目光，可久而久之，他們會變得冷感甚至是反感，造成點擊率下降。

4 講究故事性

為什麼要講究故事的完整性？想像一下，你看一部電視劇，劇情演到一半結束了，你心中第一個浮現的念頭是什麼？內心肯定非常不悅。那如果只要開通會員，就可以繼續觀看，請問你會馬上加入會員嗎？想必大多數的人都會加入會員。

這是因為，人們更喜歡追求完整的故事。之前 Ikea 有這麼一個鬧鐘的文案，它的文案是這樣寫的……

千百次的呼喚，只為讓你，重回現實中來，夢境再美，不及生活實在。

這個文案並沒有多少字，卻能營造出一個相當完整的畫面。清晨，我們還在睡夢中，夢裡有數不盡的美好，就在此刻，鬧鐘響起，我們雖然抗拒，卻也不得不跟隨鬧鐘的聲音回到現實中，面對現實，而現實是實實在在，才是能讓我們有感覺、有深刻記憶、有更多的美好和驚喜去創造的地方。這就是完整故事的魅力，更重要的是，顧客也確實透過這文案（故事）消費了。

5 站在客戶的角度，替他們著想

其實消費者關心的，並非是產品有多少好處，而是這項產品能給他們帶來什麼好處。好比你是建商，要販售新的建案，但你的銷售文案寫的全是建材、工法有多好，這對我們來說真的很重要，可是買房的人並不會特別在意你用什麼建材？若不是對材料有深入了解，一般民眾根本不曉得這些建材的優點在哪。

這時倒不如你在文案上寫一句「低首付，交通便利，有捷運」，這絕對能吸引到更多人來看房，一般買房的人首要考慮的絕對是地點和價格問題。因此，與其討論產品的品質強項，還不如從另一個角度出發，你要明白客戶想買的是什麼，試著

從「這款產品能替我解決什麼？」來發想，而不是「我的產品有多厲害」來切入。

6 最終目的是取得認同並成交

在寫文案前，要明白文案的目的就是為了獲得消費者認同，並且促進銷售，順利成交則是最終目的，假如你是為了秀文采，那我會建議你去當一名作家！

寫文案並非難事，也絕非易事，但就像我剛剛說的，文案就跟聊天一樣，你的話能否讓對方理解並贊同，這就看你是否會聊天了。我們聊天的目的是什麼？尋找共鳴，尋找認同感，而文案也一樣。所以，我們可以多去學一學聊天的技能，寫文案和聊天是會相互促進的。

只有對產品、用戶、競爭產品等各要素進行透徹的分析，選對溝通策略，確定訴求方式，文案才能提煉出直指人心的「競爭性利益」，完成漂亮的臨門一腳，促進轉化率的提升。

而提升文案的轉化率還有最後一步，也是最重要的一個技巧，那就是在文末加上清楚可見的「行動呼籲（Call to Action，CTA）」，行動呼籲會在下一章詳細討論。

無論你是希望消費者留言、分享，在社群媒體上追蹤你，還是購買你的產品，都不要忘了在文章中表明你希望他們做的事。

 ## 我順利賣出產品了！

好，學會文案技巧後，接著討論如何確實把東西賣掉？

1 直接把產品賣出去（投籃、灌籃）

我以一個專門在做健康除臭襪的品牌「apure」來討論，但我不是要推銷大家去買，之所以提出來討論，是因為他們推銷的文案很成功，剛創立時，沒有店面、辦公室，更沒有任何一名員工、店員，自然也無法試穿，你只能在網路上購買，更不搞多層次傳銷，價格還比其他襪子品牌都來得貴。

apure 從網路商店起家，經營至今資本足以購買三棟樓，你覺得厲不厲害呢？常說最慢的成功方式是閉門造車，而最快的成功方式則是和成功者同行，所以我才會跟大家分享成功案例。

一個成功的文案，標題重不重要？假設撰寫一個文案，滿分為一百分，請問標題佔多大比例？答案是近八成。倘若標題寫得不好，那內文根本不可能被看到，這是一個很直觀的問題。

在此分享一個很好的下標方式，那就是——將有利的數據寫出來。何謂有利的數據？舉凡歷史悠久或是客戶數量很大……等歷史數據，都是你可以發揮的有利數據。好比這間除臭襪公司使用……

十五年來銷售近八百萬雙除臭專門健康襪。

將經營十五年這項訊息透露出來，代表什麼？會不會讓消費者認為這是一間好公司呢？銷售八百萬雙健康襪，顯現出這是個什麼樣的產品？應該還不錯吧？請理智、冷靜且科學的思考一下，一間公司如果經營很久，是否就代表這間公司很可靠呢？答案是不一定。但再想想，一項產品如果賣掉很多很多，代表這個產品一定很棒嗎？答案也是不一定。

不曉得各位有沒有一種經驗，就是你去外地旅遊，特別到一間人氣小吃店嘗鮮，店外大排長龍、絡繹不絕，你排了好久的隊伍，好不容易吃到餐點後，發現味道好像也不怎麼樣。一問當地人才知道這是騙外地人的，他們本地人吃的反而是隔壁條巷子的另一間店。

所以，客戶數量很大，不代表他的產品一定比較好，有可能只是因為他們比

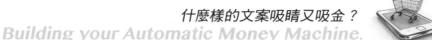

較會寫文案，廣告打得比較大罷了。現在很多、很棒的產品，但文案寫得不夠吸引人，結果乏人問津，銷售數量非常差。

反之，如果把十五年八百萬雙改成二年八雙的話，請問這樣你還敢買嗎？絕對不可能買，對吧！所以我建議在撰寫文案標題時，可以試著把「數字具象化」，將數字具象化是什麼意思？就是你把數字改成一般人可以理解的物理特質，以此來描述、轉化。

舉例，中國大陸有一間拉麵店叫做「味千拉麵」，他是如何來推銷自己的呢？店家沒有告訴消費者他們在麵裡放了哪些材料、有多好吃，只說了一句話：「我賣出去的拉麵，那個碗疊起來的高度，足以來回地球到月球一趟。」

你可以想像這個畫面有多壯觀，然後在腦中想著能賣這麼多碗的拉麵，是不是一定很好吃呢？還有一個品牌「香飄飄奶茶」，他們也聲稱銷售出去的奶茶數量，將杯子堆疊起來，可以繞地球三圈，以此來表示自家產品有多熱銷。

所以，如果你是一個賣面膜的廠商，你可以怎麼推銷自己的產品？你可以說，我們賣出去的面膜，若堆疊起來有三棟 101 大樓這麼高，那消費者會不會覺得：「哇，好厲害！」

這邊跟大家講一個小技巧，你怎麼疊其實是有玄機的，你躺著疊、立起來疊都不一樣，你要用對自己最有利的方法來疊，這樣清楚嗎？

② 製造銷售的機會（傳球）

接著跟大家討論第二個場景——製造銷售的機會。為什麼這麼說？因為我們不能指望消費者看到文案，就把東西買回去；在這個世界上，很多時候都需要見到面、說到話，才有可能成交。

但你要想與客戶見面，是不是要先做些什麼，鋪陳些什麼呢？這樣才有機會見到客戶，對嗎？你總不可能待在家裡，然後客戶就會自己來按你的門鈴。你可以在

商店門口放置海報、易拉展，消費者看到後就被吸引進去消費，最後被成交。

因此，如果你的海報文宣寫得不好，顧客會走進你的店裡面嗎？沒有進去，就沒有辦法成交。有很多老闆都會納悶一件事情，明明產品一級棒，服務也都做得很好，但為什麼業績就是不起色呢？這是因為產品文案太爛了！

還有很多人是當業務的，比如房仲、車商、保險業務員，這些都需要跟客戶見到面、說到話，才能順利成交。請問一名業務在跟客戶見面前，是不是要事先準備某些事情，他們才會見到面。那一般是什麼事情呢？可能是打電話、傳 LINE，或用 FB、E-mail 聯繫⋯⋯等等。所以，業務員在打電話給客戶時，如果講的內容、訊息比較粗糙，那會不會讓客戶覺得反感，導致客戶不大願意見他。

其實你心中對他可能並無成見，只是因為他傳的方式不吸引你而不想碰面。因此，很多人都會產生一種誤解，認為自己的產品很棒，那事業就會很好做，這是不對的，雖然很重要，但不是最關鍵的，最關鍵的是你能不能把它賣出去。再來，現在有很多人會用見面體驗的方式、服務，把體驗券發給路上的潛在客戶、消費者，邀請你去感受產品，最常見的就是美容、按摩業。

以上這些案例，就是想跟大家強調文案的重要性，當你的文案不夠好時，即便產品、服務再好、再棒都沒有用，因為你根本見不到客戶，更遑論是後續的成交呢？

真正具吸引力的文案，足以讓愛斯基摩人走出冰屋、穿上雪衣，即便在冰天雪地，也要前來訂購。有人說：「文案是世上創造財富最快的方法之一。」而且你知道嗎？世界上最廉價的業務員就是「行銷文案」。

行銷文案好比十萬大軍，對顧客發動攻勢，一年三百六十五天，天天為你行銷產品或服務，好的文案可以提升營收至少十倍以上，即使產品普通，一樣可以利用行銷文案提升業績。

在網路淘金中一個很重要的元素，就是建立銷售型網站（或銷售網頁）。銷售型網站和一般網站不一樣，是一種潛在顧客看完就會想要下單的網站，所以標題和

內容文案的表達方式非常重要。

如果你不擅長討好別人，賣弄人情、用盡話術，花大量的時間去拜訪客戶；如果你不喜歡與人接觸，不喜歡看別人臉色，不喜歡拜託不認識你、不信任你的人，購買你的產品或服務；如果你想擺脫一對一推銷的惡夢，那你一定要學會撰寫「行銷文案」。

下面列出幾點讓人願意產生行動的關鍵詞。

- ⭐ 購買。
- ⭐ 報名。
- ⭐ 按讚 / 留言 / 分享。
- ⭐ 下載安裝。
- ⭐ 預約諮詢。
- ⭐ 與我聯繫。
- ⭐ 加入。
- ⭐ 其他。

如果你手上已經有一個很好的產品或項目，又要怎麼透過文案將產品銷出去呢？可以參考以下三招。

- ⭐ **一步到位法**：寫一個文案，弄成銷售頁。
- ⭐ **二步到位法**：寫一個文案，弄成報名頁。
- ⭐ **三步到位法**：寫一個魚餌，累積精準名單。

那這些頁面要如何設計？提供幾個製作平台讓大家參考，但這些網站在中國大陸無法使用，只有「起飛頁」能在中國大陸使用。

- ⭐ Weebly。
- ⭐ Wix。
- ⭐ Strikingly。
- ⭐ 起飛頁。

你現在已經學會撰寫文案的技巧，但你可能沒有產品或項目可以銷售，所以接著要跟大家討論如何快速擁有千萬種商品銷售，而且還不用處理包貨、出貨及售後服務，那就是——聯盟行銷！

聯盟行銷（Affiliate Marketing）一般又被稱為「夥伴計畫（Affiliate program/Associate program）」，是網路商業化後一直存在的營運模式，透過合作夥伴的協助，將商品或活動訊息傳播出去，接觸到更多消費者，並於消費者完成交易後，以回饋金（獎金）的方式，提供合作夥伴議定的報酬，歐美地區廣泛使用。

1995 年，全國電子商務龍頭 Amazon 率先利用聯盟行銷擴展市場版圖，快速發展為電子商務的巨人。現美國最大的聯盟行銷網站為 CJ.COM，日本則有 Yahoo! 購併的 ValueCommerce.com，越來越多品牌運用聯盟行銷傳遞他們的商品資訊，包括 Sony、Apple、微軟、迪士尼、AT&T、HP、Dell 等。

形成聯盟行銷有三大要素：

⭐ 聯盟會員（Affiliate）。
⭐ 商家網站（Merchant Website）。
⭐ 聯盟行銷管理系統（Affiliate Management Software）。

商家網站透過這種系統來跟蹤記錄每個聯盟會員所產生的點擊數（Clicks）、印象數（Impressions）、引導數（Leads）和成交次數或成交額（Sales），然後根據聯盟協議上規定的支付方法給予聯盟會員支付費用。

而聯盟行銷根據商家網站給聯盟會員的回饋金支付方式，可分為三種形式：

① 按引導數付費（Cost-Per-Lead，CPL；有的叫 CPA，Cost-Per-Acquisition）

網友透過聯盟會員的連結進入商家網站後，如果填寫並提交了某個表單，管理系統就會產生一個對應這名聯盟會員的引導記錄，商家按引導數支付酬勞給會員。

② 按點擊數付費（Cost-Per-Click，CPC）

聯盟行銷管理系統記錄每個網友在聯盟會員網站上點擊到商家網站的文字或者圖片的連結次數，商家按一次點擊多少錢的方式支付酬勞。

③ 按銷售額付費（Cost-Per-Sale，CPS）

聯盟會員張貼商家的連接介紹和廣告，要等網友確實在商家網站上產生實際的購買行為後，商家才會按金額拆分給聯盟會員，一般是設定一個佣金比例（銷售額的 2 到 50% 不等）。

以上三種方式都屬於 Pay For Performance（按效果付費）的行銷方式，無論是對商家還是聯盟會員，雙方都較容易接受。由於網站的自動化流程越來越完善，在線支付系統也越來越成熟，越來越多的聯盟行銷系統採取按銷售額付費。這種方法對商家來說是一種零風險的行銷方式，所以商家也願意設定比較高的佣金比例，使得這種方式的行銷系統越來越被廣為採用。

建設一個成熟的聯盟行銷系統不是一件容易的事，需要很多技術、資金和人力投入，但它給商家帶來的效益也是顯而易見的。其優勢如下：

① 較低廉的客戶成本和廣告成本

比較麥肯錫公司對電視廣告成本和雜誌廣告成本的統計，聯盟行銷帶來的平均客戶成本是電視廣告的 1/3，是雜誌廣告的 1/2。

② 雙贏局面

對於商家，這種「按效果付費」的行銷方式，意味著他們只需要在聯盟會員真正帶來「業績」才付錢，何樂而不為？對於聯盟會員來說，他們看重的是流量，不需要有自己的產品就能獲利，不需要生產，不需要進貨，不需要處理訂單，也不需要提供售後服務，省去很多繁瑣的事情。

③ 聚焦於產品開發

由於聯盟行銷的方式解決網站訪問量的問題，商家可以集中精力放到產品開發、客戶服務上面，大大提高工作效率。

④ 可計算結果

聯盟網路行銷「按效果付費」的機制比傳統行銷方式的一個顯著特點是，顧客的每一個點擊行為和線上交易的過程，都可以被管理軟體詳細記錄下來，從而讓商家知道每個環節的效益，還可以對這些記錄進行統計、分析和比較，為產品開發和行銷策略提供科學的決策依據。

總之，聯盟行銷的優點在於免投資、免成本，是網路創業者或兼差的最佳模式。聯盟行銷涵蓋了各種網路行銷模式，包括文章行銷，部落格行銷、論壇行銷、社群行銷、關係行銷、資料庫行銷、EDM 行銷等。我相信，國內外未來會有更多使用聯盟行銷的成功案例出現，只希望那些有心人士，不要把此行銷策略運用在不當的交易上，以免有人上當受害。

下方提供幾個不用收註冊費的平台，只要註冊登入，就可以跟他們合作，提供近千種產品讓你銷售，只要是透過你銷售出去，就能依照他們的獎金規則，賺取收入，你高興做就做、有空做就做，是不是很方便呢？

- ✪ 博客來。
- ✪ 通路王。
- ✪ 聯盟網。
- ✪ 興利網。

聯盟行銷的平台其實很多，簡單介紹三個較大規模平台，可以操作看看，若你寫得一手好文案，也可以利用你的文筆來賺賺外快。

1　博客來

博客來是少數很早期就建立聯盟行銷的網站之一，分潤有兩種：非獨家代理（拆 2% 利潤）和獨家代理（拆 4% 利潤），獨家的意思就是你的網站上不能有其他競爭平台的商品，大多數人通常是選擇獨家，反正博客來在台灣也是一家獨大。

4% 利潤不算高，如果你幫他賣 10 萬元的書，可以拆帳 4,000 元，以書籍來說算是不錯了，畢竟書籍對通路商賺得也少，雖然博客來也有賣書以外的產品，但書以外的商品拆的就不多，所以原則上仍是書籍為主。

2　聯盟網

　　聯盟網和通路王是國內唯二大型聯盟行銷平台，串聯了許多國內廠商，好處是申請門檻極低，如果成效不錯，聯盟網還會配一位專員和你溝通討論，協助解決問題。

　　聯盟網上有各種食衣住行育樂的廠商，計價方式有 CPC、CPL、CPS、撰稿試用等各種計價方式，CPS 雖然比較難達成，但有達成的話通常也拆比較多。拆帳比例從 2 到 20% 都有，有些則是單筆成效計價，完成廠商要求從 10 元到 1,000 元都有。且聯盟網有後台可以讓你追蹤成果。

3　通路王

　　通路王跟聯盟網很像，有許多重複的商家，但也有許多不同之處，通路王除了網址以外，也會提供一些 Banner 素材，就是各種尺寸的廣告版位圖片與連結，可以透過這些連結行銷。

	博客來	聯盟網	通路王
分潤計算方式	獨家代理拆帳 **4%**，透過有參數的網址追蹤，只要透過專屬連結連過去的所有購買都可以算是聯盟方帶來的成效。	透過有參數的網址追蹤成效。	透過有參數的網址、廣告版位圖片超連結追蹤成效。

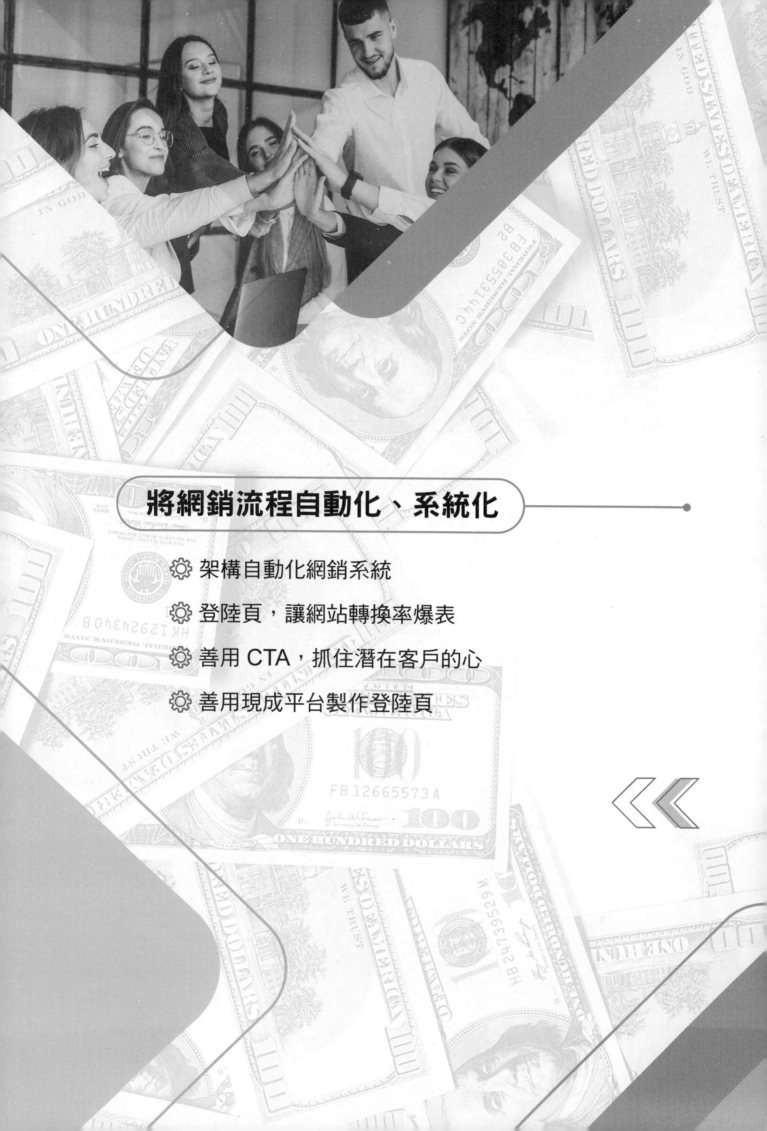

將網銷流程自動化、系統化

⚙ 架構自動化網銷系統

⚙ 登陸頁，讓網站轉換率爆表

⚙ 善用 CTA，抓住潛在客戶的心

⚙ 善用現成平台製作登陸頁

一站式流程，
讓客戶自動找上門

Building your
Automatic
Money Machine.

5 將網銷流程自動化、系統化

在學習如何將流程自動化前，你要先了解網路行銷的三大核心為何？這是操作網銷最基礎也最重要的觀念。

1 流量

要做網路行銷，請問你的客戶怎麼來？這跟開設實體商店的概念一樣，在尋找店面時，一定會從人潮多的地方找起，比如東區或西門商圈；又好比發放廣告DM，你同樣不會在沒有人潮的路口發。

所以，在網路上架設商店時，你就要找一個流量大的入口網站，以借力的方式，依靠他們原先自帶的流量創業，畢竟一個新成立的網站，網友的詢問度不會太高。

2 系統

系統是什麼？就是一個成交的流程。

成交流程可分為兩個區塊：行銷和銷售。一般人通常搞不清楚行銷跟銷售的差別是什麼？總直覺地認為行銷和銷售是一體的，其實這樣解讀並沒有錯，但兩者還是有所不同。

請問何謂銷售？試以傳統家具店來比喻，你知道販售家具的店家成交流程是什麼嗎？客人走進店面，銷售員上前接待、介紹，若對方滿意商品，品質跟價錢都符合自己的需求，便會當場下訂付款。

那家具店的行銷系統又是怎麼操作的呢？在客人進入店裡消費前，在街上或信箱拿到家具行的傳單，覺得有興趣、想了解，所以到該店面看實際的商品。消費者產生上述的行為，就是家具行的行銷系統，而進到店面後立即轉變為銷售系統。

若將這些流程轉換到網路上也是一樣的概念。賣家在網路張貼廣告或發布貼文，將網友吸引至你的銷售頁，就稱之為行銷，進入網站後就轉換為銷售。簡言之，銷售系統就是在幫你成交訂單，很多人都是因為搞錯順序，在行銷階段便著急販售產品，結果適得其反，因而認為行銷是一件很困難的事情，對銷量不佳這件事傷透腦筋，全然不知是因為在錯的時間點進行銷售。

③ 提案

提案指的是什麼？答案是問題解決的方案。

消費者之所以會向你購買商品，無非是想要解決自身的需求或困難，試圖找方法來解決它所遇到的問題。

每個人購買特定產品或服務，都有自己的理由，而那個理由就是要能解決他們的問題，甚至是實現他們的目標及夢想。所以，當你在向客戶推銷產品時，要懂得多看、多聽、多問，探詢出他們需要解決何種問題，推薦他們適合的商品，而這也是你主要能發揮的地方，以此讓對方買單。

好，了解三大核心後，我拉回正題，探討該如何打造自動賺錢機器。

1 吸引注意

要操作網路行銷，抓住客戶的目光是相當重要的一件事情，但你要明白一件事情，你吸引的不單單只有目標客戶而已，格局要多加放大，試圖抓住地球上所有人的注意力，以此為目標。

一般網銷老師在討論行銷時，都會提到利基市場、目標客戶⋯⋯等等，雖然這兩點是關鍵要素，但不是絕對。為什麼這麼說呢？請問你知道當初為何會有「利基市場」這個概念產生嗎？這是因為以前投入廣告的成本太高了，一般企業剛起步時，大多不會有充足的行銷預算來進行廣告投放，所以才會提出這樣的概念。

在資金不夠的情況下，錢勢必要花在刀口上，唯有找到市場間隙、利基市場，先從一小群目標來切入、起步，雖然只有少量的資金，但因為目標客戶明確，所以能產生很大的回報，因此也可稱為精準行銷。

且在現今社群行銷的世代，每個陌生人都有可能是潛在客戶，不管是在 FB 還是 YouTube 上打廣告，你都要想辦法吸引最多人的注意，盡可能讓網友看到你的產品或服務，當他們看到後，再透過文案、提案，把你需要的客戶篩選出來。

所以，如果你還認為廣告費很貴、成本很高，那是因為你還在用舊思維行銷，用舊方法在做事。每個經驗豐富的行銷人都知道，找到有利可圖的市場非常重要，但不幸的是，有的網銷老師都僅以簡單幾點來闡述如何找到利基市場，舉例來說。

⭐ 選擇感興趣的主題，或是有經驗與專業的領域。

⭐ 挑選關鍵字，再透過關鍵字工具來剖析。

⭐ 根據搜尋次數，來判斷是否為利基點。

其實，以上說法並沒有什麼錯，只是對於你事業的擴張效果可能不大。怎麼說呢？

這三點作法並沒有叫你研究競爭程度及長尾關鍵詞，你無法得知自己到底面對多少競爭者，也無法根據長尾關鍵詞找到第二利基點、著力點，倘若主要市場被其他競爭對手攻佔，那你就無其他市場可以發展了。

為什麼長尾關鍵詞很重要？在每個網站都做 SEO 的情況下，網站內容除了要考慮關鍵字的布局外，長尾關鍵字也可以是很好的發展策略。長尾關鍵字並不是指某個關鍵字的類別或狀態，而是一個「關鍵字群體」的稱呼，「長尾」不代表關鍵字的長短，而是降低流量關鍵字的流量加總後，大於目標關鍵字的流量，針對這樣的關鍵字群體即稱為「長尾關鍵字」。

各產業的主要「目標關鍵字」確實能為網站帶來絕大多數的流量；但比較之下，那些林林總總的長尾關鍵字，個別來看雖然流量較少，可是將總流量相加總後，卻有可能高於主要關鍵字。

一般人看到「長尾」，都會直觀地聯想為很長的關鍵字，其實不然，因應各關鍵字搜尋族群的不同，其聯想到的搜尋字亦會有所不同，故這些接近主要關鍵字的「字詞」，就會變成長尾關鍵字，看似複雜，但其實它們與主要關鍵字是一樣的，都是為了更接近搜尋者想要知道的資訊。

例如：「阿宗麵線」是主要關鍵字，但「阿宗」、「西門阿宗麵線」或是「麵線＋西門」等，皆是長尾關鍵字，因為我們不會知道網友在搜尋時，會以什麼樣的字詞組合，來搜尋他們想要的資訊，但我們能以最大宗的主要關鍵字去做分析，推測其他搜尋者可能感興趣的內容，來增加、優化相關資訊。

所以，長尾關鍵字的重點不代表關鍵字詞長短，而是除了主要的目標關鍵字外，另外延伸之相關關鍵字，雖然我們無法確定，但卻可以推測，只要堅持用正確的方法執行 SEO，這些長尾關鍵字也會隨著時間慢慢被發現。

而想要了解該利基市場中有多少競爭者，只要在 Google 提供的免費關鍵字工具中，輸入所有的關鍵字，包含長尾關鍵字，直接幫你估計廣告客戶的競爭程度，相當方便。如此一來，你不僅可以找到利基，更可以進一步利用這個利基，細分出準確的關鍵字，使自己具有絕對的優勢。

那現在大家可以理解吸引注意有多重要了吧？所以，若要吸引消費者的注意，你就要想辦法讓全世界的人都看到你。相信你一定有在社群平台上看過下面這段文字。

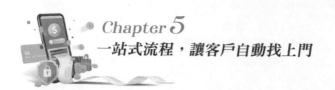

請問 FB 大神、Google 大神，有沒有認識、介紹……

請問看到的人是不是真的有可能毛遂自薦或推薦別人、轉介紹呢？答案是肯定的，但如果你未曝光自己的資訊，沒有讓所有人看到，那當 B 看到 A 的訊息時，就沒有辦法將你介紹給 A，儘管 B 不是準客戶，你還是要讓對方知道你在幹嘛，替自己謀得更多機會。

試想，過年過節我們回家吃團圓飯、聚會的時候，你一個人都不認識，不曉得親戚在做些什麼，做直銷的表妹沒想到你跟他賣同間公司的產品；要買車的不知道你在賣車；要買保險的親戚也不知道你是保險專員……不會覺得不甘心嗎？唾手可得的賺錢機會就這樣從手中溜走。

因此，你一定要讓所有人知道你在幹嘛，被所有人看到，世界各地的人都有可能是你的客戶，告訴自己每個人會在特定前提下購買你的產品。假設你是賣抗皺保養品的，客戶現在二十五歲或許還不需要，但二十年後他可能就需要了，只要前提或條件改變，客戶就會有購買需求了。

② 加深客戶印象

為什麼要加深客戶印象？因為現在人們的記憶大多非常短暫，好比現在很多人為了搏版面、蹭熱度，會在社群軟體上公開發文說要做什麼大事，提出一些困難的任務來執行，試圖吸引大眾的注意力，順利完成任務後，隔天攻佔各大版面的頭條或是上熱搜……等等，但一個星期過後大家的印象可能就不深了，更別說一個月後。

這也是為什麼我會一直強調要加深客戶的印象，現在是資訊爆炸的時代，人們的記憶又很短暫，根本記不住這龐大的資訊量。最簡單的例子，比如你在某場合跟別人交換名片，一個月後你再聯絡對方，相信對方一定不認得你。

那該如何加深客戶的印象呢？我先分享三個錯誤的方式。

⭐ **人們不知道你是誰（吸引注意）：** 一般人不會跟莫名其妙的人購買產品。

⭐ **你沒有持續出現在目標客戶的面前（加深客戶印象）：** 沒有持續出現，對方把你忘了也很正常，自然不會跟你買。

⭐ **你沒有讓目標客戶留下深刻的印象：** 光出現是沒有用的，你要讓他知道你是做什麼的，未來有需求時才有可能想到你。

接著來看看推進客戶的三階段。

⭐ 讓目標客戶意識到你的存在。

⭐ 活化（餵養）你的目標客戶。

⭐ 轉換你的目標客戶。

③ 銷售和成交

在網路的世界，銷售和成交的過程其實很講究科學性，而要銷售，擁有銷售的潛在客戶名單顯得更為重要，所以首先要建立名單蒐集頁，目的是為了什麼？自然是為了拿到客戶的聯絡資料。假設我現在是房仲業，目標對象有很多，像是投資客、首購族……等等，但我先將目標鎖定在首購族，替第一次購買房產的人做一個名單蒐集頁，裡面內容寫著：我今天寫了一本電子書，跟大家分享首購族可能遇到的五大地雷，並學會如何避免這些雷區，如果有興趣，只要留下 E-mail，就可以獲得該電子書。

試想，如果一名首購族無意間在網頁上看到這段訊息，請問他會留下自己的資料嗎？相信絕大多數的人都會留下自己的資料，因為對方確實有這方面的需求，且又不需要支付任何費用，為什麼不呢？這是大多數人心中的想法。

那對你來說呢？你成功獲得一名目標客戶的資訊後，要再設計一個感謝頁面，向對方表示感謝，並在感謝頁中製作一個下載按鈕，兌現提供電子書的承諾。而我說的名單蒐集頁、感謝頁，都可以用 WordPress、Weebly 來製作，非常方便。

利用一些文案，誘使對方留下個人資料，願意留資料的人肯定就是你的目標客

戶，因為他們是在有需求的前提留下個人資訊。待獲得資訊後，接著製作一個感謝頁，這個階段通常可以用來做第一次的銷售，賣最初階的產品，我會建議以資訊型產品為主，將自身的知識和專長彙整起來，可以用電子書、影片、線上課程……等等來呈現，把他變成可以在網上賣的產品，無論從事何種行業，我都會推薦你從資訊型產品做起，因為資訊型產品能將你的知識、人生經歷、專長都變成可販售的產品。

什麼意思？假如你賣保健食品，你可以用資訊型產品告訴他身體健康的觀念；假如你賣保養品，你可以告訴他美容保養的觀念；如果你是賣衣服的，你就可以跟他說一些穿搭技巧。且資訊型產品可以有效提高你的獲利，成本較一般商品低很多，甚至可以說 100% 獲利，你拍攝一支影片，花的可能只有時間，只要放到網路上，就可以銷售，沒有時限問題。

而目標客戶點選下載之後，不管有沒有購買都沒關係，因為你已經獲得對方的資訊，進入你的魚池中，往後你可以針對性地提供資訊給他，不怕日後沒有成交的機會。

那這樣一個銷售流程能讓你賺多少錢？我以台灣圖書銷售規模最大的通路博客來舉例，其會員約有六百萬人。他們每天都會發送 EDM 推銷「每日六六折」的企劃，滿 350 元以上免運費，假設有 1% 的人被每日六六折吸引，採取購買行動，那一天就有六萬人下單。一般消費者都會為了湊免運，另外購買很多東西，如果就 350 元的門檻來計算，他們一天可以賺多少錢？

$$60,000 \times 350 = 21,000,000$$

是不是很可觀？博客來發一封 EDM，就能為自己帶來 2,100 萬元的營業收入，這也是為什麼他們一年營業額能破 50 億元的原因，這樣你能明白名單的威力有多大了嗎？從上面的例子可以得出一件事，原來網路銷售一切都講究科學，所有東西都可以被計算出來，一環接一環，只要把架構和內容備妥，那你就真的有一台自動賺錢機器了。

再以房仲業為例，如果你是房仲，有什麼辦法能讓你在房子未成交的情況下，

仍能月入百萬呢？假設你因前文針對首購族提供的買房五大地雷而獲得一萬筆名單，那你就專門經營這些名單，告訴他們為了找到更好的物件、房源，與客戶約定每周會提供三個不同的物件，讓他們可以參考、選擇。如果你身為買家，收到這樣的房屋資訊，心裡會不會覺得還不錯，並對這位房屋仲介產生信任感？

但你可能會有疑惑，不曉得大量的物件要去哪找，這時候你可以去找建商、業主談。一般建商打廣告，可能需要耗費 4、50 萬元的宣傳費用，若能省下一些廣告預算該有多好呢？你可以跟他們說，你手中現在握有一萬筆有效名單，可以幫忙把建案的資訊發給這些人，一筆收取一元就好，假如你是建商，你會不會願意合作呢？一定會吧！只要花一萬元，就能將房屋資訊準確地發給有效客戶！

那你一周提供三個不同的物件，等於一周就有 3 萬元的收入，一個月便有 12 萬元，還算一筆不錯的收入，對吧？而且對方若真的成交，還可以抽成，這樣賣房子是不是變得簡單許多？你不需要掃街發傳單，更不用辛苦帶客戶看房，就能擁有這麼高的收入。

如果你努力一些，原本的一萬筆名單，有沒有可能增加到二萬，甚至更多？絕對有機會，就看你如何去經營、獲取這些名單。

$$20,000 \times 3 = 60,000$$
$$60,000 \times 4 = 240,000$$

看完這些金額，你認為月入百萬還很困難嗎？這樣操作下來，你會發現這樣的模式相當有效，網路行銷就是一門科學，有一定的流程、步驟，只要了解系統架構，將你的名單、產品套入後，就可以賺錢，而且是相當多的錢。一旦建立自動化系統，讓行銷流程自動化，即代表你的成交自動化，收入當然也就變得自動化了！

你現在還會覺得銷售、成交，要賺錢很困難嗎？

 銷售流程

* **名單蒐集頁**：從 FB 廣告或其他連結曝光，讓網友連結到你的名單蒐集頁。
* **銷售頁**：蒐集頁填寫完之後，點選送出轉連結至銷售頁，這時你可以再行銷其他東西。
* **感謝頁**：如果客戶沒有買也沒關係，轉連結至感謝頁之後，你可以持續跟進，因為他已經流入你的魚池中了，未來總會有成交的機會。

 投資

股神巴菲特曾說過：「一個人最好的投資就是『投資自己』，讓自己處於不敗之地。稅收機關也無法對你徵稅，甚至是通膨也無法帶走。」

投資不是一般我們說的股票、房地產……等等，投資是指投資你自己。就跟郭台銘一樣，他們現在之所以會有如此成就，賺這麼多錢，並不是憑白從天上掉下來的，是他一步步學習，從錯誤中成長，強化自我而來。

而打造自動賺錢機器的最後一步就是——重複，你要不斷重複上述流程，如果重複速度越快，你成長的速度就越快，賺錢的速度自然也越快。

架構自動化網銷系統

現今消費者被淹沒在爆量的訊息海中，要想讓自家產品脫穎而出，變得比以往更加困難，你的商業模式要比競爭對手具創新外，執行的效率也必須更為提升，才足以支持日漸增長的市場壓力。所以，你需要有一個自動化網銷系統，幫你處理更多的業務範疇，替你開發新客、鞏固舊客，有效提升銷售率，如此一來，你得以省

去更多時間，將精力放在產出集客的內容文章及銷售文案上。

自動化從 2020 年被廣為討論、應用，據調查預估，全球各企業、品牌針對自動化工具所投入的預算，將從 114 億美元成長至 2023 年的 251 億美元，且有高達 72% 的受訪者認為自身行業絕對會衍生為自動化時代，可見自動化時代是勢在必行。

自動化系統，講白了就是運用一站式科技產品，協助使用者規劃、協調、管理不同平台上的行銷活動，以可量化的數據追蹤、評估並優化活動的成效。一般常見的自動化系統有……

- ⭐ 客戶關係管理系統（CRM）。
- ⭐ 電子郵件系統（E-mail Marketing）。
- ⭐ 社群行銷管理系統（Social Media Managerment）。
- ⭐ 數據分析系統（Data Analytics）。
- ⭐ 一頁式網站製作系統（Landing Page）。
- ⭐ 自動化聊天機器人（Chatbot）。

但以最簡單的自動化系統來說，其實你只要會上網、打字，知道如何複製貼上、收發 E-mail，那你就有足夠的能力快速做出最基本的自動成交系統，開始創造收入！

下面再深入討論三大核心：流量、系統、提案，如何運用、結合至自動化系統之中，這三點可謂網路行銷最關鍵也最重要的架構、缺一不可，所有成功的網路行銷流程和方法，都不脫離這三大核心關鍵，只要遵循這三大核心去進行各式各樣的變化和組合，便能打造出超強的賺錢機器。

① 流量

流量，也就是人潮！行銷最重要的關鍵就是讓對的人、在對的時間、看到對的訊息，簡單來說，就是找到會說 YES 的人，而不是硬說服不要的人說 YES！

對的流量來源能讓你輕鬆找到對的人、找到完美的目標客戶。創造流量的管道有很多，線上的例如 Yahoo!、Google、YouTube、FB、LINE、微信等等，線下的有報紙、傳單、雜誌、廣播、電視……等等，絕大多數人在做網路行銷時，都只把焦點放在線上的管道，不過廣義來說，只要是能接觸到潛在客戶、把人潮帶進來的，都可以做為流量來源。

所以，即使你希望做網路行銷、打造自動化系統，我都希望你能有這樣的認知，你要做的是一個驗證有效的系統，透過各種方式把潛在客戶帶進你的系統，讓系統自動成交，不論線上或線下，都是你可以運用和擴張你生意與收入的流量來源。

前文提到很多管道，但卻有很多人在這一步就卡關了，常會問我要怎麼增加曝光率、怎麼增加流量？

我會建議你思考目標客戶大多會閱讀什麼樣的文章？看什麼樣的影片？他們的興趣是什麼？他們關注什麼議題？他們會對哪些類型的粉絲專頁按讚？他們會加入什麼社團？他們在哪裡出沒？

越了解你的目標客戶，你就越能知道怎麼去找到他們，也會知道他們有什麼問題需要被解決，更清楚他們在乎什麼，要怎麼跟他們對話。簡單來說，目標客戶會出現在哪裡，就去那邊找他們、曝光你的訊息！曝光的方式有分成免費曝光和付費廣告，一般會把焦點放在免費曝光上面，例如不斷寫文章、拍影片，希望有人看到轉發分享；或是去張貼廣告，希望別人看了你貼文的廣告而被吸引。

但不管是免費曝光還是付費廣告，關鍵都在於你是否有把廣告轉換成獲利的能力！這個世界上不缺好產品，但非常缺乏有能力把產品賣出去的人！當你擁有這項能力，你幾乎可以做任何生意、推廣任何產品或服務，因為掌握了「客戶」，就等於掌握了生意最重要的命脈：訂單和獲利。

但為什麼我會提「付費廣告」，一般應該都希望在零成本的情況下賺錢吧？

一來付費廣告的速度較免費流量快，而且付費廣告是我們能掌握的，不像免

費流量，你寫的文章、拍的影片，不一定能順利引起目標客戶的共鳴，就算可以辦到，你要擴大的時候，免費的方式不是說想擴大就能擴大的。

例如你寫了一篇文章已經有一千人瀏覽，你覺得這篇文章很不錯，想透過免費的方式讓更多人看到，那你可以怎麼做呢？請讀者幫你轉貼分享？或自己去一些FB 社團貼文？

但這麼做很難被快速且無限制放大！

可是如果你用付費廣告，一樣的文章你要讓更多人看到，或是你的產品訊息想讓更多人看見，就是非常簡單且快速的一件事了！

只要你懂得如何運用付費廣告，在二十四至四十八小時內就能測試你的文案、提案、想法、成交系統，都能夠快速得到結果，然後留下有效的廣告，刪除無效的，然後擴大操作有效的廣告專案有的放矢，獲利就能快速提升！

付費廣告讓你可以快速取得結果，並且擴張有效的專案，讓一切變得可被預測且量化，這部分在後面會再更進一步深入分享，現在你只要了解，為什麼付費廣告很重要，同時知道「把付費廣告轉換成獲利的能力」是你一定要具備的。

② 系統

系統簡單來說就是成交流程。

想透過網路建立起持續不斷的收入或擁有源源不絕的客戶和獲利，那你最先要做的不是銷售，而是建立網路生意最重要的資產：名單。

名單可以簡單分成兩種：潛在客戶名單和買家名單。

當你能快速且穩定地擁有大量潛在客戶名單，並讓他們在最短的時間內，購買你的產品，你就建立起自己的買家名單了。若每天持續有潛在客戶名單進來，並且透過你的系統自動成交，那就等於有了一台自動化的網路印鈔機！

透過有價值的內容去交換 E-mail 信箱，對方輸入信箱資料後，系統會自動連到銷售頁面，推薦一堂實體課程或其他商品，並給他一個報名名額或下殺優惠。

且除了給優惠外，你可以另外設計一個誘餌，為什麼要有這個呢？因為你的客戶之所以不購買你的產品或服務，可能是不相信你，或是不相信他們自己可以從你的產品或服務得到想要的結果，即使你的客戶見證很多，還是有些人會覺得那只對別人有效，對自己就是沒效。

還有一個關鍵在於，你是否有給消費者一個立即購買的理由！如果你沒給他立即購買的理由，他會認為今天買和明天買沒有差別，這個月買和下個月買也沒差，那為什麼要現在買呢？因此你設置的誘餌就是他為什麼非得立刻購買的理由！好比錯過這檔期，優惠就結束了，產品甚至會斷貨，所以他必須要把握機會採取行動。

大多數賣家或老闆絞盡腦汁地用各種方式把人帶到網站，設法銷售產品或服務，不過絕大多數的人不會第一次接觸到資訊就購買，一連到頁面就購買的幾乎很少，除非你是知名品牌，或對方主動透過關鍵字搜尋，本身就有購買需求、意願，不然第一次拜訪網站就成交的機率非常低。

雖然如此，但那些看到你的廣告或貼文而點擊進入網站的人，通常他對你提供的產品或服務是有一定興趣的，只是沒有立即購買。假如你引導他到產品銷售頁，他瀏覽一下沒買離開後，你有辦法知道他是誰，後續聯絡他、促成成交嗎？

我想答案是否定的，可是每一個引導進入你網站的訪客都需要成本，不論是付費廣告或貼文宣傳。你可能會覺得貼文需要什麼額外成本，當然有！那就是時間成本。而且大部分人進來你的網站沒購買就離開了，你不知道那些沒買的人是誰、沒辦法取得他們的聯絡資料，所以也沒辦法繼續跟他們分享你的產品資訊，代表你這些成本全部都浪費了！

絕大多數的人都是直接把人帶到銷售頁，對消費者來說，他一進去賣家的網站，每一個店家都想要他花錢；但如果反過來，假設你是賣家，你初次接觸客戶時並不是要客戶花錢，而是給他有價值的東西，客戶的感受會不會就完全不一樣了？

這兩點就是為什麼要架構名單蒐集頁來建立名單的原因，不論你是做電商或賣任何產品及服務，這一點都非常重要。你可以用一個有價值的免費贈品來交換潛在客戶的聯絡資料，我會建議你從一份免費報告開始。

一來你可以透過這個免費報告為你的目標客戶先創造價值，再者因為這份免費報告是數位檔案（電子檔），你字打好存成 PDF 檔就可以了，這樣對方的索取，對你來說不用像傳統免費試用品那樣，不會有成本及寄送的問題產生。當然你要用實體的試用品也不是不行，它也有策略可以運用，不過一開始不推薦這樣做。

你透過這樣的方式取得潛在客戶名單，接著像我前面說的，取得名單後，再進入第一次銷售，設計一個特別提案，嘗試初次成交。這邊要提醒一點，初次成交的這個特別優惠方案，目的不是為了賺錢，而是要讓「潛在客戶」轉換為「付費客戶」，建立你的「買家名單」！

有跟你買過東西的客戶，即使他只是花 100 元，都會比沒有花過任何一毛錢的客戶高出至少數十倍以上的價值！

除此之外，在初次成交時，要用最低的門檻讓他有機會採取行動去體驗你的產品，如果你的產品確實如你說的那麼好、甚至更好的話，那客戶對你的信任感將大幅提升，這樣未來他才有可能跟你買更多、更高價位的產品。

另外一個初次成交提案的目的，是快速回收你的廣告成本，前面有提過使用付費廣告是最快速且最有效率的方式！

但廣告的投入會花到錢，很多人擔心要投入高額廣告費，且回收期過長、甚至不知道會不會回收，所以遲遲不敢跨出這一步，這初次成交提案，就可以讓你用最短的時間回收你投入的成本，當你看到每天有錢持續進帳，心裡也會安心不少吧！

接著，你就可以透過廣告和自動回覆信件的系統來做後續跟進和追蹤了。

而潛在客戶點擊廣告進入名單蒐集頁，留下他的 E-mail 轉到銷售頁後，結果沒有報名（購買），那他回到 FB 之後，就會看到不一樣的廣告。

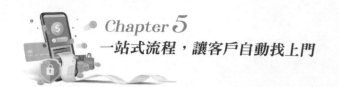
好比你曾經到過某個網站之後，什麼都沒做便離開了那個網站，之後又在 FB 或其他平台或網頁看到那個網站的廣告。

其實這並不是多神祕的辦法，只是一種「再行銷」！它的邏輯是把一段 FB 廣告後台提供的代碼或 Google 廣告後台提供的代碼置入網頁之中，這代碼不會在你的網頁顯示出來，但只要安裝這樣的代碼，當訪客瀏覽你的網站後，即使他沒留下任何資料，你一樣可以繼續向他們曝光廣告，而且這廣告只有他們能看到。

大多時候人們到你的網站不會第一次就立刻購買，所以你透過再行銷的方式去「提醒」他們，這樣的廣告成本比一般廣告成本低且成效更好上許多倍。

除了 FB 廣告再行銷以外，對於到了銷售頁但沒有成交的人，筆者建議可以再加上自動回覆系統設定自動跟進、追蹤 E-mail 信件。

那如果有人填寫完報名表，但沒有完成付費怎麼辦？這就如同把產品加入購物車之後，沒有完成結帳的話，要怎麼處理？

如果發生這種情況，他在一個小時內都沒有完成訂單的話，已經設定好規則的系統就會自動寄信提醒他。你應該有發現，這一切都是自動的！如果你也有這樣自動化成交系統，絕對會對你的業務、對你的事業、對你的收入有不可思議的轉變和幫助。

討論完名單蒐集頁和初次成交，接著聊聊轉換率的部分。

轉換率是指網站訪客到你的網站後，採取你想要他採取的行動的比例，像名單蒐集頁的目的為蒐集潛在客戶的名單，如果採取行動的比例是 25%，即代表網友進入名單蒐集頁後，有 25% 的人會留下資料，也就是一百個人進到名單蒐集頁，若有二十五個人留下資料，這樣轉換率是 25/100，也就是 25%。

在初次成交之前，一般把它稱為「前端」；初次成交之後，則叫做「後端」。如果你的後端越強大，這個數字就越大，代表每位客戶為你帶來的價值越高。這意味著你取得一位客戶的成本，只要低於這個數字，那你依然是賺錢的，這觀念非常重要，是你網銷事業成敗的重要關鍵。

曾有學員這麼問我：「我取得一個客戶購買的成本是 200 元，算高嗎？然後購買成本可以再優化降低嗎？」

其實高或低不是重點，重點在於一個客戶平均可以產生多少利潤給你，我們看的是客戶的長期價值，不是單項購買成本或名單成本是多少。

例如你花 200 元行銷，產生一筆訂單，而這位消費者可以帶給你的長期利潤是 400 元，等於你每花 1 元就能產生 2 元的利潤，這樣你投入的錢越多，你產生的利潤也就越多，勝負的關鍵就在於後端的利潤能否再更高。

只要你透過後續的追售、行銷流程的設計等辦法，讓後端可以賺更多錢，那麼當你後端賺得越多，代表你前端可以爭取一個客戶購買成本的承受金額就越高，這才是勝負的關鍵。

這邊再強調一次很重要的觀念，你的重點不該放在降低成本，應該是快速賺錢的模式，設計行銷流程來放大你的後端獲利，這才是關鍵！因為降低成本的空間實在有限，而你花費的心力和情緒起伏成本，通常都會遠高於你想盡辦法所降低的成本。

與其如此，倒不如把焦點放在做深後端和放大你的前端，那所帶來的獲利必定遠大於你所能降低的那一點成本，當前端可以承受的客戶取得成本越高，你的廣告、你的事業發展就會遠遠超過競爭對手。

打造一個自動化且可以預期的系統，這在事業發展上非常、非常重要，當整個行銷流程的數據和結果你都可以掌握，那麼你會發現，你想要多少獲利，就引導多少流量進入名單蒐集頁就可以了。由於是使用付費流量，所以你想引導多少流量進來都可以自行決定！

換句話說，你的收入和獲利也可以自行決定。很多人在經營事業的時候都是依靠「希望」在運作，有期待、有夢想很棒，但你不能靠希望來經營你的事業，你不能只想著試試看這個方法、用用看那個方式，然後「希望」會有好的結果，但希望不該是一種策略。

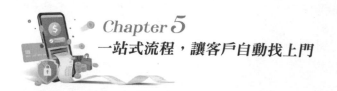
③ 提案

最後一個部分、也是第三個部分：提案。

提案簡單來說就是你提供的解決方案，它是你幫助客戶解決問題、讓他得到他想要的、使他的人生變得更好的工具和途徑！

你想要完成前面說的網路印鈔機，就必須打造一個讓人無法拒絕的提案！這樣才能以最輕鬆不費力的方式，讓整台印鈔機順利運轉，不過要想打造一個令人無法拒絕的提案，你首先要了解「需要」和「想要」的差別。

你覺得是「需要」會讓你賺錢，還是「想要」會讓你賺錢呢？我每次問這個問題的時候，兩種答案都有人回答，不過我想跟你探討的是，即使需要，但客戶不一定會願意「花錢」解決這個問題。

例如你賣快速記憶的課程，請問「你的目標客戶是誰？」你可能會說，每個人都需要提升記憶力，不論是小孩、年輕人、中年人、老年人都需要提升記憶力，所以這項產品是人人都需要的。

但實際上，即使每個人都需要提升記憶力，但卻不是每個人都願意「花錢」提升記憶力。老年人會想花錢去上課提升記憶力嗎？或是年輕人、中年人會願意花錢提升自己的記憶力嗎？他們真正的顧客來源、真正會花錢上課的目標客戶，大多都是學生，而且花錢投資、付學費的不會是學生自己，是家長，但即使需要，跟願不願意花錢在那上面，完全是兩回事！

可是「想要」卻會讓客戶迫不及待把錢掏出來。最經典的例子就是 Apple 每年發表的 iPhone，每年只要新的 iPhone 一上市，很多人會立刻換新機，但他前一年買的 iPhone 不能用了嗎？還是原本的 iPhone 無法滿足他的使用「需求」，非得要新的 iPhone 不可？

又或者每次 iPhone 剛開賣的時候，常有很多人徹夜排隊，這些人真的有「需要」到非立刻擁有不可嗎？還是其實只是「想要」而已？我想你已經有答案了，對嗎？

再來你要知道的是……提案不是只講產品或服務本身，而是一個整體性的「解決方案」，你要專注的是你的提案能幫目標客戶帶來何種結果，而不是產品本身。

那到底什麼是令人無法拒絕的提案？需要具備什麼條件呢？簡單來說，需要具備以下幾個要素。

⭐ 是目標客戶想要的、渴望的，甚至夢寐以求的。

⭐ 必須讓目標客戶相信你真的可以幫助他得到心中想要的結果。

⭐ 目標客戶要相信你。

⭐ 目標客戶要有能力可以支付這個提案，或讓他渴望到會想辦法支付。

⭐ 這個提案要讓目標對象覺得沒有風險，至少風險要很小。

⭐ 你的提案要有實證或見證，代表真的有效，讓人能夠信服。

但實際上，很多人做到上述六點後，卻還是無法成交，因為少了最關鍵的環節，大部分客戶不買，真正的原因是……

⭐ 他根本不相信自己能做到你所說（要求他配合）的。例如你是個健身教練，你要幫助學員減重，然後幫他設計一套飲食和運動計畫，但他覺得沒辦法做到你說的改變飲食和養成定時運動的習慣，所以即使產品再好，也沒辦法讓他迫不及待花錢購買。

⭐ 沒有立刻購買的理由。這就是我前面說過的，他現在沒馬上購買不會感到痛苦，也就是說，他不會覺得現在不買就錯失良機，完全不在意以後有沒有那麼好的機會，今天買和明天買沒有差，這個月買和下個月買也一樣，所以他為什麼要現在就立刻買呢？

⭐ 他覺得你的產品對別人有效，但對他來說不會有用。即使你已經提出許多客戶見證，或是有很多科學的數據佐證，還是會有人覺得那對其他人有效，但對他來說不見得有用。

接著來探討一個問題：為什麼吸金、詐騙的一堆人搶著加入？

我以加入之後點廣告就可以賺大錢，以及把錢投進去、什麼都不用做就可以賺錢的來當例子……我知道很多人每次看到新聞報導這類的事件時，都會直覺地認為

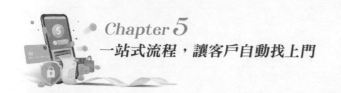
是那些人貪心，想要不勞而獲，所以才會加入並受騙。

我認同的確有人的心態是如此，或是抱持僥倖心理，亦或是賭一把的心態，想說不會那麼倒楣，在心中盤算著賺到了就先跑，無奈事與願違。

但除此之外，這樣的東西很多人搶著加入，另外一點是因為他們「相信」自己能做到「點廣告」和「把錢投進去」這樣的「工作」或「任務」，也就是這個「系統」的操作，是他們相信自己能夠做到的！

那你該如何破解這樣的狀況，打造一個令人無法拒絕的提案呢？答案其實很簡單，那就是把責任放到你的身上！

好，當你將以上行銷流程設計、架構好之後，你等於已經擁有一個自動化的系統，接下來你要開始測試它！你需要得到實際的數據，才能知道每個環節的成效如何，讓你的事業變得可以預期，擁有最大的掌握度！

所以，你首先要做的是透過付費廣告，引導你的目標客戶進入你的名單蒐集頁，有興趣的人留下 E-mail 後進到銷售頁，這時候再進行初次成交。有成交的恭喜你，他們成為你買家名單中的一員了，你要持續創造價值，用你的產品和服務協助他們解決問題，讓他們的生活變得更好。

至於沒有成交的，因為對方已經加入你的 EDM 名單了，所以你可以透過 E-mail 自動跟進追蹤他，這一切運作都是透過軟體工具自動執行，即使你在睡覺，廣告還是持續跑，網站也二十四小時全年無休的運作，E-mail 自動回覆信系統也是自動追蹤跟進，你可以從此解放時間，擁有一個自動賺錢機器！

當然，你也得到真正的自由，不再需要為了賺錢而工作。當你跑完整個流程，一切都自動化之後，你會得到結果，你的任務就是要確保這整個行銷流程跑下來是賺錢的，這樣自動化才有意義。

你確認流程賺錢後，接著要做的事情就是放大這個成果，很多人在這個時刻容易犯的一個錯誤是，他們想讓既有的表現更好。

　　但得到的結果是賺錢之後的事，他們不是直接放大成果，反而希望調整得更好，例如希望名單蒐集頁的轉換率可以增加、初次成交的轉換率可以提升等等。

　　他們不斷努力去優化每一個環節，希望達到完美的表現後再放大，但其實你的系統已經賺錢了，這時候對你來說最好的做法應該是先放大你的成果，讓你現有的賺錢系統快速賺進更多錢！

　　並且在這過程中同步測試、優化你的系統，等你發現更好的文案或流程來提升整體表現後，再去替換你原來的即可，而不是先停下來，優化好之後再放大，那樣你已經錯失可以賺到更多錢的機會了。

　　因為很重要，所以我想再次強調：正確的順序是得到賺錢的結果、放大、然後優化，這點非常、非常重要，務必謹記在心！

　　自動化行銷最基礎的功用，在於減少甚至消除重複性的任務，例如發送EDM；聊天機器人；在各個社群平台發布相同內容；根據廣告投放成效，即時、動態地調整廣告活動；自動化搜集與整合不同平台上行銷活動的成效數據。

　　完善的自動化系統甚至可以搭配客戶名單，設置追蹤碼，蒐集數據對潛在客戶分眾，針對不同的消費群，設定行銷管道和內容，甚至連發送時間都有些微差異。好比參考 EDM 的開信率及點擊率，來優化發信時間。

　　接著分享幾點常見的錯誤認知，釐清你對自動化的誤解。

① 只能從 EDM 下手

　　許多人會認為自動化系統通常只能操作在 E-mail 的排程，會產生這樣的迷思是因為數位化程度不夠，因而對自動化的想像較為制式、狹隘，自動化並不是只能做單一行為的工具。

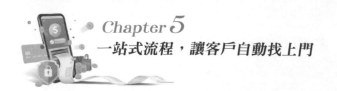

② 無法客製化

「自動化」乍聽之下有機械的冰冷感，很難與消費者產生有溫度的連結，僅是機械式地執行千篇一律或亂槍打鳥的行銷手段。但經過上面的討論，你會知道事實恰好相反，自動化的好處之一便是可以透過數據與行為模式，將消費者進行分眾，為其創造不同的銷售路徑，並在正確的時間，將正確的資訊、內容文章傳遞出去。

那個人化的效果如何呢？據統計，EDM 相較於未分眾的 E-mail，進行分眾的 E-mail 能獲得 175% 的開信率。由此可知，自動化系統不只可以客製化，效果還能發揮的相當好。

③ 取代行銷人員

自動化流程可以取代許多原先需要人為操作的流程，但你可能會有疑問，質疑這樣是否就不需要專門的行銷人員呢？答案是否定的。自動化系統僅是用來輔助，你仍要持續觀察、分析，以維持其效率。

舉例，若你的網頁沒有吸引人的內容或提供良好的使用者體驗，那即便你的自動化流程做得再完善，也不能帶來顯著的幫助。

④ 自動化系統很難串聯

一般初學者可能會認為讓系統自動化的技術很難，若沒有工程師協助，整個流程將無法串接，成為創造自動化賺錢機器的阻礙之一，甚至可說是主因。

這迷思只對了一半，對新手而言，或許真的很困難，但其實只要釐清自動化有哪些步驟、一一完善即可，所以跟著我的步驟執行，花一些時間熟悉，即便你是沒有資訊背景的菜鳥，也絕對能架構出自己的自動賺錢機器。

當然，如果你真的覺得架構自動化系統有難度，那你也可以考慮花一點錢，

讓專業的平台幫你設置系統，且可以根據你的需求加以客製，但需花費的錢自然較高，下面列出幾個專門設置自動化系統的公司供你參考。

1 Mailchimp

平常有在操作 E-mail 行銷的人，對 Mailchimp 肯定不陌生。Mailchimp 能將「客戶數據」整合在同一平台，便於使用者管理客戶資料，除了發送 E-mail 外，也有完整的客戶管理（CRM）服務，還有標籤分眾的功能，你能透過標籤將名單分眾，依分眾發送 E-mail、設定相對應的廣告和產品推薦等。

2 Kustomer

Kustomer 是一個多功能的軟體即服務平台（Software as a Service，簡稱 SaaS），其提供的服務具有高度互動性，以「與客戶進行良好溝通」為核心，快速解決客戶各種問題，若你有大量客製化或售後服務的需求，Kustomer 也可以優化其客服團隊協作的效率。他們也透過 AI 分析客戶提問的字詞，將問題快速分類，以便在短時間內提供優質且到位的服務。

3 Braze

Braze 是一個客戶互動平台，強調能幫助品牌與客戶建立溝通橋梁，進行跨管道整合，包含 E-mail、簡訊、LINE、Messenger 及各方廣告，Braze 也有網頁推播的功能，例如設計推播通知等，讓使用者能依據季節檔次，推出不同的活動優惠，擁有很大的自主權。

4 HubSpot

HubSpot 是全球指標性平台，主要分成四大系統，分別是 Marketing Hub、Sales Hub、Service Hub 及 CMS Hub。若你的行銷與銷售已建構一套模式，使用 Marketing Hub 和 Sales Hub 進行客戶管理就很方便，不必分兩個平台工具管理客戶資料。

有一點要注意，那就是 Marketing Hub 是以名單筆數來計費，新手版每月收取 40 美元，僅能存入一千名聯絡人；企業版則收費 3,200 美元，費用較貴，但能存入一萬筆資料。

5 Repro

Repro 為日本領導品牌，支援跨螢行銷，整合同一用戶在不同管道上的互動行為，讓消費者即便在不同裝置上，仍可以接觸到同一品牌，且使用者有高度自主性，能根據季節性活動設計相對應的彈出視窗、購買提醒或視窗訊息等。

6 Insider

Insider 是一家行銷科技公司，透過即時個人化打造整合平台，協助企業網站和 App 傳遞個人化使用者體驗，進而提高轉換率。Insider 提供數位成長管理平台，利用 AI 提供用戶特徵及行為分析，精準預測高轉換可能客群，使用者可以在電腦及行動裝置 App 中，小至廣告投放，大至站內瀏覽、行銷策略，為消費者提供流暢的使用歷程。

你可以發現這些平台主要強調三點：「跨境整合」、「自動化」、「客戶資料管理」，自動化的最終目標，就是縮短消費者的購買週期，在消費者得知產品、考慮購買的過程中，不斷提供有效且不間斷的刺激，讓「對的受眾在對的時間收到對

的內容」，將潛在客戶轉變為品牌忠實擁護者，更有效地將潛在客戶轉化為真正的業績，替你完成成交的所有流程，讓你藉由自動賺錢機器不斷產生收入，形成一種被動收入。

魔法講盟的自動化流程分三個區塊來行銷、推廣、成交，你可以參考看看。

1 E-mail

新絲路網路書店及魔法講盟累積近三十五萬筆名單，這些名單會拿來做 E-mail 行銷，E-mail 行銷系統使用的是 Maxbulk Mailer 軟體，這套軟體可串接 Amazon、Google 服務，來避免信件跑到垃圾信箱及了解開信率、受眾圖像等，這一切都是自動化處理。

2 LINE@ 和陌開系統

LINE 算現在各品牌最廣為使用的行銷方式，因為目前台灣絕大多數的人都使用 LINE 通訊，魔法講盟在 LINE@1.0 時，便開始使用 LINE@ 做自動化行銷，包括受眾圖像、精準行銷訊息、受眾再次行銷都是自動化完成。魔法講盟後續又新購入 LINE 的陌開系統，可不斷開發新客源來達到行銷最大化。

3 FB、IG、YouTube

魔法講盟也會利用 FB 廣告及 Google 廣告來行銷及推廣活動，在 FB 下廣告同時也會包含 IG 平台的廣告行銷，所以涵蓋的年齡層相當廣，FB 可以得到的受眾輪廓非常廣，包括年齡、興趣、行業、消費習慣、類似受眾等，所以使用 FB 再次行銷時，也可更精準地向 TA 傳遞訊息。

Google 行銷則主要用於 YouTube，魔法講盟在活動中會以文字、圖像、影像

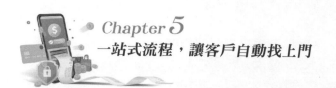
多方面進行行銷與推廣，在影像方面就會利用 Google Ad 來自動化行銷，Google 的受眾輪廓也包含年齡、興趣、行業、消費習慣、類似受眾等。

我前面章節提過要在網路上賣東西，最重要的便是要有產品，要有能在網上販售的項目，除一般實體產品外，我尤其推薦資訊型產品，因為所需成本極少，之後又能無限使用，簡單來說就是「做少得多」的概念。現今又在疫情的影響下，促使所有活動都改為線上化，不管是課程還是研討會，都以線上的方式處理，與我所推崇的資訊型產品不謀而合。

一般線上研討會使用的會議軟體為 Zoom，每天花費兩小時的時間，就能賺取收入，但這類線上直播的資訊型產品，就不符合這本書要探討的自動化賺錢模式，因為你必須在鏡頭前講授課程才行，那要怎麼讓它自動化呢？

要想做少得多，除了需要更有效率的方法和流程外，還有一個角度是要思考能不能自己從系統跳脫出來，讓人或工具代替你做，讓一切自動運行！只要你能建立不需人為操作就可以自行運作的系統，那你就能擁有最大的自由並仍能創造源源不絕的現金收入！

不要覺得線上就會變得比較困難，整個模式跟前面討論的是一樣的，只是有一點不大一樣，那就是你的直播影片要必須能持續播放、重播才行，流程如下。

⭐ 線上課程 / 研討會的註冊頁或登陸頁。
⭐ 感謝頁。
⭐ Zoom（或其他可進行線上直播、會議軟體）。
⭐ 重播（可搭配限時的字眼，提升購買、成交的急迫性）。

透過這樣的銷售模式，讓整個流程自動化，當你在睡覺的時候，一樣在賺錢！但這樣的影片就不能算是直播，我稱為類直播，你要想怎麼讓影片呈現直播感，播放列就不能顯現出來，因為只要可以暫停，那就代表這是事先預錄好的，你也可以加入一些環節與觀眾互動，以假亂真。

然後，有時候在銷售頁上開啟聊天室，有空時可以加入聊天室真的與觀眾們交

流，當然，這部分要在製作網頁的時候就將這個功能製作進去，這也是我常說的，做任何事之前都要經過充分的布局，所有環節都是「設計」出來的。

為何要一直強調要有 Live 感的交流？這是因為一般進行直播時，觀眾的情緒很容易被拉升，能有效促進成交率。當觀眾在觀看你的直播時，你除了賺這樣資訊型產品外，你可以在影片中再置入其他的實體或是資訊型產品，在影片播映的過程中，巧妙插入購買資訊（你的提案），在留言互動區貼上購買連結，這樣的做法也能讓擬真感更真實，打造一個自動化的 Live 系統。過程中，也千萬別忘了加入見證，這是一個讓消費者對你產生信任感的關鍵。

登陸頁，讓網站轉換率爆表

你可曾有過這樣的經驗，明明沒有預期要買某樣商品，卻因為進入網站看了介紹，最後忍不住就下單了？反之，有時候我們已預設好要買某樣商品，但瀏覽網站的時候，在下單最後一刻突然就不想買了？

相信你對登陸頁（Landing Page）一定不陌生。可是要怎麼製作出最強的登陸頁面，增加消費者停留在網頁的時間，降低跳離網頁的機率，並誘使他們點選行動呼籲鈕，「Say Yes」或「Buy Now」？

在談登陸頁面的設計訣竅前，首先要了解登陸頁的重要性。當訪客點擊網站連結時，我不大建議將訪客導入網站的主頁，原因如下：

⭐ 主頁有太多按鈕，怕客戶沒有頭緒的亂點，連到毫無相關的頁面。當客戶迷路時，他們就會離開你的網頁，你的轉換率因此降低。

⭐ 首頁的內容無法客製化。客戶點擊廣告時，他們的目的是想延伸、了解更多相關資訊。但網站首頁往往是一般的公司簡介，跟廣告內容不一定有關聯。例如：廣告標題是「立即報名免費英文課試聽」，但點進去卻看不到報名表，只看到 ×× 美語的創業理念，這時大部分的人都會選擇離開。

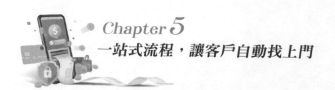

⭐ 登錄頁應該只有一個按鈕或目標，當內容與廣告有一致性時，就能大幅提高轉換率。一般登陸頁面都會以下拉式的單頁網頁呈現，如果客戶想了解更多細節，他們就會往下繼續看。

因此，你必須事先設想好你期望訪客達成的目標，也就是你期望訪客下一步的動作是什麼？當你擁有一個好的登陸頁面設計，便可以促使訪客完成你希望他們達成的目標！

登陸頁是一個單頁的網頁，主要是為了讓瀏覽網頁的使用者採取特定的「行動」，而這裡指的「行動」，可以是註冊帳號、下載指引手冊、電子書，購買商品或服務，不局限於成交而已。

為了說服網頁瀏覽者採取行動，一個登陸頁要適時地使用各種不同的說服元素，如具有吸引力的文案、他人給予的肯定或使用見證等社會認同（Social Proof）、產品或服務的解說影片、顯而易見的行動呼籲按鈕，但絕大部分的登陸頁面並不會面面俱到。

如果你已經有自己的登陸頁，每次修正的時候，可以從很多小地方去改善、優化轉換率，比方說行動呼籲鈕的顏色、文案內容的長短、使用不同的圖片測試等，但在改善這些細節前，先理解消費者心理比優化來得更重要。

如果不懂消費者心理的話，你的優化只會是亂無章法的反覆測試，好比做實驗，若你沒有良好的實驗設計，或一開始實驗本身的操作變因就選錯了，又要怎麼在錯誤的實驗裡，產生對的實驗結果呢？分享以下四點，值得你思考看看。

① 你會因為什麼事情感到開心？

古希臘哲學家伊比鳩魯提出快樂心理學，他從實驗、教學經驗與深層思考過後，提出一個與幸福有關的理論：「人們會因為讓自己快樂的事情而做出選擇。」

換言之，人們會選擇讓自己快樂的事。對伊比鳩魯來說，每個人最大的渴望是

追求幸福，沒有人會選擇一條痛苦、艱辛的路來走，除非在某種程度上來說，這樣的過程最終會帶給他愉悅的感覺，或認為結果是甘甜的。

因此，你可以將這個概念套用到登陸頁上，從這些面向去思考。

⭐ 人們首先會想到自己。專注在主要目標客群上，使用第二人稱「你」，告訴他們，選擇你會帶來什麼樣的好處、會有什麼感受。

⭐ 當人們清楚了解一件事情，會有豁然開朗之感，所以你可以在登陸頁中充分展現圖片和文字解說，讓消費者易於理解，而且當消費者感到喜悅時，可能將喜悅（你的產品和服務）分享給其他人，看到別人快樂，自己也會感到快樂。

⭐ 登陸頁使用較長的內容，有條不紊地敘述你想要傳遞給他們的訊息，一步步引導他們至結論，達成行動呼籲。一般人在閱讀到正向樂觀、不具威脅性或合乎邏輯的文案時，心情也會較為開朗。

⭐ 網頁視覺元素的搭配，利用視覺衝擊讓消費者覺得別出心裁、感到開心，經研究證明，人們喜歡看到其他人開心的樣子、可愛的動物以及鮮豔的顏色。

② 你會極力避免什麼？

對於快樂的反義詞「痛苦」，伊比鳩魯也提到：「快樂的極限在於消除所有的痛苦，而當這樣消除痛苦的快樂感覺出現時，只要（能夠消除痛苦的）感覺不被中斷，不論對於生理或是心理來說，痛苦都起不了作用。」

不管是心理還是生理，人們都會逃避那些讓自己感覺不舒服或感到痛苦的事情，因此你可以將此特點應用在登陸頁上，刻意提醒人們「不舒服」的感覺，打到他們的痛點，那麼你的主要目標客群就會給予相對應的回應，避免該種不舒服的感覺或情形發生，那你設計登陸頁的目的便達成 1/3 了。

當消費者覺得「被戳到」的時候，他們就會想盡辦法去找能夠解決痛苦的辦法，不論是減輕症狀，或是讓自己過得好一點，所以你不是要消費者把這些痛楚自

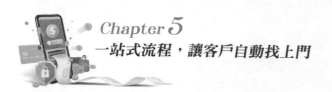
已扛下來，而是要告訴他們，你的服務或商品能為他們提供解決的辦法，將登陸頁的 2/3 完善，促成你想要的結果。

③ 你會願意花多少錢？

當提到消費的時候，你可以簡單把人們分成兩種類型：願意花錢的人（Spendthrifts）、想省錢的人（Tightwads）。

《消費者行為期刊》有篇研究指出，消費者在購物前，會先有預期心理，想著自己要在該電商網站上花多少錢。當然你可以透過登陸頁的設計，稍微影響消費者心中的既定消費價格，但那個價格基本上是根深蒂固在他們心中的。

那要如何將這個心理學技巧應用在登陸頁上，讓潛在顧客的期望和你提供的期望達到一致，甚至是讓你的服務超出他們的期待呢？

如果你了解主要目標客群心中願意支付的最高金額，就可以順著消費者的思維方式，告訴他們使用你的商品或服務可以帶來多少價值。對於想省錢的人來說，「避免失去」比「獲得什麼樣的利益」更重要，因此你可以試著傳遞「如果現在不買你的服務或商品會損失多少錢」這個訊息讓對方知道，讓他們減少猶豫的時間。

④ 好奇心所產生的驅動力

好奇心常會被人們忽略，但它卻是強烈驅使人們去知道或學習些什麼的欲望，一個好的登陸頁應該要能激起人們的好奇心，讓他們有強烈的行動欲望。

心理學可謂一把鑰匙，能讓你的登陸頁產生更高的轉換率，但這些基本的小原則並非不敗的銀彈，而是當你了解後，可以更有效地進行 A/B 測試。

在了解心理學的眉角後，接著就要優化頁面了。登陸頁的製作工具百百種，模

板也有無數個，但每個登陸頁面都應該專注在一件事情上，針對某一種類的主要目標客群，並具備以下內容。

1 吸睛的標題和具說服力的次標題

標題是所有引發人們興趣、注意力、好奇心，並對你提供的產品（項目）或服務有初步了解最重要的地方，潛在顧客會留下對你的第一印象。

如果說標題是第一眼抓住潛在客戶目標的文字，那次標題就是延長他們在登陸頁停留時間的重要功臣。就像上面說的一樣，副標題通常是為標題詮釋詳細的內容，要有些「說服」相關的字眼，好讓人們再多看一眼。

你能「提供什麼價值」給客戶？標題文字是顧客決定是否要繼續閱讀內文的關鍵之一，所以標題一定要掌握「簡單明瞭」這項重點，一眼就知道登陸頁呈現什麼內容，讓訪客猜想他們可以從中獲得什麼資訊或益處。簡單舉例如下。

⭐ 不吃會後悔之讓你辣翻天也嗨翻天！

⭐ 限時 75 折！預訂麻辣火鍋優惠套餐，平價也能享受頂級食材。

你覺得哪個標題比較吸引人？我個人會選擇第二個，因為它簡單明瞭，而且一眼就能看出「價值與產品特點」，第二個標題也成功做了三件事。

⭐ 標題以 75 折這個數字來吸引注意力。

⭐ 標題有清楚告訴消費者該做什麼：消費優惠套餐。

⭐ 標題成功的描述此活動的價值，透過「預購」的方式，讓饕客們只要花小錢便能享受頂級食材。

第一個標題的缺點在於它的文字不夠清楚。為什麼不買會後悔？辣翻天與嗨翻天這件事太主觀與抽象，且感覺是很一般的形容詞，缺乏細節與賣點，不會被吸引。

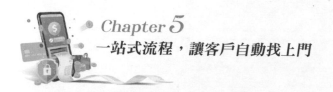
② 多媒體元素

比起文字，人們接受圖片的速度高於文字六萬倍，因此除了文字外，登陸頁萬萬不可缺少多媒體元素，包括圖片和影片。在圖片的基本要求上，必須要有夠高的像素、好的成像品質，而且要和你的產品或服務相關。

人是視覺性動物，圖像會是第一個被大腦處理的物件。當我們在登陸頁置入符合主題的圖片、短片或是動畫時，會使訪客對於你所要提供的服務、產品有些許雛形，進而更想了解你的服務與產品。

至於有趣、有創意的影片，最能抓住訪客在網頁停留的時間，如果你的產品或提供的服務較複雜、多元的話，則可以考慮加入影片的元素，然後設定成自動播放即可。

設計方面可以考慮提供相對客製化的圖片、扁平化的設計、情境使用照片、插畫和微型互動元素。且比起千篇一律的圖庫照片，在登陸頁放上實際的使用者見證、創辦人照片會更有說服力，也可以考慮使用插畫，並加入一些可互動的元素，網友看到的時候會有耳目一新的感覺，對你的登陸頁印象深刻。

⭐ 簡化不必要的圖形和動畫元素，節省網頁加載的時間。

⭐ 可以加速讀者接收訊息的時間。

⭐ 排版相對容易，整個設計看起來更流暢。

這感覺有點像是當網友在加載網頁時，放入一些互動式的元素讓正在等待的潛在顧客不至於太無聊，最常見的例子就是 Google，他們會在特殊節日或名人紀念日時，在搜尋欄位設計好玩的小遊戲或小動畫，加深使用者的印象。

不過設計本身就是門大學問，本身最好具備一點美感素養，或是請專業的設計師為你的登陸頁繪製圖示和影像，甚至根據網頁內容進行整體的規劃，以避免走太多冤枉路，導致投資報酬率很低。

3 文案內容

不管在哪個環節，文案都相當重要。記住，消費者之所以願意連到你的登陸頁，便是為了得知更多關於產品或服務細節，因此，如果你沒有說服消費者你所提供的價值，或是有一個完整的流程讓他們明白，搞清楚你提供的服務或產品到底是什麼的話，他們很快就會將你的頁面關閉；同理，若你的產品特別需要詳細解釋，那登陸頁就是能有效傳遞資訊給目標客群的地方。

而你在撰寫的時候必須思考以下四件事。

✪ 你的主要目標客群是誰？

✪ 他們習慣用什麼樣的語言和文字。

✪ 你能提供什麼樣的價值或利益。

✪ 為什麼你的目標客群要對你提供的服務或商品買單？

釐清以上幾件事之後，再加入前面學習到的心理學元素，指出人們的痛點，並為其痛點提出解決辦法，以主要目標客群能理解的文字，用簡單、精確的語言闡述你所能提供的價值或為他們帶來何種好處，這樣就大功告成了。

記住，一切都要以「使用者導向」，好比你說「我們為你做出非常棒的官方網站」，不如說「做一個能夠讓你賺錢的官方網站！」來得更讓人心動，假如你賣的是舒緩藥膏，你不能把自己當成單純在賣藥，而是要從使用此產品後，可以帶給使用者自在、舒緩和快樂的感覺，以此來思考。

又假設你賣一雙馬拉松跑鞋，你要想你賣的不只是鞋子，你賣的還有安全、時尚、舒適和速度感。又或者你的消費者在尋找一個可以負擔得起的地毯，那你的文案內容就不應該著重在材質、大小等，應該開門見山的說是「每一個家都負擔得起的地毯」。

在撰寫文案的時候，除了提及產品功能性外，也別忘了動之以情，挑起人們對於產品或服務所帶來相對應的感受，以及他們真正在意的事情是什麼。在這之前得好好想想你希望自己提供的商品或服務，能激起消費者什麼樣的正向情緒？

　　另外你可以設計客製化的文案內容，讓潛在消費者自己選擇他們瀏覽網頁的旅程，比方說你所提供的商品或服務品項很多，那就可以用區塊的方式分割，讓他們自己開啟不同的探索旅程。

④ 社會認同與權威認證背書

　　老王賣瓜自賣自誇，不如別人說老王的瓜好吃，第三者的見證和認可，往往更具推廣效果。

　　潛在消費群看到有相對應的使用者見證，或是據國際認可產品認證背書，不論他們熟不熟悉該認證或是使用者，對該產品或服務的信任度絕對會有所提升，或是一開始就抱有好感。

　　所以你的登陸頁也要有類似於「他人掛保證」的資訊露出，增加潛在消費者對你的產品或服務的信心。當然，這樣的社會認同或背書也需要經過篩選，像是可以使用星等評級、真人圖像見證、實際數據案例分析等，來消除初訪者的不信任。

⑤ 你的聯絡方式和保證

　　除了社會認同和背書認證外，你還要證明自己是合法的，所以登陸頁最好要有你或公司的聯絡方式，像 E-mail、電話、地址，甚至是網址及聯絡表單。更進一步，則可設計像是機器人彈出視窗，給予使用者提問的協助，以強化使用者對你的信任，減少轉換率的流失。

　　且你還要提供消費者如「七天免費退換貨」、「我們是國際品牌認證」等這種影響心理因素的保證，降低任何他們可能會增加猶豫考量的風險。

6 強而有力的行動呼籲

登陸頁最主要目的就是讓人們採取行動，因此當然少不了強而有力的行動呼籲。比起「了解更多」、「馬上下載」、「現在就買」這種早已讓消費者無感的行動呼籲，你可以考慮「我希望能賣得更多」、「我真的很討厭遲到」、「我需要訓練狗狗的指引手冊」，或是像在彈出視窗裡比較有趣一點，會讓人多看幾眼的彈跳視窗之類的行動呼籲按鈕。

7 感謝頁面

很多人會忽略了消費者在登陸頁面有所行動後的感謝頁面。試問為什麼要有感謝頁？在感謝頁中，你可以進一步告訴使用者後續的流程、規劃為何，比如說在幾天後可收到商品、你們的售後服務是什麼。

感謝頁也可以包含社群分享按鈕或其他更多的服務資訊，讓使用者對你的公司有更深入的了解，你還可以在感謝頁中加入追蹤碼，確認使用者的確有採取行動，若沒有採取行動，那就過一段時間再發一封信，再次進攻；未來甚至可以透過此追蹤碼做更進一步的銷售，也就是前文提及的再銷售。

雖然登陸頁只有「一頁」，但要設計出一個能為你帶來高轉換率的登陸頁面，有許多需要注意的眉角，最基本的包括配色不能太多、太雜亂、要有留白的空間、刪除不必要的資訊等，而除了應用上述的心理學小技巧在設計中之外，也務必要為你的登陸頁做 A/B 測試。

一個登陸頁的設計跟我們設計平面 DM 的模式不同，若僅單純的將資訊內容放上網站，其實根本無法引導客戶轉換，但大多數的網頁都這樣呈現，你要明白，只有明確的痛點描述、使用者樣貌描述，且確立消費者的目的，才有機會在資訊、訊息爆炸的數位時代，吸引他們對你的產品、服務產生更多注意。

確定目標客戶的輪廓後，就可以開始思考你的產品能帶給客戶什麼價值，讓他們願意留下相關個資向你諮詢。你還要注意產品定位是否不明確、有沒有特別的差異性，如果定位不明確，可能致使消費者不信任你。如果你是獨自創業經營，平常已經被社群、內容追著跑，倘若沒有搞清楚產品或市場的定位，你辛苦努力的付出可能更得不到回報。

登陸頁有許多的範例，分享以下五點，讓你檢視自己是否能達成基本需求。

- ⭐ Unique Selling Proposition（USP），這是指你要販售的東西之獨特性，讓使用者一開始就注意到你的價值點，其中包含主標題、副標題等，這些都是很好發揮、可以呈現出產品服務價值的地方。
- ⭐ 圖片、影片是你能抓住使用者注意力的利器。
- ⭐ 你能提供的好處？例如健身營養品能幫助使用者更快速地增長肌肉、補充體力等。
- ⭐ 專家，可以是你的產品或服務代言人；客戶，則是產品功效最好的見證。
- ⭐ 引導消費者，確立文案內容脈絡和情緒結構。

內容脈絡（Contextual Inquiry），涉及你對文案和目標客戶的情緒架構體察，如何利用文案針對使用者最痛的點進行深刻的描述，如何將客戶那種痛的情緒，做最好的傳遞，都與整體內容脈絡的建構有極大的關係。

我建議你從 What、Why 和 How 的原則，說出背後的為什麼。再者，人的潛意識都會有特定的行為產生，所以我們可以利用人類的生理習慣，去引導目標客戶完成你希望的結果，就能有效提升轉換率。

視線引導

人的視線會被他人注視的方向所引導。

② 為客群選擇適合的元素

不同性別所關注的重點都不太一樣。以婚紗為例，男性將視線落在胸部的時間遠比女性來得久；女性則會將目光落在婚紗整體樣式上較長時間。

③ 極簡主義

移除不必要的元素或減少色系，可以讓瀏覽者將視線停留在商品上。像寶礦力水得，你不知不覺就被引導看著瓶身的包裝以及大標題。

要設計出一個高轉換率的登陸頁有許多需要注意的地方，你必須遵守基本規則，好比去除不重要的資訊、扁平化設計、CTA 及視覺上的引導……等，只要抓住以上小技巧，就能打造出一個轉換率極高的超級頁面。

當然，你不知道消費者是否買單，這當中有許多元素可以拿來測試，例如行動呼籲、標題、圖片等，透過 A/B 測試來了解訪客的偏好，也就是說，登陸頁並非只有一種版本。

在選擇繁多的時代，一旦讓訪客猶豫、離開頁面，便很容易一去不復返。登陸頁需要設計的物件看似簡單、不複雜，但要設計出一個好的登陸頁，並促使訪客達成目標不是容易的事。因此，設計登陸頁需要有足夠的耐心並持續測試，相信訪客一定會接受引導，達成你心中所期望的目標。

善用 CTA，抓住潛在客戶的心

優化轉換率有一很重要的關鍵為「行動呼籲（Call To Action，以下簡稱 CTA）」，但在講設計之前，要先知道 CTA 的定義，因為它的定義會決定設計的

範疇與解讀。網路上有很多翻譯，例如以下這幾個。

- ⭐ 行動呼籲。
- ⭐ 喚起行動。
- ⭐ 要求行動。
- ⭐ 召喚行動。
- ⭐ 行為召喚。

先從 Call 這個字來討論，Call 被翻譯成呼籲、喚起、要求、召喚。呼籲跟要求，我認為是比較不好的翻譯，因為沒辦法用呼籲或要求讓使用者去做某種行為，越是呼籲、要求對方，他們就越不想做，這是一般人的通病。

而且若能透過呼籲跟要求，就讓使用者做出你想要的行為，那世界上就不會有那麼多大大小小的問題，因為大家都會乖乖聽話。

CTA 是透過設計讓使用者自發地進行某種行為，而不是要求、呼籲他們去執行，所以用呼籲跟要求當作翻譯，會讓工程師在做 CTA 設計時產生誤解，因為呼籲、要求使用者跟「讓使用者自己想做某種行為」是完全不同的事。

呼籲跟要求出局之後，還剩下喚起跟召喚，其實兩個差不多，但召喚感覺有經過設計，讓使用者在不知不覺中觸發行為的意思。

第二個是 Action 的翻譯，Action 這個字可被翻譯成動作，也可以被翻譯成行為，一般兩個中文都認可的話，就看哪個對當下的情況較為貼切。

以目的性來說，網站或商業的目的都是要使用者做出網站、商業想要的行為，例如下載、試用、結帳、加入會員。所以翻譯為行動，對某些狀況來說就不太合適，因為這些都是一連串動作組成的行為，不單只是一個動作。

如果目的只是要使用者點擊、動一動滑鼠，那翻成動作就很貼切，但以網站或商業目的來說，行為是比較適合的翻譯。

所以較好的翻譯是行為召喚，使用者行為是透過設計召喚出來的，使用者在過

程中並不會覺得是被迫的，而是出於自願的，實際上使用者的自願行為是被設計好的，但一般還是習慣「行動呼籲」這個說法。

由於中文在翻譯上實在很容易有落差，所以一般我會先忽略中文翻譯，直接看英文怎麼解釋比較好。如果你去 Google 找 CTA 的英文名詞解釋，通常會找到兩種角度的解釋，一種會從網頁設計的角度去解釋，另外一種則是從行銷的角度切入。

網頁設計上對於 CTA 的解釋是提示使用者去點擊的按鈕、文字或圖片，行銷上的解釋則是指讓使用者想要做某個行為。

到底哪一個解釋比較好？是讓使用者想要點擊的按鈕還是觸發使用者去做一個行為？其實兩個解釋都對，主要是看你設計目的是什麼，是單純想讓使用者點擊按鈕，還是完成一個行為，例如註冊。

如果是要使用者完成註冊，那就不只是點擊一個按鈕的簡單動作了。如果是要使用者點擊廣告，那就是很單純的點擊一個按鈕或是圖片。而我最喜歡的 CTA 解釋為——

What call to action is a primary thing that you want that user to do.

CTA 是你想讓使用者做的主要的事，白話一點就是讓使用者做你想要他做的事。這個解釋比較全面，因為不管是想要使用者點擊按鈕還是觸發註冊、成交的行為，都是我們想要使用者做的事。

這個定義的另一個好處是在製作 CTA 的時候，可以從「希望使用者做的事」是什麼開始思考，而不是從按鈕、文字或圖片開始發想。你必須思考設計的目的為何，才知道自己要的到底是一顆按鈕還是一個流程，讓使用者做到你想要他做的事。

如果你的網站內容豐富，必定會讓瀏覽者留下深刻的印象，但你應該更希望所有造訪網頁的人，都轉化成為自己的顧客，為了要達成這個目標，最有效的方法就是網站內容要有明確的 CTA。若沒有優化 CTA，那麼即使潛在消費者有再多的購物欲望，你也很難讓這些流量化為有效的轉換率。

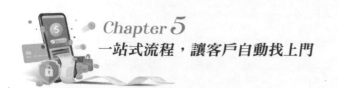

簡單來說，CTA 的作用是將網站上的瀏覽者，引導至你精心策畫的「內容導引頁」，做你希望他們做的行為，而對於網路零售商而言，最終目的就是將瀏覽網頁的人轉化為消費者以完成消費。

消費者越來越熟悉網路零售商在網站使用的販售技巧，對於商家來說，在消費者身上得到期待的反應是越來越不容易的，因此要設計出一個好的 CTA，需要考量到設計流程及心理學，才能讓這些顧客準確咬餌上鉤。

目前網站上最普遍的 CTA 形式，就是一個按鈕包含了醒目且意象清楚的文字，並在下面補充兩句話作為註解，雖然這種 CTA 非常簡單，但其實 CTA 仍有許多地方可以著墨。看到這裡你一定會認為 CTA 在網頁內容中絕對是不可或缺的一部分，但商家求的不外乎是兵貴神速，商品當然賣越快、越多、越好。

而且 CTA 盡量不要使用太過銷售化的字眼，讓消費者一眼就看穿你的目的，因而產生些許反感，索性關掉網頁，好比「現在購買（Buy Now）」，這種行動呼籲就讓人相當反感。好的 CTA 不外乎是與瀏覽者互動，在文案中強調該商品與瀏覽者的關聯性，以引起共鳴，讓瀏覽者產生想要更進一步了解的求知欲。

一般 CTA 出現在一站式網頁非常合理，那如果應用在一般的電商網站呢？

假如消費者本身就是愛好者，或心裡早就決定要上網買該品牌的商品，那這個按鈕無疑非常成功，但對一般瀏覽者來說，可能因此對網站產生排斥。若品牌與消費者的連結性不夠強大，網站營造出的產品視覺與文案不足以構成與瀏覽者溝通的橋梁，那這個用來開發潛在消費者的 CTA 很有可能是失敗的，也就是先前提到，不要使用過於銷售化的字眼來作為 CTA。

那要如何打造效果好，又不會讓消費者反感的 CTA 呢？與你分享三個關鍵。

- ✪ **直接切中要點**：不要讓消費者花太多時間思考你究竟想傳達什麼。
- ✪ **CTA 要明顯**：顯眼的 CTA 才能在眾多內容中脫穎而出，吸引顧客目光。
- ✪ **越簡單越好**：不要讓人感覺文字帶有強烈的商業氣息，盡量創造出與消費者生活息息相關的感覺。

網站架構大致上可分為基本常態 CTA、搜尋欄關鍵字 CTA 和互動式板塊 CTA 三種，這是在設置網頁時不可或缺的環節，不過最重要的還是認清自己的商品價值，以及要向客戶傳達什麼，才有機會抓住潛在消費者的胃口，讓他們有所行動。

花俏的網頁設計或許能在第一時間將網頁瀏覽者導引至購買頁面，但如果沒有優質的產品描述及商品價值的加乘，潛在消費者仍有可能流失！

試問你辛苦寄給客戶的 EDM，確定有效果嗎？其實轉換率的多寡，才是決定 EDM 行銷成敗的關鍵，成功獲得新用戶（訂閱者）並說服他們開信後，下一個目標就是「轉換」。以 EDM 來說，用戶點擊信內連結導引到網站或是導引到實體商店，都可說是轉換的一種，而號召性用語 CTA 就扮演著引導使用者的角色。

CTA 以文字（號召性動詞）或圖片加上超連結的形式，讓 EDM、網站（登陸頁）得以被用戶點擊並轉往至該處。例如：「了解更多」或是「立即前往」之類具有明確的目標邀請時，可引導用戶前往你預設的目的地，瀏覽更多資訊。

通常 CTA 會受消費者、產品和 EDM 風格……等因素考量，進而影響其大小、位置、內容、創意的設計，下面繼續討論幾個設計 CTA 的關鍵，以優化 EDM 的點擊率與轉化率。

據調查，EDM 開信後的點擊率，會因透過更換 CTA 內的文字而提升 13%，所以在發想 CTA 文案時，要綜合考慮多方面向，將時效性、選擇的難易度都列入考量。例如：高單價的商品進行短期促銷，卻因價格波動導致轉換阻力時，可利用階段性的不同文案，來減緩消費者對價格的猶疑。

⭐ 第一天：「更多優惠」。
⭐ 第二天：「前往購買」。
⭐ 第五天：「加入購物車」。

CTA 可視網頁、產品內容，以積極的動詞或吸引的口吻來替換枯燥的字詞（送出、輸入），例如：獲得免費試用、預訂你的座位、下載操作手冊。按鈕顏色也很重要，一般而言，橘色和綠色按鈕的表現效果較佳，但仍須取決於網站的整體設

計與行銷策略的主題或形象。如果有其它次要的 CTA 按鈕，則應使用色階較低的（單色）色彩，避免分散主要 CTA 按鈕的注意力，也強化層次上的比重結構。

CTA 出現的位置也相當考究。例如：在閱讀完產品優惠之後出現的「立即購買」按鈕；用戶習慣由上而下、由左到右的瀏覽方式，所以在內容下方的 CTA 會有較高的點擊率。

行動呼籲無法與介紹內容區隔或單獨存在，如果能成功將內容傳達給用戶，才有更高的機會促使消費者點擊按鈕。這種依循用戶的視覺習慣，也是 CTA 的考量因素，好比在內容底部或右側的 CTA，通常會優於其它展示位置，把 CTA 放在下方，有助於尚未閱讀完內容的網友們，不必到處找，致使他們直接放棄。

而且人們傾向於選擇的悖論。哥倫比亞大學曾進行一項研究，要求受試者從六盒巧克力中選擇一種巧克力，會比從三十盒中選擇一種巧克力更加容易。這項研究結果顯示出並非選項越多越好，而是要給瀏覽者一個具特定選擇的途徑，因為我們要做的是引導，而不是把他搞糊塗、難以抉擇。

使用的文字與圖片也是 CTA 設計上的一個難題。回答的問題、消費者的角度、希望傳達的資訊和他們使用的裝置（電腦、智慧型手機、平板）……等，這些使用行為都是成為加入圖片與否的考量因素。

雖說 CTA 必須夠顯眼和容易點擊，但在網站整體設計與形象中，簡單低調的風格有時也能營造視覺優勢。另外，CTA 也可適當的保有留白空間，讓網友能增加注意或使其更為凸顯。

除了以上所說的幾項條件，最後你還必須定期測試，以找出 CTA 的最佳呈現方式，畢竟行動呼籲在網頁中扮演著最終轉換的角色，因此 CTA 的測試極為重要。另外，進行 A/B 測試能讓你發現 CTA 在置放位置、文字和設計上的問題，小小的改變對結果都可能造成巨大的影響。所以如果你妥善規劃與測試 CTA，確認 CTA 是否有發揮效能，持續測試並檢視其成效，對於提升與網友的互動和網站轉換率，會得到相當大的助益。

那在前端的設計和行銷，該如何拿捏才能恰到好處呢？怎麼透過 CTA 讓訪客照著事先設計的動線移動，像是觀看更多、了解詳情、立即購買……等行動呼籲，加速訪客產生下一個行動的時間。

可分為兩種解釋，一種是從網頁設計的角度去說明，另外一種則是從行銷面來解釋。

① 網頁設計

從網頁設計的角度來看，CTA 可以是一般常見的 Banner、按鈕或某種類型的圖形或文本。

② 行銷

行銷面則解釋為讓使用者想要做某個行為，指向受眾的指令，主要在激發立即響應，通常使用諸如「立即觀看」、「了解更多」或「造訪商店」等命令性動詞。

在網路上銷售商品是一條漫長的過程跟挑戰，我們看過很多人興沖沖的踏入，請人做了一個網站，然後就放著期待隔天便有數筆訂單。但事實上，在網路上銷售必須經過縝密的計算與對話，才能顯現出 CTA 的重要性，只要 CTA 安排得宜，它絕對是網站的銷售利器，那該如何設計呢？

首先要決定你想達成什麼目標。一個經過設計的 CTA，它必須直指你網站的核心目標，所以身為網站的主人，你必須清楚知道，我究竟想達成什麼目標，然後再決定它所擺放的位置以及號召性的關鍵詞是什麼。

舉例，假設你設立的是線上交友性質的網站，CTA 的號召性文字就可以寫：立即配對；找另一半；立即註冊找同好等等的詞彙。而某些情況下，或許我們不只想

達成一個目標而已，通常也不會只有一個目標，這時你就必須做好妥善的安排。

例如你希望網友在瀏覽網站的時候，除了購買商品外，還希望他能順便替你的粉絲頁按讚，甚至是訂閱 EDM。那我會建議你將這些按鈕分別安排在不同位置，同一頁面盡量不要超過兩個按鈕，根據目的分開在不同頁面來顯示，才不會讓網友覺得眼花撩亂。

設定時也別忘了考慮消費者體驗，一般都會以自身觀點來設計 CTA，但網站就如同你的店面一般，真正掏錢在裡面逛來逛去、感受體驗的是顧客，因此，他們怎麼想絕對比你的想法來得重要。

你可以透過 A/B 測試來評估擺放位置。設計兩種不同的頁面給相同的顧客，讓他們告訴你該怎麼辦，或是找一些你的忠實顧客，直接跟他們聊聊。你也可以參考競爭對手的網頁，研究、比較一下差別在哪，也可以詢問身邊朋友或是客戶，請他們給你最直接的建議。

另外，在網站頂部就放置按鈕的作用其實不會太大，因為現在消費者選擇太多，所以不要太期待那個位置的成效會有多好，我反而建議你在網頁中段或是底部再來放置按鈕，且擺放周圍盡量不要有其他太多干擾元素，以避免混淆。

最後，你千萬別忘記追蹤每次的點擊，這樣才知道究竟有多少人對網站感到興趣，如果成效不好，那就即時修正，從文字、圖片或按鈕色調來調整，任何微調都會產生或好或壞的影響。

為了促使訪客採取特定行為（來電、訂閱、點擊購買等），勢必需要經過精心的設計，換言之，也就是在鋪陳「行動呼籲」前，得要有一套明確且具有執行性的策略與套路。

在當今的碎片化時代，大眾的眼球很容易被五光十色的新奇事物所吸引，大家也容易焦躁不安，更沒耐性聽完長篇大論。即便你寫了一篇很棒的文章，但若沒有刻意鋪陳和設計，讀者很可能匆匆看完，或根本還沒看完就離開了。

你應該不難理解「專注力」才是最珍貴的資產。所以，想要打造一個強而有力

的「行動呼籲」，首要是抓住目標客戶的目光。

有的人會把像是加入購物車之類的按鈕，放在顯眼的地方，甚至用特別的顏色來標註；也有人會改變字體，用粗體字或斜體字來凸顯重點，這些設計的用意，無非是希望勾起人們的注意。

那到底該如何打造一個強而有力的行動呼籲？你務必把握簡單易懂、指示明確以及簡潔有力等原則。

簡單易懂的意思，就是要讓人一目了然，可以很快讀懂「指令」；明確指示則是讓受眾有一個方向可以依循，好比透過信用卡捐款救助孤苦無依的老人、出席慈善園遊會等；至於簡潔有力是幫大家節省時間，一來可以避免訪客在瀏覽網頁或文案的過程中分心，二來也可提高成效和轉換率。

你也可以善用打動人心的這四個要素。

- ⭐ 價值感。
- ⭐ 實用性。
- ⭐ 獨特性。
- ⭐ 緊迫感。

賈伯斯生前曾意氣風發地說：「Today Apple is going to reinvent the phone.（今天 Apple 將重新定義電話）」，現場掌聲如雷，可想而知，這不只是要歸功於賈伯斯的個人魅力，更是因為 iPhone 顛覆了傳統的通訊工具與型態，帶給世人獨特非凡的價值。但即便大家不吝給予掌聲、媒體給予不錯的評價，賈伯斯也不忘在發表會的尾聲，不斷呼籲大家要記得去買 iPhone。

關於價值感、實用性以及獨特性，大家應該很容易從字面上解讀，至於緊迫感是什麼意思呢？試想，在平常忙碌的生活中，有太多的事物和我們擦身而過，但你我卻可能從來不曾正眼面對。

其實這個現象很正常。因為如果不是和自己切身相關的議題，或是這件事情有什麼具體或明顯的利益，很可能就會被人們自動忽略了，或心中想著「等有空再來

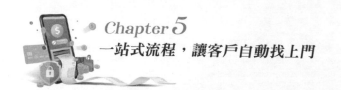
看看好了」，結果可想而知，有空再看後來通常都是無疾而終。

如果我們無法適時營造出一種「秒殺」、「即將截止」、「限量是殘酷的」的急迫感，可能就不容易喚起受眾的關注。

所以，適時地祭出「急迫感」這招，也能提高行動呼籲的成效，當然，不能每次都玩這招，久了大家也會彈性疲乏。

善用現成平台製作登陸頁

很多做網路行銷的人，都不是程式設計的本科生，也沒有美工背景，相信你一定也有同樣的困擾，那到底要怎麼製作這樣的網頁呢？一般專業的網頁設計，都會使用 Dreamweaver 之類的網頁設計軟體，然後上傳至某個網路空間，學習起來較費時間，對一般剛接觸網銷的初學者來說負擔不小，不大容易上手。

簡易上手的網頁製作，除了之前介紹的 WordPress 外，要再跟大家介紹一個好東西——Weebly，先前被時代雜誌評選為年度五十名最佳網站之一，可以見得深受大眾喜愛。

Weebly 是一間位於美國舊金山的網頁服務業者，提供免費的「模組化」網頁設計界面，使用者只要用拖曳的方式，即可輕鬆建立網頁，也提供網頁的代管服務，網站還能套用自己的網域名稱，是一個相當適合初學者的網站建構入口。

Weebly 操作介面簡單，透過拖曳的方式即能自由配置數十種網頁物件，以模組的方式，規劃出所需的網站版面。

在「頁面（Page）」頁籤中自由新增、刪除網頁數量及修改 Meta 值，並透過拖曳的方式整理分配網站結構，不管是二層、三層或更多層架構都能輕鬆建立。

且編輯畫面所見即所得，即使進階使用者修改 Html 或 CSS，透過「Preview」頁籤就能立即查看修改後的結果。

準備好基本的標題、文字和圖片後，就可將這些訊息整合為網頁元件。在排版上，「兩欄版面」以及「分隔線（Divider）」元件皆能達到基本的效果，其中雙欄版面左右兩欄的大小能由使用者自行設定，若是需要三欄或四欄的配置，只要在雙欄內再加入一個雙欄即可，變化性很大。

多媒體方面，Weebly 也支援「相簿」及「幻燈片」的功能，讓使用者可以進行大量照片或圖像的展示；此外，當今網頁常用的 Google Maps 和鑲嵌 YouTube

影片等，也都有對應的網頁元件支援。

至於客戶連絡方面，Weebly 內建多種形式的詢問表單，可依需求自訂表單內容及回傳位址，在 Weebly 的編輯畫面也會整理出資料接收的一覽表。除了內建的功能元件外，進階使用者也可以使用「自訂 Html」元件，撰寫簡單的 Html 程式語法，做出靈活的排版及其他所需的功能，好比表格或倒數計時器。

後台也內建百餘種美術樣式，使用者可以直接套用，且可以隨時更換，網頁版面和內容都不會亂掉或消失。在版面的配置上，多數的網頁元件都有靠左、置中、靠右以及邊框、間隔大小的調整選項，你也可以在「設計」頁籤中進行 Html、CSS 的編輯。

製作完成後，只要按編輯畫面右上角的「發布」，就能以自行設定的網址，於瀏覽器中進入網站。在伺服器方面，Weebly 也有提供伺服器代管的服務。

你也可以自行設定網域為 weebly.com 的網址，但如果你已經有網域，只要將網址改為你原先的即可。想要申請新域名的讀者們，他們也有提供相關服務，相當便利。

該後台也內建 SEO 設定功能，只要發想一段網站敘述，並將關鍵字設定好，廣大的網友就能在搜尋引擎上看到你的網站，且根據你的關鍵字設定，還有可能被搜尋引擎排到相當前面。

你也能透過後台看到網站的瀏覽人數、使用量。如下圖。

你的登錄頁若成功吸引到網友留下資料，後台也會直接幫你彙整，便於你進一步行銷。

Weebly 是個相當好用的工具，能讓你簡易且快速地做出登陸頁、名單蒐集頁，當然，若你想要有更多進階功能，不管是哪個平台，都必須支付一些費用，但其實現有的功能就已經綽綽有餘了。

如何在網路上找到客戶？

Chapter 6

網銷事業，
人人都能開始

*Building your
Automatic
Money Machine.*

6 如何在網路上找到客戶？

如果你問：「如何靠網路行銷經營你的事業呢？」十位老闆中，有九位心中想的第一個問題是……

⭐ 我要怎麼讓公司營收提高？

⭐ 我要怎麼讓客戶增加？要怎麼找到更多客戶？

一般人都不會很具體的想說……

⭐ 我覺得公司的行銷聚焦太少，要在什麼平台下廣告才行。

⭐ 我認為銷售文案太長，我需要一個短而有力的廣告文案。

⭐ 我覺得我們公司網站的導購系統太差，需要進行優化。

⭐ 我覺得公司金流系統步驟太多，消費者也覺得有些繁瑣，必須優化才行。

沒有人會主動認知到這件事情，通常都是問一些很廣、甚至是空泛的大問題，想就此找出解決之道，但這是不可能的，沒有一個解決之道可以概括所有問題，所以你一定要先釐清自己對網路行銷的錯誤觀念。

一般人心中所認為的網路行銷，你首先要有「流量」，爭取曝光，然後再寫一個很棒的文案來吸引大眾，當消費者被你的文案所吸引後，自然會願意掏錢購買你販售的產品、項目或服務，最終順利成交。

曝光（流量）→吸引（文案）→轉換（成交）

這樣的流程並沒有錯，但資訊只傳達了一半而已。為何我會這麼說呢？假設你

今天銷售的是較貴的財經類產品或課程，在網路上推銷的時候，不可能只靠文案而已。這類產品走的流程通常是這樣……

廣告曝光→吸引（活動報名）
→轉換（收集名單）→吸引（現場銷售）→轉換（成交收單）

如果你無法理解的話，可以試著想想，培訓公司常舉辦免費的商業課程，他們大多會先在網路上投放廣告，告訴你哪天、在哪裡會舉辦免費課程，歡迎大家踴躍參加，有興趣的網友點擊廣告後，轉連結到報名頁面留下報名資料，培訓公司也因此收集到名單。

到了開課當天，除了講述廣告主打的課程外，還會另外推廣別的課程或是該主題的進階課程，在現場展開銷售。其實他們主要想推的就是進階課程，舉辦免費活動只是為了找到有興趣的客戶，精準行銷，成功將課程推給真正想學習的人。

那如果是賣房子呢？

廣告曝光→吸引（預約看房）
→轉換（收集名單）→吸引（現場帶看）→轉換（簽約成交）

照理說應該是像上面這樣，但房子是售價相當高的產品，所以不可能那麼快就進入成交階段，中間會進行反覆聯繫、再次約看，並且跟其他建案比較……等過程，所以正確的流程應該會是這樣。

廣告曝光→吸引（預約看房）→轉換（收集名單）
→吸引（現場帶看）→轉換（收集名單）→吸引（現場帶看）
→轉換（收集名單）→吸引（現場帶看）………轉換（簽約成交）

而我們進行網路行銷的目的無非只有一個，那就是成交。你明白成交的定義是什麼嗎？

成交＝需求 × 信任

若想成交，首先要找到有需求的人，要在網路上找到需求者並不困難，困難的

點在於如何取得消費者的信任。網路購物不如面對面銷售有互動過程，僅根據商品敘述和商品圖樣來做決定，在沒有任何溫度的情況下，就不大會有信任產生。

那請問信任怎麼來的呢？國外有間專門賣銷售軟體的公司，該公司執行長曾說過一句話：「信任，來自於成交和不斷的轉換。」是不是不太能理解這句話的意思？所以他舉了一個例子。

假設你有兩位朋友 A 跟 B，兩人同時向你借錢，他們需要的金額是你可負擔的數字，但也不是個小數目，還是需要思考一下。

且兩人跟你的交情差不多，沒有太大的差別，唯一的差別就是，A 曾經跟你借過錢，並按照約定的日期還款；而 B 從來沒有跟你借過。

如果是你遇到這樣的狀況，你會選擇借錢給誰呢？想必是 A 吧！為什麼我們會敢借錢給他，是不是因為 A 在你心中產生了一份信任感？而這就是「信任，其實來自於成交和不斷的轉換」的意思。在進行銷售時，絕大多數的時間，我們都會希望客戶直接下訂單、付錢，但其實成交有著許多層次，它包含：

⭐ **付出金錢**：直接購買，馬上下單結帳。
⭐ **付出心力**：到現場的實體講座（聽課）。
⭐ **付出資料**：留下自己的連絡資訊（蒐集名單）。
⭐ **付出時間**：花時間看你的內容（內容行銷）。

① 付出金錢

一般情況下，我們都會希望消費者直接購買。打了廣告後，受到文案的吸引，進一步訂購產品，而這也是銷售最理想的情況。

② 付出心力

有時候要完成一筆訂單很困難，所以必須付出一些行動，來刺激客戶的購買欲

望，好比舉辦一場講座，讓對方現場聆聽，加深、強化他想購買的念頭。

③ 付出資料

有時候親臨現場，對某些人來說相當麻煩，所以為了不讓對方感到困擾，你可以選擇讓對方付出資料（留下聯絡方式），只要能取得聯繫，未來就有機會成交。

也有商城會以付出資料來製作誘餌，表示只要填寫資料，便贈送 100 元折價券，以此獲得客戶名單。因為要消費者直接掏錢購買，是一件相當有難度的事情，所以必須想辦法轉變方式，以增加有信任感的名單數。

④ 付出時間

付出時間是什麼？這是指讓消費者花時間看你的東西、資料，用有價值的內容為他們帶來正面的評價，而正面評價會變成他的品牌，增加你對他們的信任度。

好比今天你想聆聽網路行銷相關的課程，若排除課程費用不考慮，你會選擇在不知名雜誌上曝光的課程，還是在商業週刊上露出的課程呢？

因此，準備在網路上銷售一項產品時，你要先思考幾個問題。

⭐ **產品價格：**售價越高，就越不容易讓客戶在第一時間內付款，需要另外靠一些行銷技巧，才能促使他們下決定。

⭐ **產品認知度：**簡單來說就是應用，假設我今天要販售的商品是雞蛋，那我要購買前，是不是能明確知道雞蛋如何使用？

反之，如果我今天銷售的是一堂課程，不太容易被理解，消費者會在心中產生疑問，不曉得課程內容對他們來說有沒有好處。

⭐ **品牌信任感：**許多老闆一心想創造更大的需求，銷售更多的產品，但對於大多數消費者來說，銷售不是一個讓人放心的行為，雖然大家都喜歡購

物，可是沒有人願意上當受騙，因此，消費者傾向購買自己信任的品牌。

只要客戶有付出，那就是一種成交，只是程度不同而已，付出越多的客戶，就是對你信任感越強烈的客戶。成交是會堆疊的，小成交會帶動大成交，不要一開始就想著如何讓客戶掏錢出來，試著先想想如何降低門檻，讓他做出有價值的行動。試舉一例。

A 在馬來西亞一間保養品公司上班，發現跟醫美相關的產品銷量相當不錯，而且這份工作也讓他認識很多 OEM 廠商（Original Equipment Manufacturer，專業 / 委託代工），企圖跟他們合作，所以決定辭職，自己來經營這個事業，在馬來西亞開設公司，銷售自己的商品。創業初期先挹注了 4 至 5 萬的行銷費，但沒想到銷售不如預期，剛起步便虧錢。

於是 A 找到專門在做網路行銷的朋友 B，拜託 B 救救他的公司，這時 B 問他行銷預算有多少，沒想到 A 的行銷預算甚低，只想花 2、3 萬便執行一套完整的行銷方案。

有行銷概念的人一定知道，一間公司若想從無到有，建立起自己的品牌，2、3 萬的預算是絕對不夠的，少說也要 20 萬，最高甚至可以收費百萬。

A 得知行情後無法接受，認為網路行銷只是照 SOP 流程操作而已，一點困難度都沒有。B 聽到 A 如此形容，為了替自己爭一口氣，又看在 A 是老朋友的面子上，答應以 3 萬元的預算幫 A 推廣產品及公司，若成功將產品發揚光大，要求 A 分一部分公司股份給他，讓他成為公司股東。

由於 A 擁有的資源相當少，且品牌尚未在市場站住腳，為了讓更多人認識，B 詢問他是否有試用包可以給他操作，讓他拿來當作吸引消費者的誘餌。

首先在 FB 上貼文，告訴網友要贈送試用包，只要互動回答問題，便可獲得醫美級保養品的試用包。網友填寫好問題，等於跨出第一步，可以直接將對方視為潛在客戶，藉此再進一步向他們推銷其他商品，表示贈送的試用包為菁華液，公司還推出其他產品，諸如眼霜、面膜……等。

在感謝頁告訴消費者，若在填寫試用品資料時，一併下單結帳保養套組，便可享有超划算的優惠，屆時會連同試用品一同寄出，沒想到獲得消費者廣大迴響、一炮而紅，許多人都在填資料時，一併下單購買套組，原先 3 萬元的行銷費用，最後賺回 20 萬元。

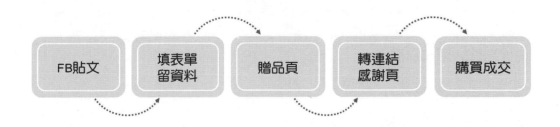

再舉一例。

有一保險業務員 A，費盡千辛萬苦拉保險，但業績實在不大理想，再這麼下去，下一個被裁員的肯定是自己。可是他對保險這份工作充滿熱情，不想因此退出，於是他腦筋一轉，想著在網路上推銷保險，計畫製作銷售頁。

但保險這個產業，一般在網路上得知相關資訊或新方案後，並不會直接在網路上和業務員互動、購買，反而會看周遭是否有朋友賣相關險種，若剛好有朋友在推出該方案的保險公司上班，便直接向他購買，商業模式不大一樣。

那如果實際測試後，銷售成績確實不太理想，要怎麼改善呢？

① 定位自己

找到你的定位，並想出一個很吸引人的「品牌名稱」，讓自己站穩市場，與眾不同。命名時，你要思考以下三點。

⭐ 你要針對誰？

⭐ 在哪個產業或領域？

⭐ 提供他們什麼獨特的價值？

清楚自己要面對的顧客群之後，就可以試著發想自己的個人品牌名稱。

品牌名稱＋獨特且清晰的價值定位

用以上格式來進行思考，名稱要與自己的定位相呼應，讓消費者覺得有連結性，這樣你的品牌才容易被記住。舉例：

⭐ **房產駭客：**退休房仲的看房日記及買屋建議。

⭐ **魔法講盟：**台灣最大的培訓機構，提供保證有結果的國際級課程。

② 建立一個部落格

建立部落格能讓你擁有傳遞知識行銷的基地，使消費者能持續累積信任感，更可以增加流量，由部落格替你集氣，消費者有疑問時，也能在第一時間與你互動，得到解答。

你可以直接在別人所架構的平台上建立部落格，也可以自行製作網頁，但較建議自行製作，不會受到平台限制，可以自行發揮，也不用擔心哪天平台結束營業，那你的流量就沒有了。

創立完部落格後，要定期寫一些文章，內容可以是你的專業知識，或針對相關產業闡述個人觀點。在撰寫文章時，內文要盡可能考量到 SEO，增加特定關鍵字的露出量，提升部落格能見度。

最後，別忘了在文末或是網頁下方，留下你的聯繫方式或網址，讓消費者有問題或是購買意願時，能直接詢問、連結至銷售頁面，網頁也要設有分享鍵和訂閱鍵，讓認同的網友分享出去，以獲得更多流量，收集到更多的名單和成交機會。

③ 策略性地收集名單

收集客戶名單的方式有很多種，但不外乎是拋出一個又甜又誘人的糖果給網友，讓他們主動留下資料。以下方式提供各位參考。

⭐ 訂閱接收最新文章。

✪ 電子書指南。

✪ 免費的系列教學影片。

✪ 舉辦線上研討會或活動講座。

✪ 提供懶人包或資源共享包

收集客戶名單，不斷擴充你的魚池，讓往後的曝光不再是問題，錢財自然也源源不絕。

4 成立一個品牌粉絲專頁

建議你可以設立一個粉絲專頁，讓網友有地方與你互動，不管是 FB 還是 LINE@ 都可以，然後將粉絲專頁的流量導引至你的網站或部落格，有利於你收集名單，並培養信任感及顧客忠誠度，促使訂單成交。

除此之外，你還要建立其他溝通管道，好比 YouTube、IG……等。

那擁有客戶名單後，該如何寫出快速又有效的銷售文案呢？前面章節已針對文案深入討論，你可以再翻回去仔細研讀，下方另提供一份問卷，你的思考方向可以更加明確。

文案動動腦

✱ 你是否有嘗試過 _____ 呢？ → 判斷是否為準客戶。

✱ 為什麼你會想要嘗試 _____ 呢？ → 明確需求背後的原因。

✱ 當你在嘗試 _____ 的過程中，你遇到的最大問題與困難是什麼？ → 了解客戶遇到的最大問題是什麼？

✱ 為什麼這件事情對你來說很困難？ → 找出困難背後的原因，並且解決它。

✱ 你過去有嘗試尋找過解決方案嗎？ → 確認需求迫切程度。

✱ 你覺得解決方案在網路上容易找到嗎？ → 確認資訊是否對稱。

✱ 最後你有找到嗎？請問是什麼？ → 探索其他潛在競爭對手。

✱ 這個解決方案你滿意嗎？為什麼？ → 尋找競爭缺口。

我以上方問卷樣板來模擬給各位看。

1 你是否有嘗試過 網路行銷 呢？

有嘗試過。

2 為什麼你會想要嘗試 網路行銷 呢？

我只是個上班族，想增加一些額外收入，但我手頭沒有什麼資金，聽了一堆投資課程，但因為沒錢，根本無從下手，所以想說透過網路創業會不會簡單一點，至少成本可以少一些，風險相對也低。

3 當你在嘗試網路行銷的過程中，你遇到的最大問題與困難是什麼？

方向不明確，本身也不是念這領域的，沒有相關技術，感覺要另外學很多技能，好比架設網站……等等？

4 為什麼這件事情對你來說很困難？

上過很多課程，也上網做過很多功課，但大多是片段資料，對身為菜鳥的我來說，其實相當吃力，學到的內容也不曉得該如何系統性地整理，資料都是東拼西湊的，學得越來越沒有自信，且很多內容跟直銷有關或最後都留有一手，必須報名他們的課程，才能學習完整內容。

5 **你過去有嘗試尋找過解決方案嗎？**

有嘗試解決過。

6 **你覺得解決方案在網路上容易找到嗎？**

不容易找到相關資訊。

7 **最後你有找到嗎？請問是什麼？**

算是有找到，網路上有開設 ××× 課程。

8 **這個解決方案你滿意嗎？為什麼？**

不是很滿意。因為課程只講理論的東西，沒有落地的實戰操作，聽完覺得網銷很厲害，但對於執行方向還是很模糊，而且自己在操作時，也沒有對象可以詢問。

只要釐清上面這些問題，絕對能確實替你帶來營收。但你可能會想，我只是單純賺賺業外收入，並非真的想將網銷當作自己的本業，這樣可以如何操作呢？

1 **廣告**

想辦法在網頁導入高流量，以收取廣告費，也可以接業配文來賺取額外收入。

② 產品

銷售自己的產品、項目及服務，或是考慮銷售聯盟商的產品，實體或虛擬的商品都可以，不要把自己受限住。

③ 服務

建立個人專業及權威度，銷售你的專業能力。例如：顧問。

當然，要在網路上賺錢還有很多種方法，以下再提供幾項常見的方式。

- ⭐ 成為 Bloger、Vloger。
- ⭐ 經營電商（銷售產品）。
- ⭐ 成為接案者（銷售服務），好比設計廣告、寫程式。
- ⭐ 聯盟行銷。
- ⭐ 買賣、併購數位資產。
- ⭐ 販售資訊型產品。

看完上面幾項，是不是覺得賺錢的方式真的很多，只是平常沒有接觸，因而錯失好多機會和資訊。所以，即便你只有一個人，也可以開始自己的網路事業，打造賺錢機器，只要謹記以下步驟。

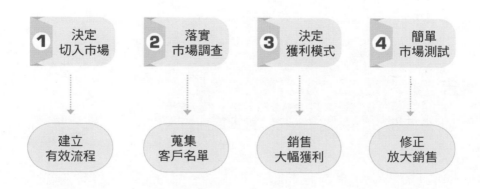

這些步驟是相互對應的，可以再參考下圖，你會更清楚一些。

網路行銷像是無邊界的宇宙，使得各業者的行銷手法，需緊跟著產業環境的變動及智能科技的發展，不斷進行更新進化，除了隨趨勢不斷培養新數位技能外，對於「銷售能力」這個握在手上最關鍵的軟實力，也會影響網路事業的發展。

一般人的刻板印象會認為，銷售是業務人員要學習的能力，但其實銷售是每個人都要學的技能。更進一步說，當你在設計一個 Online To Offline 的行銷活動時，也要了解消費者在什麼樣的狀況下會想要參與活動，或者你是一個普通的上班族，有時候也必須要跟你的老闆提案報告、說服老闆，而這些東西其實都是某種程度的銷售與說服。

過往我們花了大把的時間規劃行銷策略，重點放在如何用內容來創造客戶在市場上的品牌價值及影響力，但其實如何把內容好好地賣給客戶，在面對客戶銷售的過程也是一門功夫。

 # What is Content Marketing?

在現今資訊快速變遷的時代走跳，內容行銷就開始變得很重要了，也是形成集客效應相當重要的關鍵，在集客式行銷的章節已有提過內容的重要性，但我想再深入討論一下如何有效使用內容來行銷。

內容行銷到底是什麼、內容行銷與過往的行銷方式有什麼差別？在現今這資訊科技發達的世界，相信你對於每個人都已是手機的原生世代有深刻的體會，不論購物選服務，大家直接開手機上網做足功課，貨比三家是常態。

面對這些日漸聰明的顧客群，業者勢必會開始遇到種種問題，因為消費者變聰明了，他們掌握相當的資訊來跟業主們談判議價，那該怎麼面對這龐大的聰明消費者呢？

根據美國內容行銷機構的定義：「內容行銷是一個策略行銷方法，其專注在創造與傳遞有價值性、相關性、一致性的內容，去吸引及留住已被清楚定義的觀眾，然後才驅動這些可能貢獻利潤的顧客去採取行動。」

數位時代來臨，消費者自主蒐集資訊的能力迅速提升，可以透過網路做各種資料調查後，再做購買決策，所以一貫的傳統行銷手法不再那麼管用，新時代的行銷關鍵轉變為「讓顧客自己找上門」的模式。因此，有越來越多人投入「內容行銷」來吸引客戶。

迎合新世代的資訊傳遞與接收方式，你的網站和部落格就是達成此目的最有效且強而有力的工具——「內容行銷」，透過內容行銷增加的消費者涉入程度，以少許的資本更有效率地找到心目中最佳的目標客群。當你不再只專注於「推銷」，反而更著重在網站內容時，不僅可重新建立和維持與既有消費者間的關係，同時也默默向未來的目標消費者招手。

換句話說，內容行銷能夠透過各種形式，來吸引對內容「有共鳴」的顧客，並真正傳達他們想得知的資訊，在取得他們所需的資訊後，也會漸漸對品牌產生信任感，因為品牌所提供的內容，確實舒緩了一些顧客所想要解決的問題。

而你也更能從中接觸到真正有興趣或有需求的目標族群，相較於一般傳統廣告，更容易深入顧客心中，幫助他們完成心中所想要的進步。常見的內容行銷類型有：部落格、社群貼文、影片或電子書……等。

傳統廣告大多定位於短期業績提升，以品牌產品出發，未真正考量到消費者的

需求，加上大量轟炸使消費者對廣告逐漸麻痺、無感之外，甚至轉為厭惡。行銷關鍵在於顧客購買前，是否能提供適合的內容幫助他們解決潛在疑慮。

內容行銷	比較	傳統廣告
長期品牌信任	商業	短期業績提升
被找到	行銷	找客戶
主動搜尋	顧客	被動呈現
持續加深	關係	點放式接觸
逐漸下降	成本	逐漸提高

從內容行銷與傳統廣告的差異比較，你可以明顯發現，透過傳統廣告只能達到短期業績提升，一旦停止下廣告，業績馬上會掉下來，所以很多老闆會花費大量廣告費在行銷預算上，但其實只要透過內容行銷的布局，不僅能使自己的網站有穩定、長期、精準的流量，更能長期降低廣告費，提升毛利率。

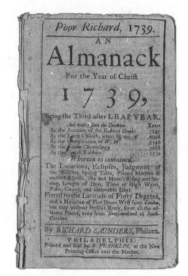

而回溯到更久以前，最早的內容行銷出現在 1732 年的美國，有位名叫班傑明·富蘭克林的人，出版了一本雜誌，名為《Poor Richard's Almanack》（窮理查的年鑑），以一年一本的形式出刊，從 1732 年持續發行到 1758 年，內容包括季節性天氣預報、實用家務提示、猜謎遊戲及其他娛樂，這本雜誌在當時大受歡迎，使更多人認識他的印刷事業，因此而致富。

《窮理查的年鑑》。

內容行銷不是一個新的理論或方法，早在 1895 年，美國強鹿農業森林機械設備公司就發行了《The Furrow》這本雜誌，教導農民如何使用新農具。而在 1900 年，米其林輪胎公司發行了三萬五千本《米其林指南》雜誌，裡面有許多實用資訊，包含了駕駛者、地圖、輪胎修理、維修方針、汽車維

《米其林指南》。

修師附列表等與其企業相關的有用資訊，其中更包含與旅遊相關的餐廳、飯店、加油站等資訊，因此強化了米其林的品牌形象。

當年的故事是這樣的，相信你都知道米其林的本業是銷售輪胎，要更換輪胎的主要因素在於使用率，如果汽車一直是以短途路程為主，那要更換輪胎的時間就很長，而更換輪胎的次數決定了米其林公司的利潤，於是他們想出一個方法，讓擁有汽車的人主動作出開車去長途旅行的決定。

在 1900 年，米其林出版一本免費發送的《米其林指南》，這是一本長途駕車的旅遊指南。在指南上，主要介紹一千四百處鐵路和公路旁的旅館、飯店、火車站、零配件維修供應商店、維修組裝拆卸圖示等豐富內容；還有路途資訊，如加油站、修車廠、郵局、電報站、電話站、藥房等，讓開車者在遇到困難時，可以得到補給和即時的救援，大大解決人們開車旅行可能產生的問題，於是他們紛紛拿著《米其林指南》到各地旅遊，間接提高輪胎使用率。

《米其林指南》鼓勵人們使用汽車作為長途旅行的工具，從而令米其林公司的輪胎事業蒸蒸日上，直到今天，大眾依然會相信《米其林指南》介紹的餐廳是優質的，而這些優質的內容也使大眾認為米其林輪胎同樣出色。

所以為什麼要做內容行銷？原因沒有別的，因為買賣的任何一方都希望可以透過最低的成本去達到最高的價值。這邊可以從企業角度與客戶角度來看，首先，老闆都會想要用較低的宣傳成本，讓銷售利潤提高。

再者，消費者想透過各類免費又詳細的資訊，來解決他們在購買上或了解產品服務的過程中遇到的所有問題。那內容行銷到底能帶來哪些關鍵好處呢？根據國外發布的 FB 廣告投放費用報告，顯示出每次點擊成本已上升 92%，傳統廣告費用持續上漲，勢不可擋，因此，如何降低廣告費，成為各家公司經理人、老闆急迫想解決的行銷課題，且其他社群平台也有調漲費用的趨勢。

根據美國內容行銷機構所說，內容行銷可以提供幾種關鍵因素。

1 節省行銷成本

過去推播式的行銷方法，需要花費大量成本，才能達到預期的銷售目標，但現在透過網路文章、影片等類型的內容力，就能穩定培養潛在顧客，並讓他們持續對品牌保持熱度，降低長期廣告費用。

2 增加銷量

內容行銷的核心是希望建立企業與顧客之間的信任，當你清楚傳達品牌理念給顧客時，更容易建立潛在客戶群，透過長期的信任跟了解，顧客的忠誠度會反映在銷售量上。

雖然大多數內容行銷不會立即讓顧客行動，但只要持續提供價值給客戶，等消費者越來越了解和信任品牌，未來當他們有購買需要時，就會選擇他們喜歡的品牌。

3 變成忠實顧客、鐵粉

透過內容行銷，持續了解顧客需求，並持續為顧客解決問題，顧客的喜好會由產品層面提升到品牌層面，當提升到品牌層面，就算產品價格比競爭者高，忠實顧客仍然會對品牌不離不棄。

以 Apple 為例，iPhone 的價格比起其他頂級 Android 手機更高，配備比其他頂級 Android 手機為低，但每年仍會吸引大量顧客在 Apple 專賣店前排隊，為的就是搶購最新的 iPhone，更有很多忠實顧客在社交平台上自願幫 Apple 宣傳產品，為其他人解決問題，這些都是把顧客變成忠實顧客、鐵粉所帶來的好處。

接著請換位思考，以顧客的角度來討論，為何透過內容行銷來完成他們想要得

到的東西，可以產生消費者的購買行為與忠誠度呢？下面整理出在購買產品或服務時，會經過的幾種步驟。

1 察覺（Awareness）

在看到產品或服務前，顧客可能會有潛在需求，但沒發現有什麼好的產品或服務可以選擇，所以產品或服務的曝光有一定的重要性。

2 研究（Research）

一旦顧客發現能夠解決需求的潛在產品時，他們通常會想透過不同的管道了解，讓自己掌握更多產品訊息。試想，你想買一隻運動手錶時，是不是會去做功課，看看有哪些品牌以及相關規格，然後看看網友的評價？

3 考慮（Consideration）

只要確定自己想購買的產品是什麼時，會做更多的比較，確保自己沒有買錯東西或是吃虧。

4 購買（Purchase）

在研究完各種資訊後，做出購買決定並進行交易。

5 忠誠度（Loyalty）

在顧客使用產品或服務的整個過程中，若持續提供各種不同的資訊幫助顧客，

能獲得更高的忠誠度，所以更新互動的資訊是提升消費者忠誠度的一項利器。

從以上幾個步驟，不曉得你有沒有發現一件事情，那就是消費者大多在尋找「有用的資訊」來幫助他們達成想要完成的事情，也就是滿足自己的需求，以某種程度來說，「內容行銷」其實扮演著「有用資訊」的角色，這樣就能理解為什麼提供「內容」，是很重要又很有效的方法。

再來更重要的是，要如何做到內容行銷並達到預期的效果呢？我提供幾個簡單的步驟，你可以嘗試看看。

1 內容規劃

確立大方向並規劃「目的導向」策略，設定目標對象，了解這些目標群眾的消費習慣、模式。

2 內容品質

內容規劃要切中目標族群所關注的點，用起承轉合來產出內容，內容的品質管理要確實。

3 傳播與推廣

選擇對的宣傳管道，或是尋求相關權威人士或意見領袖（Key Opinion Leader，KOL）背書，讓內容公信力大增。

從大眾的角度而言，KOL 扮演著舉足輕重的角色，其在社交媒體所發表的評價，不單是吸引無數跟隨者的眼球，更影響很多人的消費決定。

④ 評估並改良

評估相關績效指標來檢視效果，驗證目標是否有達成及方向是否正確。然後從驗證結果來發現問題，進而解決並優化內容很多人常犯的錯誤是用廣告 KPI 來看 SEO 或內容行銷的成效，操作不到一周就急著檢視收益，這樣的想法其實是不正確的，以下整理出三大階段供參考。

⭐ **短期**：約一個月，觀察流量變化、跳出率與停留時間。

⭐ **中期**：約三至六個月，排名及有機流量開始有明顯改變。

⭐ **長期**：半年至一年，流量大幅變化、名單數與轉換率提升。

採用內容行銷目的在於建立起你的潛在族群對品牌的意識，透過許多「如何」和「Know How」的知識傳播，更有效地將品牌的產品或所提供的服務（內容）傳達給受眾，使他們更容易找到你。與他們建立良好的關係後，也許可以進一步進入購物流程。

熟悉你主要的消費者角色（Buyer's Persona），才能把內容精準打中目標族群的心，了解目標客群的旅程不是線性的過程，但了解消費者在哪個階段確實是必要的。

⭐ 有疑問，有需求或欲望。

⭐ 有哪些解決方式。

⭐ 他們如何做決定。

如果你希望內容行銷能成為培養受眾的主要方式，就必須確保有源源不絕的主題可以撰寫，至少要有五、六個大方向，再依據幾個大方向主題，準備具體的內容和標題。

請一定要記得：「這些受眾來我的網站會想知道哪些事？」找到你可以告訴他們的事情，探索他們求知的需求和主題，想一些有趣的內容，幫助解決他們的問題。

**好的內容跟產品銷售無關，要專注在 TA 可能遭遇的問題，
然後幫他們想出解決的方法。**

此外，你所張貼的內容也必須要是自己有興趣的主題，當然，你無法一直大量生產內容，因此在自行生產之餘，也可以轉貼一些具有影響力者所發布的內容，與他們成為夥伴關係。

做內容行銷有件很重要的事，就是你的內容必須要有說服力和真實性，並確保內容的正確性。內容要有一定的水準和品質，你提供的內容必須和網站的調性一致，或說出兩者之間互相連結的相關故事，才能讓看的人信服。

此外，用字遣詞必須要讓一般潛在消費者或讀者都看得懂，盡量提供潛在受眾實用的資訊，約佔八成，推銷類的內容則佔兩成。

在做內容行銷時，人們很容易忽略一件事，有近八成的網友像速讀一樣在瀏覽，因此文章的易讀性就非常重要，建議語句的遣詞用字放在國中程度即可，不要太難，當然也不可以過於白話，而有失專業形象。

不過內容行銷也有缺點，就是它的效用是累積且相對緩慢的，因此，為了能讓你的網站可見度提高，除經常發布重要性高的即時資訊外，還必須不停優化內容，如在內容中涵蓋適當的 SEO 關鍵字，設立與瀏覽互動的回饋方式、CTA，整個版面上也必須同時優化，好比資訊圖像化、要能連回自家網站或外部實用的網站等。

網銷的成功關鍵：內容至上

了解什麼是內容行銷後還遠遠不夠，如果不知道為什麼要做、該做，其實消費者採取行動的機會還是非常渺茫。首先，人們的購買行為有極典型的四個步驟：注意→研究搜尋→評估考慮→購買。

後面兩個步驟對傳統廣告來說非常有幫助，但影響力會逐漸削弱，能獲得的效

益只會越來越差。而內容行銷是提高解決方案被注意、了解並教育目標受眾的絕佳方式，能補足購買過程的前兩個階段，也能同時整合多種媒體的力量。

事實上，這種方式對 SEO 也非常有優勢，因為內容簡而言之就是提供資訊，而提供資訊正是搜尋引擎主要的工作。每次 Google 的時候，都會出現成千上萬的搜尋結果在你面前，搜尋結果就是在提供內容資訊，所以當你能定期產出內容時，網站就更有機會在搜尋結果獲得更好的曝光。

此外，不論是用於網站行銷、EDM 行銷還是社群行銷，都是非常好用的行銷策略，還能與不同的平台互相連結借力，藉此與消費者有更多的接觸和溝通，效益很大，所以你不能認為這只是一個數位行銷趨勢，要視為應當立即投入資源的任務！

當然，你可以決定內容行銷是否適合作為你推廣的方式之一，但其實這是各行各業皆適用的行銷方式，無論你是清潔公司、咖啡廳還是傳統產業，都能採用內容行銷策略。

總結來說，內容是現在和未來的核心關鍵。沒有好的內容，要做好行銷幾乎是不太可能，無論你使用哪種行銷策略，內容都應成為其中的一部分，不應單獨存在。內容行銷可以改善客戶服務，如果你認為創作內容只是為了吸引潛在客戶，那就大錯特錯了，一個好的內容行銷策略還包括客戶服務，例如：使用教學、常見問題解答、最新資訊。

因此，內容行銷不只是單純產出內容或分享資訊，你必須要先了解最有可能成為顧客的人是誰？他們會面臨哪些問題或挑戰？需要什麼協助？什麼產品能幫助他們？花費時間和資源進行調查，確切知道客戶的痛點，絕對能有效提升更好的購買體驗。

內容行銷一次又一次地證明了它的必要性，但這並不代表只要如此操作，就能確實到位或令你滿意，因此透過某些數據進行評估也是不可或缺的一環，這樣才能得知是否需要調整、學習到什麼。

為了確定執行的表現，列出以下指標讓你評估，是非常容易判別價值和效益的關鍵指標，若你想快速打造出自動賺錢機器，這能讓你輕鬆掌握重點。

1 流量

想確定內容是否有按照預期計畫落實時，流量是非常可靠的指標之一，儘管內容行銷的成功，不應以流量作為主要依據，但它確實能得知內容與受眾產生連結的能力。

如果你發現沒有足夠的吸引力來增加網站流量時，也許應該重新評估主題或變更方式。

那要如何評估流量？如果你是直接將內容發布到網站上，只要安裝 Google Analytics 分析工具就可以了，查詢流量會變成一件很簡單的事，你也可以看到其他相關數據，例如：流量來源、停留時間、跳出率……等。

2 互動

雖然流量會幫助你確定有多少人看過，但這些數字並不能保證互動率，人們願意分享、互動，會比單純閱讀更加有利。另外，在發布內容後，不代表行銷就此結束，創建內容只是一部分，你需要確保內容資訊能讓目標受眾接觸得到，而最佳推廣方式之一就是社群媒體。當你把內容發布或轉分享到社群平台之中，也有助於加強互動率。

如何評估互動？社群是增加互動率的好朋友，網站上一定要有社群分享按鈕，讓人們可以輕鬆簡單與他人分享你的好資訊，你也可以清楚知道被按讚、分享的次數。

③ 轉換

對我們來說，內容行銷最重要的回報就是轉換，包含增加名單、會員數、新顧客、維繫舊客戶……等，轉換次數越多，產生的價值就越高。

那要如何評估轉換？這部分可以從分析目標轉換得知，同時搭配網址標籤功能，來細分追蹤不同流量來源的轉換效果，如此一來便能找出並分配資源。若你採用付費媒體進行推廣時，可以安裝追蹤程式進行追蹤，快速得知轉換效益。

你也可以透過再利用的方式來達到做少得多，像是藉由重新包裝和回收利用，來達到舊內容新產出，也就是所謂的舊瓶新裝，以下這兩種便是我經常使用的小祕訣。

① 由大到小

例如，電子書內容也可以變成文章、簡報上傳到 SlideShare……這樣做會讓內容生產事半功倍，讓內容可以不斷輸出又能節省資源。

② 從小到大

相同的原理可被反向應用，例如：文章、貼文、問與答。這些東西可以重新包裝成報告、影片或電子書，讓它具有更實質的價值。

內容行銷關注的重點在於目標受眾，而非以銷售為出發點，當他們感受到你對他們的協助時，才會願意接納你的產品、使用你的折扣優惠與推薦。更重要的是，內容行銷不需要大量的行銷預算，它是一種細水長流的經營。

　　而且在不久之後，無論是網路行銷還是傳統行銷，只要你想優化成效，就不得不投入、去做好內容行銷。在這個時代，任何人都可以利用內容行銷來獲得銷售優勢，所以為什麼不從現在就開始這麼做呢？

　　要提醒的是，內容行銷跟其他大多數網路行銷策略一樣，需要時間發酵，無法立即見效，每個內容就是一個產品，不但不能隨便，目的和價值更要明確，無論是為搜尋流量而做、為宣傳產品而做，或是跟現有客戶拉近關係……等，不管目的是什麼，都必須先設想清楚。

　　很多人有一個錯誤觀念，總認為「只要努力創造優質文章就會有流量」，但有好的內容其實只達成一半，內容行銷＝優質內容＋優質行銷（推廣），這也是為什麼現在市面上有那麼多幽靈網站、幽靈粉絲團。

　　內容行銷並非一昧地生產內容，重點在於如何提供價值給潛在客戶，並讓他們獲得效益。成功的內容行銷者，了解創意不一定等於做出原創內容，而是善於從過去的好點子中找到新的觀點。

　　下面分享幾個內容行銷的案例，希望能幫助你思考出自己的內容策略。

① 製帽起家的時尚傳奇：香奈兒

　　要提到眾所皆知的經典行銷案例，就不得不提到頂級法國品牌香奈兒，這個國際大品牌起初僅僅是一家帽子店而已，如今在全球已擁有超過三百個據點。

　　2013 年，香奈兒推出以品牌內容為中心的網站 INSIDE Chanel，網站共有十一種語言版本，包含英語、法語、簡體中文、繁體中文等。此網站可說是 Chanel 的一本故事書，目前有三十二個章節訴說著創辦人可可・香奈兒女士的生活與公司及其產品的演變故事。

　　各個篇章以極具設計感的短片演繹，精彩的內容將時尚、香奈兒女士、產品緊緊交織在一起，吸引數以萬計的時尚愛好者得以一窺山茶花的多樣面貌。

311

② 頂級旅行皮件：路易威登

1854 年巴黎，一家皮箱店路易威登在此誕生，開啟了往後一百多年的驚奇之旅。此品牌不僅限於設計和出售高檔皮具和箱包，也努力成為涉足時裝、首飾、太陽眼鏡、皮鞋、行李箱、手提包、珠寶、手錶、傳媒、名酒、化妝品、香水、書籍等領域的佼佼者，以其品牌名字的兩個字母首字 LV 當標示聞名於世。

他們知道單就產品無法滿足消費者那挑剔的胃口。因而在 1998 年推出旅遊指南，將旅遊魂和品牌印象灌注在一本本由當地作者編寫的城市旅遊指南，2016 年也曾推出以粉紫色為封面的台北旅遊指南。

此內容行銷手法讓路易威登不只是一個著名的全球性品牌，逐年增加更新的城市指南，讓他們增添了話題性和知識性，旅行者得以帶著經典的旅行皮件箱探索世界，在各城市挖掘出不同的故事。

③ 讓消費者聲入奇境：Ikea

前文已介紹過說故事高手 Ikea，但你知道還能用聽的來賣家具嗎？聽起來天馬行空的行銷法，Ikea 卻靠著它成功。瑞典知名家飾品牌 Ikea 曾推出一支運用 ASMR（自發性知覺高潮反應）製作的影片，全片長達二十五分鐘，僅透過一名女子無聲地整理著房間，搭配手拂過床單、衣櫃碰撞的聲音，便創造出二八〇萬次的觀看數，成功帶動實體與線上店面的銷售成長，實體店面的銷售增加 4.5%，線上購物則增加了 5.1%。

業者都不是笨蛋，如果內容行銷的效果不顯著，絕不會有人浪費人力、資金和時間在這上面。進入數位時代後，網路上的廣告轟炸讓人不堪其擾，在九〇年代末至二十一世紀初時，網上廣告肆虐，變得和電腦病毒差不多，進入一個網站，隨時會有數十個廣告視窗跳出來，有時還更誇張。

幸好，各大瀏覽器開發了阻擋彈出式視窗的功能，雖然抑止了這些煩人的彈出式廣告，但網上廣告依然以其他形式出現，只是干擾性較低，也因如此，讓很多人漸漸對廣告產生厭惡感，開發諸如廣告阻攔工具讓廣告消失。

現今消費者的教育程度都很高，不會輕易被行銷術語和銷售策略迷惑，消費者會在行動前研究和比較產品之間的差別。

搜尋引擎的興起，使消費者能更輕易地找到他們想要的資訊，消費者在採取實際購買行動前，可以先在搜尋引擎找出產品相關資訊或別人對產品的評價，等調查和研究清楚後，再決定是否進行下一步。

社交平台的興起，也使得消費者在實際購買行動前，會先在社交平台上詢問網友意見，另外，社交平台上有很多不同的興趣社群，這些社群上也有很多熱心網民願意分享他們的看法，這些網民很有可能介紹他們喜歡的品牌給發問者。

就是這些原因，讓傳統的廣告效果被打折扣，因為消費者對於傳統廣告越發不信任，他們寧願相信專家的見解、網民的評論、朋友的意見，也不願聽信傳統廣告宣稱的事實。

除此之外，還有其他原因導致內容行銷變得受重視，在科技進步、知識普及的發展下，訊息傳遞迅速，使產品和產品間的差異化下降，甚至是沒有任何差異，大多數產品功能基本上都差不多，所以消費者不再從產品本身做選擇，改由品牌間的差異性思考，可能是品牌理念、品牌故事、品牌形象、品牌人性化的一面等等。

透過內容行銷在一開始先建立顧客關係，品牌和企業不會在內容行銷直接推銷產品，因為內容行銷重視的是為顧客帶來價值，而這些價值要與品牌有高度相關及一致性，待品牌與顧客建立良好關係後，才以各種手法促使客戶採取行動，為品牌帶來利潤，這一切就好像是顧客自然選擇一樣，但其實品牌和企業早已透過內容行銷，在不知不覺中對他們植入品牌意識。

低成本且長期有效的品牌經營

你有沒有想過，為什麼品牌需要不斷透過影音、平面廣告，甚至出版品牌書來說故事、塑造自己的形象？品牌的目的即是讓消費者無意識地將特定的產品、意識形態或需求與品牌連結在一起，但打造品牌一定要花大錢塑造形象才能成功嗎？

其實，建立品牌不是大公司才有的特權，針對經費有限又想經營自家品牌的中小企業還有個人工作室，內容行銷就是經營品牌行銷的首選方式。

大部分的企業往往透過名人或是部落客業配推薦，或是投放大量的廣告，讓消費者對品牌產生印象。

透過名人光環，能快速讓原先對品牌陌生的受眾留下印象，但行銷成本高昂，只能短期炒作，一旦曝光結束，消費者對品牌的印象會越來越薄弱。近十多年，相較於看電視，使用者花更多時間在電腦或行動裝置上尋找娛樂，許多廠商轉為運用聯播網及再行銷的方式投遞數位廣告，使數位廣告不斷在顧客瀏覽的網頁中出現，以期消費者認識該品牌，但是在每天平均看到五千則廣告的情況下，人們對於廣告已然疲乏，只能開始尋找品牌行銷的新策略。

花大錢又不一定能建立品牌忠誠度，成為所有企業投入品牌經營的一大難處，所以若你懂得運用內容行銷來經營品牌，相信可以大幅降低行銷成本，並獲得以下長遠效益：

① 每次投入的資源都能發揮長期效用，將效益最大化

內容行銷具長期的特性（內容會一直留在網路上，供用戶搜尋），而付費廣告只要一停止付費就立即失效。其實較好的行銷方式，就好比想透過運動瘦下來的人，講求的是長期且持續地累積，廣告則是僅追求短期內見效的減肥藥。

絕大部分的品牌為了生存，一般都很容易依賴廣告，追求短暫的大量曝光，卻忽略了永續經營品牌的思維。

② 直接接觸有「需求動機」的客戶，開拓新潛在客源市場

現今有近八成的消費者在購物前，會先上網搜尋相關資訊及評價，所以做好內容行銷，等於是替自己布建一個「內容漁網」，這樣只要有「需求動機」的新顧客上門，就能即時進行捕撈。此外，只要你的內容持續在搜尋引擎上曝光，就能無時無刻捕撈那些具有「需求動機」的潛在顧客。

③ 透過內容觸發潛在顧客更多的需求，提升客單價

比起付費廣告，內容行銷能提升三倍以上的客單價。舉例來說，上班族如果因為疲勞而搜尋 B 群、魚肝油，網路藥局則可以透過教育性的內容，建議搭配熱敷眼罩、推拿霜等幫助舒壓放鬆的產品。內容行銷就好比二十四小時全年無休的銷售人員，回應消費者的需求提供建議，引導他們至最終的消費。

品牌是你和顧客之間的承諾，承諾滿足顧客特定的需求（也包含情緒反應），這也是為什麼顧客會選擇你，而不是其他競爭對手的理由。通常強大的品牌都是有意識地經營，因而能獲取比其他品牌更多的利潤。所以，若想透過行銷來強大品牌，最好的辦法莫過於品牌行銷！

為什麼要做品牌？和行銷的差異在哪？你是否經常問以下問題：花錢打廣告是做品牌嗎？市場定位就是品牌嗎？改個企業識別色就是品牌再造嗎？到底什麼是品牌行銷？其實不只是初學者會問，我去企業內訓時，也有許多行銷主管在課堂上提出這個疑問，因為大多數的人對於品牌與行銷的差異還不夠了解。

⭐ **品牌的定義：** 品牌注重和顧客的長期連結及感受，屬於整體的策略規劃，目的在於改變顧客對企業或產品的認知，讓產品變得更好賣，獲得較多且長期的利潤空間。

⭐ **行銷的定義：** 行銷，重點僅放在銷售量的提升，屬於短期的戰術執行，目的在於吸引顧客購買或解決銷售問題，讓產品可以賣得比較好，獲得不錯的短期獲利空間。

品牌就像是一個人，人有個性、有優點也有缺點，品牌亦同。做出市場定位、塑造品牌形象，到決定行銷管道與內容，必須將你之所以是你的想法放在最優先的位置。

Branding is strategic. Marketing is tactical.
品牌是策略，行銷是戰術。行銷必須以品牌為核心發展。

許多企業或行銷主管，常會擔心沒辦法打造出一個完美的品牌，其實這個疑慮是多餘的，因為沒有人能打造出完美的品牌，人有優缺點，品牌也會有優缺點，沒有缺點的話就找不出特色，那這就不是品牌了。

而品牌經營策略就是如何管理並提升品牌效益，接下來幾個步驟讓你開始擬定品牌經營策略。

① 區隔目標客群

找到你自己是誰？以及你的客戶期待你是誰？搞清楚市場客群的需求，永遠是品牌行銷最首要的步驟，不然都是空談。

對內，必須要先知道自己在哪裡？你可以先在企業內部進行訪談，了解各階層成員對於品牌的認知及目標；對外，必須知道消費者需要什麼？你可以利用市場調研或品牌規劃工具等，找到尚未被滿足的需求。

② 分析競爭者

找到和競爭者的差異處？市場上的需求看起來很類似，但有沒有非你不可的原因？

既然談的是品牌，自然不應該靠殺價取勝，當然，平價也可以是品牌價值的一部分，但是無意義的殺價是不行的。透過競爭者分析目標客群、功能服務差異、價

格水準、通路……等，就能知道品牌的特色以及客群偏好於你的原因。

不用對競爭者抱持敵意的心情，因為有他們，你才能走出一條自己的路。

③ 品牌價值確立與傳遞

讓大家知道你想說什麼？經過前兩個步驟後，你會發現理想和現實的差異，原來自己想打造的品牌和目標客群要的不一樣，思考如何縮短之前的鴻溝，才是品牌策略的關鍵。

④ 規劃品牌行銷策略

有了品牌的中心思想，接下來就是以何種行銷方式、透過何種管道，將品牌價值傳遞出去。

品牌注重長期的整體策略，行銷則是短期的戰術執行，隨著數位技術的快速發展，行銷手法也不斷改變和演進，包含被歸類在較傳統的報章雜誌廣告刊登、廣播或電視廣告，以及較新穎的 SEO、內容行銷、社群行銷等。但請記得，這些行銷方式與管道，最終都必須回到品牌策略的高度思考才能被落實完成。

其中，內容行銷已成為網路時代的討論焦點，它是一種透過傳遞有價值的內容，吸引潛在顧客並與其互動，最後驅使顧客採取行動的行銷方式。好的內容行銷可以改變顧客對於品牌或產品的認知，讓產品變得更好賣，獲得較多且長期的利潤空間。如果你正在規劃品牌策略，那內容行銷會是非常值得投資的一環，但不管如何行銷，內容都是重中之重。

⑤ 不斷優化

在塑造品牌的過程中，會不會傳遞有誤？好的品牌不是追求完美的設計，而是

317

要讓目標客群容易聯想，並產生品牌印象。更重要的是，必須要有一致性，才不會搞混印象。你的員工、通路商、海外合作夥伴，甚至到終端客戶，所體驗到的品牌價值都可能有所出入，所以你必須隨時警惕自己不斷優化傳遞的效果。

最後，你必須體認到世界永遠都在變化，沒有一個永恆不變的事物，品牌也是！當你的目標客群、競爭者等外在環境改變時，誰能快速調整、不斷優化改善，抓住顧客的心，誰就能脫穎而出。

近來感覺到各品牌對於「行銷」的關注提升許多，或許是真正看到了行銷在經營上的重要性，也可能是覺得「大家都在做，我們也要開始做」。

無論如何，能開始把對技術和服務上的努力和專注，藉由行銷的方式讓品牌在全球市場上被看見，真的是很令人期待的，可惜多數人只想到讓市場「看到」，忽略了也必須讓市場「了解」這件事。

一間企業在對外溝通，「設計」常扮演感性的角色，透過圖像／影像、字體表現、版面外觀等元素所營造出的視覺衝擊，來表現出品牌的風格及調性，贏得市場矚目。

但要讓消費者完整了解一個品牌，並打從心裡認同品牌的所做所為不是一件簡單的事情，你還要兼顧理性面的溝通，因此，品牌溝通所傳遞的訊息，也扮演著舉足輕重的角色。

勤勉務實的企業，多半把重心放在產品的製造與研發，較少關心如何讓市場「了解」品牌，認為找專家設計 Logo、產品包裝，乃至整體視覺形象的更新，便已是一大改變，如此足矣。

台灣企業努力從產品面的溝通提升至視覺形象，但卻忽略提升「資訊內容」的品質，很少主事者會願意再投入額外的心力和資源，來強化對外溝通的「資訊內容」，他們耗費心力所設計出來的視覺形象，被混亂、不正確的訊息所破壞，導致品牌形象瞬間化為泡影，反而造成一種遺憾。

在提升「資訊內容」品質上，你可以參考內容行銷專家艾琳・基桑，針對內容規劃的六個面向來進行審查和檢視。

1 以 TA 為中心考量

溝通內容還有傳遞內容的方式，都應該將消費者的思考邏輯和使用習慣列入考量，才能幫助他們在短時間內找到需要的資訊，你應該去洞察消費者的使用習慣，而不是企圖讓他們來消化企業的溝通習慣。

2 能夠替產品、項目加分

每一個內容都有它被創造的用途，例如幫助某一款新產品銷售、促使消費者對整個產品線有深刻印象，或是提升企業形象……等，因此內容中的用字遣詞、段落順序及視覺呈現等，都應該要能幫助此內容的用途。

3 合乎適當性

所謂的內容，包括敘述語調、內容的範圍、深度，亦或是文章架構的編排，對於發表內容的企業、消費者及內容的用途都必須是適當的。

4 清楚、不含糊

不模糊、不會造成誤解的內容。

 簡明扼要

消費者的注意力有限，因此內容必須溝通真正重要的訊息，給予消費者想知道的資訊，避免提供過多或冗長的內容，讓他們失去興趣。

 一致性

各種管道、媒介所傳遞的訊息不可產生出入，對外溝通的形式也應一致。

「資訊內容」不只是文字，更是一個品牌整體的訊息訴求。好的設計加上好的內容，就好比做一道色、香、味俱全的佳餚，除食材要新鮮、豐盛外，擺盤也要放心思，才能讓人食指大動。你必須讓消費者不僅「看見」產品而已，還要能「了解」產品的差異化訴求與價值，如此一來才有機會與你的品牌產生更深的連結。

從品牌營造價值主張

行銷在現今網路時代所扮演的角色越來越重要，但直到現在，仍有許多人以為行銷只是單純的銷售或促銷活動，認為打廣告做宣傳曝光就是行銷，但這些其實都只是工具、方法，好的行銷必須架構在核心的品牌策略上。

真正的品牌行銷，應該是從洞悉目標消費者需求、選擇目標市場、發展產品及品牌定位開始，從設計產品、定價、選擇通路、直到銷售推廣，有著環環相扣的步驟及思考脈絡與邏輯，再仔細去拆解每個環節，就可以擬定對品牌有效且可以具體執行的行銷策略。

為什麼需要訂定品牌的行銷策略？

即使你擁有領先業界技術及優質的產品，在資訊爆炸的年代，仍要妥善規劃行銷策略，才能讓潛在消費者在任何管道都能接收到品牌、產品一致的資訊，尤其是行動上網的便利性及快速變化的數位媒體環境、多元的社群平台，消費者很容易被其他競品吸引，若行銷規劃做的不夠完整，肯定會錯失許多市場機會，甚至有可能失去整個市場。

而透過完整的品牌行銷策略，能協助我們以更宏觀的角度進行全面思考，從企業本質、產品優勢、市場競爭、宣傳管道等，在訂定行銷策略上，以下幾點你要多加思考。

首先，你的行銷目標是什麼？在擬定行銷策略時，一定要先思考整體的行銷目標是什麼？是為了讓品牌或產品能持續在現有的市場提高市佔率、能見度？或是準備進入一個全新市場？還是為現有的市場推出新產品？

且以上每一種目標，都將牽涉到資源、人力、時間的運用，所以你必須在有限的資源下做出最大的行銷配置，達成目標。

產品

	現有產品	新產品
現有市場	市場滲透	產品延伸
市場		
新市場	產品開發	多角化經營

① 市場滲透：現有產品 × 現有市場

藉由廣告、促銷或是服務加值等宣傳手段，說服消費者在原有的使用習慣上進行改變，改採用你的產品，藉此提高原有顧客的忠誠度與回購率。

② 產品開發：現有產品 × 新市場

既有產品進入新市場，又稱「藍海新市場」，在新的市場找到有相同產品需求的使用者。一般來說，在進入新市場前，其產品及服務本身的核心技術與使用方式不變，但產品切入定位及行銷文案與操作手法將會依照新市場的狀況有所調整。

③ 產品延伸：新產品 × 現有市場

擴充產品線或是創新品牌的方式，將新產品賣給現有客戶，以既有客戶名單來增加客單銷售。舉例，民生必需品衛生紙，可以提供隨身包、三層或濕式等產品，提高顧客需求滿足度。

④ 多角化發展：新產品 × 新市場

跨足新事業領域，推出新產品，對企業本身是種多角化經營。依多角化的程度，可分為四種類型，包括：

- ✪ **水平**：跨足相近領域，例如原本生產主機板的廠商，可以水平多角化生產顯示卡、PC 電池供應器。
- ✪ **垂直**：在產業價值鏈中上下游發展，好比中鋼突然進行鐵礦開採事業。
- ✪ **集中（同心）**：應用現有技術，開發週邊相關性高的新市場。例如原生產汽水的黑松公司，後跨足茶飲料市場。
- ✪ **複合（集成）**：企業朝向與原產品、技術、市場完全無關的領域擴展，亦

即產品種類，與現有產品及市場均無關係。此種多角化策略需要足夠資金與相關資源，往往只有實力雄厚的大公司能採用。

再來，確定品牌、產品定位。

你的品牌如何在競爭市場中脫穎而出？觀察一些知名品牌，例如可口可樂、Apple，可以發現它們皆有一個共通點，就是擁有很強大的「品牌定位」。因此，當我們思考完企業成長目標後，在進入市場前，還有一個重要的環節，就是做好你的品牌市場定位！

這環節相當重要，當你做好品牌的市場定位，才有辦法擁有市場的主導權，不讓競爭對手有機可乘，避免淪為一波短操作，活動結束後，消費者根本就不記得你是誰，但明確的市場定位可以讓客戶長期記得你。

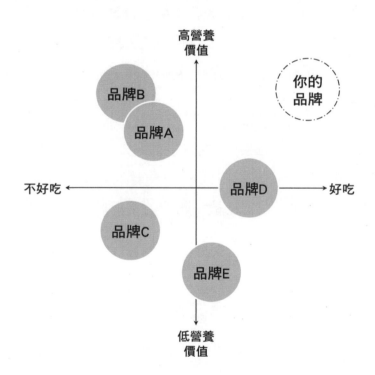

「品牌定位地圖」這個工具可以將品牌、產品結合消費者行為，從「如何看待品牌」、「購買產品的動機」、「為何喜歡」的角度出發，挑選出幾個重要元素，劃分出「垂直」與「水平」兩個維度，與競爭對手互相比較，標列出品牌／產品相對位置，做出初步市場區隔。

了解現階段品牌在市場上的定位後，有助於你進行下一步的發展方向，同時，也可以透過目前的品牌定位，分析你的競爭對手。品牌定位圖不僅可以協助品牌分析現有消費者輪廓，也可找出潛在消費者、發現市場空缺，並重新定義品牌及產品現有的定位問題。

過往由生產者決定消費者需求的大眾行銷時代早已過去，取而代之的是消費者需求導向，聰明的行銷人必須要找到對的消費者，並專注投資在最有機會被滿足的顧客身上，就是所謂的「目標行銷」，確立目標消費者後，再進一步看懂、看透消費者心中的想法及需求。

知名的行銷學之父菲利普・科特勒曾提出 STP 理論，以求找到對的顧客，精準行銷。

⭐ **進行市場區隔：**有哪些不同需求與偏好的購買族群？

⭐ **選擇目標市場：**要經營哪一個或多個市場區隔？

⭐ **確認市場定位：**如何將商品的獨特利益，傳遞給市場區隔中的顧客？

簡言之就是將廣大市場區隔開來，從中找到目標市場，最後在目標市場中找到自己的定位，然後鎖定一群需要你的產品 / 服務的顧客，集中火力以「宏觀的角度」來看待整個市場，用「細緻的方式」描繪出目標顧客的輪廓。例如性別、年齡、所在地區、偏好、行為、購買動機、購買情境等屬性，切出對應各自並同時滿足產品特性、顧客需求的子市場。

定位的重點在於差異化，定位的結果是否成功是由消費者的主觀認知來判斷。當環境改變，品牌可能需要重新定位，擴大市場基礎，作為行銷策略規畫的基礎。不管是產品的包裝設計、價位設定或銷售管道都必須配合定位，才能有效的突顯整體形象。

你必須有獨特的銷售主張，能夠清晰的定義品牌及其對消費者的承諾。獨特銷售主張的可信度要是消費者承認並接受所承諾的獨特競爭利益點，然後經由整合行銷傳播，創造競爭力並提高品牌獲利能力，建立起消費者的忠誠。

定位策略不但能塑造出獨特的形象，更能累積產生出一批忠誠的鐵粉，不但成為企業或品牌主要收入來源，更是無形的資產，當品牌能夠擁有強而有力的形象定位時，連同忠誠支持者都可能影響甚至主導市場的發展和趨勢，例如 Apple 造就出一批忠實的果粉；哈雷機車也產生了一批獨特形象的哈雷迷。下面就以哈雷機車為例，稍微分析一下其 STP 策略。

人一生一定要擁有過哈雷。

市場中經常聽到這句有關哈雷機車的經典標語，哈雷機車於 1903 年創立，起初僅提供美國軍方、警方作為交通工具，到現在變成許多重機迷最愛、百年不敗的經典。

為什麼「擁有哈雷」這件事情，會變成一個精神象徵、生活品味，現在甚至可以說是一種榮耀呢？這與哈雷在目標市場中的定位有關。近年哈雷機車不只攻打中年男性客群，他們調整目標市場，積極向青壯年齡層的消費者靠攏，不停留在過往的行銷模式中。

① 市場區隔：區分旗下不同系列的市場

哈雷旗下有很多不同系列的機車，像暗色系款式，使哈雷機車更年輕化，低坐墊款式專為女性市場打造，時尚銀色造型的 V-Rod，攻打偏愛速度與流行並重的市場，Street 系列則強調輕巧與靈活性。

② 目標市場：鎖定年輕男性

哈雷以往的印象比較偏向中年男性，Street 系列在評估本身機車性能及市場

後，鎖定族群為十八至三十五歲左右的年輕男性，因此行銷方式也以 IG 為主，讓廣大年輕族群接收到這系列的產品廣告及訊息。

③ 定位：塑造獨特品牌形象與設計感

哈雷不斷強調「奔馳」及「自由」的概念，並積極在相關主題的英雄電影中出現，還推出周邊商品，例如有著哈雷布標的專屬外套，塑造獨特且富有精神的品牌形象，帶來龐大的忠實支持者。

且哈雷機車除了基本引擎及車架外，最有名的地方在於他們沒有一輛機車是相同的，哈雷的零件有很多不一樣的款式、顏色，可以隨車主喜好搭配，將品牌與產品定位在高度客製化路線，強調每個人的獨特性。

這樣明確的 STP，使哈雷在市場裡能擁有獨特的價值及清晰的品牌定位，不僅在競爭市場中有突出的表現，消費者也以「哈雷迷」為傲，哈雷機車不只是一個交通工具，更是一個自由及奔馳的象徵。

且行銷管道精準分配，才能將溝通訊息有效傳達給目標消費者。當我們透過上述品牌、產品及消費者分析後的結果，確立了後續的溝通主軸及主張後，接著便是挑選適切的管道傳遞品牌聲音，採用合適的銷售通路、平台，創造讓顧客易於找到你的機會。

然而，現今的數位行銷管道這麼多，又該如何分配預算找到最佳布局？多元的集客行銷管道，在訂定行銷策略時，要仔細劃分出主要目標客群和市場，才能從中找到合適的平台，評估現有資源，從最合適的媒介開始著手專心經營。

不同的族群，其出沒的地方也會不一樣，舉例，現在年輕人習慣視覺化的思考及喜歡看圖片勝過文字、期望發現新東西、了解新趨勢，若你的品牌屬性偏向精品、時尚，並想要透過圖片展現品牌年輕的個性與價值觀，那 IG 就是非常合適的

選擇。

又如老一輩的使用者對 FB 有較高的黏著度，所以在行銷工作搭配組合中，或許可以考慮使用 FB 為主要的行銷管道來接觸目標族群。老客戶與鐵粉也是不可忽略的重點項目，老客戶就是「穩定的金流」，《哈佛商業評論》曾報導⋯⋯

Companies can boost profits by almost 100% by retaining just 5% more of their customers
開發一名新客戶的成本是保留一個老客戶的五倍。

如果你能在老客戶、鐵粉身上去發掘更多的商業價值，那你的每筆成交都會變得更輕鬆。下方數據提供給你參考。

⭐ 開發一名新客戶的成本是保留一個老客戶的五倍。

⭐ 若客戶忠誠度下降 5%，企業利潤則下降 25%。

⭐ 新客戶推銷產品成功率是 15%，老客戶推銷產品成功率則是 50%。

⭐ 60% 的新客戶來自老客戶推薦；根據 80/20 法則，20% 的客戶帶來 80% 的利潤。

因此，倘若你還善用會員 VIP 制度、FB 社團、LINE 群組或 LINE@，提供誘因及凝聚對品牌的熱愛，讓忠實的顧客願意留下來並持續消費，絕對能為品牌帶來可觀利潤。

在資訊爆炸的年代，若希望消費者可以在資訊的洪流中，長期記住自己，唯有從品牌行銷策略著手，從最初的消費者洞察開始，透過一連串完整的思考脈絡及操作，你的品牌才有辦法真正走進消費者心中。

品牌之於故事力

哈佛研究報告：「說故事可以讓行銷獲利八倍以上！故事，是人類歷史上最古

老的影響力工具，也是最有說服力的溝通技巧。」足以見得故事行銷的重要性和影響力是你我不可忽視的，舉例如下。

日本漫畫《灌籃高手》想必大家都有看過，風雲人物流川楓在縣大賽打完陵南之戰後，跟安西教練促膝長談想去美國發展一事，畢竟美國 NBA 是每個籃球選手都想前往的最高殿堂，他想去那裡證明自己的實力。但沒想到安西教練持以反對票，這讓流川楓相當不解。安西教練跟他說了一個故事……

大約十年前，安西教練在大學擔任球隊教練時，有一名叫谷澤的籃球選手，前程似錦，但因為安西教練的訓練過於嚴格，所以他逃到美國發展。一年後，谷澤從美國寄一張錄著他在美國打球的 DVD 片，安西一看，谷澤在這一年中，竟然完全沒有進步。時間又過了五年，某天安西教練在報紙上看到谷澤駕車意外身亡的報導，而他的籃球生涯始終沒有發光發熱。

聽完這段故事的流川楓決定留在日本，他對安西教練說：「請您繼續指導我。」決定先成為日本第一的高中籃球選手後，再來考慮未來的道路。從《灌籃高手》的小故事中，可以得知一個好的故事要具備兩大元素。

⭐ 故：由來。
⭐ 事：過程。

若想將網路行銷做得如魚得水，就要創造出一個感人的故事，引發網友們和消費者的共鳴，以促使成交；善用故事，能讓你的產品、項目富有獨特的生命力。那又要如何以最少的資源，打造出叫好又賣座的爆款呢？

說故事行銷學院的創辦人陳日新曾指出：「開發新客戶或與新客戶第一次見面時，常常開頭就是談產品價格、規格與功能，不知道如何營造氛圍，讓客戶產生興趣，不懂如何創造、挖掘，整理一個好的故事，讓消費者充分感受到商品的『故事力』與『感性力』。過多的敘述文字及大量贅詞，往往會讓閱聽人失去耐心……無法讓品牌價值發光發熱，達到預期效果。」

所以身為一個行銷人，一定要懂得透過說故事來行銷你的產品（項目）或服務。以下舉幾個例子來說明如何和顧客應對和說故事的時機。

1　我這個（商品）很多了……

業務：真的嗎？太棒了！（正面積極、熱情回應）我想您一定是非常重視生活品質的人（讚美＆肯定對方），而且您一定也非常愛您的家人，對嗎？（引導顧客願意開口談自己）

顧客：也沒有啦！只是之前有朋友幫我規劃過，陸續買了一些，所以我覺得我已經買的很夠了！

業務：我有一個顧客跟您從事相同的工作（以顧客行業去呼應）。他總說：「我的時間非常寶貴，該買的保險也都買了，就不要浪費時間了。」於是我告訴他這樣一個故事……（故事開始）

2　顧客：我要跟家人商量一下……

業務：如果我是你，我也一定會跟家人商量（同理心），畢竟這也是一筆開銷。不過，我倒是有個建議您可以聽聽看，我有個客戶，他的做法是這樣子的……（故事開始）

3　我要考慮 / 過一陣子再說……

業務：老闆，您有沒有這種經驗？一件事情反覆一直思考，反而讓自己的心懸在那邊，可一旦下定決心後，所有的擔心一下子都不見了，前陣子（分享經驗），我有一個顧客也是這樣說……（故事開始）

4　我現在失業 / 負債 / 有經濟壓力……

業務：謝謝您把我當成可以信賴的人告訴我這些，不過我相信這一切都只是暫時的，等下次機會來了，您一定可以再創高峰（鼓勵客戶），加油！像我有位客戶

最近也失業……（故事開始）

⑤ 我現在不需要 / 沒興趣

業務：沒有關係！我想要向您報告一個好消息（興奮語氣）！有好多顧客他們僅花了三分鐘，聽完我說的故事後，有 90% 的人都改觀了（引導想聽下去），這個故事是這樣的……（故事開始）

那故事到底要如何說或如何寫，才能讓顧客想聽、愛聽、想看、愛看、心動和行動呢？接下來，我想繼續討論「說一個好故事」必須掌握的四大關鍵。

- ✪ **吸引力：**換位思考，想一下如果你是某報紙或某雜誌的總編輯，你會下什麼標題，來吸引顧客繼續看或聽下去。
- ✪ **故事力：**故事要有起承轉合，要有高潮和爆點。
- ✪ **生命力：**除了故事文字內容外，若能運用五覺，就是所謂的聽覺、視覺、觸覺、味覺和嗅覺，再加上圖像和音樂的元素，一定能將故事效果提升十倍以上。
- ✪ **影響力：**故事要先感動自己，才能感動他人；要先能激勵自己，才能啟發他人，最終將故事轉換成現金。

下面分享以故事創造品牌力的經典案例……

在一間歐式的城堡裡，住著公主與王子，他們在這裡過著幸福快樂的日子……民宿的外觀是一棟歐式建築，民宿老闆自稱為管家，每位來這裡的女客人都叫「公主」，男客人就叫「王子」，若客人是家族出遊，還可以延伸稱爸爸為「國王」，媽媽則是「皇后」，車子就叫「馬車」。

從客人抵達城堡的那一刻，好比進入一幢歐式的童話城堡，映入眼簾的即是歐風別墅，內部的擺設布置成歐式城堡的氛圍與風格。對老闆來說，他想要把這邊塑

造成一個公主、王子的家，而老闆就是這邊的管家，為公主、王子們整理房間，守候家園。

既然是公主、王子的家，每個房間名稱也要有特色。大的雙人房叫「白雪公主」，房內充滿著以玫瑰為主題的蕾絲，營造出公主那華麗優雅尊貴的氛圍。六人團體房則叫「小矮人房」，還有四人的「白馬王子房」，另外有兩間雙人房分別叫作「睡美人」、「費歐娜」。每個房間依照名字做不同的主題布置，民宿老闆竭力呈現童話般的夢幻空間，提供造訪的公主、王子們一個難忘的體驗。

民宿客廳裡隨時播放著輕快可愛、可以放鬆心情的音樂，舒服自在的氛圍環繞於整個室內。每間房間放了主人精心擺設的香氛包，讓屋內時時刻刻飄散著優雅的氣味，民宿主人使用講究的陶瓷容器裝盛早餐與下午茶，熱騰騰的三明治能感受到主人的用心。屋內所有物品都是開放式的，可以隨意使用，這種不受拘束的舒適感，更強化消費者體驗。

此外，民宿不同於其他飯店旅館，民宿主人本身的特質非常重要。民宿主人在與客人的談話裡，不斷夾雜著曾入住的公主、王子的故事（在這裡求婚或其它有趣的故事），並將這些照片與公主、王子們留給城堡的紀念品巧妙地裝飾在屋內。

在整個對話的過程裡，就像參與了整座城堡過去與未來的想像，而公主、王子離開後，網站上的留言版變成一個延續體驗的園地，民宿主人透過留言版，與每位曾住過城堡的公主、王子交換心得，也為「即將」到訪的公主、王子設計行程提供建議。

這就是體驗與故事結合的神奇魅力。在這個案例裡，很明顯的故事訴求是：「公主、王子過著幸福快樂的日子……」，並運用顧客的五感（視覺、聽覺、嗅鼻、味覺、觸覺）來陳述。

- ⭐ **視覺部分：**映入眼簾的即是歐風別墅，內部的擺設布置成歐式城堡的氛圍與風格。
- ⭐ **聽覺部分：**民宿的挑高客廳裡隨時播放著輕快可愛，或是可以放鬆心情的音樂，舒服自在的氛圍環繞於整個室內。

⭐ **嗅覺部分**：每間房間放了主人精心擺設的香氛包，讓屋內時刻飄散著優雅的氣味。

⭐ **味覺部分**：民宿主人使用講究的陶瓷容器盛裝早餐與下午茶，熱騰騰的三明治頗能感受到主人用心。

⭐ **觸覺部分**：民宿主人將照片和紀念品巧妙地裝飾在屋內，讓公主、王子可以觸摸欣賞。

總之，民宿主人透過故事行銷，創造更多消費者與民宿之間的情感連結，這樣的行銷才是王道。

在未來，「說故事」一樣會是打造品牌力的重點策略，各產業積極聘任專業媒體公關，替它們打造並傳播品牌故事。因為要進行這樣的宣傳方式，就需要一個擅長「說故事」，且具有「渲染能量」的人，因為未來無論哪一種產業，都必須回歸「人性」，重視「人」的感覺。

所以只要掌握上述說故事的四大關鍵，發想屬於自己或商品的「差異化」故事，建構出獨一無二的品牌形象，就能創造雙贏！

殺出重圍的差異化行銷

競爭策略大師麥可‧波特說：「競爭策略不是低成本，就是差異化。」除非你公司的成本最低、市場佔有率最大，否則就必須找到獨特性，也就是和競爭者差異的地方，沒有差異就沒有市場。

國際行銷大師賽斯‧高汀曾提出一個革命性商品行銷概念，如果要讓你的商品闖出名氣，就要想辦法讓它夠顯著，像一群乳牛中唯一閃亮的紫牛，才會引起市場的注意與討論。以下列舉幾個案例故事，來說明差異化行銷的威力。

1 小說家的徵婚啟事

英國小說家毛姆尚未成名前，一直過著貧困的生活，在窮得走投無路時，他用了一個與眾不同的點子，結果居然扭轉劣勢。

早期他的小說乏人問津，即使出版社用盡全力來促銷，情況依然沒有好轉。眼看自己的生活越來越拮据，情急之下他突發奇想，用剩下的一點錢，在報上刊登一則醒目的徵婚啟事：「本人是一位年輕有為的百萬富翁，喜好音樂和運動。現徵求和毛姆小說中女主角一樣的女性共結連理。」

廣告一登，書店裡的毛姆小說很快就被一掃而空，一時之間，紙廠、印刷廠、裝訂廠必須加班，才足以應付這突如其來的銷售熱潮。

原來，看到這個徵婚啟事的女性，不論是不是已婚還是真的有意和富翁結婚，都會好奇書中的女主角是怎麼樣的女性；甚至連年輕男子也會想了解，到底是什麼樣的奇女子能讓富翁如此著迷，再者也要防止自己的女朋友去應徵。毛姆的差異化行銷策略，讓他一舉成名。

2 日本東芝彩色電風扇

世界上生產的第一台電風扇是黑色的，這是因為電風扇剛問世初期著重於實用性，並不講究造型及色彩，一律是黑色鐵製的，也因此形成一種慣例，每家公司生產的電風扇都是黑色的，似乎不是黑色樣式，就不能被稱為電風扇。長久以來，人們也形成一種電風扇必須是黑色的認知。

1952 年，日本東芝電器公司囤積了大量的電風扇，始終銷售不出去。公司七萬多名員工為了打開銷路，絞盡腦汁要把庫存賣掉，可惜進展不大，全公司陷入一片愁雲慘霧中。最後公司董事長石阪先生宣布：「誰能讓公司走出困境、打開銷路，就分給他 10% 公司股份。」

一個最基層的小員工向石阪先生提出：「為什麼我們的電風扇不能是別的顏色

呢？」石阪先生非常重視這個建議，特別為此召開董事會，大家都認為這個建議很荒謬。後來，石阪先生想不如就姑且一試，死馬當活馬醫，經過一番認真討論與研究後，第二年夏天，東芝公司推出一系列的彩色電風扇。而這批電風扇一推出就在市場上掀起一陣搶購熱潮，幾個月內賣出好幾萬台，彩色電風扇的銷售奇佳，扭轉了東芝的命運。

從此以後，電風扇不再是一副黑色面孔了。電風扇顏色的改變，使東芝公司大量滯銷的黑色電風扇，一下子就成了搶手貨，企業也擺脫了困境，營收更是倍增成長。

③ 刷出不一樣的色彩

美國紐約有一家油漆店的生意並不理想。油漆店老闆特利斯克為了吸引顧客購買油漆，左思右想，終於想出一個好主意。

首先，他進行市場調查，確定一批有可能成為油漆店顧客的名單，然後將油漆刷子的木柄寄給其中五百人，並附上一封商店的商品 DM，熱情洋溢地告訴他們，可憑此函來店免費領取刷子的另一半——刷毛頭。

結果呢？只有一百多人前來。其中大部分的人除了兌換刷毛頭外，也買了油漆，但並沒有成功引來大批人潮。效果雖然不如預期、不甚理想，但仍有一點成績。

「那怎麼做才能吸引更多客人前來消費呢？」特利斯克心想，將油漆刷子的木柄扔掉，其實對很多人來說並不會覺得可惜，對顧客的吸引力也不大，要顧客為此專門跑一趟，他們未必會認為值得。

但如果是一把完整的刷子，大部分的人就不一定會捨得扔掉了。而且，如果想買油漆的話，當然會想到贈刷子的油漆店，如果再將油漆稍微降價，來購買的人肯定會比往日多。於是，他改變銷售策略。

特利斯克又找了一千多名潛在客戶的名單，郵寄油漆刷給他們，同時附上一封信：「朋友，您難道不想重新粉刷房子，讓貴宅換上新裝嗎？讓自己有換新屋的感覺嗎？為此，本店特地贈送您一把油漆專用刷。並且，從今天起三個月內，為本店的特別優惠期，凡是拿著這封信前來本店消費的顧客，油漆一律八折優待。請大家一定要把握這次良機！」

沒想到這三個月期間，有七百多人前來光顧並購買油漆，他們也都成了特利斯克的老主顧。隨著越來越多人光顧，油漆店的生意日益興盛，特利斯克也由此致富，成為遠近馳名的油漆經銷商。

油漆商運用智慧使顧客上鉤，關鍵在於免費提供了油漆專用刷，對那些有需求的人來說，如果心目中沒有特別的指定品牌，自然就會向這位油漆商買油漆，又能獲得八折優惠，這是一個成功利誘顧客的案例。

很多時候，網路行銷的重心大多放在品牌策略及行銷內容上，藉此擴大品牌知名度、提升好感度，這樣其實還不夠，若能再透過「銷售能力」這類的軟實力，並做到差異性，好好地把產品、服務送到消費者面前，在銷售的過程中，讓消費者認同你的產品、服務、甚至是你這個人，進而信任你的公司，心滿意足地成交。

一般人會為了因應危機、變數，常認為非得徹底摧毀舊根基、全盤翻新，才得以找出生路。其實，能維持高績效的公司，80% 以上是靠著不斷創造差異化，來建立一次又一次的優勢，這些企業的核心策略都定義明確且簡單易懂。

就好比全台最大的培訓機構「魔法講盟」，開辦兩年便取得亮眼成績，靠得就是差異化，創造差異化的策略思考，使課程規劃能有效掌握趨勢脈動，更貼近學員需求，因而有機會從激烈競爭中脫穎而出，廣泛贏得青睞，殺出重圍。

⭐ 課程種類全台最多，除實體課程外，另有線上課程可供選擇。
⭐ 開課最密集。
⭐ 開辦弟子計畫，課程可終身複訓，且弟子資格可轉移、可販售。
⭐ 開放式機構，歡迎各講師配合。
⭐ 打造超級名師，一條龍作業。

⭐ 提供小、中、大舞台及國際舞台。

⭐ 各課程保證有結果。

⭐ 區塊鏈在台唯一發證單位。

⭐ 開辦各式帶狀課程，為學員提供一個互相交流學習的平台。

⭐ 提供區塊鏈賦能傳產顧問規劃。

⭐ 除培訓課程外，也積極規劃戶外活動，諸如一日論劍及遊學團等，邊玩邊學效果更加。

⭐ 大咖聚活動，認識各界有力人脈。

⭐ 獨家推出電子書 NFT 項目，及元宇宙 NFT 課程。

創造差異，就是選擇與競爭者不同的路，沿途一定荊棘滿布，所以你除了具備足夠的遠見外，更要有堅定的決心，執行此深具挑戰的選擇，並透過絕對的智慧，去承擔過程中可能產生的一切風險。

社群影音崛起，你還不掌握？

⚙ 異軍突起的短視頻巨獸

⚙ 抖音如何讓人們上癮？一躍便躍上國際

⚙ 病毒式影音行銷，讓腦袋無意識循環播放

⚙ 快速擴散，讓產品快速引爆的秘訣

⚙ 社群這樣用才有效，搭配 KOL 讓行銷起飛

⚙ 究竟如何變現？

⚙ 宅經濟下的新興被動收入

流量變現，
抓住趨勢、掌握商機

>>>>>

*Building your
Automatic
Money Machine.*

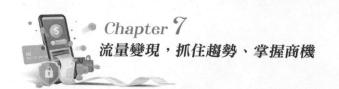

7　社群影音崛起，你還不掌握？

在現今社群平台林立的世代，該如何打造超級客流量呢？

任何一個大平台，在起初使用人數少時，觸及率可謂 100%，以 FB 舉例，FB 剛在台灣風行時，只要發布動態消息，你的所有好友都會看到你的貼文，但使用人數增加後，觸及率漸漸下降為 10%，現在更低於 2%，不能說沒有人看到，只是看到的人少很多，但這對想要在該平台銷售的業者來說相當不利。

所以在平台剛開始推行，還沒完全崛起時，就要找方法經營佔領，投入的時間點要早，像最早做 Yahoo! 拍賣、蝦皮、FB 和 LINE 的人，都是最容易賺到趨勢財的人。

蝦皮剛創立的時候，一點流量也沒有，需要一定的流量才會有商家進駐，所以在進行行銷時，必須先評估平台內有多少商家，又有多少商家跟你賣同樣的東西。

IG 在台灣有七百多萬用戶，Tiktok 只有四百多萬使用者，有人說會使用的都是年輕人，甚至是青少年，其實所有平台都是從年輕人開始發展，然後再向上向下佔領其他族群，先前 FB 和 LINE 的操作模式也是如此。

所以，如果你要經營一個平台，你會選擇 FB、IG 還是 Tiktok 呢？答案應該相當明顯。且近年創造出最多百萬富翁的平台就是 Tiktok，為什麼？因為魚池的魚很多，但競爭人數少，所以在挑選平台時，就要選這種未來仍有成長空間的。

請問 Tiktok 的商機在哪裡？

⭐ 商家進入少，瀏覽量大，需求大於供給。

⭐ 最早卡位，非專業才有機會做大。

⭐ 賺錢最重要的命脈：客戶有多少？在哪裡？

那在 Tiktok 發展的好處是什麼？

⭐ 競爭少，有一些都是模仿秀，容易佔領先贏。

⭐ 不用投資內容創意，直接山寨十三億人的創意即可。

⭐ 觸及率超高，短時間內可破萬粉。

⭐ 投資時間低，有現成的剪輯工具和方法。

⭐ 投資回報率高，百萬是基本，千萬也不困難。

異軍突起的短視頻巨獸

2016 年 9 月，一個叫作「Tiktok」的短視頻 App 在 Andriod 商店推出，其實早在好幾年前，中國各大手機應用市場就推出一個短視頻 App「快手」，並累積了大批粉絲，Tiktok 充其量只能算是後輩。

然而，2018 上半年度，Tiktok 用戶數破千萬，隔沒多久又躍增至一・五億，全球用戶數更突破五億，呈現爆發式增長，遠超過快手，強勢碾壓。海外版則蟬聯各地區 App 商店下載榜單第一名，起初這沒沒無聞的小卒，已成為一匹強勁的黑馬。

中國大陸境內更出現全民刷 Tiktok 的現象，無論是上下班的大眾交通工具，還是公司的員工餐廳，甚至街道公園，只見人人捧著手機，看著一段段十五秒的小視頻來打發時間。據行動網路大數據公司 Quest Mobile 統計顯示，Tiktok 用戶的日均使用時間逾一小時，也就是說，假設用戶觀看多為十五秒的短視頻，即表示每位用戶每天平均會在 Tiktok 上觀看二百四十個小視頻。

試想，如果視頻內容都千篇一律，Tiktok 怎麼能讓幾億人心甘情願地「中毒」

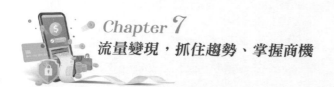
呢？所以，它必須有強大的內容生產力，與其他內容生產者相比，Tiktok 的一大特點就是本身不生產視頻內容，它跟 YouTube 這樣的影音社群平台相仿，但以短視頻為主。

Tiktok 推出時，將其定位為「年輕人的短視頻社交平台」，目標用戶是二十四歲以下的年輕族群，覆蓋區域刻意與「快手」佔領的三、四線城市錯開，選擇在一、二線城市另闢蹊徑。其團隊深入全國各地的院校，說服一群高顏值的年輕人為其產出內容，也因此讓 Tiktok 被貼上「酷」、「潮」等標籤。

剛開始這種操作手法其實並沒有替 Tiktok 帶來多少關注，反而是 2017 年 3 月時，知名相聲演員嶽雲鵬在微博轉發一段網友模仿他唱歌的 Tiktok 視頻，人們才開始注意到 Tiktok，使它的下載量急遽攀升。之後 Tiktok 開始贊助在中國相當火紅的綜藝節目《中國有嘻哈》，節目中的人氣選手進駐 Tiktok，下載量再次攀高。

到了 2018 年春節期間，Tiktok 又請來當紅演員迪麗熱巴、楊穎等明星發紅包，藉由他們的超高人氣，推自己一把，迅速竄紅。據統計，2017 年 8 月到 2018 年 1 月，Tiktok 用戶量從一千萬漲至四千萬，其增長主要來自這一期間，五個月便翻漲近四倍。

隨著用戶不斷壯大，異軍突起的 Tiktok，吸收了市場廣大的流量，所謂人紅是非多，開始被一些主流的網路巨頭企業視為威脅，一度遭到微信和微博的剿殺。

以往，很多人看到有趣的 Tiktok 視頻，就會分享到微信上，好友只要讀取連結，便能觀看視頻，微信為了防止流量流失到 Tiktok 上，不斷將轉發 Tiktok 視頻的難度提升，處處設阻礙。2018 年 3 月間，有網友發現，若上傳 Tiktok 連結到微信朋友圈，就會被遮罩住，除用戶自己，好友完全看不到這則貼文，徹底屏蔽掉。

Tiktok 也不是省油的燈，特別為此變更策略，用戶可將視頻保存到手機裡，再以影音檔的方式來分享，更在微信推出一款名為「Tiktok 好友」的程式，但隨即被微信以「涉嫌違反用戶數據使用規範」為由下架。

Tiktok 和微信暗中較勁，兩位幕後老闆也在朋友圈互相槓上，Tiktok 創始人張一鳴公開表示微信封殺 Tiktok，旗下「微視」App 亦有抄襲 Tiktok 之嫌，馬化

騰馬上反駁，指張一鳴誹謗。2018 年 3 月初，Tiktok 連結分享至微博的視頻，也都僅用戶自己可見，無法出現在個人主頁和資訊流中，這意味著微博就是不願給 Tiktok 流量。兩個月後，微博再以「Tiktok 以刷榜行為，來突出其在熱搜詞和話題之中」為由，對 Tiktok 實施長達三個月的封禁，其刷榜話題遭到禁止，不能再上熱門和熱搜。

微博遭受史無前例的碾壓，自然是無法接受，處處使絆，儘管這個打擊對 Tiktok 來說不無影響，但 Tiktok 現已走過需要單靠微博來引流的階段，因此並不算遭受重創。

微信與微博等外部的圍剿，倒還不是 Tiktok 壯大以來的唯一威脅，Tiktok 自身對內容的監督和引導，其實也更有可能是未來引發危機的隱患。好比 Tiktok 就曾在 2018 年因平台出現不良內容，遭到主管機關多次的整改和約談。

Tiktok 上也曾出現大量製作假名牌口紅的視頻，被北京市工商局以「涉嫌售假」為由進行約談；Tiktok 在搜狗搜尋引擎投放的廣告中也出現侮辱內容，遭北京網信辦、工商局約談；海外版 TikTok 則在印尼被封禁。

此外，上傳 Tiktok 的短視頻內容也被爆出「未成年人溫婉蹦迪」、「六歲孩子直播媽媽洗澡」、「武漢爸爸模仿 Tiktok，不慎使二歲女兒頭部著地」、「女子錄 Tiktok 時被甩飛骨折」等不良內容，引發各界輿論，動搖 Tiktok 的形象。

但 Tiktok 不畏風雨，針對諸多問題適時作出調整，除推出風險提示系統，並對部分不良帳號實施永久封禁，加強內容的營運監管機制外，也將審核團隊的規模擴大到數千人，將內容的掌控權回歸至自己手中。雖然 Tiktok 的內容引發爭議，但它以新奇有趣的玩法，充分利用養眼帥哥美女創造潮流的能力，亦是其不可忽視的重要成功因素。一路走來，Tiktok 炒紅的話題數不勝數，如小豬佩奇、海草舞、COCO 奶茶、海底撈等，有心為之就沒有炒不紅的潮流。

Tiktok 捧出來的網紅更不在話下，其中能歌擅舞的張欣堯光拍 Tiktok，一年就圈粉千萬；以一則「你是否願意讓我做你男朋友」視頻走紅的費啟鳴，收穫二百多萬讚，現已坐擁千萬粉絲；而代古拉 K 憑藉一支舞蹈視頻，十天粉絲破五百萬，三

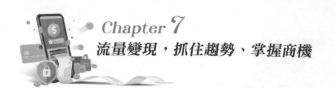

個月粉絲數便超過二千萬，這些 Tiktok 紅人的影響力，絲毫不輸線上明星。

除素人外，藝人現也會轉戰至 Tiktok 舞台，從過氣明星到新晉網紅，好比藝人劉畊宏就因此翻紅，中國大陸 COVID-19 疫情反覆延燒，他用歌手好友周杰倫的《本草綱目》為配樂，以抖音平台直播大跳燃脂的「毽子操」，抖音粉絲直接突破四千萬大關，直播累計觀看人次超過一億，單場直播最高甚至曾達到四千多萬次觀看、二億個讚，創下抖音直播最新記錄。

因此，你會發現⋯⋯

隨著訊息的發展，有價值的不只是訊息，而是注意力。

這一點，呼應行動裝置的普及，大大發揮 Tiktok 的獨特性，只要短短十五秒，再搭配耳熟能詳的旋律，現也有 Live 直播模式，能輕易把內容擴散到大眾市場，輕鬆吸引全球觀眾的目光，不只讓大批素人翻身變網紅，更滿足大眾探索好奇的癮頭。

Tiktok 能成為目前短視頻行業的領頭羊，不是毫無理由的，與各網路巨頭廝殺不落下風，集萬千關注和爭議於一體，擁有機警的營運策略和強大的造星能力，每一點都值得其他平台借鑒及反思，各個都該思考如何超越，並取而代之。根據數據分析公司 Sensor Tower 調查，全球 App 下載量 TikTok 躍居第三名，僅次於 Whats App 和 FB Messenger。

Tiktok 母公司為微軟前工程師張一鳴於 2012 年成立的北京字節跳動科技公司，首款代表作「今日頭條」主打透過數據分析，自動推薦客製化新聞給用戶，在中國大陸廣受好評，之後陸續推出短影音 App 火山小視頻、西瓜視頻，為 Tiktok 奠定良好根基。

Tiktok 發行一年後，海外版 TikTok 隨即上線，雖獲得亞洲國家用戶的喜愛，卻因歐美市場已有相似 App「Musical.ly」而踢到鐵板，直到收購 Musical.ly 後，吸納了龐大的歐美用戶群，才成功打進歐美市場，於 2019 年躍居第一。

除了隨處可見美國青少年盯著 Tiktok，觀看朋友們上傳的短影片，不少青少年

也將 Tiktok 當作舞台，利用短短十五秒的影片展現自我。

從 2018 年登陸美國至今，Tiktok 用戶快速增長，首要思考的問題即是如何從免費服務中獲利，海外推廣至今已虧損 12 億美元。Twitter 作為慘痛的前車之鑑，2012 年花費 3,000 萬美元收購短影音服務 Vine，在全球掀起六秒短影片的熱潮，卻因不登廣告、用戶免費使用，加上其他影音平台相繼與高點閱率的用戶合作，加速用戶的流失，四年後黯然關閉服務。

所幸 Tiktok 嘗試廣告行銷，透過企業贊助的「標籤挑戰」，鼓勵用戶拍攝特定短影片，加上帶有贊助商標籤的影片打造病毒式行銷；但還是有很多企業選擇繞過 Tiktok 的行銷團隊，直接和平台上的網紅簽約、拍攝短影片，讓 Tiktok 無法從中獲利。

但 Tiktok 並未因此氣餒，進一步與 Uniqlo 合作，延伸標籤挑戰，只要用戶穿上 Uniqlo 的獨家印花 T 恤拍攝創意短片，就有機會獲選於全球各地的門市螢幕播放。

開發廣告模式之餘，它也不忘提升功能，來鞏固並吸引用戶，在對嘴影片的基礎上加入投票貼圖、照片影集和 AI 特效等新功能，協助用戶的短影片精緻化，讓平台內容變得豐富，與廣告商合作的素材也更多元。

 Tiktok 如何讓人們上癮？一躍便躍上國際

Tiktok 是由北京字節跳動於 2016 年推出的短影音 App 產品，中國大陸地區名為抖音或 Tiktok，海外版也稱 Tiktok。母公司字節跳動旗下擁有每日頭條、西瓜視頻、虎撲體育等龍頭媒體。

根據 Crunchbase（為創業公司資料庫）的資料，字節跳動曾獲得軟銀、GeneralAtlantic 等知名創投的資金，更於 2019 年 4 月獲得高盛與摩根士丹利的投

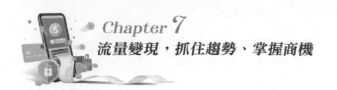
資，總融資金額達到 43 億美元，公司估值達 760 億美元。

那 Tiktok 是如何在短短幾年的時間竄升為最大的短影音社群呢？除了在中國大陸市場內部提供洗腦歌曲與短影音內容引起一陣模仿潮外，我們更可以借鑑 Tiktok 的海外拓展策略，了解它如何在陌生的歐美海外市場成功攬獲數億名用戶，甚至威脅到 FB 的社群霸主地位。

Tiktok 策略可以簡略分為砸錢廣告、名人合作及企業併購。

Tiktok 靠企業併購進軍歐美市場，它不是單純的社群影音平台，而是一款影音娛樂 App，提供素人創作者在平台創作短影片，內容包含生活、音樂及舞蹈，吸引使用者前往觀看，創作者隨著時間累積大量的粉絲，衍生出粉絲經濟，賺取廣告代言、周邊產品等收益。初期在中國大陸發展時，他們選擇砸錢投廣告行銷，還與名人合作吸引了不少原本的粉絲，藉此快速累積大量使用者，但到了海外市場，它們選擇更快的方法──砸錢併購。

2017 年 9 月，Tiktok 以 10 億美元併購了美國的 Musical.ly 短影片 App，並於 2018 年 11 月正式與 Tiktok 合併。Musical.ly 是一家起步於上海的中國公司，在加州設有辦公室，它於 2014 年推出定位於娛樂，而非社交平台的短影片 App 產品「Musical.ly」。

經過幾年的發展，Tiktok 成為美國地區最熱門的短影音 App，許多網紅都在該平台上創作短影片，2017 年 5 月即擁有高達二億的月活躍使用者。透過併購，Tiktok 一口氣獲得歐美地區的知名網紅與他們的粉絲流量，這也是 Tiktok 在歐美地區爆紅的主要原因，短時間內就躍升美國 App 熱門排行榜上。

後續 Tiktok 在行銷也毫不手軟，迅速成為 App 應用商店下載排行榜的前幾名，因經營 Tiktok 而竄起的網紅明星之多，例如年僅十七歲的 Lauren Gray 擁有近三千四百萬粉絲、BabyAriel 也擁有近三千萬名。Tiktok 在海外成功的關鍵要歸功於收購 Musical.ly 這項決策，其中高達二億的海外使用者大多都是 Musical.ly 原有的流量，據統計，Tiktok 現全球用戶數逾十億。

Tiktok 也積極舉辦行銷活動與名人合作維持熱度，且光透過網紅拓展使用者的速度還不夠，他們砸下鉅資與名人合作，讓他們開設 Tiktok 帳戶，藉此吸引背後龐大的粉絲關注 Tiktok，連帶獲得可觀的下載數與流量。

知名喜劇演員 Jimmy Fallon 與滑板選手 Tony Hawk 於 2018 年 11 月申請了 Tiktok 帳戶；2019 年 9 月 Tiktok 與國家美式足球聯盟簽下了多年合約，為 Tiktok 帶來美式足球聯盟的官方帳號與影音內容，當月 Tiktok 首次成為美國 iOS 應用商店非遊戲類的下載排行榜第一名。

Tiktok 也形成一個現象，那就是娛樂 Tiktok 化。Tiktok 以好玩有趣的形式，好玩到連大明星也紛紛開設 Tiktok 頻道，讓粉絲們有機會一睹偶像私下的模樣。無論是素人還是明星，使用 Tiktok 來發布內容跟網紅、YouTuber 不太一樣，畢竟網紅、YouTuber 大多有特定主題需要長期經營，Tiktok 內容只需盡情揮灑想像、展現自我，但 Tiktok 仍吸納了許多網紅。

網紅經濟是 Tiktok 竄升關鍵。Tiktok 的賣點不只是短影片，而在於洗腦的熱門音樂，同時提供使用者眾多的影片模板、工具與素材，讓他們輕鬆製作具創意的短影片，不用像經營 YouTube，需耗費長時間及高成本製作數分鐘的影片，就能形成個人品牌社群，恰好跟上近年竄起的「網紅經濟」。

時空背景對於 Tiktok 的成功也是很重要的因素，事實上短影音社群平台不是什麼創新，好比前文提及的 Vine。短影音早在 2013 年由 Twitter 旗下的 Vine 便掀起過一波熱潮，標榜六秒的短影片成為人們社交分享的熱潮，但很可惜後來被 YouTube、IG 及 Snapchat 這些龍頭所擊敗。

Vine 當初也捧紅一大批網紅明星，但它不像 YouTube 那樣有廣告分潤的機制與品牌代言的風格，從頭到尾都是單純的社交平台，僅僅六秒的短影片也無法作為廣告使用，當其他影音社群平台興起後，這些網紅明星紛紛出走，轉戰 YouTuber 或其他社群平台，Vine 的流量也隨之驟降，於 2016 年正式退出市場。

而 Tiktok 是在 Vine 消亡後才推出的產品，充分吸取 Vine 的失敗經驗，除了善用併購與行銷策略快速獲取使用者外，Tiktok 的設計模式結合了十五秒至一分鐘

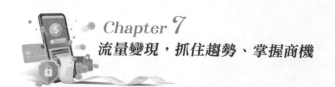
的影片長度，讓影片創作者有較充足的創作空間，還能利用該平台的粉絲進行廣告代言、直播贊助等功能，提供網紅明星誘因，以持續創作更好的內容，從中賺取收益，Tiktok 也因此留住大批的使用者流量。除了以 Vine 為借鏡外，Tiktok 也複製 YouTube、FB、IG 各平台的優點，並加以改良、優化。

且 Tiktok 可說是剛好跟上網紅經濟爆發的年代，人們開始知道要如何從粉絲效應中賺錢，例如賣周邊商品、廣告代言等商業模式，也將多首歌曲拱上熱門排行榜，因而塑造了不少網紅明星。

還有一點是 Tiktok 平台上的使用者年齡偏低，時常被嘲笑是小孩子的創作平台，但他們卻忽略了年輕世代相較於二十四歲以上的族群更樂於訂閱、分享及留言，粉絲消費力更不可小覷，連現在 YouTube 平台上也以中低齡族群佔據聲量主力，從廣告角度思考，年輕族群的流量與擴散力才是網路時代最有價值的資產。

好比 YouTube 上的網紅一樣，當網紅可以從粉絲的點閱數中賺錢後，他們除了更積極創作影片來吸引粉絲觀看，也會透過接取廠商的廣告代言、粉絲彼此間的推薦，打響 YouTube 的知名度，形成一個生態系擴張的正向循環。

所以影音平台向來是大者恆大，市場成熟之後像是 YouTube 及 Tiktok 這種創作平台，主要流量來源都來自網紅明星，很少是素人創作者所貢獻，如果要打破壟斷的局面，最快的方式是直接挖角這些網紅，連帶把他們的粉絲一起搶過來。

但挖角網紅的價碼極為昂貴，例如微軟先前就砸了 5,000 萬美元挖走 Twitch 平台的直播主 Ninja，為的就是他背後龐大的粉絲流量，社群平台彼此間的競爭代價遠比想像中高昂，只要搶先壟斷熱門的網紅明星，其他平台將難以撼動，築成業界之間的競爭障礙。

這也是為何 Tiktok 在推出之際，便砸錢併購、大手筆廣告行銷，積極尋求明星合作，一旦網紅與粉絲在平台上紮根，等同創造出很高的進入障礙，只要再逐步回收成本即可，與 YouTube 的發展史頗為類似。

Tiktok 能有這麼快的竄升速度，原因跟網路世代的誕生有很大的關係，現在

年輕人已漸漸減少瀏覽 FB 的時間，他們認為 FB 很無聊，因為它是以文字為主的平台，雖然也有圖片及影片功能，但大多數的內容仍然是靠文字傳播，不管是粉絲團、社團還是個人貼文都是以文字為主體。

此外 FB 早從分享私人貼文，轉型為公開型的社群平台，主題涵蓋政治、興趣、愛好及品牌經營，不再是原本個人分享生活與想法的平台，導致 FB 的使用者年齡從數年前開始日漸偏高，部分年輕族群甚至對嚴肅古板的 FB 感到厭倦。

為補強個人社群層面，FB 於 2012 年以 10 億美元收購 IG，它們發現年輕世代更樂於用圖片或影片分享自己的生活，操作簡單外，IG 本身還提供多項圖片濾鏡功能，使用者能輕鬆拍出好看且極具創意的照片，很適合用來記錄與分享生活，成功補足 FB 的個人社群功能，但 FB 流量仍被 YouTube、Twitch、Tiktok 等影音平台大幅瓜分。

面對影音平台的威脅，FB 陸續在 IG 新增短影片功能，但依然不敵 Tiktok 在新興市場的成長速度，因為 IG 不是網紅影音產品，而是個人社群。

因此 FB 推出 Lasso App，這是一款與 Tiktok 相當類似的短影音 App，希望能利用 FB 原有的龐大使用者，搶占 Tiktok 的市場，但 FB 對於網紅經濟的運作並不熟悉，無論是 FB 還是 IG，都不曾出現爆紅的網路娛樂明星。

據統計顯示，Tiktok 在 2018 年 9 月為美國下載量第一的 iOS 應用軟體，11 月下載量更躍升全球第三，活躍用戶數突破五億，全球僅 FB、IG、WhatsApp 達到此規模。

短視頻行銷的爆發，Ad Age 指出，約 33% 消費者觀看影片不會超過三十秒，45% 消費者一分鐘內會關掉影片。所以短視頻行銷如何做到位，線上導流，線下帶動業績成長，讓行銷預算效益最大化，成為網銷的新挑戰。

紐約大學史登商學院副教授 Adam Alter 在《欲罷不能：科技如何讓我們上癮？滑個不停的手指是否還有藥醫！》 中列出六項行為上癮的構成要素，包含如下。

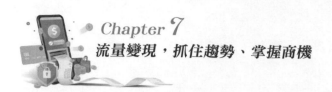
⭐ 誘人的目標。

⭐ 無法預測的回饋。

⭐ 漸進改善的感覺。

⭐ 越來越困難的任務。

⭐ 未解決問題的緊張感。

⭐ 強大的社會聯繫。

① 自動輪播，無法預測更無法抵擋

打開應用程式，腦袋一片空白，還得輸入關鍵字並點擊，才有影片可看，這樣的過程你肯定不陌生。短視頻提供截然不同的體驗，使用者打開應用程式後，不限種類的短片會開始自動輪播，偶爾出現感興趣的影片，就如同拉霸機，讓人無法預測結果，不確定性越高，得到正向回饋的刺激及喜悅越大，這樣的機制，可稱作間歇性變量獎勵，促使大腦分泌多巴胺，讓人不上癮都難！

② 意猶未盡挑動觀眾神經

「未完成的事，總是讓人念念不忘」，以一句話便詮釋了「蔡戈尼克效應」在消費者行為上帶來的影響。「有始有終」，是人類天生有的驅動力，若工作未完成，便會留下深刻印象，驅使完成任務。

短視頻應用程式，掌握了這一點，影片的配樂、故事、情節，在高潮時停止，期待落空的感覺，讓人不由自主地重複撥放影片或接看續集，不知不覺便花大把時間觀看及追蹤影片。

③ 短視頻大幅提高黏著度

點讚、留言、分享都不夠看，匿名群聊、金幣賺取、線下活動……各式花招，

讓短視頻在新零售時代中，也能線上、線下市場全拿。看到一則廣告或視頻後，不自覺地想要分享或產生購買的動機，絕對是因為觸動了觀眾內心的「情懷」，分享造成話題，話題帶來商機。

想想光在 Tiktok# 海底撈 # 話題下，近一‧五萬人參與挑戰海底撈創意新吃法的活動，短短十五秒自製創新醬料：花椒＋花生碎＋調和油＋蠔油＋蔥花的視頻，就有兩百萬以上觀看人數，比起砸大錢下廣告，製造話題吸引觀眾前來成為消費者，利用強大的社會聯繫帶來營收，才是聰明、省時的做法。

短視頻行銷人人做，如何做得出色還能變現？「隨著訊息的發展，有價值的不是訊息，而是注意力。」諾貝爾得主赫伯特‧西蒙說。在大量資本進駐，粉絲數飆升的短視頻黃金時代，要想掌握社群習性，產出吸睛內容，曝光品牌又能收割粉絲，與你分享以下幾點。

① 「影片亮點」引起觀眾迴響

「情感訴求」絕對是短視頻行銷的一大重點，試著在十五秒內讓觀眾走心，將創意包裝進產品賣點中，好比海爾集團的 # 洗衣機硬幣達人挑戰賽 # 就是相當成功的案例。

海爾在運轉中的洗衣機上成功豎立一枚 5 角硬幣，得到消費者的關注後，更在官方微博舉辦 # 硬幣達人挑戰賽 #，關注人數高達六百萬，線下也在中國各大城市舉行「靜音行動」，吸引觀眾前往挑戰。

線上成功製造社群話題，線下更吸引大量人潮，不僅洗衣機穩定、安靜的特性大受肯定，企業追求極致產品性能的形象更深入人心，不走高質感路線，Local 道地的影片也能擄獲大眾心。

351

② 熱點移植複製，打造多樣化社群場景

「易模仿」與「可複製性」絕對是在短視頻上輕鬆創造話題的利器，複製成功模式，打造符合自家產品的活動內容，線下顧客導流就能輕鬆做。

Tiktok 挑戰門就是一個案例，各大百貨公司林立著間隔大小不同的立柱，消費者只要通過各個間隙，就能獲得相對應的消費折扣，引來許多人潮挑戰，挑戰者更在應用程式上發布影片，互動性十足外，商家更因為大量曝光產生商機。

③ 選對曝光管道，跨界合作事半功倍

「一千零一夜」和「夜操場」都是淘寶專為夜貓子打造的活動，數據顯示，晚上十點是淘寶流量高峰期，且淘寶廣大的消費者中有 35% 為九〇後的年輕人，獨特的商品和新奇的體驗，絕對是滿足年輕用戶消費內容需求的關鍵。

此時結合短視頻曝光，獨特和限時的吸引力，可是大增買氣的好機會，《逆轉鋼盔》完全展現短視頻跨界結合的成效，廠商表示「四年半的鍋，短片前三天播放量就達三百三十萬，三天訪問量突破四百八十萬」，可以見得影音行銷所帶來的營收不可小覷。

Tiktok 甚至被國外媒體稱為二十一世紀的鴉片，畢竟現今流量紅利已被大頭占據，每個人對於網路的使用也已相當熟悉，手機上安裝的 App 到了臨界值，因此在時間總量相同的前提下，我們的時間很難再塞入東西，但 Tiktok 做到了。

22% 手機用戶每天使用 Tiktok 的時間超過一小時！

現在是個體驗經濟、注意力經濟時代，除了產品和服務，人們更關注情感體驗和自我實現。據諾貝爾經濟學獎得主丹尼爾・卡尼曼的非理性經濟學研究，人們對一段經歷的感受取決於兩個時刻：「峰值」（最好或最壞的時刻）和「結尾」。

而在《打造峰值體驗》這本書中，作者希思兄弟認為這還不夠全面，他們認為所有的行為節點都會給人留下記憶，但只要找準並精心設計這些時刻，你就能輕鬆掌控情感，甚至可以設計行為並建立習慣，讓人上癮。

⭐ 選擇一個明確的目標。

⭐ 讓這個行為做起來簡單。

⭐ 提醒人們不斷去做這個行為。

用更簡單的三句話來描述：「有目標（意願）、夠簡單、快速回饋。」

以星巴克為例。星巴克給你的印象與回憶是什麼？我想當你聽到這個問題時，腦海中浮現的應該是……一踏入店裡的「咖啡味道」以及「店員的友善」吧？儘管整個服務的過程中讓你排了長隊、價格又貴、等待時間久……等這些較差的體驗，但你下次還是會去，因為星巴克給你的「一開始與離去的印象」（峰值）是好的。

又好比一些小兒科醫師會在診療結束後，送給小孩子零食與禮物，這樣一個微小的動作，即便小孩在過程中很痛苦，但最後的結果好像也沒有那麼痛苦難受。

那 Tiktok 是如何讓人上癮的呢？ Tiktok 的操作介面上，使用一整套「行為設計」形成的循環迴路，力度比上述星巴克與診所更強、更容易上癮，如果你玩過 Tiktok 就會知道，它的操作頁面非常簡單。

所以很多中小學生都能立刻上手，App 一打開就是全屏的短視頻，不像 YouTube 將所有的視頻分類羅列給用戶，其實一般人很少一開始就知道自己想看些什麼主題，所以一堆的影片與分類，反而會讓人覺得壓力很大、想跳出。

但 Tiktok 直接全屏自動播放影片，就是要讓你主動用手指「往上滑動」，刷出一個又一個的 Tiktok 視頻，它的成功就建立在這特別的行為機制上！

因為一開始跳出來的視頻不見得是我們想看的，所以我們會想要看看其它的，且滑下一個視頻的成本門檻極低，只要輕輕地再向上滑動幾次，就一定會跑出感興趣的「有趣短視頻」。

滑到有趣的視頻後，大腦會分泌讓人體感到快樂的多巴胺，得到正向回饋，使你認為這是「手指滑動」得到的獎勵，這些快速又簡單的動作與反應，形成「有目標、夠簡單、快速回饋」的一種行為設計循環。

許多社群應用都是使用行為設計學來讓你上癮。無論是刷 Tiktok、LINE 朋友圈還是 IG、FB 或 Twitter……等，都是類似的行為機制設計，只不過 Tiktok 的介面簡單，與現在這個注意力不足、碎片化的時代更為契合，再用多樣的「短視頻」直接強化了「快速回饋」的項目，在最短時間內吸引觀眾的注意力，像賈伯斯當初在研發第一代 Apple 手機時，也是以行為設計來考量，僅以「Home」鍵便熱賣一百萬台。

另外在設計上，還有兩個小機制。

⭐ **素人也能紅的演算法：**越多人感興趣的影片，平台推送的加權值就越高（Tiktok 會自動推送給適合的人）。這跟創作者的粉絲數與背景似乎沒有什麼太大相關，因為 Tiktok 上有太多例子是做出一支有創意的影片後，就在一夜之間爆紅。

⭐ **社會認同原理：**所謂的社會認同，其實就是從眾心理。影片的呈現介面上只有幾個圖示，包含「多少人」點讚、評論與分享，引起用戶想：「這麼多人看，那我也要一起！怎麼能落後呢？」

隨著網路與行為科學的成熟，懂得運用「行為數據」、「碎片資訊化」、「體驗經濟」的概念去抓出人們的注意力，但也有人批評 Tiktok 過於碎片，僅有十五秒的內容，認為這是沒有深度的平台，但這其實在於你怎麼定義內容，見仁見智。

透過行為的大數據分析，可以看到很多人的不理性行為，這也是為什麼 2017 年諾貝爾經濟學獎獲獎議題是非理性行為經濟學，不是過去認定的理性市場經濟學。因為機器與人工智慧是為了生產「確定性」，而我們人類之所以獨特，是在於，我們生產「不確定性」；藝術與創意，就是把我們從確定性拉出來的東西。

Tiktok 可說是年輕世代，甚至中小學生近幾年最熱門的話題，只要開啟 FB、IG 或 YouTube，都可以看到許多爆紅的 Tiktok 短片，影片中的少男、少女們配合

著流行音樂的節奏，充滿自信地跳出俐落又吸引人的舞蹈動作。只要下載 Tiktok，選擇自己喜歡的歌曲，無論時間地點，都可以立刻創造出屬於自己的音樂短片。

雖然「聽音樂對嘴錄影」並非 Tiktok 獨創的概念。市場上第一個錄影自拍的 App 來自德國的「Dubsmash」，於 2014 年推出後立即引起一股狂熱的「對嘴錄影」熱潮。之後，有二名年輕人推出了主打十五秒短影音的「Musical.ly」，一樣馬上在美國爆紅，不僅擁有高達二千萬名用戶，更有「音樂版 IG」的美稱，而 Tiktok 上類似的影音也掀起一陣旋風。

身處資訊爆炸的網路時代，許多人都習慣用生活中的「零碎時間」上網、滑手機，像吃速食般快速吸收網路媒體上的傳播內容。而 Tiktok 看準現代人追求「快、短、即時」的媒體使用習慣，靠「好上手」及「快速滿足虛榮感」兩大優勢，緊緊抓住年輕人的目光，成為社群平台的佼佼者。

要錄製一段專業的舞蹈影片，不僅需要舞蹈能力、攝影及剪輯設備，錄製的場地和後續推廣也要花費大量心力。但 Tiktok 透過優秀的技術能力，簡化這些繁複的操作與流程，只要點選幾個按鈕，你就能用 Tiktok 快速製作精美的音樂影片，甚至能加入特效，讓影片更有趣。

Tiktok 透過社群平台的形式，快速擴散用戶的影片，其他用戶可以透過「留言」、「送愛心」來表達對影片的喜愛，滿足年輕人「想被認同、肯定」的虛榮心。許多年輕用戶也早已把使用 Tiktok 視為日常，每天樂此不疲地花一至二小時的時間，錄製影音分享給其他人。

 病毒式影音行銷，讓腦袋無意識循環播放

病毒式行銷（Virus Marketing）又稱基因行銷。美國歐萊禮總裁兼執行長提姆・歐萊禮提出病毒行銷是指資訊會從一個顧客傳送到另一個顧客，再由另一個顧客傳送到其他顧客。

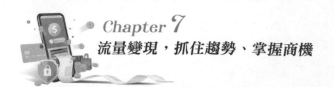

關於「病毒行銷」的起源雖然眾說紛紜，但普遍認為最早提出這一名詞的是哈佛商學院畢業生 Tim Draper 和哈佛商學院講師 Jeffrey Raypor。1996 年 Jeffrey Rayport 為《Fast Company》雜誌撰寫的文章中，首次使用了「病毒行銷」這個詞，次年 Tim Draper 和風險基金公司的合夥人 Steve Jurvetson 也用這個詞來形容 Hotmail 藉用戶郵件來為自己宣傳的行銷方式。

病毒式行銷通常會用極具創意、令人驚訝或產生好奇的聳動元素，穿插融入產品或服務之中，透過 E-mail、Blog、FB 等傳播工具，以文字、圖片、照片、聲音、影片、小遊戲、電子書、小程式等不同方式發布，當網友們發現一些好玩或好康的事物，就會再以 E-mail、PPT 討論區、YouTube 或 LINE、FB Messenger 等管道告訴別人，如此一傳十、十傳百、百傳千、千傳萬……就像「病毒擴散」一樣很快便傳播出去，這種靠網友彼此之間主動分享、積極互動的行銷方式，就是所謂的病毒式行銷。

美國電子商務顧問威爾遜提出病毒式行銷的成功六大關鍵。

⭐ 提供有意義的資訊（內容）。
⭐ 提供簡易方便的傳遞方式。
⭐ 利用網路用戶本身的資源。
⭐ 利用現有的網路媒介或平台。
⭐ 利用網路用戶的特性和習慣。
⭐ 傳播的範圍容易從小圈子向外迅速擴散。

病毒式行銷當中最好的例子就是 E-mail 行銷。E-mail 行銷除具備成本低廉的優點外，更大的好處其實是能發揮病毒行銷的威力，利用網友「好康鬥相報」的心理，只要轉寄信件，就化身為廣告主的行銷助理，一傳十、十傳百，甚至能夠接觸到原本公司企業行銷範圍之外的潛在消費者。

病毒式行銷一般可分為三大類。

1 推薦類

此類手法是推薦給其他朋友，若推薦成功，推薦便能獲得什麼樣的好處，讓人們願意因為有好處而分享。

我再舉個很有名的例子。Hotmail 初期在推廣時，他們還只是一家新興的免費電子郵件服務商，為打開市場、吸引更多用戶使用，他們在郵件的結尾處附上：P.S. Get your free E-mail at Hotmail。

只要 Hotmail 使用者寄送 E-mail，E-mail 結尾都會自動帶入一行暗示使用者的邀請：「現在就到 Hotmail 申請你自己的免費 E-mail 帳號。」使每位用戶間接成為 Hotmail 的推廣者，資訊迅速在網路用戶中自然擴散。

靠著這種行銷手法，Hotmail 在創建一年半的時間內就吸引千萬用戶，成為市場領先者，而且他們的行銷花費還不到競爭者的 3%。

2 免費類

此類手法是主動寄送免費軟體、免費遊戲、免費電子書……等贈品，引發他人注意並採取下一步動作。

《紫牛》作者賽斯‧高汀，是當今觀察最敏銳、直觀最犀利的行銷人，他在《紫牛 2》向大眾完整分析出免費的力量有多大。

《免費！揭開零定價的獲利祕密》作者克里斯‧安德森指出，「免費」從來不是一個新概念，卻不斷在演變：「免費」只是誘惑消費者掏錢的噱頭，每天用 Google 搜尋數十次，不會收到帳單，用 FB 社交，一毛錢也不用付。

3 休閒生活類

新聞文章、搞笑或驚悚短片等，都會讓人們覺得好笑或值得分享給他人。

我常常收到朋友寄來的 E-mail，裡面就有一些某某餐廳的照片資料、星巴克優惠資訊、某某品牌大清倉等資訊。聯電有位工程師設立的網站「我的心遺留在愛琴海」，網站上有許多美麗的照片，因而不斷被網友轉寄，兩個月內網站觀看人次突破百萬，只因這些照片具有話題性。

後來他出書了，根本不需要特別大力宣傳，因為已經有很多人看過照片了。另外像《我的野生動物朋友》這本書未出版之前，照片就已經經由許多環境保育團體人士大力宣傳及轉寄。又好比在我出版集團旗下的啟思出版社，他們出版了《我的紅樓不是夢》一書，深度採訪國內外二十二位同志的生命歷程，讓大眾能更了解這個多元世界，書未出版同樣受到同志圈廣泛討論，獲得熱烈迴響。行銷就是要找出重要的意見領袖（KOL），讓他們對某議題產生興趣，便會自動到處宣揚，內容一定要正中這些人的喜好，因為這樣也會讓訊息傳播的速度更加快速。

病毒影片廣告的鼻祖為廣告製片人艾德‧羅賓遜在 2001 年拍攝的一段搞笑影片。當時他為了宣傳自己的公司，特意拍攝了一段試圖吸引人們眼球的影片。在這段影片中，一個成年男子用嘴巴為橡皮船充氣，這時一個小孩衝過來猛地跳上橡皮船，導致橡皮船裡的氣全湧進了男子的嘴裡，最令人意外的一幕出現了，這名男子的腦袋和氣球一樣爆炸了。

羅賓遜把自己公司網址附在了影片結尾，然後用 E-mail 把影片發給了自己的朋友，結果就在那個週末，有六萬多人看了這段影片，羅賓遜的網站訪問量也因此大增。

現在更有人把自己的廣告放在影片前，看完廣告後才進入影片主題。就像去電影院看電影一般，在電影正式開演前，都會放一些跟電影無關的宣導影片。

統一 AB 優酪乳曾在網路上發表「麻辣鍋也不是故意的」網路文章，最後帶出「吃麻辣鍋前先喝 AB 優酪乳可保護腸胃」的結論；文章內容受到眾多網友熱愛、

大量轉寄。才兩週的時間，便累積超過四萬次的瀏覽數，超過二千次的轉寄數。

過去傳統的病毒式行銷僅限於 E-mail，如今靠著社群感染的強大力量形成口碑行銷，唯一要注意的是避免負面新聞的產出，因為負面比正面更容易流傳散布。

但現今行銷策略百百種，隨著數位技術躍進，行銷手法也不斷玩出新花樣。近年的議題活動挑戰、YouTuber 及 Tiktok 內容製作、品牌產品廣告等，透過社群及媒體讓話題及熱度持續延燒……其中不乏極為成功的影音行銷案例。經由社群及媒體的擴散能力，讓話題及熱度持續延燒，若再有人推一把，好比該領域的意見領袖，其效果不言可喻。

病毒式影音行銷是一種因應數位時代而產生的新形態行銷手法，不僅能在社群上達到極大的觸及成效，在其他各式媒體中也能成功抓住群眾目光，進而引起其對品牌、產品，或是對議題的關注。

不過在此之前，你需要先擁有一支具爆紅潛力的網路影片，以下統整出病毒影音潛力股的成功因素。

① 內容要具故事性，貼近消費者的心

具有故事的內容能讓消費者產生投射，在觀看影片時容易進入情境，只要劇情腳本對了，這支影音也就對味了！

② 創意即核心，讓影音更吸睛

在眾多影音中要如何脫穎而出？創意是關鍵。正因為有獨特的風格，才可以突破重圍。

③ 影片易傳播，前提是要找到合適的擴散者

以影片作為素材，除了比圖文更易於和受眾溝通外，在傳遞上也更方便、較易形成病毒式擴散。當影音被合適的擴散者分享，散播的速度及話題影響力也會被動地打中各目標族群，造成廣大迴響。

2017 年漢堡王運用病毒行銷策略，靠一支短短十五秒的影片，病毒式的攻佔媒體與社群平台，甚至引來惡搞掀起網友們的討論，也讓漢堡王奪得廣告界奧斯卡。表面上看起來這支廣告成功的原因是有一個很有創意的點子，但其實「創意」只是病毒行銷的關鍵要素之一，接著我想再多討論一下病毒行銷的五個關鍵元素。

病毒行銷，也被稱為基因行銷或核爆式行銷，透過像病毒一樣快速地傳播訊息。換句話說，在社群網路中與其他人分享產品資訊，就如同病毒從一個人感染到另一個人一樣。

病毒行銷早期的基礎是口碑的形式，但現在因為網際網路的便利性，轉變為主動將社群的「分享」與「標籤」傳遞給其他人，提供受眾免費的價值，可以是一支有創意的影片或有趣的貼文，目的只為塑造出一種病毒效應的氛圍，促使人們與他人分享，讓盡可能多的人收到或看到內容。

① 鎖定受眾和傳播管道

對誰說很重要，首要是找出誰是目標受眾，將對的內容傳達給對的人，以及他們在哪些地方出現或活動。找到對的人後，我們可以試著用同理心理解他們，同理心是理解動機的關鍵，在特定的情境與時間下，有機會透過各種行銷工具誘發消費者的行為。

如果希望目標族群可以主動與他人分享你的訊息，需要透過故事、創意來包裝服務或商品，塑造合適的情境讓受眾傳達訊息，且傳播管道同樣重要，假如你在錯

誤管道曝光服務或商品，就無法有效打中目標受眾，甚至會有反效果。所以，如果你想把東西賣給別人，就應該盡力收集目標族群的資訊，花時間了解你的顧客，研究他們會在哪裡出現，透過這些管道接觸他們。

② 創造情感訴求，善於說故事

運用影片說故事是一個病毒傳播的好方法，影片可以塑造情境，感受到情感的衝擊，讓觀眾參與你的產品和體驗，大幅提升記憶，也就是說，當消費者感受到一個強烈的情感衝擊時，與你的品牌或服務有關，將會常存在他們的腦海中。

你應該將最多的資源與時間投入在創造情感訴求，這是影響成功與否的關鍵，要讓消費者注意到你的行銷活動，需要加入「出人意料」的故事，營造出獨特的氛圍與情境。故事一開始可能是只有少數行家或特定人士才知道的內容，但之後卻能引起消費者注意。

隨著時間鋪陳有邏輯性與相關性的故事，最後的結果要令人意外，你要讓消費者產生出乎意料的感受，這才是故事被傳播的關鍵秘訣！

③ 製造病原體：創意

創意讓消費者注意到你的行銷活動，尤其是加入「出人意料」的故事，營造出獨特的氛圍與情境。

④ 易於傳播，方便分享

在流感的季節，醫生會建議少出入公共場所，經常洗手不要觸碰眼睛或嘴巴，因為病毒在容易傳播的環境下才會快速擴散。同樣的道理，如果你的內容或故事易於分享或下載，就能像病毒一樣快速傳播，一是持續打開知名度，獲得關注；二是

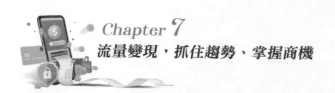

以小博大，減少廣告投放費用，獲取流量。

此外，病毒行銷的設計要簡單，避免過於複雜、花俏的創意，自然勾起消費者想分享給朋友的念頭，並選擇一對多的傳播工具或平台，達到快速散播的效果。

5 找合適的人講述、有影響力的人傳播

藉由社群是病毒行銷快速傳播的關鍵，找到目標族群中有影響力的人士分享你的內容，推薦你的商品或服務，引起更多人的注意，看到你的行銷活動。

所以選擇適合說故事的人也很重要。舉例，幼稚園老師說「小朋友做的餅乾最好吃」；但如果是專吃小孩的巫婆說「小朋友做的餅乾最好吃」，其含意是不是完全不同了呢？不同人說的話，傳達給目標受眾會有不同的感受，因此要慎選有影響力的人，同時排除那些影響你向顧客傳述正確故事的人。

病毒行銷不是一夜之間可以獲得成功的策略，需要從品牌本身或核心賣點連結，將火力集中在「內容」與「社群」，避免病毒內容備受關注，但品牌卻沒有人知道，你需要不斷分析、測試、嘗試不同的策略，以達到你期望的成就。

快速擴散，讓產品快速引爆的秘訣

最早是被用在 E-mail 系統中，透過收件人的人際網絡，讓訊息能藉由「口碑」轉寄，將訊息快速地像病毒般散播給更多的潛在消費者；現今數位行銷則透過社群媒體平台的「分享」和「標籤」功能，讓品牌的價值與信念得以被無限傳播。病毒行銷的優點在於……

比起傳統的行銷手法，病毒行銷不僅為你大幅降低行銷成本，也能產生如「使

用者生成內容」所帶來的高曝光加乘效果。

因為比起品牌自己大張旗鼓地宣揚自家產品或服務，對消費者而言，還不如使用者的評論、見證來得更具有說服力。成功的病毒行銷活動應該包含以下三件事。

① 有明確的目標

確定此次病毒行銷的活動想達成的目標是什麼，它的指標為何，盡可能排除其他雜訊，專注在這件事情上。

舉例來說，如果你的 IG 官方帳號上已經有很高的人氣與涉入程度，但 E-mail 名單蒐集的數量還不夠多，那就可以試著透過病毒行銷的方式，針對 E-mail 名單蒐集打造一個完整的活動。

② 提供令人難以抗拒的獎勵

幫你宣傳的消費者能夠得到什麼樣的好處？你所給予的獎勵是限量的嗎？獎賞是新產品還是現金？在你開始活動前，要事先制定出獎勵機制的遊戲規則，好比限量的商品、全套的系列產品、禮物卡、一生一次的機會、有名人光環的產品（使用過的商品、代言的產品、簽名……等）、機票、住宿優惠、餐券。

澳洲手錶品牌 The Fifth Watches，就邀請使用者 Tag 他們的朋友，以獲得手錶的機會。美國時尚服飾品牌 Lilly Pulitzer，其產品的最大特色是商品上有著色彩鮮艷的熱帶風情圖案，該品牌在兩年前曾經舉辦一個贈送「行事曆」的活動，獎項共五十個，只要註冊個人的信箱，選擇自己最喜歡的記事本，然後分享給朋友就可以參與活動。

此舉為 Lilly Pulitzer 獲得九千個 E-mail 名單、二萬多個讚，以及超過四萬瀏覽人次到活動登錄頁面，更驚人的是，在活動開始前十天就有 200% 的投資報酬率。

③ 找到對的引路人

口碑行銷其中一環很重要的就是意見領袖，你可以透過這些意見領袖或是具有影響力的人為你宣傳、推廣活動，讓病毒行銷的效益能夠加速又加倍。

像先前為了讓更多人關注漸凍人議題，社群網路上掀起「冰桶挑戰」的募款活動，隨著微軟創辦人比爾・蓋茲、FB 創辦人祖克伯和 NBA 球星、甚至是歐巴馬分享後，颳起一陣風潮。挑戰規則如下。

- ✪ 參與者要將一桶冰水倒在自己頭上。
- ✪ 將過程拍成影片上傳到社群平台。
- ✪ 指定三位好友參加挑戰。
- ✪ 被朋友點名的人要在 24 小時內接受和完成挑戰，否則就要捐 100 美元給美國 ALS 協會。

與 2013 年相較之下，2014 年所募得的資金是 2013 年的 6.7 倍，高達 1,140 萬美元。那到底要怎麼樣操作，才能讓訊息像是病毒般地被傳播呢？你可以從使用者產品經驗、內容兩方面著手。

① 獨特的使用者產品經驗

Diamond Candles 這個品牌，除了蠟燭使用全天然的原料製造外，蠟燭裡還有一枚戒指。蠟燭燃燒完後，消費者會發現竟藏有一枚價值十美元的戒指以及一張小紙條。

如果你的小紙條裡寫著 100 美元、1,000 美元、5,000 美元，就可以根據紙條上的說明，選擇符合你的戒圍、款式的商品，而蠟燭的價格則在 25 至 35 美元之間。該品牌利用這個獨特的賣點，讓使用者在網路上分享他們的開箱經驗，引起廣大討論，為他們帶來 100 萬美元的營收。蠟燭裡面有戒指這樣意外的驚喜，讓買的人或是收到 Diamond Candle 作為禮物的人都感到非常新鮮有趣，所以使用者願意分享他們家的產品及使用經驗。

② 內容貼近消費者的心

　　成立多芬自信基金會的 Meaghan Ramsey，希望透過實體的學校課程、青年工作坊和線上數位資源，教育「外表自信」的重要性，改善社會大眾對「美」的錯誤刻板印象。因為他們發現只有 4% 的女性認為自己是美麗的，所以這些年來，不斷拍攝讓女性重新認識自己與愛自己的相關影片，重拾女性的自信光采。

　　在台灣備受關注的應該是它們推出的 Real Beauty Sketches「妳比妳想像得還美麗」（You are more beautiful than you think）這支影片。

　　多芬找來 FBI 的側寫畫家，讓參與的女性透過自己陳述的模樣，畫出她們的第一幅畫，接著再找另一位跟她見面過一下子的陌生人，重新描述那位女性的長相特徵，畫成另一幅別人眼中的她。

　　女性在描述自己的外表時，多半是態度遲疑、缺乏自信的，使用的形容詞也較為負面。兩幅畫完成以後，多芬將畫並排放置，設計成一個小型的展覽，再將這些受試者找回來看「自己與她人眼中的自己」的差別。

　　結果意外發現，在別人的眼裡，她們比自己陳述時來得更美、更開朗、更有自信，在陌生人眼裡，她們原先自認的不完美之處，都成了最迷人的特色。

　　要讓一個內容像病毒一樣擴散，就要讓你的目標客群覺得發布到自己的社群網路，與親朋好友分享是有價值的，如此一來，他們便會白動成為你內容的傳播者，主動傳遞訊息。更高招的一點是，他們甚至不知道葫蘆裡到底賣什麼藥，就是想分享、想玩。

　　換成商品或服務來說，若你是市場上第一個發明這個產品或體驗的人，則可以從這個角度去思考，要如何激起人們熱烈的討論，產生相關的正向情緒反應，讓該項產品或體驗、服務很「酷」，甚至能吸引獲得主動推薦。例如，許多國際知名品牌在推出新產品時，普遍會結合影片或網路意見領袖的意見評論，利用「病毒式行銷」來提高新產品的知名度。

然而，想要運用「病毒式行銷」進行推廣，最重要的就是：如何針對產品的文案、圖片或是影片，擬出具有吸引力的內容來感動網友？讓他們願意在網路上主動分享，在網路社群中創造出話題，使網友們感受到這是個熱門的主題，藉以產生快速傳播的效果。

相信很多朋友都看過法國礦泉水品牌 Evian 所推出的「Live Young」廣告，「每個人的內心深處，都住著一個小男 / 女孩」是 Evian 秉持的概念，也是這支影片打動人心的關鍵。廣告傳達的概念很簡單，卻引起許多人的共鳴，除具備病毒式行銷的特點外，也提醒人們應該有「不老騎士」的精神，每個人都能「Live Young（活出年輕）」，而無關年紀。根據 Evian 表示：「這個廣告的意涵就是要連結最純真的心，這是一種自由、不拘束、感到興奮、激動的心情！」

但為什麼水和最純真的心有關聯呢？原來在 1935 年時，法國的水只會分配給婦產醫院，或是母親們照顧嬰兒時使用的，所以嬰兒不僅代表了 Evian 的品牌精神，也有文化與歷史的含意。

在網際網路時代，如何善用「病毒式行銷」，似已成為各產業營運的重要課題。其成功與否很難由品牌操控，而是要靠使用者心有靈犀，打從心底願意分享出去，才會有一傳十、十傳百的效果，這也是所有業者最希望達到的效果。

成功的「病毒式行銷」，內容並不是將產品丟上 FB 或是 YouTube，就可以自己造成廣大的迴響，而是花上許多時間與消費者溝通、傳達一個好的產品概念或是說一個動人的故事，使其與產品結合，更能打動人心。

此外，要如何善用社群網路，制訂具有病毒感染力的行銷策略，又是另一個重要的課題。

社群這樣用才有效，搭配 KOL 讓行銷起飛

近年來，產業面臨數位轉型，許多品牌與代理商表面雖數位化，卻始終沒打從心底想對接數位思維，即使將一波波預算投入數位轉型，仍感受不到其成效與真正的社群擴散力。

面對數位工具多元化，除了消費者取得資訊的管道碎片化，你也應該回頭檢視自己的行銷活動，是否有病急亂投醫的現象，在尚未掌握數位媒體使用方針時，就亂選擇不適當的內容與管道曝光，使自己的行銷規劃變得極為破碎，那究竟社群媒體該如何使用才有效呢？

想利用社群擴散，就要以社群思維打造創意內容，許多人議論一個問題，那就是在數位環境裡，創意的價值是否如從前重要？其實，在數位環境打造社群內容也應重視創意，且在數位媒體平台上溝通訊息時，不只要「內容創意」，更需要「內容策略」，必須考慮如何切入正確的創意，也就是根據不同管道、不同觸及對象、不同行銷目的，打造出目標群眾導向的創意，才能真正協助品牌與商品社群化，創造消費者們真正想看見及期待的內容。

除了打造具社群思維的創意內容，提升社群傳散效率，內容與媒體多角化布局也是關鍵！從觸及各式族群所選用的媒體平台與比重、善用不同平台的特性賦予不同任務、從單點媒體出發後再向下延伸布局，或是同時多點式進攻，及各種媒體最適合露出的社群內容是什麼？這些都是在前端擬訂社群行銷媒體運用策略時，你必須考慮的重點。

如美妝的口碑行銷，可多善用關鍵意見領袖（Key Opinion Leader，KOL）精準的粉絲群眾與社群號召力；想凝聚鐵粉時，則使用 FB 社團，這會比粉絲頁更有黏著度與互動力。

在網路世界，與品牌互動的深淺和階段，都有不同的行銷目的，需要溝通的訊息與方式也都不同，數位社群行銷的內容創意與管道選擇，都需要以原生的數位思

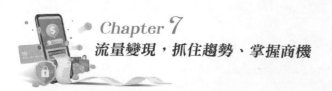
維及對數位生態的了解為基底，才能規劃出具有社群傳散力與能驅動導購行動的行銷計畫。

社群行銷也創造出新的名詞「網紅經濟」，部落客算初代網紅，現今的網紅一般多指 YouTuber、IGer 或直播主等，在網路上擁有自己的平台與粉絲群，也就是所謂「自媒體」。很多人對經營自媒體都很有興趣，嘗試的人很多，但要將部落格、影音或直播等，經營得有聲有色、一呼百應，並非人人都能做到，能以部落格養活自己的人，更是少數中的少數，據統計，以自媒體當正職的人僅佔 5 至 10%，其餘皆為兼職經營。

自從 YouTube、直播 App 與 Tiktok 興起，台灣也越來越多人討論「網紅」，甚至是想成為「網紅」。「網紅」這詞來自於中國大陸，根據《咬文嚼字》雜誌，網路上被網友追捧而走紅的人叫「網紅」，也就是「網路紅人」，指的是在網路、社群上竄紅的人，有可能是因網路短片而爆紅，也有可能是長久經營社群媒體，而累積大量粉絲。雖然同樣擁有數量眾多的支持者，但網紅和 KOL 的影響力其實是不同的。

在執行行銷活動時，與產品具備「相關性」的網紅，才能作為 KOL 意見領袖，他的言論能有效傳達給粉絲，影響他們的行為，進而帶來轉換；相反地，坐擁眾多粉絲的網紅，若與產品不相關，僅能達到傳播的效果，成效微乎其微。所以，能把人氣轉化為買氣，把粉絲變消費者並增加收入的，便稱為「網紅經濟」。

1 邀稿 & 活動推廣

一般廠商邀請自媒體 80% 以上皆屬此類，也是最常見的合作方式。撰文方式依自媒體不同風格而定，建議先觀察其讀者 / 粉絲的族群屬性與自家品牌的目標客群是否一致，確定相同後再合作，這樣推廣的成效才好。

② 廣告版位

許多知名部落客都會收到廣告廠商提出側欄廣告的合作邀約，最常見許多飯店訂房網站會跟知名旅遊部落客聯繫，洽談廣告板位與抽成分潤；Google AdSense 也有提供側欄廣告抽成分潤服務，許多免費部落格平台皆內建側欄廣告，等於經營自己的部落格時，也在幫平台賺取廣告費，平台提供的回饋則是讓部落客免費使用，或是享有一些平台優惠；而 YouTube 是在影片中插入廣告，YouTuber 可以從中獲取拆帳收益。

側欄廣告已是許多人瀏覽網頁時習以為常的廣告版位，另有一種「蓋版廣告」則會影響使用者閱讀，原部落格龍頭痞客邦就是因為使用蓋版廣告，造成許多部落客決定「搬家」，將原內容搬出痞客邦至其他平台或決定自行架站。

知名部落客光側欄廣告每月有幾百美金收益，金字塔頂端 YouTuber 每月甚至可達百萬美金收益，但必須以驚人的高流量為前提，可這確實是個好的變現管道。

③ 軟性文章

「軟文」是指由品牌的市場企劃或文案人員來負責撰寫的文字廣告。與硬廣告相比，軟文之所以叫做軟文，精妙之處就在於「軟」字，它將宣傳內容和文章內容完美結合在一起，讓用戶在閱讀文章時，能了解策畫人所要宣傳的東西，一篇好的軟文是雙向的，讓客戶得到他需要的內容，也了解宣傳的內容。

④ 透過自媒體宣傳或銷售產品

一般較多見於粉絲頁或直播直接介紹產品時，會帶到購買連結進行「導購」的動作，銷售重點在於自媒體介紹方式與產品本身吸引人的程度。有些 3C 產品例如手機架或行動電源，靠網紅直播販售，一小時營業額破百萬也是有的，但關鍵一樣在於粉絲群與產品客群是否相同。

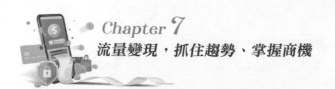

跟傳統電視購物有點相似，差別在族群鎖定是否正確、有無事前預告及活動折扣推廣等，說來容易，但實際執行沒那麼簡單，從找合作對象、活動流程等都需經驗與相關知識。

5 進行粉絲群行銷，搭建平台直接銷售

能自行架設平台的自媒體較少數，因架設平台所需的成本較高，自媒體大多又是個人經營，故較難有足夠的資源創立平台，也無法憑藉現有平台的人氣吸引粉絲。

但相對的，自媒體搭建自有平台也有莫大好處，除了不必受限原有平台各種的規則或功能限制，若對自媒體品牌有更高的展望，那搭建自有平台絕對是勢在必行。

近年來 KOL 如雨後春筍，逐漸占據業者廣告支出重要的一環，他們本身就是一個廣告管道，越了解 KOL 的屬性，越容易搭配出有效益的廣告，大中小號、數位廣告玩法多，透過大數據分析，能更靈活組合 KOL 行銷。

網紅經濟起飛，越來越多人尋找 KOL 進行業配，品牌如何與他們合作，又該如何幫產品找到適合的 KOL，成為近年熱門話題。

網紅行銷是現今熱門行銷方式，但有許多行銷方式依然停留在傳統的導購為主，對於有影響力的網紅而言，多半會顧及粉絲愛好而推掉合作機會，因他們是最了解粉絲的人，粉絲的喜好自己最清楚，如果接了不適合的合作造成粉絲反感而掉粉，網紅寧願選擇不合作或是與其他適合的品牌合作。

因此，若在合作前能針對整體活動流程做好詳細規劃，而不是簡單提供一個網址，要網紅推廣後便坐等業績上門，天底下沒有白吃的午餐，很多人總以為網紅同意合作就算是完成行銷了，但其實要賣出產品，還需要一連串的反覆交叉測試，唯

有找出轉換最高、反應最好的人選與廣告方式，才是網紅行銷成功的關鍵。

而且，我們身處一個「只要有心，人人都能是網紅」的世代，與其尋找網紅，不如把自己培養為 KOL，藉由拍攝視頻，讓自己充滿話題性，在高流量的狀態下，讓別人自動把錢財捧到眼前，這樣不是更好嗎？

但你可能會擔心要成為網紅，會是一件很困難的事情，因為若想成為網紅賺錢，勢必要自帶高流量，但其實你不用擔心這點，因為現在有所謂的「奈米網紅」，奈米網紅不同於我們一般所認知的百萬流量網紅，他們的粉絲數大約在一萬名以內，雖屬小眾，但也因此成為一項優勢。

奈米網紅與粉絲的互動率反而好，品牌也比較容易與他們建立長期關係，且品牌在執行 KOL 行銷時，考慮粉絲人數外，也會考量廣告預算的問題，許多粉絲數達五十萬以上的網紅報價十分昂貴。

因此，許多品牌轉而考慮尋找微網紅和奈米網紅合作，合作費用較划算，也可以用產品交換來合作，比起百萬網紅更具可接近性。雖然大網紅曝光度較高，但行銷成本也不低；換算下來，奈米網紅的轉換率、動員力、爆發力，一點都不輸大網紅。

根據網路行銷業者統計，奈米網紅的互動率平均超過大網紅六成，這是為什麼？這就要從觸及率討論，礙於社群平台的演算公式，可以發現粉絲數越高的網紅，主動觸及率反而較低，因為大網紅的粉絲基數較大！

好比找一位百萬粉絲群的網紅，主動觸及率可能只有 2%，人數約二萬左右，但如果你找五十位粉絲數二萬以下的奈米網紅，觸及率可能超過 10%，約十萬。而且十位奈米網紅全部所需的預算，要比大網紅低很多。

再來則是大網紅的粉絲結構可能不大明確，不見得能吸引到你想要瞄準的受眾，且大網紅和粉絲的互動率較低，但奈米網紅就不同了，他們因為粉絲數少，所

371

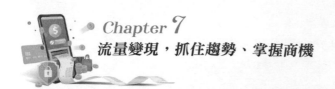

以品牌能根據該名網紅的類型來挑選，目標群眾相對精準，且互動率高，每位粉絲可能都有機會互動到，這也是他們能創造出高轉換率的原因，只要做好事前評估，一樣能創造可觀的 KOL 行銷效益！

所以，你根本不用擔心流量不夠的問題，現在低流量也自成一片天，且你也不用把網紅視為正式職業，奈米網紅的出現，代表業主並不看重粉絲人數，而是看中粉絲互動的影響率，所以你也可以把它視為斜槓，能多賺取一份收入多好！

究竟如何變現？

大家都知道影音和社群目前是一個巨大的流量風口，無論是大公司、小公司，還是單純想做網銷的人，都紛紛朝這兩大市場進攻，但真正透過影音、社群賺到錢的人少之又少，可能 5% 都不到。

如果你想要透過影音來賺錢，那你就一定要先想好變現的管道，只有你想明白、想清楚自己的贏利點後，你從中賺錢的概率才會無限放大。任何不能變現、缺乏商業價值的手法都是浪費，純屬娛樂沒有意義的影片和貼文只能說是分享生活。

那究竟要怎麼利用影音及社群變現呢？

其實變現的方式有很多種，千萬不要把自己局限在某一種方式中，諸如接廣告、做電商、開直播、替商家或企業引流，甚至是獲得其他衍生價值，成為明星、網紅之類的都是一種變現方式。

首先，你必須明白行銷的起點就是「顧客」，當你越接近顧客，越了解口碑行銷，銷售才會量級成長。因此，想辦法「讓更多人體驗」，藉由體驗接觸，才有可能進一步「創造」出鐵粉（忠實顧客），打動他們購買。

1　印象深刻

必須先讓目標受眾「記得你是誰」，才會有後續的動作。請記住「顧客知道你有很多特點，但不會知道你最厲害的是什麼」這是大家的通病，所以請先明白自身定位或產品定位，才有辦法讓人記住你，降低說服成本。

2　有來有往

任何的留言、分享或是購買，都間接證明受眾記得並接受你的回應。因此，我們得創造接觸、故事與互動點多元互動，讓消費者願意體驗，並認同你的「品牌化價值」，如同電影情節留下更深刻的經驗。

3　雀屏中選

當受眾接受你的品牌形象後，你還得給他明確的理由，因為有時不是對方不需要，而是你還沒有給他一個被打動的理由。像有些麵包店會讓客人免費試吃，創造免費體驗，降低顧客買到不喜歡的麵包之風險，也是一種說服購買的「理由」。

又好比哈根達斯冰淇淋，其品牌理念不只強調販售冰品，更重要的是「讓人感受愛的存在」，超越產品的功能本身，增強購買的價值。簡言之，你要讓顧客不僅願意選擇你的品牌價值，還可以從認同中產生「購買習慣」。

4　鍾情於你

很多人在拓展客源或粉絲的過程中，往往忽略經營老朋友（元老客戶）的重要性，但其實只要多了解這些忠實顧客（鐵粉），反而能為你創造更多的黏著點。

管理學之父彼得・杜拉克曾說：「一切的經營活動，最終都是為了績效。」即便是經營顧客，你也要先掌握目標受眾的輪廓。別永遠將市場鎖定在廣大的消費者

上，因為如果你不懂具體行銷群體、具體評估成效的方式，就不會有進步空間。

而在透過網路變現的過程中，有二大要點你不能不知道，講解如下。

1　流量為王

在社群經營上，圈粉的難度只會愈來愈高。主要原因來自於平台機制的下修，自然觸及率越來越低，當觸及率變差，引流的流量自然也會陷落。即便透過付費廣告推廣，也會面臨廣告競價比五年前還貴的情況，不論是自然觸及還是付費廣告，流量取得成本或自然觸及人數只會愈加困難。

2　內容至上

所有集客的重要基礎皆來自於內容，因此內容的創意，近年融入更多元素，將內容發揮得淋漓盡致。像諸多公部門所經營的社群，巧妙運用時事、迷因、跟風等手法，屢屢創造社群高聲量。

這也讓社群生命周期（Life Cycle）日漸成熟，也就是說，高擴散的創意將比以往更加困難，而且你有時還必須在有限的時間內產出內容，好比只要有颱風、地震，或黑天鵝事件降生，你都必須與其搭上邊。

藉由網路變現，打造自動賺錢機器，需要透過一個能產生群聚效應的媒體、平台來運作或經營，這個媒體在早期可能是 BBS、論壇、部落格，一直到 LINE@、LinkedIn、YouTube、Twitter、FB 及 IG。

「商務網站必須往社群發展，才能加強黏性，創造更多營收；而社群網站也必定要往商務靠攏，才能將流量變現，兩者必然交會。」阿里巴巴集團執行長張勇說。

「從來沒有想過要把 IG 變成商務平台，但對時尚人士來說，它已經是了。」美國圖片社群 IG 執行長斯特羅姆說。

「我們同時透過實體門市與網路，強力吸引消費者，虛實共進、增加利潤與市場佔有率。」瑞典服飾品牌 H&M 執行長佩爾森說。

如果你的產品、項目適合上面說的每一種盈利方式，那麼就都可以使用，如果不是，就選擇最適合自己的。下面與各位分享影音變現的五種方式，希望你能找到適合自己的模式。

① 接廣告，為品牌定製內容

影音怎麼變現？最直接的方式就是接廣告。只要在 Tiktok 上擁有一定的粉絲數量，就可以接廣告了。

在影片中植入廣告時，要注意其品牌的理念與影片的內容屬性相符，以保證在植入過程中兩者和諧一致。如果內容與該品牌屬性相契合，就有可能產生 1 ＋ 1 ＞ 2 的效果，反之適得其反。

好的廣告，是建立在不破壞劇情美感的前提下，要少而精，要與場景匹配，比如中國大陸 Tiktok 有一主播「老王歐巴」，他在打廣告時就喜歡利用幽默的段子、劇情或者肢體語言，讓粉絲在歡笑中不知不覺地接收了廣告資訊。

② 做電商，一站式購買

2018 年 3 月 6 日，Tiktok 平台出現了淘寶的賣貨連結（台灣尚未開放），擁有百萬粉絲以上的 Tiktok 帳號，其頁面可以添加購物車按鈕，粉絲看到這個購物車標識，點擊即會跳出商品介紹，甚至可以一鍵連結淘寶店家，直接購買。

Tiktok 主播可以用影音形式，直接引導用戶到商城購買影片中同款產品。一般

來講，粉絲低於兩百萬的 Tiktok 帳號，可以用來接品牌商廣告和電商廣告，也就是掛別人的商品，粉絲高於兩百萬的 Tiktok 主播，則可以考慮開店，賣自己的同款產品。

例如美食視頻號「野食小哥」，每天更新一個視頻內容，視頻最後有圖標引導「購物車」，透過購物車售賣訂製的牛肉醬，單日流量最高可達到七萬多流量。從野食小哥的案例中，可以看出做電商是一個很好的方式。

想做好電商，在產品上要做到這幾點。

⭐ 視頻展示的產品必須是觀看者內心嚮往的。

⭐ 產品必須時尚且實用。

⭐ 產品是大眾流行的。

⭐ 產品獨特有個性。

⭐ 產品可以體現出粉絲的品味。

⭐ 物美價廉。

當你的視頻中的產品滿足了這些條件中的任意三者，就可以獲得粉絲青睞，粉絲自然會順藤摸瓜，將產品加入購物車，直接下單。

事實證明，任何一個平台要想流量變現，產品永遠是最能夠持久的東西，廣告都只是暫時的。「邊看邊買」已經被很多影音平台掛在嘴邊很多年了，但形成規模的案例則鮮有耳聞，現在 Tiktok 已經有了比較成熟的體系，如果你有好的產品，可以做多方嘗試，當然，你也可以在別的平台發展。

③ 開直播

電商直播一定程度上類似於以前的電視購物，兼具直觀的體驗和娛樂性質。口紅一哥李佳琦在 Tiktok 直播中，五分鐘賣出一‧五萬支口紅，在這個爆賣的背後，是李佳琦團隊在背後做了一系列產品和服務的活動，滿足觀眾們的需求，所以才能在短時間創造出一‧五萬支口紅的記錄。

電商網紅直播就是市場行銷在網路時代下的產物，網路行銷就是建立在網路基礎之上，借助網路來更有效的滿足顧客需求和願望，從而實現行銷目標，創造收益的一種手段。

直播帶貨歸根結底還是透過「流量」帶來盈利，這是一種新型的流量獲取轉化方式，主播網紅們既有能力獲得流量，同時他們每一個人也是銷售。現在「直播＋電商」的模式風頭正勁，直播帶貨是現在網路行銷相當常見的形式，以各大直播平台為影音互動載體，進行全面的行銷活動達到一定的行銷目的，隨著直播帶貨的興起，一些有個性、有標識感、辨識度高的網紅會越來越多。

④ 引流，讓 Tiktok 之外的平台獲利

很多 Tiktok 號雖然不能在 Tiktok 上直接變現，但卻可以在 Tiktok 之外獲得盈利。比如有些垂直行業的 Tiktok 帳號，他們會在影片的簡介處放上 LINE ID 或某網址，將這支影片的流量導流至其他地方，或推出相應的周邊，或是為其他 App、平台帳號導粉，從而獲得紅利。

「一夜成名」的答案茶，CoCo 都可「布丁、青稞無糖」的焦糖奶茶配方……這些都是透過 Tiktok 來引流的成功案例。Tiktok 增加了社群電商的發展性，雖說 FB 早於 2016 年便開始了 Marketplace 的測試；IG 近年也陸續開放購物貼文讓消費者直接結帳，但就我認為，真正將社群電商發揚光大的還是非 Tiktok 莫屬，讓「對的人」看見你的商品是社群電商重要的一環，所以我們首先要做的事就是「匯集人群」，挑選合適的平台讓你的品牌被目標受眾看見，進而在社群上形成轉化，進一步成交。

Tiktok 便與淘寶合作，讓主播在直播時，能直接轉連結至淘寶的購物頁面，直接訂購該產品，賺取廣大的收益，好比前文提及的口紅哥李佳琦，他在雙 11 購物檔期便創下 10 億人民幣的銷售額，可見社群電商這種透明、更短、迅速的購物方式，正改變著人們的消費模式。

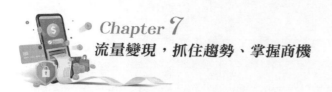
⑤ 轉型獲取附加價值

Tiktok 變現還有一種方式，那就是堅持原創，堅持更新，最終成為 Tiktok 界的大咖，也就是所謂的 Tiktok 紅人、Tiktok KOL。當你成了 Tiktok 達人之後，憑藉千萬粉絲，甚至可以與明星抗衡。達到這樣的境界後，你基本上就可以變現，獲得衍生附加價值，例如推出自己的產品、接廣告、代言、踏上星途等。

一個從零開始的 Tiktok 初學者只要堅持產出影片，有創意，就能成為大咖，成為大咖後就可以透過流量加以變現，這是一個必然的過程。所謂無心插柳柳成蔭，意外延伸出熱銷品，或從細節發現商機，Tiktok 這個巨大的流量池，盈利的方式值得我們細細探索。

Tiktok 的崛起，不僅顯示短影片市場的商機，更代表自媒體已出現新型態的發展趨勢，從最初僅以文字為主軸的網誌、部落格，漸漸發展為圖文並茂的 FB 及 IG 等社群，近幾年則逐漸轉型為以影片為主、文字為輔的 YouTube，而 Tiktok 的爆紅也明示了「短影音平台」為自媒體的下一個里程碑。

隨著科技的日新月異，人與人之間的傳播速度開始呈現爆炸式增長，相對地，消息汰換的速度也隨之提高。相較於過去，人們生產的內容能在更短的時間，獲得更多群眾的關注，但同樣地，也可能會以更快的速度被世人遺忘。

以十五秒短影音起家的 Tiktok，該如何突破此限制，用何種形式擴大當今的營運規模，將會是其日後發展的一大重點，所謂未來已來，新的平台、新的明星、新的型態，正在騰飛，趨勢的發展我們不容小覷。

宅經濟下的新興被動收入

現在受到科技及環境的影響，近年肆虐全球的 COVID-19 疫情，造就另一項自動賺錢機器的興起，也就是「線上課程」。線上教學、直播教學、遠距教學的需

求，隨著疫情影響高漲，各領域的專業人士紛紛投入線上教學市場，開創第二份被動收入，而線上課程其實就是我前面有提到的資訊型產品。

以往為了上課免不了必須在特定的時間到學校去，而且課程內容又都是比較籠統的概念、理論教學，並不是什麼能在現實生活或工作上加以應用的技術，所以也不怎麼讓人感興趣。但網路恰好彌補了這些不足，現在網絡上有各種各樣的知識教學，內容都是以現實生活中的實際操作為主，讓人學了之後，可以直接運用在生活或是職場上，因而衍生出線上課程。

真正的學習，都是出了學校後才開始！

只要有網路，你可以根據自己的喜好，隨時隨地收看，還可以終身收看、不限次數。對授課者來說也有許多好處，線上課程不需要煩惱場地租金或電費等雜費，當他們將教學影片錄製好之後，就可以放到網絡上自動銷售到全世界，任何想學習的人都可以在網路上購買，授課者也不用重複教導同樣的內容。

這就好比我早些年前在當補教老師時，每堂課的內容大同小異，課程內容幾乎都在解題，這種千篇一律的上課模式，使我的熱情漸漸被消磨殆盡，因而毅然決然地退出補教業，轉為踏入成人培訓的領域。

還有一個原因，線上課程是以影片呈現，所以你可以透過後製，將影片剪輯得更有趣，讓觀影者更容易吸收，同時他們可以依照自己的學習進度來觀看，這樣學習的效果能大幅提升，這也是為什麼現代人越來越喜歡線上課程的原因，甚至有外媒報導，線上課程市場將在 2025 年達到 3,500 億美元的規模，如此龐大的商機吸引各路商人，將銷售課程看作一門事業。

其實在歐美國家這樣的學習方式已經相當普遍，相信線上課程在亞洲也會慢慢被越來越多的人接受，最後成為主要的學習管道，如果有什麼特別實用的技能或經驗，都可以透過線上課程分享，幫助更多的人的同時還能賺取額外收入。

上班是用時間勞力換取固定薪資，如果你能將知識、技能包裝成線上課程，就可同時為多人服務，無時無刻都能銷售，替自己創造被動收入。而且錄製線上課程

也能擴大你的影響力，讓別人知道你是該領域的權威，我先前最常舉的例子是出一本書和成為講師，這兩種依然是擴大影響力的好方法，但與時俱進，現在又多了一項線上課程，如果真有學生超越你，你反而應該感到高興，因為這證明你的課程是非常有效的。

指不定觀看你線上課程的學生，將來能夠達到更高的成就，與他交流也能把自己拉到新的高度，這才是身為導師最樂意見到的。像我就對於弟子、學員抱著樂觀其成的態度，希望他們都能夠好上加好。

你可能會擔心自己夠不夠資格教別人嗎？其實無論是誰都可以在網路上銷售自己的課程，只要你有一技之長，認為你在某方面的特長可以幫助到別人，就都可以透過錄製線上課程分享出來，千萬不要自己把線上課程困難化了。且製作線上課程也不用靠自己慢慢摸索，網路上都有簡易的免付費剪輯軟體可以使用，你也可以選擇跟魔法講盟合作，魔法講盟有專業的製作團隊可以輔助你打造線上課程。

還有些平台採群眾募資，也就是眾籌的方式開課，在一定的募資期限內招到特定數量的學員後才開始錄製課程，這樣對你來說風險也較低，不用怕課程沒人買。假如你真的沒有專業技能，或是在相關領域中還沒獲得任何成果也不要緊，因為你不一定要自己授課，你可以和已經有成果的人合作，也就是所謂的借力。這些有成果的人不一定有時間，也可能不懂得經營線上課程，所以你可以投資自己，學習怎麼製作課程後再和他們合作，你可以參考魔法講盟的影音行銷班，課程便有傳授你如何拍一部影片。

下面列出幾點線上課程的優點。

① 利潤絕對比實體課程高

每開設一次實體課程，除了在教學成本上，就要先消耗場租＋水電＋人事費用以及教材印刷等龐大的固定成本，這些皆占營業額很大一部分。

而線上課程僅是將教學影片放在網路上販售，除了平台上架費，後續不用負擔

其他費用，也不會產生因課程滯銷所帶來的教材浪費問題，提高課程的銷售利潤。

2 未上架先銷售

線上課程可以先開放預售試試水溫，也能透過線上課程募資的方式，先拿到製作經費，再用這些資源製作正式影片即可。基本上，線上開課比起創業失敗的風險來說，已經非常低、而且容易複製，即便失敗了，也不會讓你一蹶不振。

且線上課程品牌要成功，平均花費的成本和時間，比起實體教學來說更低更短，最大的關鍵就在於：可以先蒐集客戶數據，透過分析市場回饋機制精準行銷，要不成功也難。

3 二十四小時運轉的自動賺錢機器

線上課程隨時都可以上課，這也代表著線上課程隨時都能產生收入。線上課程最大的好處就是只要有人購買課程，你就有收入進來，雖然線上課程前期的製作成本較高，但完成後，就能在網路平台上不限時、不限地區持續販售，即便你在睡覺，都在替你帶來收入！

4 授課方式彈性高

線上課程的授課形式，並不僅限於一種，預錄式課程、Podcast、單次直播、互動式直播等，都能夠應用在不同的教學需要，只要依照課程屬性或目的不同選擇授課方式，相較於實體課程來說彈性非常大。

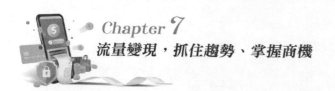

⑤ 教學品質提升

線上課程可以不斷修改課程影片，直至你覺得滿意，並且在錄製和行銷的過程中都可以有人協助，確保呈現出的線上課程授課品質是最佳的。

實體課程有報名才有收入，算是一種主動收入，但線上課程不一樣，它是一種被動收入，不需要特別關注它，只要錄製完畢上架，隨時都能產生收入，且你開設線上課程所分享的專業知識，是從你的專長興趣中延伸出來的副業或是身分，而非只是另一份兼差，這同時也有助於你的個人品牌形象大大加分，替自己帶來更多的合作機會，並創造更大的商業效益！

只要你擁有專長，就能運用自己的知識、專業，加以斜槓開設線上課程，打造一份半永久性的被動收入！試著想想，僅要準備一次性的內容，就能不斷吸引學生們前來報名，再加以運用自身的社群影響力和教學領域的權威性，就能為一成不變的教學內容，創造更多的可能性，這是多美好的事情呀？

而選擇一個適合自己的教學平台，具有一定的必要性，能助你少走一些冤枉路，讓製作出的線上課程能發揮最大的效果與影響力。我整理出幾個常見的線上課程平台，針對各大平台做簡單的介紹。

① Hahow 好學校

Hahow 最大特色為它是與募資結合的線上教學平台。在課程上架前，先以「募資」形式，讓學生可用「早鳥價」或「團購價」購買課程，也可同步反應課程問題給老師，讓老師得以調整授課內容與上課方向、目標。

課程分潤機制為，若你自行推廣連結銷售課程，Hahow 僅在課程費中抽取 10% 的費用，但如果是透過 Hahow 的行銷管道銷售，分潤費用會從 10% 變為 50%，你可以拆分到的金額也從 90% 變為 50%，差異其實蠻大的。

但 Hahow 的課程品質與課程內容擁有一定的水準，所以仍有不少人會選擇在上面瀏覽、購買課程。因此，儘管你的收益會被分潤，還是可以考慮在 Hahow 開設線上課程，不過因為 Hahow 對所有上架的課程有一定的要求，相較於其他平台門檻較高，上架可能會較為繁瑣些。

② YOTTA 友讀

不少人會把 YOTTA 跟 Hahow 搞混，因為 YOTTA 和 Hahow 都是透過課程募資的方式來上架線上課程，確實有點相似。兩者間最大的不同，就是 YOTTA 除線上外，還有線下的實體課程，且跟 Hahow 相比，YOTTA 的課程數量也較少。

相較於其他平台，YOTTA 的分潤方式較簡單，分潤機制是固定的，稅前金額扣除手續費後平台抽 30%、老師獲利 70%。這樣的拆分法對於已擁有一定學生或粉絲數的人來說，憑自己本事將流量導至 YOTTA 購買課程，最終分潤金額自然高一些；對於完全沒有教學經驗且需要行銷資源的人來說，這樣的分潤機制也相對友善，不會劃分級距來壓榨你的獲利。

③ PressPlay

PressPlay 以「創作者的訂閱制度」模式，在眾多的線上學習平台中殺出一條血路。相較於其他平台使用「一次性」的購買方式，他們採取「訂閱制」，訂閱者需定時付費，才能持續看到課程內容。

比較特別的是，PressPlay 除一般的錄製課程外，更有 Podcast 可供訂閱，而且平台上絕大多數的 Podcast 都可以免費收聽，內容包羅萬象，財經、生活、時事、娛樂、兩性等，都能在 PressPlay 上找到相對應的節目。

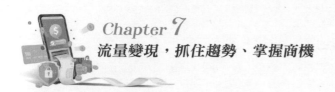
 Udemy

Udemy 是現今全球最大的線上教學平台，你只要跟著後台系統的指示就可以開課，加入門檻低，透過簡單步驟便能送出審核，但因為申請數量眾多，大約要等一星期、甚至更久一些，才會收到審核通知。

Udemy 平台不管是老師還是會員人數都非常多，所以如果你想在眾多課程中脫穎而出，就要替自己量身訂製行銷策略與招生方案。針對開課協助的部分，目前官網上提供開課協助資源、社群貼文等，但因為 Udemy 是國外的平台，所以使用介面為英文，對於不熟悉英文的人來說，要消化這些龐大的資訊量會感到痛苦。

不過在 Udemy 上架有一大好處，就是平台不與授課老師綁約，你的課程可以同步在其他平台上架，賺取更多收益。

 Teachable

這是目前許多國外高人氣的線上講師大力推薦的教學平台，它不像 Udemy 和 Hahow 那樣，在課程網址和平台使用方式上有許多的限制。Teachable 的老師可以隨意將課程連結至自己指定的專屬網址上面，對於課程的定價和銷售方式也擁有完整的自主權，這對增加線上教學收入和建立自己的品牌形象都非常有幫助。

目前使用 Teachable 製作線上課程的人超過七千五百人，總共開了四萬多堂課，受益的學生數也接近四百萬人，Techable 提供了四種方案，讓講師可以依據自己的課程需求，來選擇適合的方案。

不同的方案除了功能和服務項目有差別外，另一個主要的不同點是，Teachable 對選擇免費和基本方案的用戶會抽取佣金，較貴的商務級、專業級方案則不會被平台抽成。

⑥ 魔法線上學習網

　　魔法線上學習網為魔法講盟所開課的線上課程網站，操作便利、價格親民，搭配講師教學 PPT，使用者可以隨時學習線上課程，且終身學習、永久觀看。魔法線上學習網也有提供免費的課程諮詢，解決使用者所有學習上的困難，魔法線上學習網講求……

⭐ 著重趨勢應用與實際商務實戰，下班學習、上班應用，不出門也能上專業課。

⭐ 由業界各領域專家授課，建構起最紮實、完整、有效益的線上課程

⭐ 菁英培訓，線上線下結合，隨時隨地自學成長，立即啟動學習力。

　　魔法講盟也提供專業的「線上課程製作服務」，安排編輯提案與課程攝影服務，幫助有志者開拓斜槓身分，賺取多元被動收入。且除線上（直播）課程外，合作講師也可與魔法講盟合作開設實體課程，並在魔法線上學習網上架免費銷講影片，讓授課者可以曝光自己的課程資訊，不管是實體還是線上都能同步曝光，魔法講盟擁有最堅強的行銷體系、出版體系、雜誌進行曝光，實體與線上加以整合，讓講師在短時間內完成理想、夢想，因為魔法講盟講求的就是效果。

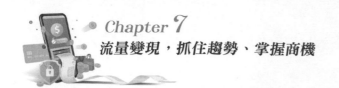
一般來說，線上課程是一次性的成本投入，製作完畢後僅需要負擔：

⭐ 平台營運費用（分潤抽成或是 SaaS 固定服務費）。

⭐ 課程維護時間（問題回覆、作業批改）。

⭐ 行銷推廣費用。

多賣出一堂課，你需要負擔的額外成本很低，賣給一百個人與賣給五百個人沒有太大差異，這也是資訊型產品最主要的優勢。當然你可能會問：「改一百人的作業跟改五百人的作業差很多吧！」

課程維護時間的確會隨著學生人數遞增，但只要事先設計好固定的作業批改格式，就可以加速處理效率；另外，只要給自己設定一個回覆頻率，就能讓從無止盡的課程答覆中解套。如果你想利用自身才能，開創不一樣的賺錢模式，那線上課程絕對值得嘗試，在這個看似早已風風火火的競爭市場中，其實客源會呈現高度的重疊性，不用擔心它會像實體課程一樣，學生上了這個老師的課就無法同時再上另一位老師的課；反而如果消費者對某專業領域感興趣，那麼只要是你信任有具備這項專業的老師，不管幾位、開設幾堂線上課程，都會對消費者有吸引力。

現在也有很多平台或 SaaS 服務商，為了讓使用者願意付費使用自家產品，會製作一系列的免費線上課程作為導購素材。好比蝦皮便希望讓更多賣家了解該如何來蝦皮上架商品、讓賣家更懂得如何經營賣場或投放廣告，才有了開設蝦皮大學這個 Idea，在蝦皮大學裡，有一系列免費或是價格親民的線上課程，因為賣家們的業績越好，蝦皮平台的營收也會越高。

相信很多人都想逃離朝九晚五的工作模式，想要創業卻沒有足夠的資金或經驗，而且風險也很大。但隨著網路科技的發達，在網路上賺錢、打造自動賺錢機器已不是癡人說夢，你也可以一邊工作一邊經營，直到賺取足夠的生活費再離職，線上課程就是其中一種方式，透過線上課程的建立，你可以創造屬於自己的數位資產，來增加自己的收入。

真是真 》》 真讀書會・生日趴＆大咖聚

真理指引の知識服務
全球華人圈最高端的演講

☐ **2022 場次 11/5（六）**
☐ **2023 場次 11/4（六）**
☐ **2024 場次 11/2（六）**

掃碼報名

「真永是真」人生大道，條條是經典，字字是真理！王晴天大師率魔法講盟知識服務團隊精選 999 個真理，打造「真永是真」人生大道叢書，每一個真理均搭配書籍、視頻、課程等，並融入了數千本書的知識點、古今中外成功人士的智慧結晶，全體系應用，360 度全方位學習，讓你化盲點為轉機，為迷航人生提供真確的指引明燈！

1. 馬太效應
2. 莫菲定律
3. 紅皇后效應
4. 鯰魚效應
5. 達克效應
6. 木桶原理
7. 長板理論
8. 彼得原理
9. 帕金森定律
10. 沉沒成本
11. 沉默效應
12. 安慰劑效應
13. 內捲漩渦
14. 乘數效應
15. 造富之鑰NFT
16. 外溢效果
17. 檳鈴原則
18. 元宇宙
19. 零和遊戲
20. 囚徒困境
21. 區塊鏈

……共 999 個人生大道 & 真理

超越《四庫全書》的「真永是真」人生大道叢書

	四庫全書	真永是真人生大道	永樂大典
總字數	8 億 勝	6 千萬字	3.7 億
冊數	36,304 冊 勝	333 冊	11,095 冊
延伸學習	無	視頻＆演講課程 勝	無
電子書	有	有 勝	無
NFT	無	有 勝	無
實用性	有些已過時	符合現代應用 勝	已失散
叢書完整與可及性	收藏在故宮	完整且隨時可購閱 勝	大部分失散
可讀性	艱澀的文言文	現代白話文，易讀易懂 勝	深奧古文
國際版權	無	有 勝	無
歷史價值	1782 年成書	2023 年出版 勝 最晚成書，以現代的視角、觀點撰寫，最符合趨勢應用，後出轉精！	1407 年完成 勝 成書時間最早，珍貴的古董典籍。

> 「真永是真」人生大道叢書，將是史上最偉大的知識服務智慧型工程！堪比《四庫全書》，收錄的是古今通用的道理，具實用性跨界整合的智慧，絕對值得典藏！

用區塊鏈打造自動賺錢系統

⚙ 什麼是區塊鏈

⚙ 區塊鏈演進四階段

⚙ 人生從思維開始轉變

⚙ 成功模式與商業思維

⚙ 反脆弱思維

⚙ 要賺錢,你要解決痛點、跟對趨勢

⚙ 區塊鏈創造被動收入的七個模式

區塊鏈，
新技術創造大商機

Building your
Automatic
Money Machine.

8 用區塊鏈打造自動賺錢系統

要打造超級自動賺錢機器，有一個非常重要的一點就是「時機」，時機對了自然水到渠成，人最大的成本不是金錢而是時間，趨勢一旦過了就永不復返。

1998 年，面對 100 萬美元收購 Google 的交易，Yahoo! 拒絕了。2002 年，Yahoo! 覺得還是收購 Google 比較好，開價 30 億美元，Google 還價 50 億美元，Yahoo! 放棄。

2006 年，Yahoo! 提出以 10 億美元加股票收購 FB，適逢 FB 內憂外患，Yahoo! 隨即又把價碼縮水到 8.5 億美元，感到不被尊重的祖克伯在董事會上當眾撕掉了協議書；2008 年，微軟帶著 400 億美元現金希望收購 Yahoo!，Yahoo! 內部在討論數月之後，拒絕了微軟；2016 年，Yahoo! 以 46 億美元價格賣給了 Verizon。

每個人的人生都會有三至六次的翻身機會，就看你有沒有把握住，還記得之前賺錢的趨勢是股票市場，有一本書《理財聖經》還相當暢銷。在股市當道的時代，「隨時買、隨便買、不要賣」這九字訣是投資股票的標準，從那時來看確實沒有錯，因為當時賺錢的趨勢就是股票，隨著股票漸漸退場，緊接而來的是房地產，許多人靠買房致富，因為那時候還沒有所謂的奢侈稅及房地合一稅，一間房子即便還沒過戶到自己名下，可以馬上又轉賣出去，甚至去搶預售屋紅單，只要過一天再賣出去，就可以賺取十萬元的差價，但房地產在近年已不再是投資的主流趨勢了，政府不斷打房外，房市在 COVID-19 的衝擊下，也猶如一攤死水，不能說沒價值，而是投資效益不如以往。

先知先覺者創造機會，如今是區塊鏈、元宇宙的世代，區塊鏈乃物聯網的升級，但區塊鏈並不是橫空出世，而是由網際網路→大數據→ AI 人工智慧→區塊鏈→元宇宙，一個一個科技世代堆疊而來的，從歷史的角度來看，人類從農工業時代發展了數百數千年，較劇烈的改變大概是從工業革命後，那個時代的趨勢就是重資產，誰擁有最多的重資產誰就是贏家，所以世界首富是那些眾人皆知鋼鐵大王，以及鐵路大王、石油大王……等諸多「大王」們。

從農工業時代進化到電腦世代，這時誰先掌握電腦技術誰就是贏家，因此當代的世界首富是微軟的比爾‧蓋茲。從電腦世代又演進到手機時代，這時候講求平台，誰擁有最大的平台、誰能提供最快速的服務，誰就是贏家，所以世界首富又變成了 Amazon 老闆貝佐斯。

而現在已從手機時代邁進區塊鏈時代，又即將邁入元宇宙時代，《2018 胡潤區塊鏈富豪榜》比特大陸三十九歲的詹克團以 295 億元資產成為「區塊鏈大王」，中國「八五後」和「九〇後」白手起家新首富均出自區塊鏈領域，也來自比特大陸，分別是財產 825 億的吳忌寒和財產 34 億的葛越晟，幣安、OKCoin 和火幣的創始人均位列榜單，加密貨幣交易平台幣安的老闆趙長鵬，則以 750 億資產位居行業第三，主營礦機最多，占 2/3；其次是加密貨幣交易平台。

北京可謂區塊鏈富豪之都，有八位居住於此；其次是杭州，有四位；上海和美國各有一位，這些區塊鏈富豪的平均年齡不到三十七歲，公司平均創立五年，區塊鏈行業成為胡潤百富榜上成長最快的行業，在之前發布的《胡潤百富榜》上，第一次有區塊鏈相關領域上榜者，便有十四位。

胡潤表示：「全球還沒有一個真正的區塊鏈上市公司。雖然有想借殼上市的火幣和 OK，有提交港交所想上市的比特大陸，提到區塊鏈，大多數人都馬上想到比特幣和乙太坊，當我們細分這個行業以後，看到以礦機為主業的最多，交易平台居第二。」

「在區塊鏈領域找到十四人財富超過百億，可能還遺漏五十多人，比我們百富

榜上遺漏掉的人數比例要高，主要原因是很難找到加密貨幣真正的所有者，但可以看到，比特幣價格從 2017 年 12 月高峰再度攀升，我相信三年內憑藉區塊鏈上榜單的會有上百人。」胡潤說。

區塊鏈技術對現在及未來都產生深遠的影響。任何一次財富的締造必將經歷一個過程，所謂：「先知先覺經營者；後知後覺跟隨者；不知不覺消費者！」你還在不知不覺嗎？快跟上區塊鏈、元宇宙這個未來的趨勢吧！

什麼是區塊鏈

如果你上維基百科去查什麼是區塊鏈，你會馬上放棄了解區塊鏈，因為維基百科的解釋是從技術的角度出發，說明區塊鏈是藉由密碼學串接並保護內容的串連文字記錄稱區塊，對於完全沒有技術基礎的人來說就是一場噩夢。

每個區塊包含前一個區塊的加密雜湊、相應時間戳記以及交易資料，通常用默克爾樹（Merkle Tree）演算法計算的雜湊值表示，這樣的設計使區塊內容具有難以竄改的特性。用區塊鏈技術所串接的分散式帳本能讓兩方有效記錄交易，且可永久查驗此交易。

看完以上區塊鏈的解釋，一定很多人想放棄了解區塊鏈吧！

區塊鏈是一個高端的技術，但我認為區塊鏈比較偏重於思維的轉變，它就是一個分散式帳本的概念，原本帳本是由一個人負責記帳，現在改成全體參與者共同記帳，其它的應用都是根據其特性衍生出來的應用而已。

至於技術基本上跟網際網路差不了多少，而區塊鏈源自比特幣，不過在這之前，已有多項跨領域技術，皆是構成區塊鏈的關鍵技術；現在的區塊鏈技術與應用，也已經遠超過比特幣區塊鏈，比特幣是第一個採用區塊鏈技術打造出的 P2P 電

子貨幣系統應用，不過比特幣區塊鏈並非一項全新的技術，而是將跨領域過去數十年所累積的技術基礎結合而已。

談到區塊鏈（Blockchain），大家都會先想到比特幣，但位於歐洲的「愛沙尼亞」，其實才是第一個使用區塊鏈技術進行數位化的政府，而比特幣只是第一個採用區塊鏈技術打造出的 P2P 電子貨幣系統應用，所以比特幣區塊鏈並非一項全新的技術，僅是將跨領域過去數十年所累積的基礎技術結合。

位於歐洲的小國「愛沙尼亞」旨在成為全世界第一個加密國家（Crypto-Country），使用區塊鏈技術進行數位化的政府服務。愛沙尼亞政府推出一個電子居民計畫，期望整個國家的數位化能達到一個新水平，根據這個計畫，世界各地的人都可以向愛沙尼亞提出線上申請，成為一名該國的虛擬公民，一旦成為數位公民，便可以透過網路使用愛沙尼亞以實體經濟所建立的線上平台，以及原先僅提供給愛沙尼亞國內居民使用的線上公共服務。但在愛沙尼亞選舉期間，只有實體公民可以透過基於區塊鏈所建立的線上平台進行相關投票。

另外，他們還推出以區塊鏈為基礎所建立的公共服務，包含健康醫療服務，現在還在研究如何在國內發行以區塊鏈為基礎的加密數位貨幣。且除了愛沙尼亞，世界各國也開始在公共部門中採用區塊鏈技術，最為積極的歐盟國家競爭對手就是斯洛維尼亞。

斯洛維尼亞政府目標成為歐盟國家中區塊鏈技術的領導國家。該政府正在研究將區塊鏈技術應用於公共行政中。2017 年 10 月中旬所舉行的 2020 年數位斯洛維尼亞會議中，該國總理便表示，監管機構和部分委員已經開始研究區塊鏈技術及其潛在應用。另外，2017 年 10 月 3 日斯洛維尼亞政府於斯洛維尼亞數位聯盟中成立了「區塊鏈智囊團」。該智囊團將成為區塊鏈開發商，擔任產業參與者和政府之間的聯絡橋樑，共同合作創造出不同區塊鏈上的各種教材，並協助起草關於技術的新規定等。

以上兩個歐洲小國都想利用區塊鏈技術改變在世界上的競爭地位。其實除了他們之外，也有一些大國積極進入區塊鏈市場之中。

在英國，政府正在試行一個基於區塊鏈的健康保險受益人申請補貼的系統。在俄羅斯，乙太坊的創始人維塔利克‧布特林與俄羅斯國營銀行簽署了一項名為 Ethereum Russia 的特殊國家系統，主要目的是幫助俄羅斯的國有銀行發展和對外經濟事務實施區塊鏈技術，並在莫斯科設立一個培訓中心。

與此同時，中國政府自 2017 年 6 月起，就開始建立一個國際先進的加密貨幣雛型，到 9 月份，中國大陸決定藉由禁止 ICO（Initial Coin Offering）代幣交易，以建立一個良好的規範法規，讓中國能進一步掌握主導權，在未來代幣新經濟上分一杯羹。

而區塊鏈實現基於零信任基礎、且真正去中心化的分散式系統，其實解決了一個三十多年前由萊斯利‧蘭波特等人所提出的拜占庭將軍問題（拜占庭將軍問題是一個協議問題，拜占庭帝國軍隊的將軍們必須全體一致決定是否攻擊某支敵軍）。

1982 年蘭波特把軍中各地軍隊彼此取得共識、決定是否出兵的過程，延伸至運算領域，設法建立具容錯性的分散式系統，即使部分節點失效仍可確保系統正常運行，讓多個基於零信任基礎的節點達成共識，以確保資訊傳遞的一致性，而 2008 年中本聰提出的區塊鏈便解決了此問題。區塊鏈中最關鍵的工作量證明機制，採用 Adam Back 在 1997 年所發明的雜湊現金（Hashcash），為一種工作量證明演算法（Proof of Work，POW），此演算法仰賴成本函數的不可逆特性，達到容易被驗證，但難以破解的特性，最早被應用於阻擋垃圾郵件。

而在接下來的幾十年中，帶給我們重大影響的大變革已然來臨，它不是社交媒體例如 FB、IG 等等，也不是大數據，更不是機器人或人工智慧，它就是比特幣等加密貨幣所憑藉的底層技術──區塊鏈。

雖然可能有很多人對它仍有疑慮，它的名聲也沒有如同以上提到的那幾種那麼有名氣，但它便是下一個世代的網際網路，區塊鏈有希望為每個企業、社會以及個人帶來很多的好處。未來當你要寄 E-mail 或是傳一份影音檔案給朋友的時候，你寄出去的其實不是原創版本，而是經過不斷轉貼、轉寄到你手裡，又再寄給朋友的資料，那些資訊只不過是一份副本，這樣沒有什麼不好，因為把資訊大眾化了。

以上提到的這些對你來說或許都比較無感，但如果我們談到資產的時候，比如說金錢或金融資產的股票、債券、期貨，又或者是百貨公司的紅利積點、智能財產權、創作、藝術、投票權以及其他的資產……等等，你是不是就比較有興趣了呢？如果我要寄 1 萬元的資產給你，我們必須依賴中間機構（如政府、銀行、信用卡公司等等），才能將 1 萬元的資產轉給你。

　　這些中間機構在我們的經濟活動中建立信用關係，在各種商業行為以及交易的過程當中，扮演著很重要的角色，從個人的信用審核到身分辨識，甚至到結算以及交易記錄的保存等等，目前來說這些中間機構表現得都還算不錯，除了手續費和利息稍微高了一些。

　　但現在和未來的問題越來越多了，因為他們是中心化操作，這也意味著他們很有可能被駭客入侵，而且這種意外又越來越常發生，不知道大家還記不記得之前的一銀 ATM 盜領案，這種事件層出不窮，簡直防不勝防，因為銀行都把資料存放在幾個特定的主機，一旦主機被駭客攻擊成功，就會損失相當慘重。

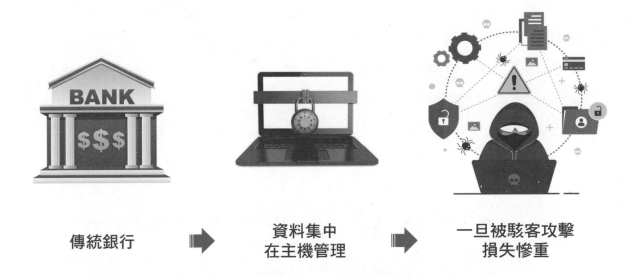

傳統銀行　➡　資料集中在主機管理　➡　一旦被駭客攻擊損失慘重

　　那如果各自保管會比較好嗎？各自保管仍會有風險存在，例如遭遇天災人禍（被偷、土石流、地震、火災等），只要無法證明那些有價證券是你的，你就要承擔這巨大的損失。但只製成 NFT，被區塊鏈記錄下來，就能證明所有權。

有價證券 ▶ 遭遇天災人禍 ▶ 無法證明擁有
造成損失

區塊鏈源起於網路，既然是網路市場，就代表區塊鏈有「去邊際化」的特性，接下來會有很多舉例的場景以中國大陸內地為主，畢竟最大的華人市場在中國大陸，你若要在區塊鏈或網路上掙錢，一定要把握住這塊巨大的市場大餅，既然區塊鏈源自於網際網路，就先來看看近年網路流行的十大關鍵字有哪些，其中藏有許多巨大的商機和趨勢。

5G
產業互聯網
資本風向標
下沉市場
監管與合規

天花板
線下價值
國際化
內容消費
「她」經濟

1 5G

5G 將帶來深刻的社會變革，深入視頻娛樂、教育、醫療、汽車、交通等各行各業，滿足不同智慧應用場景的需求。

2 產業互聯網

To C 端紅利已見頂，To B 的需求價值得以重估，未來風向將從流量經濟吹往數位經濟，「如何利用大資料做連接和賦能」成為網路下半場最熱門的話題。

3 資本風向標

近年投資專案數達到百例以上的只有五家投資機構，大部分機構僅投資了一例，市場上「熱錢」變少，中小機構投資漸趨謹慎，投資機會向頂端投資機構聚攏。

4 天花板

網路人口紅利見頂，靠流量竄升提高 GMV（Gross Merchandise Volume，網站成交金額）的思維已逐漸失效，網路的下半場，天花板已來臨，網路人口紅利見頂、存量市場競爭加劇、用戶使用時長見頂、青中年用戶見頂。

5 線下價值

行動網路的下半場，線上流量見頂，網路公司亟待新的業務增長點，線下價值凸顯。

6 內容消費

內容，無處不在；內容消費，無處不在。

7 國際化

網路流量紅利出盡，國內市場日趨飽和，開拓國際市場是尋求增量的必然選擇。短視頻出海，從東南亞到歐美地區的網路公司國際路線基本從東南亞起航，逐漸滲透歐美國家，國際方式包括推出自有 App、收購當地平台、投資本土平台等，短視頻領域出海布局近年動作頻頻。

8 下沉市場

簡單說就是包括三、四線城市到農村鄉鎮在內的用戶群體，它釋放的購買力總量可能空前龐大，它的崛起是趨勢、是藍海，也是兵家必爭的風水寶地。

9 「她」經濟

女性經濟獨立與自主、旺盛的消費需求與消費能力意味著一個新的經濟增長點正在形成，「她經濟」崛起，性別結構逐漸均衡化，女性用戶增長將激發網路市場規模高漲，隨著女性經濟和社會地位提高，圍繞著女性理財、消費，而形成了特有的經濟圈和經濟現象。早在十多年前，中國已步入「她時代」，即女性主導消費。

10 監管與合規

在蠻荒之地，率先打破禁忌者或許會嘗到甜頭，但現今法治日益完善，唯有堅持價值的產出才會得到市場的回報。

那為什麼區塊鏈是個關鍵的機會？因為區塊鏈有可能使企業交易的方式產生巨大的衝擊與改變，它將成為客戶和各行各業轉型變革的主要核心，而區塊鏈的效益在未來十年，將是影響企業數位轉型的關鍵能力。

以圍繞區塊鏈本身的特長去發揮，用來解決企業碰到以往用技術、人力、法律等等都無法解決，或是必須消耗大量資源才能處理的問題，試著從區塊鏈特性中尋找答案，例如：分散式帳本創造了共享價值體系，在同一網路下的所有參與者皆擁有權限去檢視資訊；不可竄改且安全是區塊鏈透過有效的密碼機制在保護附加上的帳本資訊，資料一旦加入後，更不能更改或刪除；點對點的交易是去除中心化的驗證，藉由新科技的方式消除第三方機構進行交易驗證及管理改變；互相信任是採用共識機制，交易的驗證結果被網路中所有參與者確認後，才會成立交易的真實性；智能合約是具有運行其他業務邏輯的能力，意味著可以在區塊鏈中嵌入金融工具預期行為的協議。

網路化技術的演進

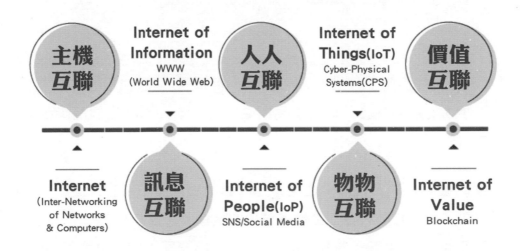

① 分散式帳本（Distributed Ledger）

數位記錄依照時間先後發生順序記載在帳本中，而在網絡中的每個參與者／節

點同時擁有相同的帳本，且都有權限檢視帳本中的訊息。

2 數位簽章加密（Cryptography）

在區塊鏈中的訊息或交易會被加密，必須經由公鑰與私鑰才能解開，如此才能確保訊息或交易之一致性與安全性。

3 共識機制（Consensus）

網路中最快取得驗證結果發布給網路其他節點驗證，取得共識後，將區塊內容儲存，以此機制取代第三方機構驗證交易的能力。

4 智能合約（Smart Contract）

具有運行其他業務邏輯的能力，意味著可以在區塊鏈中嵌入金融工具預期行為的協議。

自從 2016 年比特幣受到世人的重視後，區塊鏈技術就快速的成長，從各種應用場景，到數以萬計的幣種，以及交易所的普及，都顯示出我們已步入區塊鏈時代，區塊鏈的時代已讓各產業萬箭齊發。

- ✪ **聯盟的重要性與日俱增：**企業紛紛籌建與加入全球性的聯盟組織，目的是為了減少開發成本及縮短區塊鏈應用的時程。
- ✪ **吸引更多創投投資：**創投基金表示對於投資區塊鏈的新創公司感到有興趣，銀行也增加許多新創及區塊聯盟上的投資。
- ✪ **新的作業模式：**IBM 及微軟已經推出區塊鏈即服務（BaaS）的產品，新創公司及銀行也合作開發使用區塊鏈技術於更新的應用服務場景中。
- ✪ **專利申請數增加：**高盛、摩根等銀行都已經申請許多與區塊鏈及分散式帳

本的專利權，中國仍為區塊鏈專利申請件數第一名。

⭐ **許多產業開始採用區塊鏈：**區塊鏈的應用除了在金融產業外，還包含通訊、消費零售、醫療、交通與物流等產業。

⭐ **強化監理及安全：**美國商品期貨交易委員會正在考量如何監理區塊鏈，國稅局也正在計畫區塊鏈的相關法制、合規條文。

在跨領域及不同服務場景的應用中，英格蘭銀行首席科學顧問曾說：「分散式帳本的技術，具有潛在的能力來協助政府在稅務、國家政策福利、發行護照、土地所權登記、監管貨物供應鏈，以確保資料保存與服務的完整性。」在跨領域及不同服務場景的應用大致可分為四個領域。

⭐ **加密貨幣的領域：**加密貨幣可立即與任何人於任何地方進行交易。如：比特幣、乙太幣、瑞波幣、萊特幣。

⭐ **身分驗證的領域：**一個可靠的身分驗證來源，可以消除與日俱增的身分偽冒問題。如：AML、KYC、護照與移民監管、醫療記錄。

⭐ **智能合約的領域：**將傳統的紙本合約內容數位化，並且可以自動執行合約。如：借貸與放款、所有權的轉移、單一來源與最新版本。

⭐ **數位資產的領域：**去除耗時中介機構的角色，使得交易的清算更快且成本更低。如：證券交易、獎勵點、會員積分數位來源證明。現也可製成 NFT 項目，確定唯一的所有權，並賦予價值。

區塊鏈最初的大量應用就是金融領域，來看一下區塊鏈如何運用在金融領域的。

⭐ 數位證券交易，運用在工作量證明及擁有者之交換。

⭐ 跨國換匯，運用在跨國貨幣交換。

⭐ 資料儲存，運用在加密及分散儲存。

⭐ 點對點交易，運用在透過網路其他參與者進行驗證。

⭐ 數位內容，運用在儲存與傳遞。

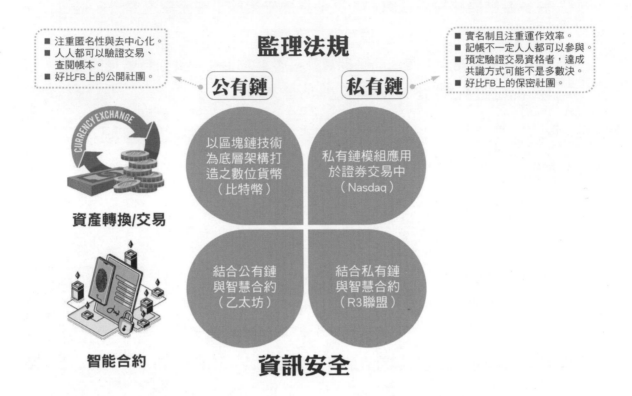

金融業應用區塊鏈的技術持續在增加，非金融產業運用也非常的廣泛，但主要應用區塊鏈於驗證（人、事、物），而金融產業則主要應用於資產轉換與資料儲存上，非金融產業運用大致為……

⭐ 身分驗證，用來保護客戶的隱私。

⭐ 工作量證明（Proof-of-Work）用來驗證與授權。

⭐ 評論／建議，運用在對於評分、評等及評論的確認。

⭐ 鑽石、黃金等重金屬認證。

⭐ 網路基礎建設。

那什麼是智能合約？簡單來說，智能合約就是能夠自動執行合約條款的電腦程式。舉例說明，假設 A 與 B 打賭，兩人打賭明天晚上六點的天氣，A 說明天晚上六點「不會下雨」，B 說明天晚上六點「會下雨」，於是他們打賭 1,000 元。

到了隔天晚上六點，B 看到地上濕濕的，就跟 A 說：「嘿嘿！我贏了，1,000元拿來」，A 卻說天空沒有飄雨，所以沒有下雨，因此 A 主張是他獲勝，兩人爭吵

不休，最後 A 在不甘心的情況下妥協認輸，但他遲遲沒有把 1,000 元給 B，B 找 A 拿 1,000 元，A 也是拿的拖拖拉拉，這個情況就是一般紙本約定的合約。

但如果用智能合約來執行這個賭注的話，會是這樣執行的……A 與 B 打賭明天晚上六點會不會下雨，以氣象預報為主，A、B 各自拿出 1,000 元存在銀行作為履約費用，約定內容全部寫在智能合約上，判斷系統也有智能合約網路連結到中央氣象局的網站。

到了隔天晚上六點，智能合約會自動執行這一切，結果中央氣象局判斷為下雨，智能合約就自動將兩人的 1,000 元轉到 B 的帳戶，這一切只要事先約定好，並且把所有的條件列到合約上，在不可更改和公共監督的環境下執行，就稱為智能合約。

裡面提到的公共監督就是運用區塊鏈技術將你的合約公布，讓大家都知道，而智能合約的運用可謂未來的趨勢。

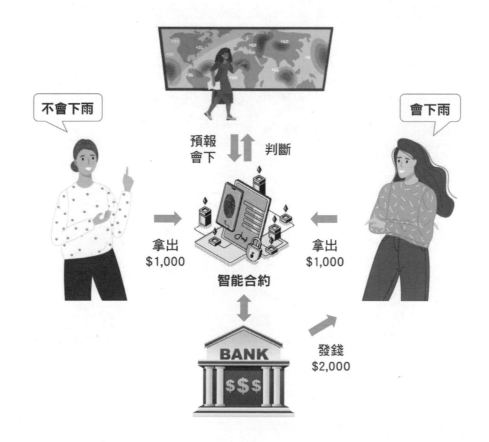

把合約放在區塊鏈上的好處，是合約不會因為受到外在干預而被任意修改、中斷；而且約定的行為也無須經由人，透過電腦自動執行，就可以避免各種因人為因素而引發的糾紛，自然比人來執行合約內容更有效率。

舉例來說，租房的契約就可以訂為「每月 5 號，從房客的帳戶轉 2 萬元的租金到房東的帳戶」；如果可以串接家電設備的話，就可以在合約內加上「倘若遲交房租，房內的燈光亮度會自動減半」之類的條文。智能合約中，區塊鏈技術就是負責串連世界各地的電腦，以協助加密、記錄，並且驗證這份智能合約；藉由區塊鏈技術，來確保這份合約不會被惡意偽造或修改。

因此，在保險、樂透彩券、Airbnb 租屋等各種不同的應用上，都可以用智能合約來撰寫，並在滿足條件後自動理賠、兌獎，或是開鎖。比起現在的紙本人工作業，智能合約能避免惡意冒領或理賠糾紛。未來的某一天，這些程式可能取代處理某些特定金融交易的律師和銀行。

智能合約的潛能不只是簡單地轉移資金，一輛汽車或一間房屋的門鎖，都能被連接到物聯網上的智能合約，因執行某動作後被打開，但是和金融前端技術一樣，智能合約有個主要問題是：它如何與目前的法律系統取得平衡呢？其實不用擔心這點，因為智能合約賦予物聯網「思考的力量」，雖然智能合約仍然處於初始階段，但其潛力顯而易見。

可以試著想像一下，假如分配遺產就像滑動可調滑塊一樣，只要滑動就能決定誰得到多少遺產，那只要開發出足夠簡單的使用者互動介面就好，智能合約能夠解決許多法律難題，例如更新遺囑，一旦智能合約確認觸發條件，合約就會開始執行。智能合約將改變我們的生活，現在所有的合約體系都可能會被打破，相信智能合約在未來可以解決所有信任問題。

智能合約也可以用在股票交易所，設定觸發機制，達到某個價格就自動執行買賣；也可以用在像京東眾籌這樣的平台，使用合約跟蹤募資過程，設定達到眾籌目標自動從投資者帳戶撥款到創業者帳戶，創業者以後的預算、開銷可以被追蹤和審計，從而增加透明度，更好地保障投資者權益。

未來律師的職責可能與現在的職責大不相同，在未來，律師的職責不是裁定個人合約，而是在一個競爭市場上生產智能合約範本。合約的賣點將是它們的品質、定制性、易用性如何。許多人將會針對不同事項創建合約，並將合約賣給其他人使用。所以，如果你製作了一個非常好、具有不同功能的權益協議，就可以收費許可別人使用。

　　以智能合約管理遺囑為例，如果你所有資產都是比特幣，就可以用智能合約管理遺囑，自動執行遺囑內容。對於實體資產，智能資產其實也能解決這些問題，在尼克・薩博 1994 年的論文中，他預想到了智能資產，在論文中寫道：「智能資產可以將智能合約內置到物理實體的方式被創造出來。」

　　智能資產的核心是控制所有權，對於在區塊鏈上註冊的數位資產，能夠透過私密金鑰隨時使用。那將這些新理念、新功能結合在一起會怎麼樣呢？以出租房屋為例，假設所有門鎖都連接網路的，當你開始租房，進行一筆比特幣交易時，你和我達成的智能合約將自動為你打開房門，你只要持有存儲在智能手機中的鑰匙就能進入房屋。

　　智能資產典型例子是，當一個人償還完全部的汽車貸款後，智能合約會自動將這輛汽車從財務公司名下轉讓到個人名下（這個過程可能需要多個相關方的智能合約共同執行）。

　　但如果貸款者沒有按時還款，智能合約將自動收回發動汽車的數位鑰匙。基於區塊鏈的智能資產，讓我們有機會構建一個無須信任的去中心化資產管理系統，只要物權法能跟上智能資產的發展，透過在資產本身記錄所有權，將簡化資產管理，大幅提高社會效率。

　　現行法律的本質是一種合約，但法律的制定者和合約的起草者們都必須面對一個不容忽視的挑戰：在理想情況下，法律或者合約的內容應該是明確而沒有歧義的，但現行的法律和合約都是由語句構成的，語句則是出了名的充滿歧義。

　　因此，現行的法律體系一直以來都存在著兩個巨大的問題：首先，合約或法律是由充滿歧義的語句所定義；其次，強制執行合約或法律的代價非常大。而智能合

約透過程式設計語言，滿足觸發條件即可自動執行，有望解決現行法律體系的這兩大問題。

初期，智能合約會先在涉及數位貨幣、網站、軟體、數位內容、雲服務等數位資產的領域生根發芽，因為智能合約針對數位資產的「強制執行」非常有效。隨著時間的推移，智能合約也會逐步滲透到「現實世界」。

比如，基於智能合約設定租賃協議的汽車，可以經由某種數位憑證進行發動（而不是傳統的車鑰匙），如果這個數位憑證不符合該租賃協議（例如租約到期），汽車就不會發動。

智能合約是區塊鏈最重要的特性，也是區塊鏈能夠被稱為顛覆性技術的主要原因，更是各國央行考慮使用區塊鏈技術來發行數位貨幣的重要考量因素，因為這是可編程貨幣和可編程金融的技術基礎。

智能合約在今後將會讓我們人類社會結構產生重大變化，儘管智能合約還有一些未解決的問題，但智能合約仍能給金融服務業帶來最具顛覆性的改變。該技術已經從理論走進實踐，全球眾多專業人才也在共同努力完善智能合約。

公有鏈

登記/註冊	準備智能合約	區塊鏈	操作	費用
匿名制免費參加	公開架構可應用在許多領域上，使用者之間皆可交易	由P2P網路進行分散式資料儲存與驗證	無法事後修改	較高的合約費用沒有手續費
邀請制登記實名	透過特定作業平台讓使用者可以發起合約	由操作者進行集中式的資料存儲與驗證	可事後修改（例如法律有糾紛時）	較低的合約費用有手續費

私有鏈

智能合約是透過將業務邏輯轉換成程式的方式，以實現多方之間合約的自動化執行，在人為機制介入有限的情況下，以程式驅動且自動進行的機制。該程序經檢查定義的條件是否已滿足，並隨後執行嵌入程式的邏輯，且只有在網絡中達成共識的情況下，其結果才會生效。透過區塊鏈實現這一機制，將大大減少對第三方驗證的依賴，並自動執行某些功能；因此使得流程效率提升，成本相對降低。

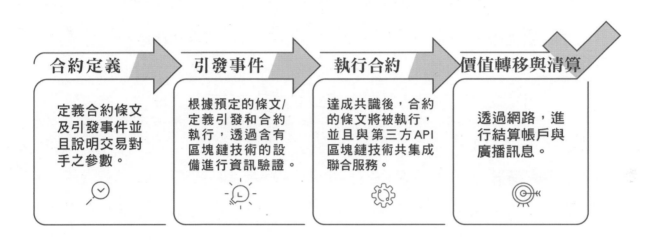

合約定義	引發事件	執行合約	價值轉移與清算
定義合約條文及引發事件並且說明交易對手之參數。	根據預定的條文/定義引發和合約執行，透過含有區塊鏈技術的設備進行資訊驗證。	達成共識後，合約的條文將被執行，並且與第三方API區塊鏈技術共集成聯合服務。	透過網路，進行結算帳戶與廣播訊息。

1 自主性

自主管理且自我執行，智能合約會依照外部的驅動事件自動執行。

2 內置信任

智能合約的內容在網路中一旦取得共識、可修改時，才能進行調整。

3 複製與備份

網路上的每個節點都會同步複製合約，合約是無法被刪除的。

4 執行速度

智能合約僅需定義合約條件，其他靠程式判斷，故在程序執行上的時效是顯著的。

5 節省成本

智能合約透過程式來擔任清算中間人，所以能降低成本。

6 消除錯誤

智能合約可以消除因為人工處理過程中，可能產生的人為疏失或錯誤。

將智能合約應用在跨國交易的效果也非常好，利用智能合約與區塊鏈技術將現有的資訊系統結合，能有效提升效率與降低成本：

⭐ 交易中每個階段所產生的資料無法改變。

⭐ 各節點中所保有的智能合約內容，保持一致且一旦更新，將會同步複製。

⭐ 能即時傳送新的價格。

⭐ 產品購買和銷售者，可以隨時到區塊鏈平台上即時查看。

⭐ 產品移動會依照時間序來更新與追蹤。

⭐ 任何時候都可以知道收益與適用的折扣。

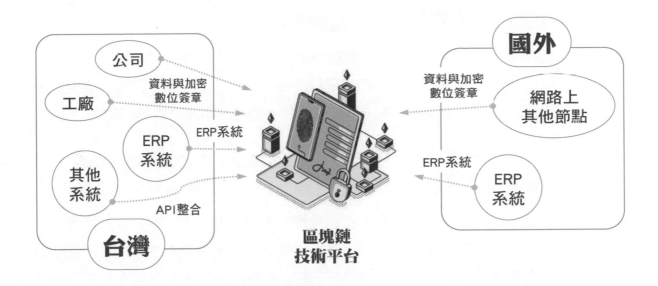

 # 區塊鏈演進四階段

區塊鏈技術隨著比特幣出現後，經歷了四個不同的階段：

① 區塊鏈 1.0：加密貨幣

比特幣開創了一種新的記帳方式，以「分散式帳本」跳過中介銀行，讓所有參與者的電腦一起記帳，做到去中心化的交易系統。這個交易系統上有兩種人，一是純粹的交易者，一是提供電腦硬體運算能力的礦工。

交易者的帳本，需經過礦工運算後加密，經所有區塊鏈上的人確認後上鏈，理論上不可竄改、可追蹤、加密安全。礦工運算加密的行為稱為 Hash，因為幫忙運算，礦工可獲得定量比特幣作為酬勞。交易帳本分散在每個人手中，不需中心儲存、認證，所以稱為「去中心化」，無論是個人對個人、銀行對銀行，彼此都能互相轉帳，再也不用透過中介機構，可省下手續費；交易帳本經過加密，分散儲存，比以往更安全、交易記錄更難被竄改。

2 區塊鏈 2.0：智能資產、智能合約

跟比特幣相比，乙太坊多了「智能合約」的區塊鏈底層技術（利用程序算法替代人執行合約）的概念。智能合約是用程式寫成的合約，不會被竄改，會自動執行，還可搭配金融交易，因此，許多區塊鏈公司透過它來發行自己的代幣。

智能合約可用來記錄股權、版權、智能財產權的交易、也有人用它來記錄醫療、證書資訊。因此，開啟比特幣等加密貨幣之外，區塊鏈應用的無限可能性，例如：食品產業的應用，從原料生產、加工、包裝、配送到上架，所有資料都會被寫入區塊鏈資料庫，只要掃描包裝條碼，就能獲取最完整的生產履歷；在旅遊住宿方面，也不需要再透過 Airbnb 等中介平台，屋主直接在區塊鏈住宿平台上刊登出租訊息就可以找到房客，並透過智能合約完成租賃手續，不需支付平台任何費用。

往後，歌手也不用再透過唱片公司，自己就可以在區塊鏈打造的音樂平台上發行專輯，透過智能合約自動化音樂授權和分潤；聽眾每聽一首歌，就可以直接付錢給創作團隊，不需透過 Spotify 或 KKBOX 等線上音樂中介平台。

3 區塊鏈 2.5：金融領域應用、資料層

強調代幣（貨幣橋）應用、分散式帳本、資料層區塊鏈，及結合人工智慧等金融應用。區塊鏈 2.5 跟區塊鏈 3.0 最大的不同在於，3.0 強調更複雜的智能合約，2.5 則強調代幣（貨幣橋）應用，可用於金融領域聯盟制區塊鏈，如運行 1：1 的美元、日圓、歐元等，將法幣數位化。

4 區塊鏈 3.0：更複雜的智能合約

3.0 為更複雜的智能合約，將區塊鏈應用於政府、醫療、科學、文化與藝術等領域。由於區塊鏈協議幾乎都是開源的，因此要取得區塊鏈協議的原始碼不是問題，重點是要找到好的區塊鏈服務供應商，協助導入現有系統。而銀行或金融機構

要先對區塊鏈有一定的了解，才知道該如何選擇，並應用於適合的業務情境。

⑤ 區塊鏈 4.0：元宇宙時代

一個可以打破次元壁，讓人身臨其境體驗不同生活方式的技術，主要利用與實時虛擬環境互動所需的裝置和傳感器，不只在視覺上，感官體驗上更是一大突破，目前已經有電腦遊戲、商業、教育、零售和房地產領域等方面的應用案例，許多大型企業也看準元宇宙的威力，紛紛投入元宇宙技術相關的研究與開發，FB 更是投下震撼彈。

2021 年 10 月，FB 創辦人馬克‧祖克柏宣布將臉書改名為 Meta，強調對元宇宙的開發、擴展與應用的決心。在元宇宙中，使用者可以化身成任何角色在平行世界裡四處走動、結識朋友並玩遊戲，甚至還能賺錢，已經有些基於區塊鏈開發出的產品能讓用戶炒作房地產，賺取數位貨幣，這些數位貨幣也能兌換成現實世界的貨幣，用於交易。

雖然目前仍在實驗階段，除了營收銳減外，還要額外投入 270 億美元（約新台幣 7,506 億元）的建設支出，不過一旦成功，將可以提升 FB 為線上市集（Online Marketplace）的角色，獲利更豐厚。

祖克柏認為，未來每個人待在元宇宙的時間會變長，因此會需要數位服裝、數位工具和不同體驗，從產生數位花費；在元宇宙裡賺到的數位貨幣也將能帶進現實，最終實現虛與實體齊飛的時代。

金融科技吹進台灣不久，沒想到才過幾個月，一股更強勁的區塊鏈技術也開始在台引爆，全球金融產業可說是展現了前所未有的決心，也讓區塊鏈迅速成為各界切入金融科技的關鍵領域。

儘管現在就像是區塊鏈的戰國時代，不過，以台灣來看，銀行或金融機構要從理解並接受區塊鏈，然後找出一套大家都認可的區塊鏈，且真正應用於交易上，恐怕還需要一段時間。

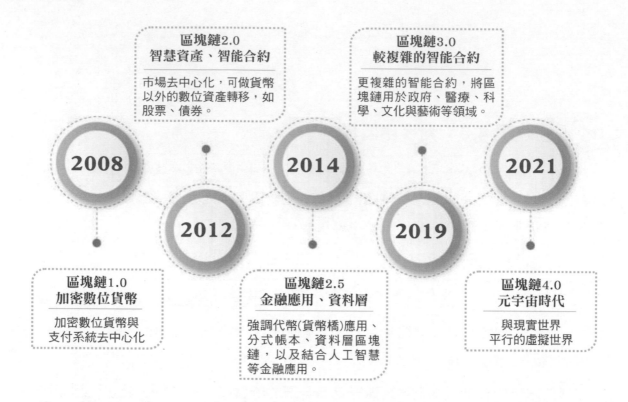

那區塊鏈的概念是怎麼來的？前文有提到，1982 年拜占庭提出拜占庭將軍問題，把軍中各地軍隊彼此取得共識、決定是否出兵的過程，延伸至運算領域，設法建立具容錯性的分散式系統，即使部分節點失效仍可確保系統正常運行，可讓多個基於零信任基礎的節點達成共識，並確保資訊傳遞的一致性，而 2008 年出現的比特幣區塊鏈便解決了此問題。

大衛・喬姆提出密碼學網路支付系統，表示注重隱私安全的密碼學網路支付系統，具有不可追蹤的特性，成為之後比特幣區塊鏈在隱私安全方面的雛形。

1985 年，橢圓曲線密碼學尼爾・科布利茲和維克多・米勒則分別提出橢圓曲線密碼學，首次將橢圓曲線用於密碼學，建立公開金鑰加密的演算法。相較於 RSA 演算法，採用 ECC 的好處在於可用較短的金鑰，達到相同的安全強度。

1990 年，大衛・喬姆基於先前理論打造出不可追蹤的密碼學網路支付系統，就是後來的 eCash，不過 eCash 並非去中心化系統。萊斯利・蘭波特提出具高容錯的一致性演算法 Paxos。

1991 年，使用時間戳確保數位文件安全斯圖亞特・哈伯與史考特・斯托內塔

提出用時間戳確保數位文件安全的協議，此概念之後被比特幣區塊鏈系統所採用。

1992 年，史考特・范斯通等人提出橢圓曲線數位簽章演算法。

1997 年，亞當・貝克發明 Hashcash 技術，為一種工作量證明演算法（POW），此演算法仰賴成本函數的不可逆特性，達到容易被驗證，但很難被破解的特性，最早被應用於阻擋垃圾郵件。

Hashcash 之後成為比特幣區塊鏈所採用的關鍵技術之一。亞當・貝克於 2002 年正式發表 Hashcash 論文。

1998 年，戴維發表匿名的分散式電子現金系統 B-money，引入工作量證明機制，強調點對點交易和不可竄改特性。不過在 B-money 中，並未採用亞當・貝克提出的 Hashcash 演算法，戴維的許多設計之後被比特幣區塊鏈所採用。尼克・薩博又發表去中心化的數位貨幣系統 Bit Gold，參與者可貢獻運算能力來解出加密謎題。

2005 年，哈爾・芬尼提出可重複使用的工作量證明機制（RPOW），結合 B-money 與亞當・貝克提出的 Hashcash 演算法來創造密碼學貨幣。

2008 年，中本聰發表一篇關於比特幣的論文，描述一個點對點電子現金系統，能在不具信任的基礎之上，建立一套去中心化的電子交易體系。2009 年創建比特幣第一個區塊，稱為創世區塊。

中本聰發表比特幣白皮書，區塊鏈概念首次出現。

學習和了解比特幣及其底層協定的階段。

聯盟區塊鏈、分散式帳本
技術的概念出現。

2009　2013　2015　2016　2017　2018　2020　2025

區塊鏈採用變成主流，
整合至商業流程中。

區塊鏈走向賦能傳統產業。

區塊鏈開始走向企業，
成為真正業務轉型的策略之一。

側重於如何超越概念驗證和試點，
準備生產及部屬。

各產業和企業開始打造原型或概念驗證。

　　雖然加密貨幣市場進入熊市長達將近一年半，一直到 2019 年的 5 月底，比特幣才又突破了 8,000 美元大關，而 2021 年因美國及伊朗、COVID-19、阿富汗及元宇宙等黑天鵝關係，比特幣突破萬美元大關，小牛有逐漸甦醒的趨勢，熊市、牛市不斷的交互發生，但過去幾年區塊鏈的技術本質發展從未停下。

　　許多基礎建設並沒有被反映在過度投機炒作而下跌的市場估值當中，區塊鏈雖然在這一兩年被定義了許多極限，許多應用的嘗試仍無法實現，但區塊鏈也找出許多新趨勢，目前以區塊鏈賦能傳統企業最為可行，其效果也是最立竿見影，且元宇宙話題持續發燒，2022 年為區塊鏈元宇宙即將發光發熱的年代，有六個趨勢提供給讀者參考。

1　區塊鏈賦能傳統企業

　　在區塊鏈世代到來時，許多人投向區塊鏈的新創產業，大多以失敗收場，真正操作區塊鏈的新創產業並不多，原因當然有非常多，而且新創產業本身就是一個高風險的創業，加上區塊鏈是一項新趨勢，在社會的氛圍、法律的規範、人們的習慣等尚未改變前，這類的新創公司就必須承擔非常大的風險。

相對地，要是新創產業成功，獲得的利益也是非常可觀的，如同幣安交易所的老闆趙長鵬，他從一無所有到資產近 700 億元，只花了大約半年的時間，這是新創產業加上區塊鏈的趨勢所創造出來的暴利結果。但現行市場上的企業大多是傳統企業，並非每個傳統企業都可以拋棄現有的市場去從事新創產業，所以最好的辦法是思考如何將區塊鏈賦能到傳統企業。

以往傳統企業因為技術、法律、社會規範等限制，形成沒有辦法突破的企業障礙，或許在區塊鏈時代可以找到答案，只要企業透過導入區塊鏈的特點加以改變，就會在原有企業上踏著區塊鏈的高蹺，在最短的時間看到最大的成果，重點是沒有太大的風險。

最差的情況就是回到現狀，但是一旦成功，透過區塊鏈的特性就可以一飛沖天，幫公司創造無可限量的收入，或是正向且巨大的改變，所以區塊鏈如何賦能傳統企業，乃是近年最值得關注的議題。

② 穩定幣

價格穩定的加密貨幣在這近年不停受到關注，加密貨幣是區塊鏈的「副產品」，但它們最為人詬病的是價格的高度波動性。穩定幣的推出，便是為了擺脫區塊鏈領域的市場條件限制，並確保這樣的貨幣始終能保持穩定性，我想多數人都聽說過 USDT 這枚長期壟斷市場的穩定幣，但它能有現今的穩定值，也幾經周折。

大多數穩定幣都是由法定貨幣支持，但其實開發穩定幣也可以由其他資產支持，如黃金或石油，甚至能以其他加密貨幣作為錨定資產來開發。然而，目前多數穩定幣的治理和模型都是中心化的，對投資者來說，容易產生信任問題。

連之前罵區塊鏈很兇的 FB，也要發行自己的幣，並更名 Meta 公司研發元宇宙，我認為 FB 發幣的真相應該不單單是他們所說的如此，不管他們發的是不是真正意義上的加密貨幣，這一舉動都已在業內引發震動，但很多人都沒有看穿 FB 這麼做的真正目的，他們的「野心」其實比任何人想像的都要大，因為 FB 可能因此

成為全世界最大的中央銀行。

據《紐約時報》報導，FB 計畫發行一個與傳統法定貨幣掛鉤的穩定幣，而且不會只與美元錨定，而是和「一籃子」外幣掛鉤。也就是說，FB 也許會在自己的銀行帳戶裡持有一定數量的美元、歐元，或是其他國家貨幣來支持每個「FB Coin」的價值。

Meta 公司旗下現在擁有 FB、Messenger、WhatsApp 和 IG 重量級社交即時通訊應用，而這些應用程序的用戶量一共有多少呢？答案是驚人的二十七億名，這意味著全世界大約每三個人中，就有一個人使用他們的產品。

所以，如果 FB 將其發行的加密貨幣與「一籃子」外幣掛鉤的話，那他們真的有可能成為世上最大的中央銀行，因為這其實就是各國央行正在做的事情：發行（印刷）由「一籃子」外匯儲備支持的貨幣。但祖克柏的發幣夢受到各國政府抨擊，因而破滅。

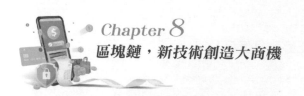

所謂「項莊舞劍意在沛公」，他們之所以這麼做，不只是為了對抗社交網絡領域裡的競爭對手，更是為了在世界經濟史上產生巨大影響，甚至將對傳統金融業巨頭構成嚴重威脅，導致他們快速走向消亡，在接下來幾年的中長期發展，相信穩定幣的發展勢頭仍會十分強勁。

③ 區塊鏈即服務

區塊鏈無疑是二十世紀革命性技術之一，它正在改寫世界運行的規則，許多新創公司和企業也都開發屬於自己的「區塊鏈解決方案」。但也有不少公司自行打造解決方案，到頭來才發現系統難以符合原預期成效。

在網路時代，我們已經見證了這類服務模型的可行性。科技巨頭在區塊鏈領域也紛紛推出區塊鏈即服務（BaaS）這類「基於雲」的服務，讓客戶建構自己的區塊鏈驅動產品，包括應用程式、智能合約，以及使用其他區塊鏈提供的功能，企業無

需自行開發、維護、管理或執行基於區塊鏈的基礎設施。

目前 Amazon、微軟和其他部分大型科技公司都已經推出這樣的服務，採用 BaaS 也能讓中小型企業採用區塊鏈技術，無需擔心初期的建置成本。

④ 證券型代幣（STO）

ICO 市場在 2017 到 2018 年間幾乎成為了全世界的「都市物語」。也很大程度上證明了這樣完全自由不受監管的市場，僅僅是淪為投機炒作，堆疊出的泡沫與外界對區塊鏈領域的不信任，反而很大程度上阻礙了技術本質的發展，有超過一半的 ICO 項目都被證明從一開始就是騙局，這也導致投資者失去信任。

證券型代幣（Securities Token Offering，STO）產品提供的是會受到監管機構的融資途徑，目前多數企業仍在與政府溝通，想著如何在保護投資者的權利下，又不讓創新的發展被阻擋，並重新定義公司募得資金的整個過程。總體而言，且不論 STO 會以什麼樣的形式在世界「各地」進行，可以肯定的是，目前募資市場的趨勢已經從 ICO 轉向 STO。

在美國，STO 是個合法合規的 ICO。雖然傳統資產通證化的生態已經在美國出現，甚至能找到專業的加密貨幣律師和審計事務所，但美國對當前證券通證的監管依然很嚴格。據業內消息顯示，美國股票交易所那斯達克正在研究證券代幣平台，幫助企業發行代幣，在區塊鏈上進行交易。如果這個平台成立，並且有眾多傳統證券企業和中小企業尋求合作，那毫無疑問地，將成為區塊鏈行業的里程碑事件。

當然，目前還沒有一個國家放寬任何有關發行證券類代幣的政策，因為除了各國監管尺度的差異化，STO 還存在著各種亟待解決的問題，但總的來說，STO 比 IPO 靈活高效，也比 ICO 符合政府監管，使得資產的流動突破了國家的界限，並在實際資產的支持下，積極推動區塊鏈產業脫虛向實，是更健康、更理性、可持續的新型融資模式。

相信未來隨著各國監管體系不斷完善，STO 將會成為投資者廣泛接受的主流融資方式，待 STO 未來成為主流融資方式的時候，區塊鏈經濟也將迎來下一個「春天」。

5 混合型的區塊鏈

區塊鏈存在著三角悖論，面臨某些技術挑戰，高效率卻低性能，目前公鏈網絡（也適用於大部分私鏈）的吞吐量極其有限，而且不具備向外擴容性，這樣的性能顯然無法支撐起「世界電腦」所需要的大型計算能力。

鏈無法自主進化，必須依靠「硬分叉」區塊鏈平台這樣一個生命體，它需要不斷地自我適應和升級。然而絕大部分的區塊鏈沒有任何自我變更的能力，唯一的方法便是硬分叉，也就是啟用一個全新的網絡，讓所有人大規模遷移。

區塊鏈的技術模式與社會習慣的衝突，致使區塊鏈應用需要兩個大前提：一是區塊鏈在全社會已經得到大規模的普及；二是所有人都充分理解了區塊鏈的運行機制，並且能妥善保管自己的私鑰。而這兩個前提實際上都不存在，在可以看得到的未來，也很難實現。

區塊鏈的三角悖論一直難以突破，在對去中心化的堅持，終究會妥協到系統的效率。這類「部分中心化」的混合式區塊鏈，目前還沒有太多成功的應用，但許多公司已經開始探索，思考是否能以不同程度上的分權治理，來發揮區塊鏈的優勢，進而創新商業模式。

這樣的模型也能兼顧公有和私有區塊鏈的長處。例如，政府不可能直接採用公有鏈，由於公有鏈多數是傾向於發展「完全」去中心化的治理，難以符合現行的政府決策模式，換個角度想，政府也不能完全以私有區塊鏈來進行，因為政府終究需要人民的參與。

因此，混合兩者特性的區塊鏈透過提供「可訂製的解決方案」，並正確設計符合需求（如透明度、完整性和安全性）區塊鏈，或許可以提供一個理想的平衡解決

方案。目前除了政府單位外，許多物聯網、供應鏈產業皆往這個方向去設計區塊鏈應用，試圖解決目前的科技瓶頸。

⑥ 聯盟鏈

在 2015 年，由 Linux 基金會主導了基於區塊鏈，但導入一定程度的私有特性的項目 Hyperledger（超級帳本）。聯盟鏈適合於機構間的交易、結算或清算等 B2B 場景，例如在銀行間進行支付、結算、清算的系統，就可以採用聯盟鏈的形式，將各家銀行作為記帳節點，相信未來我們可以看到更多聯盟區塊鏈的應用增加，並為企業提供更多「可訂製」的場景。聯盟鏈類似於私有區塊鏈，節點由許多「權威機構」組成，可以控制區塊鏈和預選節點，但仍不是由單一組織控制。

聯盟鏈的應用包括保險索賠、金融服務、供應鏈管理、供應鏈金融等，由 IBM 開發的 Hyperledger Fabric 目前有許多企業採用，例如世界最大的零售企業之一 Walmart，他們將利用區塊鏈追蹤生鮮食品，以提升產品產地履歷的透明度。此外，R3 的 Corda 平台，則採用類似的治理機制導入分散式帳本供金融業應用，目前也將試驗整入「支撐著世界各銀行大量的跨境交易」的環球銀行金融電信協會。

魔法講盟同樣致力於透過培訓將區塊鏈生態圈串接起來，任何項目始於一個想法，透過區塊鏈的培訓將啟發學員的創意思維，結合本身從事的產業，將區塊鏈賦能到自己的產業上，或是有一個區塊鏈模式創新的想法，當有一個想法要開始落地時，必然會碰到許多的問題，魔法講盟希望如同 VC 一樣，一開始給予資金上面的投資，接下來給予對接的資源，以及幫忙尋找相對應的市場，好讓項目獲得落地應用產生商業上的效益，所以魔法講盟將區塊鏈生態分成五層。

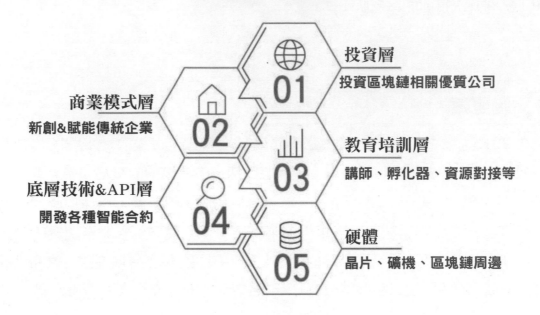

區塊鏈生態圈

投資層
01 投資區塊鏈相關優質公司

商業模式層
新創&賦能傳統企業
02

教育培訓層
03 講師、孵化器、資源對接等

底層技術&API層
開發各種智能合約
04

硬體
05 晶片、礦機、區塊鏈周邊

① 硬體層（晶片、礦機、區塊鏈周邊）

　　魔法講盟弟子林柏凱，同時也是暢銷書《Hen 賺！虛擬貨幣之幣勝絕學》的作者，他正是區塊鏈硬體這方面的高手，他的團隊創造出世界體積最小台的礦機，用電量相當省，在這個幣市跌到很低的時候，還可以靠挖礦賺錢。

　　其他弟子如林子豪，也是暢銷書《神扯！虛擬貨幣 7 種暴利鍊金術》、《數字貨幣的 9 種暴利秘辛》的作者，他底下的團隊也擁有很多區塊鏈生態圈資源，所以魔法講盟在硬體資源方面擁有世界頂級的資源。

② 底層技術層（提供不同公司不同區塊鏈需求）

　　魔法講盟的合作夥伴廣州數字區塊鏈科技有限公司，擁有這方面落地的技術，對於底層技術可以提供不同公司解決不同的痛點，以多年的從業與技術研發經驗，以對區塊鏈和其行業的深刻理解，利用區塊鏈不可竄改、公開透明、數據安全等多項特性發揮其知識產權、交易透明，交易公正方面的優勢，對個人或者企業的藝術

品進行追蹤溯源、防偽校驗、物物交換，和對藝術品（NFT）進行數位加密認證等服務。

③ API 層（開發各種智能合約）

魔法講盟區塊鏈經濟研究院的幕後團隊針對智能合約的撰寫，擁有許多產業的經驗，在落地應用的實戰不勝枚舉，目前在區塊鏈智能合約的領域裡是數一數二的。

今天，區塊鏈三大落地應用一為加密公鏈，二為數據溯源，三為錢包與交易，僅此而已，區塊鏈誕生巨大價值的事業時機還沒有來到，未來智能合約的潛力無窮。

④ 商業模式層（新創 & 賦能傳統企業）

魔法講盟的 Business & You 就是針對企業的創新、商業模式等，提供世上最棒的解決方案，當然以最新的區塊鏈技術結合商業模式，這樣賦能傳統企業，就可以提升企業的競爭力、降低營運成本，區塊鏈的變革不全然都是 100% 創新，而是要配合現有落地的項目做「區塊鏈＋」，才能真正的落地應用。

⑤ 投資層（投資區塊鏈相關優質公司）

這一層是未來魔法講盟很看重的一個環節，一個區塊鏈項目是否可以成功，除了取決於你的項目本身有無競爭力外，還有募資的情況，最重要的是陪伴創新項目共同成長的投資者背後是否擁有強大的資源可以支援，如果只是單純投資金錢而已，那對項目方並沒有太大的幫助。

魔法講盟規劃成立一個區塊鏈投資研究室，計畫發行與美元掛鉤的穩定幣，用

來募資、分紅、公司決策、資源配比、工作貢獻、交易買賣等方式進行投資計畫。

也就是利用穩定幣投資一個新的項目，投資後伴隨項目成長的期間給予資源的協助，每個階段進行評估，投資研究室以一個顧問的角色自居，協助創新項目方給予建議調整方向，並將背後的所有資源做對接，相關的項目方也可以彼此形成一個生態圈相互合作，把資源、項目、名氣做大，未來有需要做區塊鏈項目的人自然就會找上門了。

 # 人生從思維開始轉變

想要改變結果我們就必須「倒因為果」，最終的「結果」是因為採取某種「行動」而產生，會採取某種「行動」是因為你的「思維」造就的，如果你想改變結果卻只從行動開始改變，就如同影印機一樣，你輸出的內容將取決於放在影印機上的文件，若你看到輸出的文件上有錯字，於是你拿立可白修改，之後再繼續影印下去，你會發現出來的文件仍然是錯的，這看上去的確是一個很笨的行為，套用在生活上又何嘗不是。

一個錯誤的賺錢思維產生最終的結果就是倒閉，這時候你只會怪資金不夠、市場不對、員工不對、產品不對等等，從不會思考是不是自己有問題，或許是第一步的思維就不對了，所以應用區塊鏈打造賺錢機器的第一步，請先打通你的思維通路，所謂「方向不對，努力白費」。

在政治上有一句話是這樣說的：「錯誤的政策比貪汙更可怕」，而在創業賺錢上，我是這樣認為：「錯誤的學習比無知更可怕」，前一句話印證在國家的能源政策上，貪汙的錢遠遠不如一個錯誤的政策，一個錯誤政策的下達，動輒幾百、幾千、幾兆的錢打水漂，背後的機會成本更是難以估計，例如能源不穩定將使得很多國內外的公司不敢在台灣設置生產基地，另外投入大量的人力、物力、時間等成本更是難以計算。

創業賺錢也是如此，絕大多數的人起心動念要創業，第一時間都是去問親朋好友的意見，而不是去問同業或是曾經創業過那一行的人。我猶記得之前有一位學員想創業賣飲料，第一個就來找我討論，我便向他分享一些創業的建議。

想開寵物店的去問賣雞排的人如何開寵物店創業，賣雞排的只會炸雞排，怎麼懂得如何經營寵物店，但賣雞排的不會認為他不懂，於是給了一堆錯誤的建議，當然經營不久就頂讓收場，當初如果沒有去問賣雞排的如何開寵物店，搞不好創業誤打誤撞還會成功。

難道我們創業就不用學習了嗎？當然不是，一定要學習，而且你學的必須是正確的知識和技巧，錯誤的學習比無知更可怕，「正確」的學習是絕對必要的，例如魔法講盟的打造自動賺錢機器課程，就是創業前必須學習的一門落地課程，創業一開始目標確定、策略及方向正確，成功創業就指日可待。

① 時間思維

時間在創業者身上是最無情的，它不會管你是否跟得上，在創業的過程中，我認為時間思維是最重要的，小米的老闆雷軍曾說過一句話：「站在風口上，豬都會飛。」如果人的成就是由努力決定的，那雷軍在很多年前，就應該獲得最大的成功，雷軍努力的程度超乎常人，也遠勝絕大多數企業家，包括那些最成功的企業家，如馬雲、馬化騰。

他大學畢業後努力了十幾年，卻換來一次次的失敗，最後才勉強把公司推上市，但市值連很多後起之輩的零頭都比不上。直到後來，他才幡然醒悟，倘若耕錯了地頭，再努力也是白搭。

所以，如果人的成就是由努力決定的，那雷軍在很多年前，就應該獲得最大的成功。於是，雷軍辭去金山 CEO 職位，過了兩年每天睡到自然醒的日子後，他創

辦了小米，踏上智慧型手機和行動網路的風口，公司爆炸式的成長，小米成為最年輕的世界五百強企業，他也第一次真正踏入中國企業界的大佬圈。

與雷軍形成鮮明對比的是馬雲，馬雲成立阿里巴巴，一開始就踩在網路和電子商務興起的風口上，雖然剛起步時也吃了一些苦頭拚命，但和雷軍相比，阿里巴巴的發展還是比雷軍在醒悟前的金山公司要好得多，現在阿里巴巴為中國市值最高的公司，是小米的十六倍，金山的一百四十四倍。

雷軍和馬雲都是成功人士，各有各的特點。其中，雷軍以其「勤奮」的特點在商場上拼搏，馬雲則以獨到的「眼光」大放異彩，這一區別決定了兩人成功的快慢和成就的高低，雷軍和馬雲過往經歷的對比，全部總結起來就是一句話：時間的趨勢，比努力更重要！

雷軍曾感嘆道：「凡事要順勢而為，不能逆勢而動。」這些話最後總結起來就是雷軍著名的「風口上的豬」理論，雷軍從最勤勉的人到最懶惰的豬，這種變化，真是天翻地覆。現在我們可以這樣說：「勞工」雷軍已經死去，「飛豬」雷軍誕生了。

2010 年，雷軍發了一條微博，他說：「過去三年每天都在反思。一日夢醒才明白：要想大成，光靠勤奮和努力是遠遠不夠的。」他總結道：「三年長考，五點體會：一、人欲即天理，更現實的人生觀；二、順勢而為，不要做逆天的事情；三、顛覆創新，用真正的網際網路精神重新思考；四、廣結善緣，中國是人情社會；五、專注，少就是多。」

這五條體會，一和四說的是要順應人心；二和三說的是要順應大勢；五說的是要順應自己的能力。一言以蔽之，凡事都要順勢而為，不要總想著逆天而行。雷軍在現實中摸爬滾打多年才領悟到的道理，馬雲早就在實踐了，當雷軍累得要死要活時，馬雲已經乘著風，飛上了雲端。

一個是做牛做馬，一個是御風而行，試問當時的雷軍，怎麼可能追得上馬雲呢？有太多太多的勵志雞湯告訴我們，只要努力就可以獲得成功，這是一大誤區，如同台灣教育最大的錯誤，就是教孩子相信「只要努力就會成功」。

例如，有人問籃球巨星 Kobe 為什麼那麼厲害？ Kobe 回答，你見過凌晨四點的洛杉磯嗎？這個故事很有畫面感、很動人、很勵志，但可惜它太有誤導性了。

我有位朋友曾開過幾年早餐店，每天早上四點就要準備開門，凌晨四點的城市不知道看了多少次，但這對於取得成功沒有任何幫助，僅僅是維持一個基本的生活而已。且要說凌晨四點的城市，看得最多的莫過於清道夫了，但他們成功嗎？並沒有，他們用這份辛勞換取溫飽。

Kobe 的成功是無數因素的綜合，例如他天生的身體條件、他的運動能力、他的智商，以及他對打籃球還是上大學的抉擇等等。勤奮是眾多因素之一，但不是唯一因素，準確來說，勤奮只是必要條件，而不是充分條件。

所以，如果你聽了 Kobe 的話，倍受激勵、相當認同，每天凌晨四點起來打籃球，那可能一輩子都無法達到他的高度。雷軍當時的誤區就在這裡，他過於相信勤奮能改變一切、甚至是創造一切，殊不知「時間的趨勢」才是王道。

在八〇年代之前，用時間思維創業，就是專注在「實體」的店面與產品，到八〇後的網路世代，這時候就必須將時間思維搬到「網路」上，你得用網路思維去規劃你的事業，如果你還在用過往的思維，那你創業成功的機會就會比較小。

來到 2000 年，你創業的時間思維又要以「手機」為主，從 2017 年開始，創業的時間思維則來到「區塊鏈」；每個階段的時間思維都不一樣，但你只要永遠記得一句話：「凡事都要順勢而為，不要總想著逆天而行。」

② 改變角度的思維

當換到不同的角度，你的思維方式就會不一樣，看到不同的風景，看到不同的價值取捨，這時我們就更能理解他人，接受這個時代帶給我們的新觀點。現今的阿里巴巴很強大，但它在成長的道路上也曾遇到比自己強大的對手，比如 eBay。

425

早期 eBay 在全球 C2C 領域的市場份額和雄厚的實力，是阿里巴巴絕對沒辦法競爭的對手，在美國或是其他國家也找不到可與其競爭的對手，所以馬雲曾把阿里巴巴與 eBay 之間的戰爭，形容成螞蟻和大象之間的競爭，但儘管如此，阿里巴巴依然毫不畏懼，在競爭的過程當中，因為兩家企業領導者的思維不同，看問題的角度也不同，兩家企業發展的結果自然完全不同。阿里巴巴最終大獲全勝，淘寶網在中國市場上完全大勝 eBay，在全球的市場上，也逐漸蠶食 eBay 的份額。

馬雲說：「我從來不看競爭對手，如果你把競爭對手當靶子打，你就死了，我只看客戶的需求。所以，阿里巴巴的使命是讓天下沒有難做的生意，我們要把我們的價值最大化，我們要產品最便宜，我們要實行免費的策略，更好地服務客戶，獲得更大的價值。」馬雲站在客戶的角度思考問題，最終贏得了客戶。

在商戰中，企業家要隨時調整自己思考問題的角度，方向錯了，即使擁有再豐富的資源、再有能力也無濟於事，而決定角度的不是能力、知識，也不是豪華團隊的豐富經驗，是企業家的思維方式，思維方式正確的企業，將發展得順風順水，最終取得輝煌的成就。

③ 不同空間的思維

每個人所處的空間不一樣，思考的方式自然不同，人的生命價值和事業的價值也會變得不同，一個人若把自己放在更大的空間裡，他的事業格局就會產生翻天覆地的變化。幾年前，有位學員他的事業做得相當不錯，正當他如日中天時，另一個在美國的朋友邀請他過去闖盪，提供他免費的辦公室，還有一大筆的資金以及現成的通路，那位學員被這些條件吸引，將自己的事業搬去美國，很快三年過去了，他的事業不但沒有當初在台灣輝煌，還面臨破產危機，為什麼會有這樣的情況呢？

所有條件都比原來好的情況下，照理說應該也會發展的比之前好，原因就在於他的公司在美國失去了產業群聚效應這項優勢，很難招聘到像台灣優秀的人才，美國人對於工作的態度跟台灣人不同，所以他的企業反應速度變慢，產品的週期自然也被拉長，最後慘遭被淘汰的命運。由此可見，當一個人或一個企業處於不同空間

時，思維方式也會不一樣，這就是空間思維。

在中國大陸，如果你要做電子商務，你就應該去杭州，因為那裡是電子商務的聚集地；如果你要做服裝貿易，你應該要去廣州，那裡有數不盡的服裝批發市場；如果你做的是手機零配件生意，那你就應該去珠三角的電子市場尋寶，唯有找到正確的空間經營，事業才能事半功倍。

你一定要把思維方式打開，你不僅要懂得利用時間，懂得在不同的時間做不同的事情，你還要善於轉換角度，從不同的角度解決不同的問題，能夠得到不同的答案，更要充分利用空間思維，透過置換時空來思考如何解決問題，形成全方位的判斷，唯有如此，你才能做出最明智的決策，為自己找到最好的方向，制定最好的策略，引領你的事業走向輝煌。

成功模式與商業思維

稻盛和夫在日本被譽為「經營之聖」，大學畢業論文鑽研黏土特性的他，二十三歲時進入松風工業，投入特殊陶瓷的技術開發，讓所屬部門成為公司營運主力；二十七歲時與好友共同創立京都陶瓷公司（簡稱京瓷），從創業開始每年都賺錢，還成長為世界五百大企業；五十二歲時成立第二電電（後改名KDDI），成為日本第二大電信公司，也同樣進入世界五百大企業，創下所創兩家企業都進入世界五百大的記錄；七十八歲受託擔任破產的日本航空董事長，一年內就讓日航轉虧為盈。

稻盛和夫說：「思考方式是決定一個人一生成就的關鍵」，針對成功方程式我們先來看看熱情，熱情的評分可以從零至一百分，具體的參考標的可以從組織創新、內部市場化、業績評價等等，去進行打分數。

而能力的評分也可以從零至一百分，具體的參考標的可以從經營會計，業務能力、設計能力、本職學能等給予零至一百分。至於正確的思考方式最為重要，正確的思考方式評分標準就與熱情和能力的區間不同，評分區間為負一百至正一百分，

你或許會問為什麼熱情與能力的區間是零至一百分，正確的思考方式卻從負一百開始。

先來看看熱情，熱情之所以從零至一百分，是因為不熱情的表現就是冷淡，因此表現分數是零分，熱情如火的分數則為一百分，所以熱情不會到負分，而能力也是一樣，完全沒有能力的人，就如同學校考試時，考卷發下來什麼都不會，最差就是零分，所以能力最差、最低的分數就是零分。

但正確的思考方式卻不一樣，你一定有聽過「負面思考」，正面思考可以非常積極向上，你的分數可以從一分到一百分，而負面思考從字面上來解析，就是從負分開始，可以從負一分到負一百分，你或許會問，為什麼「正確的思考方式」是最重要的呢？

稻盛和夫成功方程式＝正確的思考方式 × 熱情 × 能力

第一個試算條件，先把能力和熱情降到最低，也就是能力和熱情都是零分時，可以得到以下方程式＝正確的思考方式 ×0×0，這時候正確的思考方式完全不重要，因為正確的思考方式不管幾分，答案都會是零分。

第二個試算條件，把能力和熱情達到最高的一百分，可以得到以下方程式＝正確的思考方式 ×100×100，這時候有趣的事情來了，如果正確的思考方式不管有多高，只要是正面思考至少都是高於 10,000 分，假設給正面思考一分就好，得到的結果如下，稻盛和夫成功方程式＝ 1×100×100 ＝ 10,000。

反之，如果你的正確思考方式是屬於負面思考，並給負面思考負一分就好，請問會有什麼樣的結果？稻盛和夫成功方程式＝ -1×100×100 ＝ -10,000，你得到不只負一分，甚至更低，可見即便自己的能力與熱情越大對企業越好，但只要有一點點負面思考，就會帶來極大的傷害。

總結，一位名校畢業生，能力有八十分，但如果他因此自傲，熱誠只有三十分，則總分是 80×30 ＝ 2,400 分；另一個人能力只有六十分，可是他自知不足而拚命努力，有著八十分的熱誠，總分則為 60×80 ＝ 4,800 分，反而比前者更優秀

兩倍。

但根據前面的推論，其實影響結果更大的是「人的想法」。一個人看待生命的態度，可以是正向也可以是負向的，數值可以從「正一百分」到「負一百分」，又因為方程式是乘法，所以不管多有才能、多麼努力，只要想法負面，相乘結果都會變成負數。

思考方式、能力、熱情，每項雖然都非常重要，但唯獨正確的思考方式要特別注意，所以稻盛和夫在經營企業的時候，首要任務就是將企業的文化和理念從下到上一致，而且稻盛和夫推崇「利他主義」，唯有先幫助他人最後才能自己獲利，這種正確的思考方式正是企業所需的理念。

「擁有什麼樣的心靈，就會選擇什麼樣的人生，實現什麼樣的人生價值。」思維方式可以分為兩種，一種是利他，一種是利己。所謂利他的思維方式，就是大家常說的正面思維方式，而損人利己的思維方式，則是負面思維方式。在創業奮鬥的過程中，如果你的思維方式是以善念為導向，這時候你只要再搭配上卓越的能力和不懈的努力，就能獲得巨大的成功。

但如果思維方式是負面或是惡性的，就算你的能力很強，也充滿熱情，一樣很快會掉入深淵當中。所以，在企業家修練自我的過程中，首先要做的就是重建自己的思維，先擁有正面思維，再提升能力，調整心態、激發熱情。

馬雲就是一個靠正面思維取勝的經典例子，從創業之初，馬雲便樹立了一個偉大的夢想，他要讓天下沒有難做的生意，幫助小企業走向世界，他的出發點是善意的，屬於利他主義，這就是正面的思維方式，因為他經營企業的起心動念就是要幫助他人，同時也符合國家利益，符合客戶的利益和社會價值。

最後這個善的循環會回到自己身上，所以阿里巴巴才能有今日輝煌的成績，利他主義做得越多越久，最終才能利己，朝利他主義不斷努力，讓自己起心動念幫助他人，之後你會發現，這個思維方式和行為習慣，將會為你的事業及人生帶來巨大的改變。

有許多人的創業方式是，先工作個幾年，存到一筆創業基金，或經由貸款取得第一筆創業資金後，就開始找店面或是找工作室開始他的創業人生，一切看似相當美好，但其實一半以上的新創公司撐不到一年就倒閉了，瞬間背負著龐大的負債，然後繼續過著朝九晚五上班的日子。我就有幾位學員可作為成功和失敗的案例代表，先聊聊失敗案例。

1　輕資產失敗

有名學員很喜歡做菜，他決定拍攝料理影片在網路上賣，辭掉一個月 3.5 萬元的工作，繁忙的工作讓他沒辦法專心拍攝教學影片，因為拍攝教人做料理的影片需要比較多後製時間，且為了省錢凡事都得自己來，若所有事情都是自己親力為的話，就必須耗費大量時間。

辭掉正式工作後，他立即投入拍攝工作，短短三個月便拍攝了五十部料理影片，但每個月透過付費觀賞收到的費用，平均下來大約不到 1 萬元。他的成本基本上也沒有很多，廚房是用家裡的廚房，攝影器材也是用既有的設備，不知道是太多人拍攝一樣的主題造成的紅海市場，還是內容不夠吸引人，結果並不是太好。最後他用一年的時間，共拍攝了百餘部影片，但每個月收入一樣不到 1 萬元，沒堅持多久，他便放棄教人料理的創業，重新找份工作繼續他的打卡人生。

他的創業失敗並沒有背負龐大的貸款，最主要的原因是因為他是輕資產創業，就算失敗了，也不會背負著龐大的創業資金負債的壓力，最後我是建議他縮小範圍做小眾市場，因為小眾市場就是大眾市場。

在幾年前台灣並沒有特別針對殘障人士舉辦的旅遊，有一位身障人士非常熱愛旅遊，但每次報名參加旅行團總是被刁難，於是他萌生自己開辦旅行社的念頭，當時台灣約有一百萬名身障人士，所以他開一間專門為身障人士規劃的旅行社，就是小眾市場。

那小眾市場其實就是大眾市場，怎麼說呢？

一起來算算看，假如殘障人士旅行社全台只有一家，那台灣約有一百萬名身障人士，所以他的準客戶就有一百萬人，而一般旅行社在台灣約有一萬家，這一萬家旅行社的客戶是台灣所有人，平均一家只能分到兩千人，而身障人士的旅行社卻有一百萬人，客戶數量是正常旅行社的五百倍，這就是小眾市場便是大眾市場的含意。

所以我也建議我的那位學員，如果真的很熱愛料理的話，可以思考一下市場定位，最後他順利找到自己的定位，針對牛奶、蛋白過敏的受眾拍攝創意料理，我也建議他採用斜槓的方式創業，風險較小。

② 重資產失敗

有一位熱愛咖啡的學員，他決定將自己工作數年存的 300 萬積蓄拿出來創業，他一有這個創業念頭後馬上就辭職了，所有心思全放在他心愛的咖啡店上，一開始先尋找合適的店面，花了 200 萬裝潢，又花了 150 萬買機器設備，30 萬花在店面的租金和押金上，最後又花了 50 萬的雜費開銷，還沒開始營業就支出 430 萬，除了自己工作數年的 300 萬積蓄外，還將自己的房子二胎貸 200 萬出來，身上只剩 70 萬可以週轉。

終於可以開店了，但開店之後的收入遠遠不如預期，每天的營業額都只有 3,000 元上下，扣掉成本開銷根本不夠，一天至少要有 1 萬元的營業額才能與開銷持平，無奈每個月大約虧 15 萬，所以經營半年左右就把店收了，原本數年的積蓄 300 萬賠下去不說，還有二胎貸出來的 200 萬貸款要繳納，時間更長達二十年。一個創業的決定就如此慘烈，主要是因為他的創業為重資產創業，風險非常大，成功的話也不過多賺一點點，失敗的話就要賠上數十年的積蓄。

以下再談談成功案例。

① 輕資產成功

還有一名同事非常熱愛釣魚，他在 FB 成立一個粉絲團，專門教人如何釣魚才能滿載而歸，起初也單純只是分享而已，後來越來越多的粉絲問他問題，他意識到可以將這些知識變現，於是開始拍攝一些比較專業的影片，必須付費才能觀看。

他的本業是一名送貨員，他並沒有辭去原本的工作，而是用斜槓的方式創業，所以粉絲團那邊的收入對他來說是多出來的，有收入很好，就算沒有收入，也不會影響到原來的生活，他依舊去釣他的魚，拍他的影片，因為這是他的興趣、熱情之所在，就算不給他任何一毛錢，他還是會繼續做下去。

最後他拍了近百支影片，這些影片都要付費才能觀看，每個月可以為他創造近萬元的額外收入，加上他還有現場一對一教學，因為他也喜歡釣魚，一對一的教學不過是別人付錢請他釣魚如此而已，這樣的教學收入一個月也有近 5,000 元。

所以，他靠教人如何釣魚的知識，每個月多出 1.5 萬元的收入，之後有個平台主動找上他，問他是否可以將影片放到平台上播映，並且收入對拆，這個平台主要觀看對象為中國地區的觀眾，客戶一下從千萬人提升到數億人，客戶人數整整提升了六十倍，每月光靠影片就多出 50 萬台幣以上的收入，一切穩定後，他才將原本每月 5 萬的本業辭去，專心發展教人釣魚事業。

來看看他的成本有哪些呢？經營 FB 粉絲團並沒有額外支出任何一毛錢，拍攝影片的機器一開始是用手機拍攝，後來添購了一台 3 萬元的攝影機，其餘都是時間成本，所以他靠知識變現這種輕資產的斜槓創業，成功發展另一事業，他剛起步業外收入只有 1.5 萬元的時候，沒有立刻辭職，專職教人釣魚，而是等影片上架到中國大陸平台，穩定發展後，才辭去原本的工作，就算粉絲團經營不如預期成功，對他來講也不會有任何影響，而這就是斜槓創業、輕資產、知識變現的好處。

② 重資產成功

有名學員他熱愛偉士牌摩托車，所以他決定獨自創業，開一間偉士牌摩托車專

賣店，他用父母的房子貸款 500 萬，其中 200 萬來租房子、裝潢店面、買維修設備還有維修零件的備品，300 萬用來購買新車，且他每個月除了 500 萬本息要償還外，一個月還有近 3 萬元的其他支出，加上房租 1.5 萬元和瑣碎開銷，假如不算自己的薪水，一個月有 5.5 萬元的固定開支，幸好他每個月的營業額還不錯，平時有在經營 FB 粉絲團、偉士牌的車聚，還有一些 LINE 群等等，營業額都在往上衝，每個月的淨利潤約有 10 萬，扣掉基本開銷 5.5 萬元，他的薪水大約 4.5 萬元，這對一個上班族來說已相當不錯了。

但有一個隱性風險存在，店內那些偉士牌摩托車當初是以現金買斷，如果賣不出去就等於現金卡在車庫裡，而他現在最大的收入來源，就是摩托車的回廠保養、維修、改裝等等。他的創業屬於重資產型的創業，比起輕資產型創業，要背負的風險更大，但好險發展的不錯。

接著討論邊際成本效益。

在經濟學和金融學中，邊際成本亦作增量成本，指每增產一單位的產品或多購買一單位的產品，所造成的總成本之增量。這個概念表明每一單位的產品成本與總產品量有關，例如僅生產一輛汽車的成本是極其巨大的，而生產第一〇一輛汽車的成本就低得多，若生產一萬台汽車的成本就更低了，因為規模經濟能壓低成本。

但考慮到機會成本，隨著生產量的增加，邊際成本可能還是會增加，試舉一個例子，假設生產一輛新車時所用的材料可能有其他更好的用處，所以要儘量以最少的材料將生產最大化，這樣才能提高邊際收益。邊際成本和單位平均成本不一樣，單位平均成本考慮了全部的產品，但邊際成本忽略了最後一個產品之前的，例如每輛汽車的平均成本包括生產第一輛車的龐大固定成本（在每輛車上進行分配）。

而邊際成本完全不考慮固定成本，「邊際成本定價」是銷售商品時使用的經營戰略，其思想就是商品可以銷售出去的最低價，這樣才能讓企業在經濟困難時期得以維持下去，因為固定成本幾乎沉沒，理論上邊際成本可以使企業毫無損失地繼續運轉。

433

多生產一個商品或服務，能增加多少利潤？假設你是產品經理，正在思考該把剩餘的 100 萬元預算，用來生產 A 產品還是 B 產品的話，你要怎麼評估才能得到最大好處？

《常識經濟學》指出，想做出好的決定，就不能只思考哪個產品的總利潤較高，而是要在這兩項產品的現狀之上考量，「多生產一個 A/B 產品，增加的利潤各是多少？」如果提高 A 產品產量增加的利潤較高，就應該投資它。

這種「多一個」的概念，在經濟學裡就稱為「邊際」，像你要多買一件襯衫、多蓋一間工廠，都會用邊際來思考，只要這個選擇「得到的額外好處」大於「追加付出的成本」，你就會決定要「多一個」。

額外得到的好處，稱做「邊際效益」；追加付出的成本，叫做「邊際成本」，而邊際效益扣除邊際成本，就代表每增加一單位產品，你能得到的「邊際利潤」。

對廠商而言，只要有邊際利潤，就應該繼續做產品來賣，直到無法賺進任何一點利潤（邊際利潤等於零）才停止。邊際效益會遞減，邊際成本卻可能會增加（通常是實體產品），也可能減少（知識型產品的邊際成本可以趨近於零），相對於邊際效益會隨著產量增加而遞減或遞增，邊際成本也會隨著產量增加而遞增或遞減。

廠商在擴張企業規模時，不只要思考總成本，還要一併考量邊際成本的增減，才能找到最適規模。全球零售巨擘 Walmart 在積極拓點的初期，便如此操作，多家零售店面共用總部的財務會計、人資等資源，並共同採購進貨以量制價，達到規模經濟，所以每間新開店面要多付出的成本（邊際成本）會漸漸降低。但隨著人員和店數的擴張，組織變得龐大複雜，每個位置要聘到適任者的難度增加，溝通和管理成本也逐漸攀升，使得邊際成本增加，即使採用通訊軟體聯繫，還是有可能因為彼此協調不佳，而影響效率。

《我不要當負翁！》一書中提到，想要得到最多的好處，就要在花錢時思考「多投資一塊錢，可以帶來多少效益？」，想想從「現在」的產量「再增加一單位產品」，邊際效益有大於邊際成本嗎？如果答案是肯定的，代表這個決策可以帶來利潤。

假設你經營一間甜點店，有賣蛋糕和咖啡，最近發現蛋糕賣得比咖啡好、利潤也比較高，於是你打算在烘培器材和工作環境不變的前提下，讓所有員工都改製作蛋糕，但擴大蛋糕產能真的能賺更多錢嗎？

答案是不行的，因為邊際效益遞減！所有人都擠在一起，搶空間、搶機器做蛋糕，每增加一人所帶來的好處（蛋糕量）只會下降。

所以，「創業一定要找尋邊際成本低或是未來邊際成本有可能趨近於零的產業」。那不曉得你知道高築牆思維嗎？

元朝末年，朱元璋拜訪一位德高望重的老儒朱升，朱升兩次對朱元璋「試探」，了解到朱元璋平易近人，禮賢下士，而且胸懷大志，於是朱升送了朱元璋三句話。

⭐ **第一句話是高築牆：**要輕徭薄賦、減刑廢苛，讓百姓安居樂業；要廣納賢才、興師重教，讓士兵凝聚成一股繩。要有強大的軍事力量，可以戰勝和抵擋強大的敵人，要以此來鞏固自己的根據地，這是立足之本。

⭐ **第二句話是廣積糧：**要勸民農桑、廣儲食糧，有充分的物資準備；要積蓄力量，防患於未然，有充分的給養；要有經濟實力做支撐，要有飯吃要有衣穿，要多措舉，並千方百計地讓將士們死心塌地為你賣命，這是發展之源。

⭐ **第三句話是緩稱王：**槍打出頭鳥，不要過早出頭，過早出頭會成為別人攻擊的目標，你想稱王，別人更想稱王！誰想稱王先滅了誰。要先繼續臣服小明王，尋求他的「庇護」，蓄勢待發，再圖發展壯大，這是安邦之策。

朱元璋聽後，輕輕地重複一遍，突然眼睛一亮，喜上眉頭，說：「我明白了，謝謝您的指教。這三句話，好像給我心裡點燃了一盞明燈，使我豁然開朗。照這三句話行事，大業可成。您是讓我操練兵馬，積蓄力量；發展農業，備足軍糧；韜光養晦，以待時機啊！」

創業視同作戰，在創業的初期你必須要高築牆，而高築牆最好的方法就是「秘密」，什麼是秘密呢？秘密就是你能做，別人就算知道了也做不了，或是就算做出

來，也跟你完全不一樣的，這就是「秘密」，現在天下創業可說是一大「抄」，在資訊透明及傳播速度極快的時代之下，只要有一個好的商業點子，往往不出一段時間，就會有相同或類似的項目出現。

「問題」決定市場大小，但「秘密」卻能決定創業風險，沒有秘密是創業者最大的風險，假如創業者為了解決社會問題而選擇創業，很可能因為市場太小而賺不到錢，又如果秘密不夠，即便市場再大，你也可能賺不到錢，連要活下去都很困難，但只要把握秘密，讓抄襲者無法輕易抄襲，創業者就能擁有屬於自己抗風險的最佳武器，秘密越大，抗風險的能力就越強，核心競爭力也越強。

之前有一位想要創業的學員，他說自己有一個特別好的項目打算要來創業，於是我就問：「你的項目是什麼？」他一臉神秘地說：「這個不能說，一說別人就知道了，要是把我的點子拿去做，那還得了。」聽完這句話，我當下便認為這個項目不值得用來創業或是投資，因為從他說的「害怕別人知道的這件事」來看，這根本不算秘密，充其量只是一個想法或是點子，講直接一點，這甚至是不值錢的。

山寨文化在世界各地層出不窮，據統計，假貨市場每年大約 4,000 億美元，這代表只要你有一個好的產品或項目，就一定會有人山寨、一定有人仿冒，當山寨這個現象層出不窮時，你只能靠秘密讓你的創業風險降到最低。

我舉個中國大陸共享單車例子，起初這個市場是由 ofo 及摩拜這兩家公司發現到這個社會問題，然後精準地將這問題解決，變成一門生意，由於地鐵站到公司有些距離，叫計程車也不好叫，因而產生了一個社會問題，但這個社會問題也造就了共享單車市場這個創業商機，這就是標準的「有問題而沒有秘密」，缺少了企業防範山寨或是抄襲的武器。

共享單車這門生意根本沒有任何秘密可言，只要找到足夠的資金，誰都可以做這個生意，於是中國大陸全國都出現了各種顏色的共享單車，到了後期甚至連顏色都不夠用了，也因為沒有秘密，在不理想的投資環境下，ofo 及摩拜這兩家公司想要保持市場的優勢，只能藉著不斷擴充資本才有辦法做到。

一家公司若沒有秘密就沒有護城河，公司會處於危險境地，任誰來搶都可以。

台灣早期是以代工業起飛，以電腦代工聞名全世界，代工市場曾流傳一句話，代工一台電腦的利潤是毛三到四，意思是說一台價值 3 萬元的電腦，代工廠只能賺到 0.3 ～ 0.4%，大約 90 到 120 元，為了賺這筆錢，必須投入極大的資金來買地或是租地、建廠房、買設備、供養大批的員工，一旦訂單發生轉單效應，公司就陷於極大的風險當中。而代工的費用會這麼低，就是因為沒有秘密，造成很多競爭對手不斷削價競爭，反觀 Apple，為什麼他的利潤率能維持 38 ～ 40%，就是因為他擁有全世界知道卻沒有辦法模仿的核心秘密。

又如海底撈火鍋，火鍋這個行業看似沒有什麼秘密，但要山寨海底撈火鍋，你還真的做不到，因為它的核心秘密並非表面上所看到的，而在於它的企業價值、員工訓練、企業文化、產品物流等，你都知道，卻沒有辦法抄襲。那到底什麼才算是好的秘密呢？可以從以下五點去思考：

1　獨有資源

全世界都沒有的資源只有你有，就是一個很好的秘密，資源當然包括實體的資源和虛擬的資源，實體的資源例如中美貿易戰，中國就擁有稀土的資源，稀土只有在中國大陸某些省才有，而這資源就是一個很好的秘密，就算你知道稀土的提煉流程也沒辦法，因為原物料的資源不在你這邊。而虛擬的資源好比你的人脈關係、銷售通路、領導統禦等。

2　企業文化

企業文化也是山寨很難抄襲的秘密，日本經營大師稻盛和夫，他創辦的東京京瓷及 KDDI，這兩間公司的企業文化便是同業無法抄襲的秘密，這個企業文化就是「利他主義」，稻盛和夫退休後，這兩間公司的利他主義還是營運得很成功，甚至紛紛在稻盛和夫退休後，陸續進入世界五百強企業，這代表是企業文化在領導公司，所以你要有一個企業文化的秘密。

③ 科技技術

科技在現今科技蓬勃的世代尤其重要，例如華為公司在 2018、19 年的中美貿易大戰中，為什麼在美國總統川普近似追殺的情形下，依舊能屹立不搖，靠的就是科技。華為老闆任正非每年將公司營業收入用於研發，確保它的護城牆越蓋越高，想要抄襲華為的競爭對手根本不可能超越，台灣的大立光在手機鏡頭這個領域也是競爭對手無法取代的，因為他擁有製造手機鏡頭科技技術獨家的秘密，可以說壟斷了高端手機鏡頭這個市場。

④ 品牌口碑

想吃速食就會想到麥當勞；想喝可樂就會想到可口可樂；想用高端手機就想到 Apple 手機；想吃小籠包就想到鼎泰豐，這些就是品牌口碑，品牌是一個非常重要的秘密，也是一個非常難以超越的秘密，所有大公司到了後期都是靠品牌在賺錢。

兩個一模一樣的液晶螢幕，一個 Logo 掛本土小公司品牌，一個 Logo 掛 ViewSonic 的品牌，價格就差到兩倍以上。就像一杯水，在自助餐店是免費的，在大賣場賣 10 元，在 7-11 賣 20 元，到五星級大飯店竟變成 150 元，這就是品牌影響價格的秘密。

⑤ 營運能力

一樣的產品給不同人銷售，會銷售出不同的價格，以較高價格獲得的客戶，有時反而覺得自己賺到；以較低價格買的客戶，卻覺得自己沒有佔到便宜，這就是營運能力的其中一部分，公司的營運能力是一個很重要的秘密，可以透過談判技巧、經營管理來達到部分能力，你也可以藉目前最流行的大數據、AI 人工智慧、區塊鏈來為企業賦能。

另外，我想在這邊提醒你一個觀念，做企業最重要的是現金流，而不是淨資產，如果公司可以運用的現金永遠處於緊繃的狀態，或是常常需要跟別人調頭寸，一旦出現銀行抽貸的風險，那你就會瞬間跌入谷底，俗話說一分錢逼死英雄好漢就是這個道理，有很多失敗的創業者都是因為這個原因，而導致企業倒閉。

　　他們長期依賴貸款或透過週轉來維持現金流，有些創業者甚至需要借幾千元或是幾萬來發工資，讓員工再撐一口氣，公司才得以繼續運營下去，有的則是承擔超高的利息，突然有一天銀行說貸款到期了，不能再給新的貸款了，他們就會被最後一根稻草壓垮，到那時候他們才會發現，原本在他們心中最值錢的土地和廠房，在拍賣的時候根本值不了那麼多錢。

　　我認識一位企業家，他是一位傳統產業的老闆，是一位白手起家的創業者，一開始創業非常的辛苦，生意也沒有想像中好，但經過他多年的努力，公司也漸漸穩定成長，公司一年也有七、八千萬的利潤，可是即便公司如此賺錢，他卻很少進行利潤分紅，這點我就十分納悶。於是我問他：「既然公司賺了那麼多錢，為什麼不分一點紅利給股東及員工，讓他們享受到投資公司的成果呢？」但他回答我說：「我要將錢投入下一步的發展。」

　　我問他下一步的發展是什麼？他說要繼續買地、建廠房，七、八千萬看起來很多，但若要實現他心中的目標遠遠不夠，怎麼辦呢？於是他跟銀行貸款好幾億，買了一大片土地，全部用來蓋廠房，把所有貸款的錢都花光，錢花完了就繼續跟銀行貸款，到了年底公司賺錢又繼續買土地、建廠、貸款，這個模式不斷重複循環，最後他發現公司每年賺的利潤只能用來還銀行利息。

　　我聽到覺得很不可思議，但這位企業家卻覺得一點問題都沒有，他驕傲地說自己那些土地和廠房非常有價值，只要把那些不動產拿去拍賣，其實淨資產很多，所以公司是賺錢的，並沒有賠錢。

　　從他的邏輯來看，他的公司確實有很多土地和廠房，但做企業最重要的是現金流，而不是土地和廠房等等淨資產，如果你的現金流永遠處於緊繃狀態，一旦銀行抽銀根，你的企業便會陷入極大的風險當中。

反脆弱思維

什麼是反脆弱呢？很多人認為反脆弱就是堅強、堅硬，並不是如此，以經營公司的思維來看，堅強就是當不確定因素發生時，公司在這事件上沒有遭受到損失，就如同一個玻璃杯往地上摔，堅硬讓杯子沒有破，但反脆弱是產生一個突發事件時，你非但沒有受到損失反而獲益。

為什麼你要有反脆弱的思維呢？因為你經營網銷事業已經不容易了，要將公司推上平穩成長的道路更加不容易，更別提一路上可能遇到那些黑天鵝、灰犀牛等不確定的事件，例如在 2020 年初爆發的 COVID-19，很多公司就因為這個黑天鵝而倒閉，所以能夠真正有效降低風險，才是反脆弱的結構設計。

因此你一定要學會讓自己在不確定中受益，如果你問大家創業最怕什麼，相信每個人都會有自己的答案，但所有的答案都是表相，歸根究柢大家害怕的一件事就是可能出現的不確定性，也就是所謂的黑天鵝事件，所以在打造自動賺錢機器初期，必須了解反脆弱的精神，並想盡辦法把這個元素融入公司之中。

之前聽過一個關於養豬的故事，為什麼很多養豬大戶有幾百、幾千，甚至幾萬頭豬，但養豬場卻怎麼都不賺錢，因為養豬的豬農都有一個共同的特點，就是他們會不斷擴大養殖規模，養十頭豬賺到錢之後，就又把所有的資金拿去養一百頭豬，等一百頭豬賺錢了，就接著養二百頭豬，一直循環下去，某天突然發生豬瘟，錢就全部賠進去了。

之前也碰過做貿易的朋友，一開始賺了一筆財富，於是繼續投入資金購買更多的產品，之後他發現他所有的財富都是倉庫裡面堆積如山的存貨，一旦時機過了，這些產品就不值錢了，只能以整貨櫃認賠賣出，這就是脆弱性。

很多剛起步就失敗都是這個原因，沒有思考過脆弱性與反脆弱性的關係。要想弄明白什麼是反脆弱，就一定要先了解黑天鵝事件，所謂黑天鵝是指突然發生不確定的事件，而反脆弱就是當不確定性發生時，不但沒有受損反而從中獲益。

提到反脆弱就必須先了解什麼是「黑天鵝」，在還沒有發現黑天鵝前，歐洲人

一直以為世上的天鵝都是白色的，隨著第一隻黑天鵝出現，歐洲人對於這不可動搖的信念崩潰了，因而衍生出「黑天鵝事件」，黑天鵝事件指的是不可預測的重大稀有事件，通常都在意料之外，卻又能改變一切，這就是不確定性。

一般人總是過度相信經驗，當黑天鵝事件出現就會不知所措，以致於影響整個大局，導致崩潰。而一個非典型的黑天鵝事件，往往具備以下三個特性：

① 意外但必然性

黑天鵝事件往往出現在預期之外，也就是過去沒有任何能夠確定其發生的證據，但它一定會發生。例如 COVID-19，過去世界有過很多流行病的案例，所以知道有一天會再次爆發流行病，只是不知道哪一天會爆發，但它一定會發生。

② 巨大的衝擊性

黑天鵝事件一旦發生，會讓現今發展良好的社會，或是一個穩定發展中的公司，帶來致命的打擊，產生極端不可測的後果。

③ 事後可預測性

雖然黑天鵝事件具有意外性，但人的本性會在事後編造各種理由，並或多或少地做出解釋，認定它是可被預期的。可是我們回顧過去，幾乎都是根本無法預測卻影響巨大的黑天鵝事件，甚至能影響一個國家的命運，當然也會影響到一個新創公司的命運。

你不需要去猜測黑天鵝事件，只要知道它一定會發生，就像一輩子一定會遇到一些難以想像、特別困難的事情一樣，既然黑天鵝事件發生是必然的，並且會產生

致命性的後果，那要如何應對，就成了必修的課程，脆弱性越來越強，伴隨的風險也越來越大，那如何才能在看不清的變數裡未雨綢繆，就跟「反脆弱」有關了。

反脆弱的精神就是從不確定性中獲益，脆弱的反面並不是堅強，堅強只能保證你能在不確定中維持現狀不受傷，但是卻沒有辦法更進一步獲益，讓自己變得更好，而反脆弱能讓人在不確定風險發生時保全自己，還可以從中變得更好、獲取更多的利益。那要怎麼設計反脆弱的商業結構呢？

其中的核心就是「成本」和「收益」，一個具有反脆弱的創業項目，最重要的設計特徵就是成本要有底線，即使你一直虧本，最多就是成本的底線，不會無止盡的虧下去；但收益卻沒有上限，我們可以不停賺錢，不會出現明顯的「天花板」（凸性效應）。

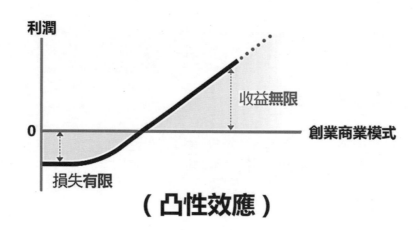

（凸性效應）

反之，如果你的創業項目是這樣設計，成本無底線，而收益卻有上限（凹性效應），如果一切順利自然可以賺錢，但賺錢是有上限的，一旦虧錢就是一個無底洞，這種生意模式風險非常大。

例如開餐廳，餐廳人潮再多，也一定會有收益上限，因為餐廳的座位和翻桌率都有上限，可是一旦生意不好，或是碰到水災、火災等天災，那虧損就是沒有底線的。

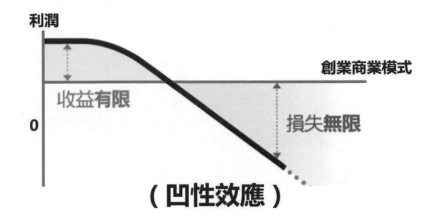

（凹性效應）

天天賠錢對一個創業者來說是一件很可怕的事情，因為你看不到未來，對未來失去掌控性後，會產生巨大的壓力，致使你的情緒焦躁，進而影響員工的工作態度，最後導致整個公司營運下滑，且這種惡性循環將一直持續下去，直到公司倒閉。

所以反脆弱的商業結構就是，「將失敗的成本控制在最低」和「收益可以不斷的放大沒有天花板」，一旦形成這樣的商業結構，企業的抗風險能力就會增強，即便出現黑天鵝事件，也有充分的轉圜空間，可以自由選擇下一步的發展。

所以反脆弱就是要找到「非對稱性」的機會，創業的真相在於你要認清這個世界不是線性的，很多人的腦袋裡存在非常深刻的線性思維，尤其是上班族。

一般上班族都是這麼想，我現在是基層職員，一年收入 30 萬，兩年後升上組長，年收入就有 50 萬，在經過兩年之後又可以升為主任，年收入達到 70 萬，再過兩年後就晉升課長，年薪就有近百萬了。這種思維就是線性的思維，有許多學員原本也是這種思維，但之後改變了思維模式，想法變為曲線思維，因為真正按照線性思維的發展情況少之又少。

因此，才會有那麼多的不確定性和隨機事件，曲線帶來的是大量的不對稱性，其中有一種思維方式叫做「非對稱交易」，就是損失和收益並不完全對應。古往今來，所有成功的商人大多是非對稱交易的獲益者，如果你能把握住非對稱交易的機會，你便離成功更進一步。

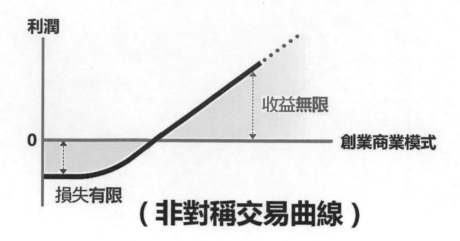

（非對稱交易曲線）

 ## 要賺錢，你要解決痛點、跟對趨勢

銷售產品，「想要讓客戶日久生情，首先得讓客戶對你的產品一見鍾情」，但要怎麼才能做到呢？就是找到讓客戶最痛的那個問題，並加以解決，反之，如果你找到的問題沒有那麼痛，那你的自動賺錢機器就是一條不歸路。這世界上所有偉大的公司，都是因為解決了一個巨大的問題才會有所成就，只有在消費者最大的痛點上面突破，才能在最短的時間獲得他們的青睞，大幅降低風險。

要解決問題之前你必須要找到問題，這一點非常的重要，任何人在初期，最先應該做的就是——先找到一個問題，那如何才能準確的找到問題呢？你可以從矛盾點開始發想，而且最好是一個巨大的矛盾。

例如大家想要看一些有趣或有用的影片，不想花任何一毛錢，又不想花太多時間，這就是一個矛盾點，因為製作影片沒有那麼簡單，背後要有攝影團隊、編劇、服裝、道具、劇本、後製等等，才有辦法做到，所以不可能免費。這也是 Tiktok 這個平台出現的主因，Tiktok 解決了一個巨大的矛盾，成為一間獨角獸企業。

又比如，大家希望衣服便宜又好看，就是「物美」、「價廉」，這其實就是一個非常矛盾的例子，要物美，這個背後就需要物流、原料、人工、設計等等方面的配合，以上這些就決定了他的成本將居高不下，如果這個物美的產品又低價販售，

就一定會虧本，這就是我們一般人的思考方式，這也是一分錢一分貨，便宜絕對沒好貨的概念。

如果你要質量好的衣服，你就必須選擇名牌，選擇名牌的話，價格一定也不便宜；如果你追求低價，你就應該去五分埔或是成衣批發，那邊的衣服有些還是秤斤在賣，但品質存有很多的問題。

當大家為了物美價廉傷透腦筋時，Uniqlo 的老闆柳井正卻不是這麼想，在他眼裡，經營企業的本質就是遇到矛盾，然後盡全力解決，並完成所有偉大的創新及不可能的使命，創業者最重要的力量在於正視矛盾，並解決矛盾，而不是逃避。

Uniqlo 志在解決成衣領域物美價廉的矛盾，經由各方面的努力和協調，將一件西裝的價格壓到一、二千塊，而且西裝質料還非常好，穿個幾年不是問題。柳井正也因為解決了巨大的矛盾，2009 年他的財富總價值高達 5,700 億日圓，成為日本四十大富豪之一，更於 2013 年以 155 億美元成為日本首富。柳井正家族在《富比士》2021 年億萬富翁排行榜中名列第三十九位，資產達到 239 億美元。

找到一個問題，除了可以從矛盾開始之外，你也可以從抱怨中發現機會，試著開始收集抱怨，在生活上聽聽身邊的人在抱怨什麼，他們每天都會抱怨哪些事情，我認為這是一個接近市場非常重要的途徑，你可以透過收集抱怨，分析洞察以及親自體驗這個流程，來找到突破口。

例如當初 FB 是祖克柏為哈佛大學校設計的內部產品，因為他當時聽到很多同學在抱怨，說要尋找其他同學的聯絡方式很困難，應該要有一個哈佛大學的聯絡名冊，但從學校的考量點來看，不太可能推動這樣的事情，於是祖克柏覺得自己可以比學校更快做出這個系統，FB 就此誕生了，誕生於很多人的抱怨中。

又比如 Uber，很多人抱怨計程車司機態度不好，車子過於老舊，又不好叫車，且乘車費過高、漫天喊價，所以 Uber 因應而生，中國大陸也就有了滴滴打車。現在人工作繁忙，有時候連要抽空去用餐都沒有時間，回到舒適的家裡之後又懶得出門，這時候熊貓外送、Uber eat 等外送平台誕生了。

從現在開始，請仔細傾聽身邊那些抱怨的聲音，把這些抱怨的聲音當成天籟之聲，從這些抱怨聲音中找到客戶真正的需求，正如賈伯斯所說，客戶不知道他要的是什麼，聽到抱怨之後就要著手進行解決，有時候就是那麼簡單的開始，你永遠不知道這個起頭有可能造就一個跨國企業。

若還是找不到，你的下一步就是開始進行分析洞察，這也是找問題的其中一個來源，有時候市場機會沒有辦法從大家的抱怨中獲得，要靠自己用心分析洞察，賈伯斯曾說過一句話：「我們不會到外面的市場做市調，只有差勁的產品才需要做市場調查。」客戶永遠只會對自己已經知道的事物有需求，而且在需求上主張服務要更好、功能必須更多、運送也要更快等等。

例如當初的手機大廠 Nokia、Motorola，他們就是站在顧客的思維上將手機做到極致，所謂的極致就是手機的質量能不能更好、電池的使用時間能不能更久、價格能不能更便宜、外型能不能更時尚，在這些方面 Nokia 和 Motorola 都已經做到極致了，最後依然輸給賈伯斯那顛覆性的創新。

賈伯斯他的觀點源自於汽車大王福特的名言：「如果我當年去問顧客他要的是什麼，他們肯定會告訴我，要一批更快的馬。」在汽車普及化之前，人們最熟悉的交通工具就是馬車，他們的腦袋裡根本沒有汽車這個東西，這時候問顧客，他們自然只能想到馬車這個交通工具，怎麼也不會想到裝有四個輪子的轎車。

像賈伯斯這種顛覆市場的創意到底是怎麼來的，他肯定不是傾聽抱怨而來，是深入客戶生活，自行「分析洞察」而來，你要比客戶還了解他心中的需求，跳脫客戶的思維，徹底進入他們的生活，這時候你一定能夠洞察到一些機會。

有一個小故事發生在波蘭，有個人他在火車站賣冷飲，他的生意始終非常冷清，但自從聽了一場演講之後，他了解到分析洞察的重要性，於是每天站在月台邊觀察乘客，沒想到還真的被他觀察出來，他發現很多乘客在經過他的冷飲店時，都會先看一眼他的冷飲攤，然後接著看看自己的手錶，看完手錶後也就不買冷飲了，匆匆上車走了，但他發現這個時間離發車其實還有一分多鐘的時間，這一分多鐘絕對足夠乘客買杯冷飲，為什麼乘客沒有這樣子做呢？

因為人類有時候是很容易緊張的，雖然離發車時間還有一分鐘，買個冷飲絕對綽綽有餘，但在心裡緊張的情況下，大多數的乘客會傾向於不買，而透過分析洞察找到了問題，接下來就是要思考怎麼解決這個問題。

他解決的方法非常簡單，卻相當有效，他僅花了少許的費用，去超市買一個非常精準的時鐘，這個時鐘的時間跟車站的時鐘一樣，他把這個時鐘放在冷飲攤旁的明顯處，就是這樣一個簡單的策略，讓他的生意銷售量翻了一倍多，乘客在上車之前轉頭一看，一眼就可以把時鐘和冷飲攤一覽無遺，當乘客可以充分掌握時間後，就不會緊張了，這時候選擇到攤位前面購買冷飲的比例大幅提升。少許的投資卻可以換來每天銷售額翻倍的銷量，而他的秘密就在於分析洞察，如果你能掌握洞察的技巧，會發現生活中有很多項目都能成為你的自動賺錢工具。

接下來找尋問題的靈感來源就是「體驗」，菲利浦・科特勒被譽為現代營銷學之父，他曾說：「其實根本不存在產品這個東西，客戶唯一會付錢的就是體驗。」你要把自己視為一般的用戶，親自試用自己的產品，體驗的關鍵在於忘掉自己的身分、能力，這樣才能站在最客觀的立場上去體驗，如果你總抱持著自己是這個行業專家的心態去體驗，你將不會體驗出什麼問題。

例如微軟的創辦人比爾・蓋茲，當時他創造了 Windows 這個跨世紀的產品，其實它推出時，並不是一件完美的產品，我經歷過 Windows 95 那個時期，那時候的 Windows 95 充滿一堆問題，沒多久就要更新一次，還常常出現當機藍色的螢幕，這樣的產品為什麼微軟還敢推出呢？那是因為寫程式的這些專家認為，程式出現 Bug 是很正常的，他們自己就可以解決了，卻忽略了使用者並不是專家，導致那時候 Windows 95 的使用者怨聲載道，所以你一定要把自己掏空來體驗。

找到一個問題雖然是一個好機會，但我要提醒一下，你找到的問題要足夠大，且有一點要特別注意，那就是沒有一種產品可以討好所有人，不要一開始就試圖做出適合所有人的生意，上到九十歲的老人、下到二歲的嬰兒。

起步的方向是很重要的，很多的人當他決定走上網銷的道路時，經過了一番的努力後，事業有所成，突然發現沒有辦法再擴展下去，因為他選擇的產品類型已經碰到了天花板，意思是他再怎麼精進自己的技能，擴展事業版圖，也沒辦法再成長

了，因為目標市場就是這麼大。所以在初期，就要考慮到你追蹤的市場到底能做多大，當然如果你只是要開一個小店，或是在市場擺個小攤位，這些就不在你的考量之內了。

且痛點也有分真假，推出產品、項目的目的是解決社會存在的某一個問題，但問題會對應不同種類的社會痛點，客戶對某些問題的感受並不全然相同，如果你的產品或服務售價不是很高，客戶可能會買單，但如果沒有你的產品，客戶的生活或許不會有明顯的影響，因為那些真正的痛點，都已經被解決的差不多了，你要是能找到當然最好，實在找不到的話該怎麼辦呢？你也別著急，試著學習怎麼分辨真痛點和假痛點吧。

例如人們穿衣服最主要是為了保暖，所以衣服的設計在如何保暖才是真正的痛點，但這不代表沒有其他風險存在，因為真假痛點並非一成不變，而是隨著技術水平以及人類發展和消費需求的變化改變，例如剛剛的例子，衣服當初真正的痛點是為了保暖，而隨著時代的演進，現在衣服真正的痛點需求反而轉變為設計和價格，穿這件衣服能不能讓你的整體美感加分，是否可以提升你在別人眼裡的社會地位，保暖已漸漸不再是痛點。

但大方向仍舊沒有變，所有偉大的企業，探其成功的原因，都是從找到問題開始，經由人們的抱怨和分析洞察，然後親自體驗、尋找用戶的痛點並且加以解決，我認為這是一個尋找問題最好的方法，你要常常問自己，客戶真的有購買動機嗎？

例如一瓶礦泉水在都市或是在沙漠地區的需求強度絕對不同，在沙漠地區又可以分為找不到水和隨時都可以買到水兩種情況，兩者的需求痛點又不同。倘若能做到在一片沙漠中，只有你擁有一瓶可以救他的救命之水，這才是真正的痛點，假如客戶又在非常口渴的狀態下，有大量飲用礦泉水的需求，那就是客戶的痛中之痛了。

了解世界趨勢也是相當重要的一點。有人說，趨勢人人可以看到，為什麼抓住的總是別人？一個新機遇誕生，必然會吸引許多人觀看，但為什麼抓住機遇總是少數人呢？原因很簡單，因為我們大多數人都被知識所詛咒。

為什麼？知識不是力量，足以改變命運嗎？為什麼知識現在反倒成了詛咒？所謂的知識只是一個抽象的概念，由以往的經驗總結而來，但所有人都會有盲點，你看不到的東西，它就越含著問題的真相，這就像十六世紀哥白尼提出日心說的時候，沒有人相信它，因為它超出所有人的傳統認知範圍。在我們接受的十多年的教育中，所有的人都需要按照一套統一的類別回答問題，如果有不一致的地方，就會被判定為不及格，但工作場所和生活不應該是封閉的答案，這是一個開卷測驗。

因此，這就是為什麼許多人害怕踏進他們一半的腳，即使他們說他們已經看到「發泄」，從本質上說，這是因為你的「已知」戰勝了「無知」，而你從不相信你的「無知」。

換句話說，所謂的機會，你只是看到了無用的東西，即使你看到了馬上要做的事情，也可能沒有回報，如果你真的想抓住這個機會，你還需要完全遵守事物發展的規律。但要想做到這一點，不僅要依靠明智的推測，還要學會以更立體的方式看待問題。這就像潮流，很多人都在想如何跳進潮流，趕上潮流，只有少數人在想如何讓潮流「借我用」。因此，別人能抓住的機會可能不屬於你，別人敢於追逐的風可能不適合你。

高手之所以是高手，並非在於他比你有更多的機會，而是他能用更立體的視角看待事物，好像每個人都有一堵牆圍繞著他。普通人站在牆裡，以為世界只有他們面前那麼大，一個高人會踮起腳尖，努力往牆外看，因為他知道世界的大小不是由牆決定的，而是由他的高度所決定。現今有一個新的趨勢、新的機會就擺在你眼前，你又為什麼再次選擇錯過呢？快跟上區塊鏈這股趨勢，站在浪尖上乘風破浪，打造無人能及的自動賺錢機器！

 ## 區塊鏈創造被動收入的七個模式

根據 LinkedIn 最新研究，最搶手技術人才排行，「區塊鏈」空降榜首，區塊

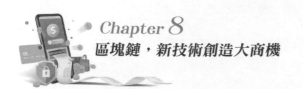

鏈能有如此高的排名，顯示出區塊鏈技術擴展到商業領域的速度非常之快，前幾年 LinkedIn 的榜單裡甚至沒有列入區塊鏈，沒想到現在竟然超越雲計算與人工智慧，並成為第一；此項研究進一步表示，不只在美國，其他地區例如英國、法國、德國跟澳大利亞，區塊鏈都是人才市場中最有價值的技術技能。

在 2016 到 2017 年間，有很多人靠區塊鏈致富，但不到一年又重重摔下來，主要是因為多數人都局限於投資加密貨幣這塊，但賺快錢的時代已過去，為區塊鏈賦能賺大錢的時代才是往後的重點，這一波不會像加密貨幣光芒般的短暫，反而會徹底佔據我們的生活，創造下一個世代。

現今也正是全世界財富部分開始重新分配的時機，時勢造英雄，如果能在這波區塊鏈的前浪開始布局被動收入的系統，在後浪來臨時幣能豐盛的收割，而這波區塊鏈浪潮勢必留給準備好的人，所以你還不開始布局嗎？下面我將提出區塊鏈創造被動收入的七個模式，透過這七種模式，你可以提前布局並結合資源，大浪來時你才會是贏家。

① 顧問輔導

顧問輔導是一個打造自動賺錢機器很棒的選項，但進入門檻較高，需要懂得知識及專業要夠多，不管是表達能力、公眾演說還是文案寫作的能力都必須具備，所以顧問輔導雖然是很棒的被動收入選項，但它並非一時半刻就可以打造的能力，你可以即早開始準備相關的知識，最重要的是廣度而非深度，以下我列舉幾種運用顧問輔導來創造被動收入的幾項優勢。

首先，輔導時間短。通常擔任一家公司的顧問諮詢，尤其是掛名顧問，有問題才會真的需要顧問出面，這種顧問基本上可以同時擔任好幾家公司的顧問，最常看到的就是一些商家的法律顧問，在區塊鏈正興的年代，這種顧問還沒有需求，但區塊鏈「賦能」傳統產業成熟後，這類的顧問將非常稀缺。

台灣絕大多數的公司都有導入 ERP 系統（Enterprise Resource Planning；企

業資源規劃），大到鴻海、台積電，小到路邊手搖飲商家的 POS 系統（Point of Sale；銷售時點信息系統），基本上台灣大大小小的公司，電腦化都達到 80% 以上，所以從 ERP 或 POS 升級到區塊鏈化的痛點和適應期沒有那麼長了。

以新創公司來說，顧問的角色會比較吃重，至於區塊鏈「賦能」傳統產業這類的顧問則會比較輕鬆，最大的差別在於新創公司它的商業模式和市場都屬於較新的領域，加上是新營運的公司，沒有公司營運的基礎，所以在輔導上會較吃力，需要投入的時間和資源也會比較多，傳統企業因為已經有公司基本的底氣在，只要稍微運用區塊鏈的特性（去中間化、去中心化、去信任化等），就可以解決傳統公司以往因為技術、法律等無法解決的痛點，為企業賦能。

對新創企業來說，區塊鏈顧問是一個很重要的角色，自然可以獲取公司的技術股，伴隨著公司成長，假如公司直線發展壯大後，顧問手中持有的技術股自然就水漲船高。

而擔任傳統公司的區塊鏈顧問所要付出的時間相對新創公司來的少，有位學員之前曾在中國大陸擔任某傳產的區塊鏈顧問，基本上是一季開會一次，平常是線上溝通輔導，所以他當時手頭上的顧問案有五間大小不一的公司，一年下來，收取的顧問費相當可觀。

除了中國大陸外，他也有擔任台灣一間公司顧問，有次雇主有中國大陸的人民幣串連新台幣及美金的金流需求，他剛好知道一間專門做這類業務的公司，對顧問來說不過是幫忙對接資源，爾後的細項是各自對接，但因為是透過他經手對接，未來只要是他介紹的案子，金流公司都會在每筆交易的手續費中，撥出一部份的錢作為獎金，這也是一種被動收入。

再來，邊際效益高。因顧問主要的工作是訂定策略、對接資源、提出解決方案等，屬於指揮型的工作，當然就可以同時擔任數家公司的顧問，那因為職業道德及競業條款關係，相同性質又互為競爭關係的公司就要盡量避免，簡單來說，顧問將過往所學，和累積的經驗人脈加以運用，邊際效益是很高的，而邊際成本低。邊際成本可以這樣解釋，你獲取一位新顧客的成本，或是一個新案子你需要再去付出什麼成本，以區塊鏈的顧問角度來看，所要付出的邊際成本非常低。

符合反脆弱，反脆弱的原則就是找到虧損有限，收益無限的項目（凸性效應）；而不是那種收益有限，虧損無限的項目（凹性效應）。

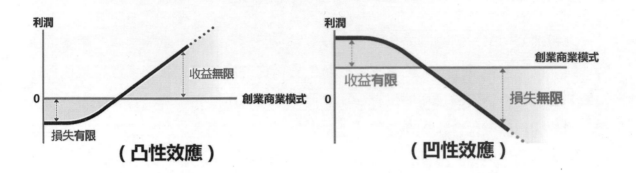

例如餐廳的營業時間和座位都是有上限的，即使翻桌率再高，也有天花板頂在那，在疫情期間更是明顯，疫情期間沒有客戶上門消費，但餐廳的房租、水電、人事開銷等，都是無窮無盡的支出，所以是標準的凹性效應。這凹性效應就不符合反脆弱原則，做任何項目或創業，最好都要遵循反脆弱原則，因為現在社會變遷非常快速，黑天鵝、灰犀牛不斷出現，相隔的時間也越來越短，只要事先架構好反脆弱的體系，你必定是市場上最後的贏家。且你的資源會不斷累積，在擔任許多公司的顧問後，所累積的資源會不斷增加，例如人脈、行業知識等等，你會發現擔任顧問職越久的顧問，他們可以說是越老越值錢，因為顧問的產值會隨著累積的資源而增加，跟一般上班族非常不同。

顧問在擔任一家公司顧問職時，必然要先了解該公司所有的背景和潛在的問題及公司未來的方向，加上要面對公司內部高層主管的諮詢，所以顧問必須不斷加強自己的相關知識，這就是費曼式學習法的精華，也就是利用所學再去教導其他人，透過費曼式學習法你將成長的非常快速。

而且你還有機會投資優質項目。顧問在輔導一家公司時，往往能看見外界看不到的資訊，很多公司為了要作帳，有分為內帳和外帳，內帳是給自己公司主管看的，資料大多是真實記載，顧問也大多是看這個數據來做出建議決策，外帳則是給投資人或政府機關看的，資訊通常都包裝、加工過，不是高手還真的看不出來。

例如之前火紅的瑞幸咖啡，它是破世界記錄最快 IPO 上市那斯達克，但渾水研究公司暗中調查，不惜花費大量時間和金錢，最後查到弊端，揭發其做假帳。

一般人無法像渾水研究有大把鈔票去調查一家公司，所以顧問是最可以看到真實資訊，並在該產業判斷這家公司是否有投資價值的人，如果是值得投資的一家公司，顧問當然可以在第一時間內投資該家公司，搞不好還有些優惠或是用技術股方式加入。

還有一點是難被取代。顧問是一個非常難被取代的職務，因為他需要的條件太嚴苛，要專業又要有廣度；要廣度又要有資源；有資源又要有解決方案；有解決方案又要有未來方向，這一套跑下來，若沒有三兩三，豈能上梁山？雖然顧問是一個很不容易從事的職務，但它卻有非常深的護城河保護，不會被輕易取代。

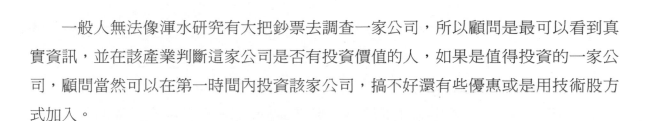

② 投資公鏈成為超級節點

什麼是公鏈？區塊鏈按照訪問和管理權限可分為公鏈和私鏈或聯盟鏈。公共區塊鏈簡稱公鏈，是區塊鏈的底層協議，可謂區塊鏈世界的「操作系統」，公共區塊鏈搭建分布式數據存儲空間、網絡傳輸環境、交易和計算通道，利用加密算法保證網絡安全，透過共識機制和激勵機制實現節點網絡的正常運行。

全世界的人都可以參與系統維護工作，公鏈是全世界任何人都可讀取的，任何人都能發送交易，且交易能獲得有效確認、任何人都能參與其中共識過程的區塊鏈，共識過程決定哪個區塊可被添加到區塊鏈中，並明確當前狀態。

作為中心化或者準中心化信任的替代物，公共區塊鏈的安全由「加密數位經濟」維護「加密數位經濟」，採取工作量證明機制或權益證明機制等方式，將經濟獎勵和加密數位驗證結合起來，並遵循著一般原則，每個人都可從中獲得經濟獎勵，與對共識過程作出的貢獻成正比，而這些區塊鏈通常被認為是「完全去中心化」的。

這也使得公有鏈具有以下二個特點。

⭐ **開源（Open Source）：** 由於整個系統的運作規則公開透明，這個系統是開源系統。

⭐ **匿名（Anonymity）**：由於節點之間無需信任彼此，所有節點也無需公開身分，系統中每一個節點的匿名和隱私都受到保護。除了公鏈之外，還有私鏈、聯盟鏈，私有鏈或聯盟鏈，其在開放程度和去中心化程度方面有所限制，參與者需要被提前篩選，資料庫的讀取權限可能是公開的，也可能像寫入權限一樣只限於系統的參與者。

那節點又是什麼呢？節點在區塊鏈根據不同的功能、分工，可分為三種。

節點在中文裡有許多含意，例如在電信網路的節點是指一個連接點，表示一個通訊端點（一些終端裝置）；在運輸系統中節點表示一個重要的結構要素，通常指村落、都市或貨物的轉運點；在社會裡，節點指社會中具有行動能力的個體，例如家庭成員或公司職員等。

在區塊鏈分散式帳本的系統中，節點則是提供、維護「共同總帳」的單位，不同節點之間以網狀的方式相互連結，成為獨立自主的電腦網路，這個概念我們也可以稱之為「去中心化」。簡單來說，每個節點都有一套這樣的「共同總帳」，且所有應用單位節點中的帳本內容都是一致的，只要帳本新增了一筆資料，其他節點也會立刻被告知，同步更新帳本資料。

因此，網路節點同時擔任著交易確認和廣播的工作，只要透過網際網路與節點相連結，就可以獲得共同總帳的相關服務。這裡介紹一種最常見的分類方法，根據不同的功能、分工，將節點分為三種：

⭐ **完整節點（Full Node）**：是區塊鏈網路的中心骨幹，因為可以獨立完成交易確認和廣播，並完全執行所有規則，是支撐著加密貨幣轉帳交易的核心力量。節點的數量決定著網路的安全程度，完整節點的數量越多，也就越接近真正的去中心化，而網路的安全程度也就越高。

⭐ **修剪節點（Pruning Node）**：是完整節點的變體，雖然同樣可以獨立完成比特幣轉帳的確認，但它並沒有把整個區塊鏈都下載到電腦裡。

⭐ **輕量節點（Lightweight Node）**：輕量節點，又可稱為 SPV（Simplified Payment Verification）節點，它不像完整節點那樣獨立，一般是用手機或電腦安裝的錢包軟體，不需要下載全網資料，營運者會將使用者錢包中的

轉帳和完整區塊鏈進行核對。

你可能會問，如何運用節點打造超級賺錢機器？以下案例需要一些區塊鏈知識的背景，如果看不懂很正常，簡單來說就是參與一個大項目，然後成為這個大項目下支撐的子項目。

以 EOS 超級節點為例，如何運用超級節點多元生財，EOS 作為 POS 類共識機制中最知名的項目，隨著 Staking（是指為區塊鏈網路作出貢獻時，鎖定加密貨幣以獲得獎勵的過程）的興起，EOS 超級節點的經營也一直備受關注。

透過數據一窺 EOS 超級節點的生態現狀，EOS 的共識機制為 POS 的衍生機制 DPOS，在這種機制下，每隔一百二十六個區塊（約六十三秒），候選節點中獲得持幣用戶投票最多的二十一個節點將成為超級節點。超級節點透過輪流出塊和維護網絡獲得增發獎勵，目前 EOS 的超級節點格局基本穩定，近期就是這二十一個超級節點，其中有十三個超級節點團隊的創始人是中國人（不包括華裔），他們佔據了半壁江山，另外，新加坡和美國各有二個節點入選超級節點。

雖然 EOS 獲得持幣用戶投票數前一百名的節點，都可按票數高低獲得收益，但二十一個超級節點和候選節點的收益差距是明顯分界的。排名二十一的超級節點 helloeoscnbp 每日可以獲得的獎勵約為 773 枚 EOS，而排名第二十二位的候選節點 eosliquideos 每日只能獲得約 438 枚 EOS 的獎勵，獎勵少了 43.3%，但票數其實只少了 0.03%。

這也反映出一個有趣的現象，EOS 超級節點的格局基本穩定，但競爭依然激烈，尤其是對於那些臨界於超級節點和候選節點之間的團隊而言，他們為了獲得更多的選票，在營運成本上恐怕不會比超級節點付出更少，但如果長期沒有選上超級節點，那他們所面臨的生存壓力將會比較大。

根據 EOSX 的統計，想要成為 EOS 的超級節點，平均需要獲得一‧三九億票，排名最高的 big.one 獲得了一‧五四億票。成為超級節點後，可獲得的平均每日獎勵約為 807 枚 EOS，按照 4.5 美元的幣價折算，相當於每日營利 3,631 美元，年約 133 萬美元，候選節點的營利則較低。

　　相較於主流交易所日營利輕鬆超過 1 萬美元，營運超級節點並沒有那麼賺錢，但營運節點也不會是這些超級節點團隊唯一的業務，這些團隊還涉獵諸如交易所、去中心化交易所 DEX、DApp、錢包、底層技術、孵化、資源租賃等其他業務。

　　而且，超級節點所涉及的其他業務性質，並不會影響到節點的選票分布，一般認為與 Staking 密切相關的錢包、交易所、礦池等流量業務，並沒有替這些節點帶來更多的選票。

　　雖說超級節點是持幣用戶一幣一票投出來的，但持幣用戶也有大戶和散戶不同量級之分。根據 EOSBeijing 的統計，二十一個超級節點的票數，主要來自投出大於五十萬票的極少數大戶，每個超級節點平均約有六十八個投出五十萬票以上的帳戶，這些帳戶的票數平均約佔總票數 77.67%，反之，每個節點平均有一・二七萬個投出一萬票以下的帳戶，這些帳戶的票數約佔總票數的 3.11%。

　　如果將觀察的範圍擴大到前五十個節點，甚至前一百個節點，可以發現大於五十萬票的帳戶佔絕對主導地位，但隨著名次下降，五十萬票以上的帳戶影響力略微下降，其他量級的帳戶影響力略微上升。

　　必須強調的是，排名高低與各量級帳戶投票多少之間並不構成相關性，也即從第一名超級節點到第一百名候選節點，都是五十萬票以上的帳戶起絕對主導作用。

　　這些五十萬票以上的帳戶可能是個人所有，也可能是提供 Staking 服務的公司所有，但兩相對比，可見現在的節點競選與其說比的是影響力，不如說是比節點的管道合作優勢。

　　Staking 即 POS（或類 POS 機制，如 DPOS、LPOS、BPOS、HPOS 等）機制下的「抵押挖礦」，這是採用 POS 共識機制的區塊鏈網絡所獨有的。在 POS 區塊鏈網絡中，節點（類似 POW 機制中的「礦工」）負責打包交易訊息、維護網絡運行、參與團隊治理，這一過程也可以稱之為「挖礦」，但沒有區塊獎勵，挖礦收益全取決於他們在網絡中抵押的加密資產數量，抵押的資產越多，收益越多。

　　透過抵押加密資產進行挖礦並取得收益的過程被稱之為「Staking」。這個過

程與 POW 共識機制下礦工透過花費大量電力和算力進行計算挖礦有所不同，在 POW 共識機制下，挖礦有區塊獎勵，而算力多寡決定了挖礦產出能力。

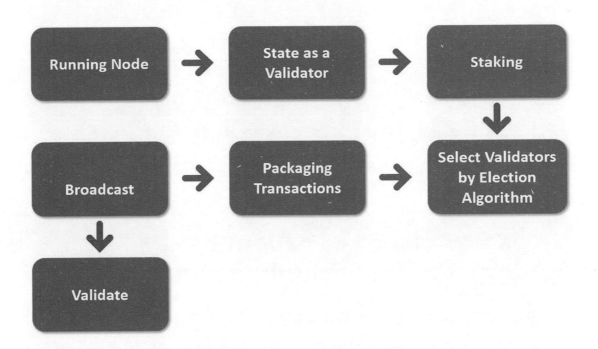

為什麼說是「行業全面轉向 POS、類 POS 共識機制的必然」？為什麼它會被認為是最重要的區塊鏈金融話題之一？它是否值得參與以及如何參與？風險和收益如何衡量？

在弄清楚這一連串疑問前，不妨先記住幾個結論：

⭐ Staking 的本質是「抵押挖礦」，在 POS、類 POS 共識機制的項目中，任何人都可以透過加密資產抵押鎖倉參與 Staking 保本「賺幣」，收益率以幣本位計算，目前仍有大量加密資產沒有參與 Staking。

⭐ 收益依賴於加密資產的通膨模型設計，主要是加密資產增發獎勵。因此 Staking 有可能進一步刺激通膨，而扣除通膨的真實 Staking 收益率有可能是負的，所以不能只看收益率。

⭐ 對小額持幣人來說是規模不經濟的，但對長期持有者來說卻是不錯的選擇。

⭐ 目前還沒有 Staking 對加密資產二級市場價格影響的精確衡量。如果把 Staking 看作短期銀行存款，Staking 收益率和加密資產交易收益率將形成

競爭關係。

Staking 的收益主要由兩部分構成：區塊獎勵（系統透過通膨增發的加密資產）、節點記帳收入，而區塊獎勵是最主要的。

對於普通人來說，理解 Staking 有兩個關鍵點：第一，Staking 是一種保本收入（幣本位）；第二，Staking 本質是透過抵押加密資產獲得記帳權，有鎖定期，比如 Cosmos 委託的解綁時間是二十一天，屬於一種被動收入。也因為如此，透過 Staking 獲得收益被認為是「躺賺」，Staking 帶來的收益也因此被稱為「睡後收入」。

那一般人如何參與 Staking 呢？持幣者可以自行驗證，或是委託給節點運營商這兩種方式參與，但在實際操作中，自行驗證可能有些問題。

- ⭐ **抵押餘額限制：** 大部分加密資產都設置了參與 Staking 的最低抵押餘額，比如 Dash 要求最低持有 1,000 枚。假設收盤價為 165.18 美元，便意味著至少要投入 165,180 美元才有資格參與 Staking，小額持幣者因此被阻擋在外。
- ⭐ **成本限制：** 運營節點同樣有固定成本支出，搭建節點的技術門檻及需要的配置的設備成本較高。所以，交「過路費」要好於自建高速公路。此外，由於目前大約有七十五支加密資產支持 Staking，不同加密資產 Staking 機制各不相同，自行驗證很難做到規模經濟。
- ⭐ **專業化限制：** 作為 POS 區塊鏈網絡中的主幹，節點要保持穩定正常的運行時間（7x24），有持續處理網絡事務量的能力，確保安全、根據需要管理網絡更新，個體很難保證過程的連續性和安全性。

此外，在 POS 機制下，節點不再透過算力競爭記帳權，獲得記帳權的概率取決於其擁有的權益（Stake）多寡。權益可以是節點持有的加密資產數量，也可以是關於加密資產數量的函數，這意味著，如果節點持有的加密資產數量比較少，那麼它創建下一個區塊的可能性也將大大衰減，而隨時可能出現的系統故障和違反網絡協議的錯誤操作，則進一步加大了收益的不確定性。這些限制性因素讓自行驗證顯示出規模不經濟的特點，為 Staking as a Service 的出現提供了契機。

透過將手中的加密資產抵押給提供 Staking as a Service 服務的節點營運商，由它們代為管理資產、節點或行使相應的權利，如投票參與共識的權利，持幣者無須滿足最低抵押餘額限制就可以參與 Staking 分享收益，並在一定程度上隔離風險。

　　但持幣者也需向節點營運商支付一定的服務費（一般從 Staking 收益中扣除），費率為 5 至 25% 不等。以 Coinbase 為例，其獨立子公司 Coinbase Custody 宣布向機構客戶提供 Tezos 的 Staking 服務，並從 Staking 收益中收取約 20 至 25% 的手續費。

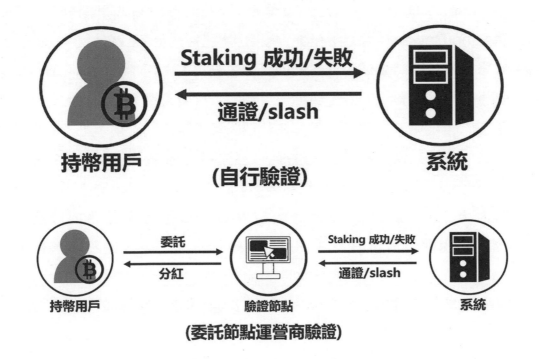

　　目前市場上已經出現了許多節點運營商，錢包、交易所、加密資產託管機構正在成為普通人參與 Staking 的入口。

　　Staking 收益率近似於通膨率和抵押率的比值；較高的通膨率和較低的抵押率會帶來更好的收益率，也意味著較高的收益。大多數支持 Staking 的項目都會在官網上提供 Staking 收益計算器，你也能從官網 Stakingrewards.com 進行查詢。

　　Staking 收益率＝通膨率 / 抵押率 × 抵押率（Staking Ratio）是指用於抵押而不能出售的加密資產佔比。除此之外，還有許多其他因素在影響 Staking 收益，包

括通膨率在內，這些因素大致歸為三類：不變因素、可變因素和風險因素。

⭐ **不變因素（既定的）：** 主要是通膨率。通膨率是由項目設定的增發模型決定的，這一部分可視為不變因素。而當前主要增發模型為固定通膨率模型（如 EOS、Stellar 等）和調整型通膨率模型（如 Cosmos、Tzeos、Livepeer 等）兩種。

在 Cosmos 的通脹模型中，66% 的抵押率（Staking Ratio）是一個臨界點。小於這一比值，通膨率會逐漸向 20% 調整，年收益率也相對較高；大於這一比值，通膨率將逐漸調整到 7%，年收益率隨之下降。這一機制使 Cosmos 的通膨模型鼓勵及早參與 Staking 以獲取早期紅利。目前，Staking Rewards 顯示，Atom 的抵押率已經升至 72.29%。

⭐ **可變因素（隨時間或者其他條件而發生變化）：** 包括抵押率、支付給節點營運商的手續費、委託給節點營運商的抵押資產數量、記帳收入、加密資產在二級市場的價格表現等。在其他因素不變的情況下，抵押率和手續費越高，收益越低；記帳收入越高，收益越高；委託資產越多、二級市場價格越高，以美元計價的收益也越高。

乙太坊 2.0 計畫的 Staking 年收益率在 1.56 至 20% 之間。收益率與抵押率負相關，當抵押率是 100% 的時候（此時，驗證乙太幣數量達到 134,217,728 枚），乙太幣年收益率僅為 1.56%。

⭐ **風險因素（隨機的）：** 包括 Slash、安全、節點當機等等，其中 Slash 被視為最大的風險因素。當節點不遵守協議規則（比如對區塊進行雙重簽名）的時候，就有可能觸發 Slash，輕則區塊獎勵取消，重則帳戶裡的抵押餘額也會有一定比例被罰沒。

Cosmos 規定的懲罰比例是 5%，按照總體平均 11.08% 的年收益率粗略計算，Staking 為持幣者每年創造的收益可達 7.5 億美元。如果將來有更多加密資產支持 Staking，使之幣價上漲，整個市場的增量收益將會進一步擴大，冰山運動之所以雄偉壯觀，是因為它只有 1/8 在水面上。

如果說加密資產市場近三個月以來的連續反彈、突破新高是整個產業水平上的 1/8，那麼其他如技術進步、行業採用和加密金融創新，則構成了水面下的剩餘部

分。拋開技術和行業採用不談，在加密金融創新領域，誕生許多正在嘗試重塑 ICO 崩塌後加密金融創新的生命力，Staking 無疑是最引人注目的其中一個。

Staking Economy 的興起，是行業全面轉向 POS、類 POS 共識機制的必然。而根據現有數據統計，Staking 能為投資者帶來的年化收益最高可達 158.10%（Livepeer），平均在 10 ～ 20% 左右。

Staking 已經成為加密金融創新的主流趨勢， 這一趨勢由 Stake.us 獲 Pantera Capital、Coinbase、DCG 等機構 450 萬美元投資引燃，並得到 3 月初主網上線的明星項目 Cosmos 加持，而 Coinbase 宣布面向機構客戶展開 Tezos 的 Staking 服務，EOS、LivePeer 以及乙太坊 2.0、Dfinity、Polkadot、Harmony 則進一步將 Staking 推向大眾視野。

根據 StakingRewards.com 統計，全球共有七十五支加密資產支持 Staking，乙太坊、Cardano、Polkadot 等十六個項目也陸續支持 Staking。

Staking 正在為持幣者帶來增量收益，正在進行的七十五個項目，總市值高達 217 億美元，按目前平均 31.2% 的 Stake 比率（處於抵押狀態不能出售的加密資產佔比）計算，Staking 鎖定的市值近 68 億美元。

進一步，按照總體平均 11.08% 的年收益率粗略計算，Staking 為持幣者每年創造的收益可達 7.5 億美元。如果將來有更多加密資產支持 Staking，加之幣價上漲，整個市場的增量收益將會進一步擴大。

不過，不同項目帶來的 Staking 收益可能會有較大差別。目前 EOS 透過 Staking 鎖定的市值最大，約為 28 億美元，按其 1.84% 的年收益率計算，相當於每年派發 5,000 多萬美元的紅利。

POS 時代到來形成的新機會，機會的意義遠大於對通膨和可能加劇中心化的擔憂。在目前已經或者將要支持 Staking 的逾九十個項目中，市值排名前五十的項目就有二十一個，接近半數，市場正主動選擇 Staking。

粗略估計，每年 Staking 或為加密資產持有人帶來數億乃至數十億美元的增量

收入。一個 Staking 的大生態圖景正在形成，Staking as a Service、數據研究、安全服務、應用開發等更多的參與者捲入、更為活躍的加密金融市場，源源不斷的參與力量正是整個加密產業繼續繁榮的動力。

未來，Staking as a Service 將成為 Staking 生態中商業模式的核心，作為專業服務機構，它們有能力為持幣者篩選機會、隔離風險。錢包、交易所、加密資產託管機構、POS 礦池借助其先天優勢成為 Staking 的天然入口，對於後入場，準備分食 Staking 這塊大蛋糕的新興第三方服務機構來說，當前正是最緊要的窗口期。

③ 資訊型產品（平台）

根據統計，全世界了解區塊鏈相關的知識不到 1%，加上這波 COVID-19 的影響，線上作業模式大幅增加，也因為中國大陸的國家數位貨幣 DCEP，就是「數位人民幣」，DCEP 是全世界第一個由國家正式宣告，用部分「區塊鏈技術」打造發行的加密貨幣。

在習近平宣布將「區塊鏈」作為國家重點發展項目後，中國央行（人民銀行 PBoC）緊接著揭露了數位人民幣，全球政府如火如荼的推動央行數位貨幣 DCEP，台灣央行總裁也透露正在「研究和測試」虛擬台幣（Digital TWD）。

加密貨幣，以比特幣為首運用區塊鏈技術出世，對政府來說是項如臨大敵的東西，甚至是國家貨幣的敵人，因為它可能偷走政府的權力，包括鑄造錢幣的權力、國家財政調控工具的絕對控制權，有些事比特幣做到了，許多政府機關因為 FB 提出的 Libra 計畫聞風喪膽，避之唯恐不及，敵人厲害沒關係，但除了圍堵或逃跑，中國選擇了另一條路：打不贏就加入他，數位人民幣就此誕生。

當然 DCEP 不是全部都基於區塊鏈的去中心化、去中間化技術去開發，畢竟中國想要管控他的貨幣，將其變化這事情中國很厲害，看看微信，當初只是模仿其他的通信軟體，現在變成全世界功能最強大的通訊 App，類似的案例太多了，所以相信 DCEP 應該也能夠開創新局，而且中國央行擬推進法定數位貨幣的研發工作，股

票市場數位貨幣板塊全線都將會開啟。

這波開啟線上教育課程及區塊鏈相關知識的傳授，正是可以打造自動賺錢機器的好時機，因為知識的落差就是財富的落差，現在大家都很注重成人培訓這檔事，知識變現產業因而趁勢上升、蒸蒸日上。

在傳統教銷售、成功學、激勵、業務相關、心靈以及你可以想到的課程，基本上都已經有很多培訓師在經營那一塊市場，若要再切入，勢必得花費鉅額的廣告費，甚至下殺更低的價格，並提供更高的課程品質才有可能有一席之地。

而區塊鏈這領域在市場上的競爭者相對少，懂得人也不多，市場也才剛剛進入發芽時期，一個賺錢的項目往往會經歷春夏秋冬四季，春季為項目剛剛萌芽階段；夏季為項目發光發熱的時期；秋季就是開始走下坡了；冬季為項目即將結束凋零時刻，正常人也知道要進入的時期，最好是春季時就進入經營，而春季則分為春初和春末，真正賺錢的時期為春末時期進入。因為春初進入該項目時，你會發現因為大環境的關係，大家對新的事物接受度並不高，加上沒有使用上的特別需求，所以春初進入投資通常都會失敗收場，那春初到春末到底要多久？

這個問題沒有一定的解答，視項目的不同而定，且還有許多不確定的因素可能影響進程，總之我們的嗅覺要夠敏銳，時時刻刻收集新資訊，所以在這資訊爆炸的時代，要想掌握最有效的資訊就要靠借力，借專家、老師等市場的力，才有機會找到處於春末、值得投資的項目，站上風頭跟著趨勢走。

4 區塊鏈的解決方案

區塊鏈的解決方案本身就是可以包裝成一個決方案的產品，這點得向 IBM 學習，看看 IBM 的英文全稱翻譯過來就是國際商業機器公司，沒錯，在最早之前 IBM 是販售電腦主機及相關設備為主，那時候的市場的確可以讓它這麼做，而且趁勢賺了不少錢，到了 2010 年前後，IBM 轉型為服務導向（但仍掌握軟體與系統），幾乎把 IT 的硬體部門都賣掉了，IBM 之所以放棄 IT 硬體，是因為 IT 的硬

體打得都是價格戰，所以不值得 IBM 投入，頂尖的研發才是 IBM 所重視的。

IBM 過去十年風行「由外而內」的數位轉型，多以因應客戶與市場需求為主。如今，隨著 AI、自動化、區塊鏈、5G 等指數型技術的日趨成熟和融合，IBM 正面臨更深層次的數位轉型挑戰，IBM 需要充分利用這些認知技術，「由內而外」地展開全面的數位化重塑，打造新一代商業模式。

IBM 早期賣的是硬體，轉型之後賣的是解決方案，區塊鏈的商業模式也可以如此，舉一個真實的區塊鏈賦能自動販賣機的例子。目前自動販賣機在全世界不能賣的產品就是菸酒、成人產品及有年齡限制的商品，為什麼自動販賣機不能販售這些類型的產品呢？最主要的是因為沒辦法判斷在自動販賣機前要購買的客戶年齡。

智慧販賣機，是國內四大超商在近年共同的關鍵字，少了人工盤點存貨，清點營收、銷售的數據自動勾稽到鄰近的超商門市，是替超商經營加值的秘密武器，校園、辦公大樓、百貨公司，都能見到販賣機蹤影。不過，市面上的販賣機受限於身分認證技術，不能販售菸酒，在文創園區、Live House、河濱公園想要來杯啤酒，無法在販賣機購買，必須靠人力設攤販售，但這樣的痛點將成為過去式。

區塊鏈新創公司結合區塊鏈與數位身分認證技術，讓傳統販賣機一秒升級，即便是無人販賣機，也能把身分驗證做到滴水不漏，販賣機經濟將迎來更多新商機。

日、德販賣機賣菸酒，身分認證仍存在漏洞，從國際案例觀察，目前日本、德國都能在販賣機販售酒類與香菸。以日本來說，只要符合購買菸酒的法定年齡，就可以申請一張身分驗證的實體卡，有這張卡就能在販賣機買菸；德國則是透過護照、身分證、駕照等證件，讓機器驗證購買資格。

不過問題來了，無論是證件、購買憑證，販賣機都沒辦法辨別購買者是否為證件擁有者，兒子拿爸爸的證件、跟年長的朋友借證件，一樣都能購買成功，現行的身分認證機制仍存在很大的漏洞。

區塊鏈新創公司想出了一個方法，他們將去中心化身分識別技術，結合 e-KYC 解決方案，與販賣機升級模組整合，販賣機若販售有年齡規範的產品，就能導入這

套模組，一秒升級成具備數位身分驗證功能的販賣機。

過去販賣機做身分驗證，最大的問題就是無法辨識機台前面的消費者是否為證件擁有者。當要購買時，透過掃碼登入系統，用手機進行人臉辨識，當系統確定是本人後，手機會回傳至販賣機，站在機台前的這位消費者若符合購買資格，才會被允許購買產品，每次購買都需進行人臉辨識，在網路順暢的情況下，一秒便能完成身分驗證。

當要購買時，需透過掃碼登入系統，用手機拍一張自拍照，當系統確定是本人後，手機會回傳至販賣機，確認購買者的資格。為確保身分不被竄改，手機進行身分驗證時，會產生專屬序號並簽章，在驗證確認前，透過 API 提供帶有時效的電子收據，將 ID 身分、購買日期與地點傳回至販賣機。

為了避免人臉辨識過程，有造假的可能及漏洞，從晶片證件取得包含年齡、照片等資料，全都受到數位簽章所保護，並無法被竄改，每次進行人臉辨識時，會檢查照片之數位簽章是否吻合。

除了驗證晶片證件資料及人臉辨識之外，更重要的是會透過 AI 進行活體辨識，來杜絕惡意使用者利用照片、影片，甚至是 3D 列印的頭像對系統進行欺詐，進而將使用者身分驗證做到滴水不漏。

菸酒在世界各國都是較為敏感的產品，尤其每個國家的法規、實體證件、仿偽特徵、資訊位置都不相同，要如何將數位身分驗證技術，轉移到不同國家的硬體周邊，是在研發技術時最主要的挑戰。

數位身分的概念，近年逐漸被各國政府接受，尤其販賣機、無人商店等新興商業模式的演進，一旦身分認證的問題被解決，意味著無人銷售的商業模式將迎來更多可能性。

這一套區塊鏈販賣機可以從研發生產製造到販售，你也可以像 IBM 一樣，把這套解決方案賣給全世界的販賣機製造商，當作一個商業模式販售，賣的是一個點子、一套系統。

　　既然區塊鏈販賣機可以這樣做，區塊鏈賦能的所有傳統產業也都可以按此要領操作，只要把區塊鏈套在某一個傳統模式下去解決最大的痛點，就可以將此模式推向全世界，好消息是目前這種套路是藍海市場，市場上還沒有很多人做，一旦你找到解決方案，就真的是打造出一台超級自動賺錢機器了。

5 加密貨幣量化交易

　　量化交易，是指藉助計算機技術和採用數學模型去實現投資策略的交易過程。一個合格的量化交易模型，必須基於明確的經濟趨勢判斷或者套利原理，進行下一步的系統化和程序化抽象，呈現出來的形式是一套邏輯完備、可執行的交易指令流程和邏輯控制方案。

　　簡單來說，量化交易為透過制訂好的數學模型或交易觸發條件，由程序自動執行買入和賣出的操作，其技術幾乎涵蓋了投資全過程，主要策略包括量化選幣、套利交易、算法交易、高頻交易等。

　　量化交易的優勢主要體現在去除投資者主觀情緒波動所帶來的非理性決策，導致操作上的失誤，以及運用大數據、雲計算、人工智能等先進技術發掘出能帶來超額收益的交易方式，讓投資行為有更強的紀律性和系統性；另一方面，量化交易的自動操作程序比人工操作更加及時、高效，尤其是二十四小時運作的數位貨幣交易在行情波動的情況下，優質的量化投資策略能更準確地把握套利機會。

　　量化交易在數位貨幣中可分為……

⭐ **對沖交易：**對沖交易即投資者同時進行兩筆品種相關、方向相反、頭寸相當的交易，其中品種相關是指交易品種的市場供求關係存在同一性，供求關係若發生變化，會同時影響兩種商品的價格，且價格變化的方向大體一致；頭寸方向相反，指兩筆交易的買賣方向相反，這樣無論行情如何波動，兩筆單呈現一盈一虧。

與傳統的單邊投機交易相比，對沖交易風險相對較小，收益相對於跨期套

利更加可觀,這對於希望追求高回報,同時又想規避高風險的投資者來說是不錯的選擇。

⭐ **趨勢交易:**趨勢交易相對複雜一些,透過電腦設定的程序,人工智慧根據市場行情、趨勢的指標,在價格或數量達到一定數值時,發出買入或者賣出的信號,來自動交易或提醒用戶進行交易。

⭐ **高頻交易:**高頻交易是指從那些人們無法利用的極短暫市場變化中,尋求獲利的計算機化交易,比如某種證券買入價和賣出價差價的微小變化,或者某支股票在不同交易所之間的微小價差。這種交易的速度如此之快,以至於有些交易機構會將伺服器安置在離交易所電腦很近的地方,以縮短交易指令的距離。

⭐ **量化搬磚:**搬磚顧名思義就是工人將磚頭從一個地方搬到另一個地方,並獲取相應收益的過程。而加密貨幣領域內,「搬磚」搬的並不是磚頭,是加密貨幣,而且是在不同交易所內存在價格差距的加密貨幣。

實際上,加密貨幣在流通過程中,受到交易所提幣轉帳所需礦工費、手續費,以及各地區需求量不同等因素影響,各交易平台之間會出現價格差異。而將加密貨幣從價格低的交易所,轉移至價格高的交易所,並賺取價差的行為便稱之搬磚,其實就是還原了最原始的交易做法,利用訊息差,時間換空間而已。

那加密貨幣圈又有三種量化模式。

⭐ **龐氏資金盤模式:**簡單說就是用後來用戶的本金,支付早期用戶的利息和廣告費用。直到有一天拉不到新的投資者,無法支付利息和本金,團隊跑路,很多 P2P 就是這麼倒閉收盤的。

⭐ **拉皮條模式:**透過 PPT 包裝,背景包裝,大力行銷,而自身團隊不做任何量化交易的開發,稱為 MOM(Manager Of Managers,管理管理人的基金),是指該基金的基金經理不直接管理基金投資,而是將基金資產委託給其他的一些基金經理來進行管理。翻譯過來就是,我不做量化,我找別人做,幣在我帳戶裡,但把 API 給別人操作(透過使用 API 不同權限的接口,可以對帳戶進行下單、觀察、提幣),我只負責監督管理。

這種皮條團隊的好處是風險分散，不至於完全歸零。但有另外一個風險就是十個團隊中，會有一個虧損很大或是跑路，整體都要拆東牆補西牆。換成 P2P 理解的話，就是九個團隊掙的是利息，一個團隊損失的是本金。

另外一個難點在於，MOM 的老闆要給團隊分成，而虧錢的團隊卻要 100% 承擔，也就是投資人承擔，經常會看見比特幣（下稱 BTC）數量沒變，但支付團隊分成後卻虧錢的例子。

舉個例子，假如我是老闆，從投資人募集了 200 枚 BTC，平分給二個團隊做量化，並約定好投資人獲得收益的 70%，MOM 管理人 10%，量化團隊 20% 的比例來分成。A 團隊用 100 枚 BTC 掙了 20 枚 BTC，B 團隊用 100 枚 BTC 虧了 20 枚 BTC。

投資人看似應獲得 0 枚 BTC 的收益，但因為 A 團隊賺錢要拿分成，所以 MOM 要付給 A 團隊 $20 \times 20\% = 4$ 枚 BTC 的收益，不內付給 B 團隊。所以 MOM 獲得的是 A 團隊的 $120 - 4 = 116$ 枚 BTC，B 團隊的 $100 - 20 = 80$ 枚 BTC，總和是 196 枚 BTC。

所以 MOM 和投資人實際上是虧了 4 枚 BTC。按現在行業的實際情況，量化團隊是不承擔虧損的，因為不保本。即使保本，量化團隊賺的是利息，輸的是本金，拿什麼來保呢？我想只有後面投資者的本金，才能補上前面本金虧損的窟窿吧？另外，監督管理十個團隊，尤其在不同城市，難度很大，二十個人未必管理得過來。這種團隊必須具備幾個特點，可供識別。

- ⭐ 團隊完善，人員配置合理，至少需要策略開發者、數據回測專員、服務環境開發者、風控、行政、財務等等。
- ⭐ 制度及文件管理規範，如完整的公司章程、風控手冊、交易週報、會議記錄、職務說明書、代碼管理文檔、開發文檔、財務報表數據等。
- ⭐ 要有專業能力，可流暢答出各種數據，比如我們上個月成交的筆數？至少要能回答清楚是哪個量級的，個十百千萬還是數十萬，較前一個月的數據發生了哪些變化？遇到的瓶頸和困難是什麼等等。
- ⭐ 協議約定合法合規全面，合約中各方權利、義務要約定清晰，特別注意適

用法律的國別，評估維權成本。

⭐ **策略的描述和歷史數據的一致性，還要注意數據回測是模擬盤還是實盤等。**

由於數位貨幣量化交易仍屬於以加密貨幣為標的的交易模式，因此是由金融監督管理委員會（金管會）監管。

在 2017 年 12 月 19 日，金管會提醒社會大眾投資比特幣等虛擬商品的風險。金融監督管理委員會（以下簡稱金管會）表示，中央銀行先前於 2013 年 12 月 30 日即會同金管會發布新聞稿，將比特幣定位為具有高度投機性的數位「虛擬商品」，並提醒社會大眾，務必注意有關收受、交易或持有比特幣所衍生的相關風險。

近來由於比特幣等加密貨幣的價格再次出現大幅波動現象，坊間出現許多以招攬投資加密貨幣的活動，包括首次代幣發行（Initial Coin Offering，簡稱 ICO）的募資行為，因此金管會提出呼籲。

數位「虛擬商品」的價格波動極大，且具有高度的投機性，因此金管會再次提醒社會大眾務必要審慎評估投資風險。金管會也曾 2014 年 1 月 6 日發布新聞稿，要求銀行等金融機構不得收受、兌換比特幣，亦不得於銀行 ATM 提供比特幣相關服務，金融機構應配合落實辦理。

量化交易並非真如宣傳那般是躺賺的行當，加密貨幣市場生態本身的不完善，再加上國內量化交易團隊的參差不齊，量化投資極有可能是風險投資。

因此，大家選擇量化投資還是要選擇穩健的量化投資公司，介於當前混沌的市場環境，這並不是一件容易的事，因此最好能自己學習一些量化交易的知識，從而讓自己有一雙鑑別好壞的火眼金睛。

6 投資權益相關通證

ICO（Initial Coin Offering），首次代幣發行，指區塊鏈項目首次向公眾發行代幣，募集比特幣、乙太坊等主流加密貨幣以獲得項目運作的經費。通俗地講，任何一個人都可以推出與區塊鏈看起來相關的項目，只要寫一個白皮書，然後向全世界宣傳，讓別人用比特幣或者乙太坊等已有的主流貨幣，來買你生成的新加密貨幣，生成加密貨幣幾乎是零成本。所以，整個生意感覺就是空手套白狼，但也確實是空手套白狼，前幾年可以說是 99% 的 ICO 都是詐騙本質，中國全面封禁 ICO，我就覺得做得非常好，不然會有更多的人被詐騙，致使區塊鏈、加密貨幣被污名化。

那些 ICO 弄出來的新幣和其他加密貨幣交易所合作進行上市，讓新幣流通起來，然後開始面向更多人割韭菜，當加密貨幣整體行情極端不好時，新幣可能就會被交易所下架或幾乎沒什麼人進行交易，這就造成了歸零，原先一個好的東西，就這樣被玩壞了。

所以 2018 年之後幾乎就聽不到 ICO 項目，因為賺不到錢了，沒有人願意參與，模式陷入死循環。然後，幣安用了一個新的模式——IEO（Initial Exchange Offerings）首次交易發行，指以交易所為核心發行代幣，跳過 ICO 這步，直接上線交易所。

其實 IEO 也是一個變相的 ICO，只是改由交易所主導，不用擔心幣上不了交易所，透過這種方式，交易所也讓自己平台的幣流通起來，並且成功提升價值。

IEO 和 ICO 最根本的區別是，把本來在 ICO 模式下，對於一個幣所有需要考量的因素，包括項目白皮書、團隊、代碼、社群、募資情況等等，將這些考量因素全部轉移給交易所，在 IEO 模式下，使用者只需要考量交易所這個因素。

IEO 之後又出現了 STO，什麼是 STO 呢？ STO 就是證券型代幣發行（Security Token Offering），在傳統的 ICO 中，公司提供代幣或硬幣以眾籌形式購買。

購買者可以交換他們的加密貨幣（通常是乙太幣或比特幣），獲得項目方的特定數量代幣。這有點像買股票，但是當你購買股票時，他們除了市場股票價格增減損益外，通常還具有一組特定的權利和義務。比如說大股東的投票權及股東派息，以此類比在加密貨幣的世界裡，當我們在 ICO 中購買代幣時，現在來說，並不能獲得任何這些股東的權利或義務。

而為了保障投資者的權益，又有了 STO（Securities Token Offerings）這個概念的出現，STO 簡單解釋就是數位加密貨幣股權化，它將代幣的購買更加規範化、合法化。

參與 STO 的發行與 ICO 非常相似，你可以在發售期間購買代幣，然後進行交易，出售或持有。但由於證券代幣是實際的金融證券，所以你的代幣可以透過資產、利潤或收入等有形資產作為後盾。

當項目方發布其 Token 產品時，他們在發布前會經過複雜的法律和技術流程審核，以這種方式發布的 Token 旨在符合 KYC/AML 要求，以及他們所接觸的司法管轄區之證券法。

另外還有權益型通證。權益型通證顧名思義就是拿到的代幣具有某部分的權益，這權益可以是分紅權、投票權、決議權，有點類似 STO，但沒有 STO 監管那麼繁瑣。

舉一個簡單的例子，假設魔法講盟有發行權益型通證，擁有權益型通證的擁有者就具有分紅權，擁有在他之後購買的通證 50% 的分紅權。

好比有一個人花了 1 枚乙太幣購買權益型通證，其中 0.5 枚進入系統內，剩下的 0.5 枚就按比例分給之前擁有通證的人。也就是你擁有通證就可以有被動收入的分紅權，你也可以將此通證應用在購物、上課等消費場景，所以擁有一個體質良好有前景的權益型通證，也是打造超級賺錢機器重要的一環。

7 投資數位資產 NFT

NFT（Non-Fungible Token，非同質化代幣）是一種架構在區塊鏈技術上的加密數位權益證明，不可複製、竄改、分割，可以理解為一種去中心化的「虛擬資產或實物資產的數位所有權證書」。

從技術層面來看，NFT 以智能合約的形式發行，一份智能合約可以發行一種或多種 NFT 資產，包括實體收藏品、活動門票等實物資產和圖像、音樂、遊戲道具等數位資產。

目前市面上使用最廣泛、知名度最高的 NFT 主流協定標準中，在 ERC721 協議下，一份合約只能發行一種 NFT 資產（如 BAYC 代幣），而 ERC1155 協定則支援一份合約發行任意種類的 NFT 資產（如交易平台 OpenSea 的代幣 OpenStore）。一種 NFT 資產可映射多個 NFT，好比如 BAYC 代幣共發行一萬枚，而 NFT 的智能合約記錄了每個 NFT 資產的 Token ID、資源存儲位址及它們的各項資訊。

網路時代的一切都可以透過複製貼上，得到出無數複製檔案，你看似擁有了很多數位資產，但其實根本未擁有這份資產的所有權。而 NFT 則製造出一種人為的稀缺，並經由這種稀缺獲得價值，因為它可基於區塊鏈技術，明確資產的所有權，實現永久保存且獨一無二。因此成為區塊鏈・元宇宙世代的一種數位資產。可以將每一枚 NFT 想像成獨一無二的數位式郵票，可放大 N 倍後仔細觀賞，因此一般會認為畫作等藝術品最適合做成 NFT，但其實萬物皆可 NFT。

隨著主要區塊鏈基礎設施的成熟，以及公眾對 NFT 的理解和投入加深，NFT 平台和項目正在成為新的投資風口。在藝術家作品創記錄的成交價的推動下，有越來越多資金流入 NFT 及相關公司和專案，超過 10 億美元的資金流入 NFT 產業。

NFT 的市場總值在過去三年裡得到飛速發展，2018 年至 2020 年，從 4,000 萬美元增長到 3 億美元。據 CoinGecko 資料統計，2021 年開始至今，數值更從 120 億美元增長到 240 億美元，增幅達到 192%。

現今又隨著元宇宙（Metaverse）概念的釋出，NFT 的話題性更為火熱。元宇宙利用虛擬角色在虛擬世界裡互動，不局限於傳訊息或視訊，透過區塊鏈技術實現了「價值傳遞」，還能為虛擬世界的自己換上全新外貌，買虛擬土地、蓋虛擬房子，進一步來說，元宇宙是某程度的現實。

　　只要在遊戲裡消費過的玩家都能明白，購買虛擬商品是一件很平常的事，NFT 在區塊鏈加密領域中主要解決了數位的稀缺性、唯一性、數位產權化、跨虛擬環境的大規模協調以及保護使用者隱私的系統。

　　在元宇宙中，NFT 的數位唯一性及可驗證性，會徹底顛覆如藝術品收藏、產品遊戲領域等一系列物品，它讓元宇宙以開放無需信任的形式存在，實現去中心化的所有權。NFT 能夠證明使用者本人是該虛擬物品和資產的所有者，也就是誰擁有該 NFT，就擁有該項目的所有權，不受任何外力干擾，也不會受到開發平台控制，任何人都無法對你擁有的 NFT 進行處置權。

　　而數位所有權就是資產在虛擬世界實現了其在現實世界的唯一性、稀缺性和可交易性。非同質化代幣是一種數位物品，可以在公開市場上創建，並進行販售和購買，最重要的是任何用戶都享有擁有權和控制權，無需任何機構許可和支持。正是這個原因，使用者才能使自己的數位資產擁有持久穩定且真實的價值。

　　以 NFT 藝術品為例，區塊鏈在藝術領域的核心應用，包括出處溯源、真實性記錄、生成藝術品的數位稀缺性、碎片化所有權、共用所有權、新形式的版權記錄等，更基於乙太坊的智能合約和代幣機制，帶來其他多樣化的投資選擇，引入了創新的智慧財產權結構。

　　元宇宙項目對於開發團隊的技術要求還是比較高的，區別於目前的 DeFi（Decentralize Finance，去中心化金融）項目，元宇宙項目的競爭雖然激烈但是並不算擁擠。從元宇宙項目的發展趨勢以及模型來看，有望成為 NFT 資產的最佳容器，因而參與 NFT 的投資是現正銳不可當的趨勢。

　　且除了購入 NFT 項目外，你更可以自行製作 NFT，上架至 NFT 平台，例如 Opensea、OurSong、Lootex 等，英國就有一位小小工程師艾哈．邁德

（Benyamin Ahmed）便靠著炙手可熱的 NFT，賺進約 40 萬美元的加密貨幣。

　　據報導，艾哈·邁德製作 NFT「Weird Whales」，利用自己撰寫的程式生成了三千多隻像素風格的鯨魚圖案，每隻鯨魚有著不同的造型與顏色。艾哈·邁德樂此不疲，他表示自己之所以選擇「鯨魚」作為主題，是因為這個詞在加密貨幣領域裡，代表擁有超過 1,000 枚比特幣的人。

　　艾哈·邁德也說他沒有藝術家天分，但在 YouTube 上看了一些影片後，他很快就了解該如何繪製像素風格的鯨魚。Weird Whales 製作成本主要是製作成 NFT登錄區塊鏈的手續費，約莫 300 美元，但 3,000 多隻鯨魚 NFT 上架後，在九小時內便銷售一空，為他賺進 80 枚乙太幣（時價約 28 萬美元），後續又依靠轉手交易的 2.5% 抽成，獲得了 30 枚乙太幣（時價約 10.5 萬美元）。

　　你可能會問，邁德雖然沒有藝術天分，但他會寫程式，能夠用自行編寫的程式來自動生成 NFT 圖片，而你既沒有藝術天分，又不會寫程式，這樣要如何產出NFT 項目呢？關於這點你完全不用擔心，因為現在有自動生成圖片的 NFT 自動生產器，只要你畫好了幾個部位圖，丟到指定資料夾執行就可以生成對應的所有圖片，加快你的開發速度，若你想嘗試製作，只要上網搜尋「NFT 自動生產器」就可以找到，趕緊動手製作吧！

　　且 NFT 除了原創外，你也可以選擇以二創、三創的方式來發揮，大大降低了生產難度，像就有人拿世界名畫《救世主》加以後製，加入自己的小巧思，現炒到幾十萬枚乙太幣，你說暴利不暴利呢？重點是你除了第一筆交易獲得高額收入外，之後轉賣的每筆交易都能抽成，智能合約會自動執行，將每筆交易的抽成轉進你的錢包之中，你唯一要做的就是產出並上架 NFT，確實是自動賺錢機器呀！

　　魔法講盟團隊也創辦另一間元宇宙公司拓展元宇宙及 NFT 項目，除推出原創電子書外，也積極開發二創、三創的作品，並開設元宇宙區塊鏈及 NFT 相關課程，有興趣了解的讀者可以掃描右方QRcode，了解更詳盡的課程內容。

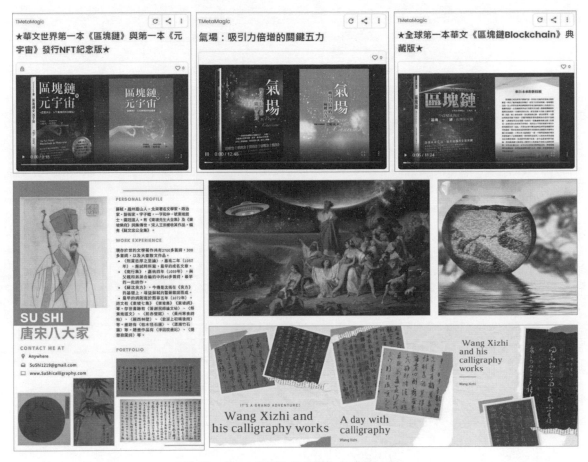

OpenSea 帳號：TMetaMagic

史上最有效的創富、賺錢模式

- ⚙ 金錢和時間
- ⚙ 收入和被動收入
- ⚙ 從貧窮走向富有
- ⚙ 改變思想：賺錢真好
- ⚙ 大量：小錢多了就是大錢
- ⚙ 系統：一隻無形的手
- ⚙ 複製：增加為你賺錢的人
- ⚙ 槓桿：以小博大
- ⚙ 趨勢：把握趨勢賺大錢
- ⚙ 時機：抓住時機做老大
- ⚙ 馬上行動：該出手時必出手

創富系統，
讓你從貧窮走向富

Building your
Automatic
Money Machine.

9 史上最有效的創富、賺錢模式

我（此章節指杜云安老師）二十五歲前往中國大陸發展，四處巡迴演講，被各大企業團體邀請發表演講。我發現自己有一種獨特的天賦和能力，擅長總結已經在全世界被證實有效的方法和經驗，然後分享給那些需要幫助的人。

那時我創辦了人生中第一間教育培訓公司，專門提供各式各樣的個人成長講座，包括開發潛力、公眾演講、增強說服力、增進銷售技巧等各方面的商業課程和個人課程。還記得我創業不到六個月，個人收入就已超過七位數。我相當感謝從小所有指導過我的老師，因為他們的教導，讓我年紀輕輕就獲得月收超過七位數的成績。

我曾經問過父親一句話：「爸爸，怎麼樣才可以在二十五歲以前賺到 500 萬元？」當時父親還笑我是神經病，直說這是不可能的事情。這句話在我心中種下一顆種子，變成我在全世界到處上課和學習的動力，每年閱讀三、四百本不同的書籍，向世界上逾百位優秀的老師學習。

這一百多位大師對我的指導，讓我終於在父親面前揚眉吐氣，創業不到一年就實現這個當初跟父親許下的諾言，賺到人生第一個 500 萬元。這項成就讓我相當自豪，我到處去演講，可以獲得高昂的出場費；我去輔導企業管理者，他們要付我諮詢費，我在年紀輕輕、背景很差及毫無人際關係的情況下，就獲得如此成就，覺得自己真的很了不起，以自己為傲。

過沒多久又出現了一個大師，這個大師改變了我的後半生。當時我看了一本書

《富爸爸‧窮爸爸》。我相信有很多人都看過這本書，有的人可能看看封面和封底就擺著了；有的人看完第一本就沒有再去看該系列其他本；有的人則是把富爸爸系列全看完了，卻沒有照著裡面的內容執行。

我看完羅伯特‧清崎的理論後，內心徹底被震撼住，又馬上看完他其他所有的著作，也把他所有的教材和光碟都買回來學習研究，甚至去參加他的課程，將他英文原文的教材全翻譯成中文，在我二十五歲那年，我把清崎先生所有財商教育的精髓都印在我腦中。

這些財商教育的觀念讓我明白，富人即使在不工作的時候，依然可以有源源不決的收入，即使他停止工作，仍可以生存很長一段時間，甚至是一輩子。一般人無法停止工作賺錢，因為一旦停止工作就意味著不再有收入，於是他只能不停地運轉、不停地努力賺錢，以支付他的日常開銷。且就算你再會賺錢，如果不知道用錢推使別人去賺錢，只曉得自己去賺錢，不懂得以錢滾錢，沒有組建團隊、架構系統、創造資產來為自己生錢，那就只能一直不停地做，不停地運轉，把自己變成賺錢的機器。反之，富人的想法就不一樣了，富人懂得在退休前，打造出無數台自動賺錢機器，即便他不去工作，依然有收入支撐著自己的生活。

所以，我決定完全按照清崎老師分享的原則，去改善我的企業。清崎先生說：「你必須讓自己即使人不在場，企業依然能運轉得很好，不是你為企業工作，而是應該要讓企業來為你工作。」

原先我每個月都會密集開班授課，但改變思維後，我將課程變成系列教材，世界上任何想學習我課程的人，只要把教材買回家，就可以自己反覆學，課程叫做〈如何打造賺錢機器〉。我將課程放到網上，學員可以直接在網上學習，這樣我就不用再去為這些課程工作，交由網站替我二十四小時不停地工作，這便是打造自動賺錢機器。

清崎先生說，企業賺來的錢要投入房地產中，但房子買下來不是用來自住的，也不要賣掉，把它租出去。我照著他的話做了，變成房子在幫我賺錢，企業也在幫我賺錢。清崎先生還說賺來的錢，要懂得投資別人的企業，成為一名投資者。於是我開始尋找標的，投資別人的企業，然後我發現別人在賺錢，而我不用為他工作就

可以有分成。

我從二十五歲開始轉型，依照這一套財商教育的原則去改善生活，一直到三十二歲那年發現，其實我已經可以不用再做任何工作了，因為我的錢在賺錢養我；我的股票在賺錢養我；我的房子在賺錢養我；我的公司在賺錢養我。我所投資的種種生意，它們所帶給我的收入，已經可以跟我不停歇工作所賺到的錢一樣多，也就是說，我不用做任何事，就可以過著跟原來一樣的理想生活。

所以我做了一個決定──退休。有人說我是同行中最早退休、最年輕退休的，我想也許是吧？我帶著太太到美國生活，每天不是去購物就是去健身，睡覺睡到自然醒，帶家人到處旅遊。

就這樣過了半年，我突然產生了一些不一樣的想法：我雖然獲得財務上的成功，不用工作也能過上我想過的富裕生活，可是時間還是應該運用在最能體現責任感、使命感的事情上，對我來說是幫助他人致富，所以我不應該浪費上天給我的才能和天賦。

於是我三十三歲的時候重出江湖，在台灣、中國大陸、馬來西亞、新加坡、日本等地巡迴演講，截自今天，我依然在四處開班授課，但我從不會在每場演講中跟我的公司拿取任何個人收入，因為我不是賺錢機器，我之所以打造賺錢機器，並非我在做慈善事業，而是每一分創造出來的收入都是我的企業收入，但我的公司不用付給我任何薪水，因為這樣它會有更多的現金去替我創造資產。

這些資產，讓我將來不演講的時候依然能賺錢養活我，在我不工作的時候，這間教育企業，仍然能提供別人源源不斷地創造財富的教育，我介意的是演講後續能再產生何種效益，因為我要的是打造出一台更龐大的賺錢機器。

金錢和時間

我很推崇世界創富鼻祖羅伯特·G·艾倫（Robert G. Allen）先生帶給我的多元化收入教育。

在某次演講中，他問台下聽眾曉不曉得什麼叫富有？我舉手發言說道：「知道，因為我一個月收入可以超過百萬，我是有錢人。」他說：「錯了！富有並不是以收入來計算的，富有也不是以金錢來計算的。」當時我愣在那，心想若富有不是以收入來計算，富有也不是以金錢來計算，那到底要用什麼來計算呢？他繼續說道：「富有是以時間來計算的。」

富有是以時間來計算的？我當時從未聽過這樣的說法，艾倫老師解釋說：「富有就是當你停止工作時，你能生存並維持生活標準的天數。這個時間的長短，說明你是富人還是窮人。有些人從現在開始停止工作，可能只能生存一個月，他的富有程度就是一個月；有些人從現在開始停止工作，可以生存一年，代表他的富有程度是一年；有些人只能生活三天，那他的富有程度就是三天。」

試問艾倫老師和他的太太如果從現在開始停止工作的話，能生活多長時間？

艾倫老師在世界各地購置房地產，每年流進他帳戶的房租收入就高達 200 萬美元，所以即使他每年什麼事都不做，也有 200 萬美元的淨收入。而他創辦了五間公司，其中一間為上市公司，他身為公司董事，每年公司要付給他龐大的股利。他還出了一本書《一分鐘億萬富翁》，這本書在全世界銷售超過一百多萬本，假設一本書版稅可以拿一塊錢美元的話，他不用做任何事，就可以淨賺百萬美元。

所以艾倫老師和他的太太不工作能生活多久呢？答案是一輩子，只要全球經濟和社會不發生巨大震盪的話。艾倫老師的這個觀點把我點醒了，我問自己：「杜云安，你雖然收入很高，但停止工作後你能生存多久呢？」

如果不出來給公司開會，不出來進行演講，不出來替客戶做諮詢，能生活五到十年就不錯了，但停止工作後的我絕不可能生存一輩子，所以我還不算是個富有的人。當時我就想，如果我能跟艾倫老師一樣，擁有富裕生活的話該有多好！想什麼時候睡就什麼時候睡；想什麼時候醒就什麼時候醒；想去哪裡就去哪裡；想吃什麼就吃什麼；想工作就工作；不想工作就不工作，而這就是自由。有人能過這樣的生活，是因為他獲得了財務上的自由，所以他有時間上的自由，他更有心靈上的自由。

從那一刻開始，我嚴格執行他的觀念，在房地產、有價證券、企業等方面投資理財。幾年以後，有學員問我：「杜老師，請問您教別人創富，那您富有嗎？如果不工作，您能生活多長時間？」我告訴他：「我很富有，即便現在開始都不工作的話，我也能生活一輩子。」

當你不再為錢煩惱，不用工作就能過上理想生活的時候，那你還會做什麼工作呢？答案是你喜歡的工作，做讓你最有成就感的工作，那時工作就變成你的興趣了，比如現在的我。

但也有很多人在不停努力賺錢的過程中，發現自己沒有時間享受財富，沒有時間與家人相處，沒有時間去世界各地旅遊放鬆，也無法離開他的公司，更離不開他的工作。工作到最後反而成為一種束縛，使我們失去了自己的時間與自由。

因此，你要仔細想清楚這個容易蒙蔽我們內心的問題。一旦心靈被遮住，便看不到賺錢背後的真正原因。賺錢是為了有更多的時間，以便享受更有價值的人生，包括與家人相聚，獲得更多的自由，做自己想做的事情，去自己想去的地方，獲得更大的快樂。所以，時間除了可以用來賺錢外，還可以用來享受生活。

人們拿時間出來賺錢的真正目的，不是為了賺錢，而是為了得到更多的時間去享受生活。所以，我們要看得全面一點，時間的價值不只是金錢，時間的價值是再多錢都買不到的，要用那些真正屬於你的時間去做你最喜歡做的事情，這也是財務自由的標準之一。

因為只有當你在金錢上無後顧之憂，不用花時間去換取金錢的時候，你才能獲得一生真正的快樂。所以，一生的財富並不僅僅是錢而已，還包括時間上的自由和心靈上的自由，這些東西加起來才算是真正的富有。

● **創富夢工場集團**
FORTUNE DREAMWORKS

幫助億萬人實現創富夢

┃合作的世界大師

2019
亞洲巡迴演講
-世界創富鼻祖 **羅伯特・G・艾倫**

創富邀請世界創富鼻祖 羅伯特 G 艾倫亞洲巡迴演講，學習「多元化收入」！幫助億萬人實現創富夢！

◀2019年

世界創富鼻祖 羅伯特·G·艾倫親授 MSI 授證導師證給三位導師，由左 1 起依序為亞洲潛能激發導師 許伯愷老師，創富教育集團 董事長杜云生老師、世界創富鼻祖羅伯特·G·艾倫，亞洲執行力權威 杜云安老師。

世界創富鼻祖 羅伯特·G·艾倫親臨中國授課，創富教育集團規劃一系列課程，造福全亞洲，幫助億萬人實現創富夢

◀2019年

世界創富鼻祖 羅伯特·G·艾倫推薦創富夢工場。親筆寫下推薦序。

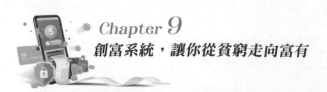

收入和被動收入

我是一個標準的工作狂，每天行程從早排到晚。早上我要跟員工開會，開完會又要寫書，寫一個段落後則是處理公司需要決策的事情，平日晚上還要去念商管研究所，週末也安排為許多企業和團隊演講。

剛開始創業的時候，我在公司管理著上上下下所有事情，幾乎每天都從早上八點忙到晚上十二點，我為什麼這麼努力工作呢？答案無非是為了提高收入。

我不斷開會想方設法讓業績提高，不斷演講讓更多的客戶來聽課，不斷出書來宣傳我的課程，不斷進行培訓讓更多的人買書，一環緊扣一環，只因為我想獲得更多收入，一切都只是為了高收入！

後來我的收入確實變很高，雖然從早到晚、一周七天都忙得不可開交，但我享受工作過程中所帶給我的快樂，但坦白講，我被高收入蒙蔽了心靈，看不到高收入的背後其實是為了獲得更多的自由和時間，所以我也曾犯過上面所講的一些錯誤，對財富的認知上也存在過一些盲點。

我有一個親戚在美國留學多年，到上海後經常對我說，他喜歡在大企業擁有一份穩定的工作。考高分 — 上大學 — 進大企業 — 擁有穩定收入，這種人生模式也就是前面所講的用時間換收入，但最後獲得了高收入，卻沒有時間去享受自由。

那他與我的差別在哪裡呢？從時間上說，同樣是花時間工作，但我的時間是花在建立我的事業和賺錢機器上，他的時間卻賣給了大企業；從收入方面來說，我的收入時高時低，他的收入持續穩定，但對我來說就是一個叫高收入，一個叫穩定收入外，沒有其他太大的差別。

以前聊天時他經常說：「杜云安，你為什麼不去大企業找一份收入穩定的工作呢？你自己創業開公司，靠銷售業績決定你的收入，不會覺得這樣太冒險嗎？」

但有一天，他突然有個想法浮現：「我已經工作這麼多年了，目的是什麼？一旦失去工作該怎麼辦？能不能不工作也能賺到錢？」他開始有創業的想法，意識到以前走的路並不是人生唯一的模式。於是，他嘗試著做生意，走上了我的道路。

而我比較幸運的是，較早學到了做生意的方法和秘訣，沒有去繞那一段彎路。

其實我想告訴大家的是，高收入、穩定收入都不是最誘人的，真正誘人的是被動性的持續高收入。所謂被動性的持續高收入，也就是不需要再去操勞，或者再繼續付出一點點時間，就可以獲得的穩定收入。

有一件事讓我對被動性的持續高收入感受特別深：

有一次，我哥哥在新疆烏魯木齊演講，有將近八百人聽課。當時講的是銷售技巧，銷售需要好的方法和技巧，但更需要熱情，所以他比誰都有激昂。演講的時候有一個重要的任務，就是在結尾的時候做一個宣傳，讓大家都知道：在新疆我們將有更重要的培訓班，希望有更多老總來參加。但是演講到下午五點的時候，他突然感覺鼻子怪怪的，原來是流鼻血了。烏魯木齊的氣候非常乾燥，不適應就很容易流鼻血，所以他不得不暫停十分鐘，趕緊去後台止血，再上台演講。

由於還沒有開始銷講就流鼻血了，所以當時心裡想的不是鼻子的問題，而是耽誤了時間會不會影響我們預定計畫的執行結果。這就是靠勞動獲取收入的最大問題。因為每個人本身有太多的風險，當風險發生的時候，收入就會受影響或者因此而中斷。

這些經歷讓我明白：不能只靠個人勞動取得收入。

雖然我有非常遠大的使命感和強烈的責任感，要將我所有的本事教給所有的創業者，要將創富教育傳播給所有的學習者，幫助那些企業家獲得更多、更大的成功，但必須要有很好的方法將這些傳播出去，否則光靠我來進行演講，大家才能學到，若我不講大家就學不到的話，不但難以教給企業家真正的東西，也不能做個良好的示範。

所以，為什麼需要一台賺錢機器？原因如下：

① 富有不是以金錢來算，而是以時間計算

很有錢，但是沒時間，你願意嗎？不願意。因為你並不富有，也不自由，你真正想要的是能夠過著自由自在的日子，想去哪裡就去哪裡，想同家人相聚就同家人相聚，而且沒有任何財務上的後顧之憂。

所以你需要一台賺錢機器，這樣才能讓你獲得真正的富有與自由。

② 時間有多值錢，時間能做什麼？

時間不只用來賺錢，還可以買更多的時間。投入時間換取金錢，然後再投入金錢換取更多的時間，讓時間幫助你發揮人生最大的價值。真正在心靈、財務、時間上的自由能讓你快樂，能讓你與家人相聚，讓你去想去的地方，做想做的事情。

③ 你需要持續性的被動收入，而且是高收入

當你不需要做任何事情的時候還有收入；當你離開你的公司一年，公司還可以運轉；當你出國度假一個月，回來後你的公司仍然幫你賺很多錢，這樣的情景讓人嚮往吧？

基於這三個原因，很多人來學習〈如何打造賺錢機器〉這門課程，本課程也幫助他們掌握如何從各個管道去打造屬於自己的賺錢機器的方法。

從貧窮走向富有

不同的選擇決定不同的命運。如何從自己是一台賺錢機器，或是從他人的賺錢

機器，變成擁有一台賺錢機器呢？在多年傳授〈如何打造賺錢機器〉的過程中，我自己不斷地邊分享、邊體會，一邊實踐我傳授的打造賺錢機器原則，一邊總結這些原則。我發現，一般人最難做到的就是兩個字——改變。但只有改變，才能打造出屬於你自己的賺錢機器，使你獲得有錢、有閒的人生。

① 改變思想

窮人窮思想，富人富理念。窮人和富人根本的差別就是思想差別，有錢有閒和沒錢也沒閒的結果是如何造成的呢？

思想和結果永遠是一致的。有不同的想法，就會有不同的做法，就會產生不同的結果，下面我們研究一下窮人和富人在思想上的差別。

對於購買一件高檔產品，一般人常常說：「這東西太貴了，我買不起！」但富人是這樣想的：「這東西這麼貴，我怎樣才能買得起？」

對於人生規劃，一般人會說：「好好學習，考高分，找到好工作，平穩度過一生。」富人的想法是：「我要好好讀書，上大學、創業，讓別人為我工作。」

這兩種人的差別就是，一個把時間賣給別人，一個是讓別人把時間賣給自己。「我只要付一點點的薪水給他就可以了」，這個想法會讓你嘗試變成大企業家，會讓你嘗試去打造賺錢機器。

如果你遇到什麼事情都選擇先否定自己，這些想法反而會封閉你的思想，遇到貴的東西時，你要想方設法讓自己買得起，這樣才可以開啟你的思想。不同的想法必然會產生不同的結果。

一般人常說：「我要寫一份好的履歷。」富人則說：「我要寫一份好的創業計畫書。」一份好的簡歷讓你成為雇員，一份好的創業計畫書可以讓他人投資你、為你賺錢，你可以雇傭很多人為你工作。

一般人說	富人說
金錢是萬惡的根源	貧窮才是萬惡的根源
賺錢不容易	賺錢很容易
我不會賺錢，我沒有能力賺錢	我怎樣才會有能力去賺錢？ 什麼樣的能力才能幫我賺到錢呢？
富人剝削窮人	是窮人剝削自己，因為他有權利、有能力去為自己爭取更好的人生，但他們卻給自己找了個藉口，剝削了自己的能力和權利，只能為錢而工作

　　我列了這麼多例子，是想讓你知道，窮人和富人在觀念上是根本對立的，所以在行為、結果上才會有如此大的差別。

　　那該如何改變自己呢？首先你要在思想上改變自己，要不是因為我多年來不斷接受世界級的培訓，又怎麼可能在思想上有如此大的改變呢？所以，你也必須接受一些新思想，把那些舊觀念統統改掉。

② 改變性格

　　一名員工的性格通常是比較保守，喜歡穩定。

　　一個成功的創業者則熱愛挑戰，願意承擔風險，不願意平淡地過一生，即使遇到了風險，也能夠忍受風險，東山再起。

　　那一個自由職業者的性格是什麼？愛挑戰，不願意平淡過一生，追求高收入。他追求的是賺大筆的錢。創業賺到的錢歸自己所有，這導致他的企業不能有效地運轉和壯大，讓他變成了自由職業者，成了有錢但沒有時間的人。

　　我經常遇到一些非常有能力的銷售高手、領導高手、演講高手或一些行業的菁英人士，他們經常講的一句話就是「我是最棒的」，他們渾身充滿自信，這是優點，但也是缺點。

因為這種自信會讓他只相信自己，所以一切都離不開自己，於是他就變成了賺錢機器，有他時企業可以運轉，沒有他時企業可能就無法正常運轉了。

而真正的企業主會說：「你是最棒的！你們是最棒的！」他讓別人充滿自信，讓別人覺得自己很棒，因為他相信別人，所以他可以讓別人取代自己，讓別人為自己工作、為自己賺錢，這樣他才有機會有錢、有閒，才有機會打造屬於自己的賺錢機器。

我常聽一些激勵大師說，他要成為世界最棒的！他要成為世界第一名！但絕大多數的老闆都傾向於找世界第一為他工作，寧可與世界第一合作，寧可讓員工變成第一名，也不要自己去當那第一名。

我有一位朋友是眾多世界級大師的亞洲區經紀人，他不用親自做任何工作，就可以讓世界級大師為他工作，他打造的賺錢機器比很多世界級大師還要好。在教育培訓業當中，他可以說是一名真正的企業家，不僅僅是優秀的個體而已。

培訓老師的收入一般都很高，但永遠要靠自己；真正的企業主不需要把自己激勵成超人，他會激勵別人成為超人，再請那個超人為自己工作。

這是性格上的不同，有些人認為自己能力很強，而且越強越好，因此他要不斷提高自己的能力，這是優點，偏偏也是缺點。正是能力強讓你變成賺錢機器，所有人都要依靠你，沒有你企業就無法運轉下去，所以大家都靠你賺錢。因為你的能力太強了，所以別人無法取代你，你也就變成了小企業主。

那真正的大企業主能力到底強不強呢？我的老師告訴我，他說：「坦白告訴你一個秘密，那就是真正的億萬富翁都沒什麼能力。」怎麼會這樣呢？我心裡很納悶，要是他沒有能力，怎麼會變成億萬富翁呢？

他說：「因為我沒有能力去燒菜，所以沒有人請我去燒菜；我不會做飯、洗衣服，所以沒有人請我去做飯、洗衣服；我不會美容美髮，所以沒有人請我去做美容美髮。因為我沒有什麼能力，所以沒有人會叫我去幫他做事，那麼我就得雇用有能力的人為我做事，只要大家都幫我做事，我就變成億萬富翁了。」

這是多麼有智慧的方法啊！讓你的員工有能力比自己有能力更重要，這就是大企業主。而「靠自己賺錢的機器」小企業主會說：「我是完美主義者，什麼事情都要做到最完美。」什麼事情他都要做到最好，沒他就不行，所以他不會輕易授權給別人做，這是他們的優點，所以我們可以把他變成賺錢機器，給他付薪水。

會賺大錢的人都不是完美主義者，不一定事事都做到完美，要容忍犯錯、允許犯錯、鼓勵犯錯，因為他知道別人在犯錯的時候，就是學到東西的時候。當他有這種想法的時候，他就讓別人去做。最後，經歷無數次犯錯的人所打造出來的企業正常運作起來，這位企業家就能真正脫離出來了。

有位總經理在開會的時候，發現一名員工談的一筆生意讓公司賠了 100 萬元，會後他把這名員工叫進辦公室，這名員工很害怕，擔心公司要開除他之外，還要承擔部分賠償，沒想到老闆對他說：「你不用賠償，我也不會開除你。」

員工很疑惑，問：「我害公司賠了 100 萬元，你為什麼不開除我呢？」老闆說：「我才剛付了 100 萬的培訓費，讓你學會一課，避免以後不會再犯這個錯誤，你竟然想拍拍屁股走嗎？你應該繼續為我工作才對啊！」

真正的企業主會鼓勵犯錯的人，因為他知道犯錯是一個學習的過程。很多自由職業者、推銷員、老闆都很努力，他們凡事都親力親為。這種性格固然很好，但也是缺點，因為太努力了，所以事情都是自己做，這樣自己就無法從中抽身。

真正的企業主為什麼既有錢又有閒？因為他們打心裡就不想努力，就像一般人所說的「比較愛偷懶」，所以有點懶的老闆什麼事情都教給別人做，而被指派任務的那個人就會覺得自己不斷有機會鍛煉、提升自己，得以承擔更重大的責任，願意一直為老闆工作。

因此，要在性格上有所改變，即使是為了做一個有錢、有閒的人而改變，也不要維持現狀不去改變，永遠做一個會賺錢但沒有時間的人。

③ 改變做事的目的

同樣是在做事情，小企業主的目的是為了賺錢，大企業主的目的則是為了打造賺錢機器。世界上的事情我常常把它分成兩類：

⭐ 有累積性的事情。

⭐ 沒有累積性的事情。

一個計程車司機，他開了二十年的車，起步費還是和第一天出來工作的計程車司機一樣。這二十年來的工作沒有讓他在收入上有任何累積性，不會因為他的工齡很長、開車技術很高、街道熟悉程度高，而比別人的收入高二十倍，每個乘客從上車到下車都與他無關，而這就是沒有累積性的工作。

我記得有本書《逆風飛揚》，作者吳士宏被稱為「中國最高薪的打工皇后」，她一開始是在 IBM 做銷售人員，一路升到銷售副總，微軟公司在中國設公司後被挖去，之後 TCL 公司又把她從微軟挖走。吳士宏的工作看似不斷向上爬，但始終只是一名雇員，講好聽點則是高級雇員，是賺錢工具裡的一個比較大的螺絲釘，且她本人自己也承認員工毫無累積性。

作為一名雇員，當你離開公司的時候你創造的一切資源都不能帶走，它全部屬於你所在的企業。我在努力工作，每一分、每一秒只做有累積性的事情，就像大家現在正在看的這本書，我的思想可以傳播給每位讀者，但我不用額外去做其他的工作，出一本書我只需要密集寫作、工作一次，便收穫成千上萬的利益，發揮成千上萬次的影響力，這就是有累積性的工作。

我從二十五歲創業的時候，每天都和我的員工開早會、培訓他們，因為我有良好的培訓才能，所以幾乎沒有一個人可以代替我的早課工作。但當我知道什麼是有累積性的工作後，就把早課全都拍成影片，這樣我不僅可以培訓員工，整件事也變得更有累積性了，因為當我拍完一次影片，就不用再重複做一樣的事情，這些影片可以代替我工作，而且可以在不同的分公司培訓我的員工。

做事情的目的一旦明確，做事的方法就不一樣了。所以你要告訴自己，你的工作是創作一台賺錢機器，你工作的目的是為了以後不用工作，獲得自由。

當然，在你獲得自由後，未必要就此打住工作。例如，你現在還在工作，但當你成功後，你就不會為了遷就錢，去做你不喜歡做的工作，轉而去做你真正喜歡的工作，這就是獲得自由的好處。

4 改變朋友圈

我同以前的朋友談話時，因為他們是雇員，他們就會常常同我談起他們要去另外一家公司面試，可以有更高的收入、更好的福利；他們聚在一起時，討論的是自己的休假、勞保、退休金……如果你整天和這些朋友在一起，你的思維很容易受到他們影響，只曉得比月薪、比福利、比待遇，格局整個變小。

我也有很多小企業主、銷售高手、自由職業家、專家類的朋友，他們在一起總在聊誰的公司提成比較高；我的業績比從前更好了；我的行程表又排滿了；我的出場費又增加了……如果你總是和這些靠自己賺錢的小企業主在一起，你的思想就會變得和他們一樣，但你無法變成大企業主或投資者。

記得有次我和朋友吃飯。他是一名大企業主，底下有三千多名員工。我問他用什麼方法留住這麼多員工，難道不怕薪水發得太多，讓企業倒閉嗎？他卻對我說：「我雇的人越多，我的收入就越高。」

我問他：「你是用什麼方法留住人才的呢？」他同我一起分享了他的財務顧問設計的薪資方法，這套薪資方法可以留住任何員工，讓員工工作的時間越來越長、業績越來越好、完全不想離開公司，這個很好的薪資系統，等同於給員工戴上了「金手銬」。

我學會這個方法後，立即把它用到了我自己公司的管理上，發現效果非常好，這就是與大企業主交往所能學到的東西。

我同很多這樣的大企業主談話，他們總是在說：最近又聘請了一個總經理，又成功拓展了三間分公司；公司準備融資了；公司在銀行貸到款了；公司在三年後可以如期上市……

大企業主們在一起談的是大企業主間聽得懂的經營管理經驗，如果你不交這樣的朋友，怎麼能學到這樣的思維呢？又怎麼能變成這樣的人呢？

如果你永遠和現在的朋友在一起，就永遠學不到另外一個世界的人們在談論的事情；如果你只曉得拿履歷去應徵工作，你將永遠不會明白：為什麼那些審查你的老闆能坐在桌子的另一端。

我的父親在我十幾歲的時候常問我：「你為什麼要做沒有保障的銷售工作呢？你為什麼要在外面創業？那樣風險有多大啊？你為什麼不去找份穩定的工作呢？」

當時我在想，我去找工作，為什麼老闆不去找工作呢？因為如果我去找工作，那老闆就可以不用去找工作了，因為我為他工作、替他賺錢，那他就不用工作了。

當時我不敢把這樣的話告訴父親，但是在心底我卻告訴自己，我要當的是坐在桌子另外一端的老闆，我要學如何去面試人才；如何去選拔人才；如何去培訓人才；如何去激勵人才；如何讓人才為自己做事。

正是這樣的思維讓我接觸到不一樣的人，讓我學到這樣的知識，而且我也做到了。我同我的億萬富翁朋友在一起的時候，他們常常談論有多少資金在股市裡面，只要打一通電話，讓別人買進股票，一個抉擇就能賺五十萬元之類的話；也會說，他聘了五名助手，讓他們在股市裡比賽，看誰能賺到的錢最多。

我同投資者在一起談論相關話題的時候，能學到投資賺錢的方法，他們常常在聊他們的投資回報率是多少、貸款有多麼容易、用什麼方法能讓自己的錢變得更多之類的話。一般人學到這樣的知識不容易，但只要和這些人相處都可以學到。

看看你周圍的朋友，他們有多少人是真正的大企業主、投資者？有多少人不用親自工作就能過著理想的生活？這些人的收入來源都不是靠自己！現在，你明白你為什麼不是大企業主的原因了嗎？

杜云安老師實地和捷流集團陳董研究如何打造賺錢機器。

⑤ 接受新的教育

我在講授〈如何打造賺錢機器〉課程的時候，經常問大家：「你們想要當雇員、自由職業者，還是想當大企業主、投資者呢？」他們說：「當然是大企業主、投資者了。」

大部分人都在 ESBI 象限的左邊，他們很想到右邊去，可是為什麼一直在左邊過不去呢？答案大多是自己能力不足、方法不對、不敢冒險。

但是我的看法是：「不對！真正的根源不是這些。」他們很好奇地問我：「那是什麼原因？」根源在於大多數人都想要有錢、有閒、打造賺錢機器，可是卻一直在當別人賺錢機器的螺絲釘，或是把自己當成賺錢機器。

這些雇員和小企業主的問題究竟出在哪呢？歸根結底是從小到大的教育造成的。大部分人從小到大接受的教育，都是要好好讀書、將來考上大學、找到好工

作。一般學英語是要當翻譯；學財務是要當會計；學人力資源是要當公司的人力資源主管；學電腦是為了打字或寫程式；學法律是要當別人的法律顧問，但學這些都不是為了創造自己的事業，我們應該打造賺錢機器讓別人來為自己工作。

這種思考模式在以前是對的，但不一定能適應現在這個時代。我從來沒有聽說過哪個學校在教什麼是創業精神、冒險精神、統馭領導、如何打造企業，更沒有一間學校教你如何讓別人為你工作，因為那些教授本身也是雇員或者自由職業者，是領取固定薪水的人。

有些教授沒有開過公司，沒有冒過風險，沒有給員工發薪水的責任感，沒有打造賺錢機器的經驗，所以他們又怎麼可能教你如何打造自動賺錢機器呢？

沒有人能教你他沒有做過的事情，即使社會上有很多教育培訓課程，教你管理一個企業、教你執行力，但這都只是教你做一個高級的管理者。

在我創辦的教育培訓機構中，每次培訓時都會不斷教學員如何打造自動賺錢機器，我聘請的講師或是我自己講課，都要求具有充分的實戰經驗，必須已經有自動賺錢機器了，因為沒有實戰經驗的人，是教不會你真正的創富經驗的，我相信這麼簡單的道理大家都明白。

所以，我時常問我的學員：「你從小到大接受了十多年學校裡的教育，你現在還願意再用十多年的時候去接受一套打造自動賺錢機器的教育嗎？花十年的時候學會這套方法，以後就可以賺更多的錢而不用再花你的時間，你願不願意呢？」

大部分人的回答都是：「我願意！」但還是只有少部分的人願意報名參加創富教育的培訓課程，因為他們覺得在學校學的東西已經很多了，已經可以賺到錢來滿足他們的生活了。

如果你花了十幾年的時間學了那麼多的東西，最後要用這些方法去做不相干的事情，那是不合理的，成功的可能性也是極小的，因為要變成什麼樣的人就要接受什麼樣的教育。因為接受什麼樣的教育就會有什麼樣的思想，也將產生什麼樣的做法和與其相對應的結果。

雇員有雇員的教育，自由職業者有自由職業者的教育，大企業主有大企業主的教育，投資者有投資者的教育。如果你真的想接受一套創富教育，下定決心要打造自己的自動賺錢機器，過上有錢、有閒的生活，請立刻去尋找可以幫助你的培訓課程，而不要滿足於你現在擁有的知識與現狀。

想要創業當老闆，想要投資當投資顧問，想要把企業變大，從企業中脫離出來，你就要接受新的創富教育。

改變思想：賺錢真好

窮人和富人的差異不光只有窮與富而已，因為造成這個結果一定是有原因的。答案是什麼呢？我的老師告訴我——思想。打造自動賺錢機器的第一個步驟，是改變思想。

① 改變你對金錢的看法

在一次演講時，我遇到了一個人，他說：「我是個畫家，市政府非常欣賞我的畫。我畫了很多，卻不好意思賣給別人，寧願送給別人，所以我一直沒有賺到很多的錢。杜老師，我到底出了什麼問題？」我告訴他：「你是不是在心理上排斥銷售？」他回答：「我知道銷售是應該的，但我是個畫家，我不能去做銷售。」

可見，他的潛意識裡對銷售有負面的印象，我說：「銷售可以賺大錢，銷售可以讓你的畫得到價值肯定，你知不知道？」他說：「談到錢，我根本不可能賺大錢。」為什麼呢？他腦海當中揮之不去的影像導致他天天在想，他是無產階級，他有著根深蒂固的無產階級想法。

這種想法能讓他賺大錢嗎？如果一想到賺錢，你就聯想到痛苦的事情，又怎麼會去做這件事情呢？如果想到貧窮是尊貴的，那你當然選擇貧窮了。可見，許多人

對金錢的聯想出了問題。

有一次，我去上海演講，一個銷售保健食品的女士問我一個問題：「杜老師，我的保健食品非常好，可是為什麼我還是賺不到錢呢？」我問她：「你是把東西銷售給你的親朋好友，還是陌生人呢？」她說：「當然是向親朋好友介紹了，可我又認為銷售給親朋好友不應該收他們的錢，不好意思收。」

這位女士賺不到錢的原因，是她把錢定義成了負面的東西，把賺錢定義成為錯誤的事情，她認為賺朋友的錢是不好的。很多人都把賺錢看成負面的事情，認為錢是萬惡的根源。然而有錢人卻認為賺錢是對的、是應該的，貧窮才是萬惡的根源。

松下幸之助說：「要消滅貧窮，因為貧窮是社會的負擔，貧窮會造成國家的壓力。」他認為賺錢是在做善事，因為他要創造產品服務人類，為社會提供就業機會，讓每一個家庭更美好。他賺到錢能夠多給國家納稅，這就是在做善事。

松下對賺錢下了一個很好的定義，他不想犯罪，所以他不要貧窮，他把貧窮定義成罪惡，把賺錢定義成行善。他曾經被評為「二十世紀最偉大的企業家」，連續多次在日本被列入收入最高的企業家。

所以，如果你想成為富人，改變對金錢的看法是非常關鍵的。

② 相信你能賺大錢

改變思想，改變對金錢的聯想後，還要相信你自己能夠賺大錢，單單喜歡錢是不夠的，還要相信你真的能賺大錢。

前亞洲首富孫正義在創業前期買了兩張辦公桌、兩箱蘋果，聘了一名員工。他對他的員工說：「我們將來要成為世界首富，要超越現在的首富們。」他熱血沸騰地對著員工演講，並要他的員工也許諾自己一定要成為千萬富翁。隔天，他的員工就不敢來了，因為這名員工認為他的老闆是神經病。

沒想到孫正義在幾年之後購買了雅虎公司，並且把雅虎重新包裝後成功上市。

他以十億的資金買下來之後坐擁百億，在股市最高的一段時間裡，還真的超越了當時的世界首富，即使股價下跌，他的資產也仍然能讓他成為亞洲數一數二的富豪。

孫正義說，以前的想法是一時夢想、毫無意識的萌發，但所有的一切都是從這裡出發的。只要你相信自己能夠看到結果，你就會更加相信你能夠賺大錢，思維和結果會不斷形成良性迴圈，富人相信自己能賺錢，所以非常有自信。

「窮人有自信嗎？」我每次在課堂上問我的學員，都有很多人回答我：「沒有。」我對學員們說：「錯了，窮人也有自信。他相信自己是窮人，他相信自己是無法賺到錢的小市民、打工仔、農村人，沒有能力，沒有口才，沒有機會，怎麼能賺到錢？你看，他還沒有去做就相信自己做不到，他多麼有自信，只是他信錯了方向。」

你可以相信你能，你也可以相信你不能。你總要選擇一個，偏偏大多數人是選擇相信自己不能，可能只有這樣才會與他心中的事實相符吧。

③ 富人不為錢工作

人為何為錢工作？因為恐懼和欲望。

一名年輕人畢業後拿著履歷表去應徵工作，因為他擔心沒有錢無法生存下去，找到工作後，他每天早上都要很早出門上班，因為他害怕失去工作，從而失去收入，無法生存。因此，他要在老闆面前拼命努力工作，盡力完成老闆佈置的任務，恐懼的壓力逼著他要努力工作。

然而當他努力工作一個月，收入領到手上時，他的想法馬上就變化了，欲望來了。貪婪的欲望讓他想要享受更好的物質，所以他把賺回來的錢通通都花掉，但隨之而來的又是恐懼，如果下個月不努力工作就領不到錢了。就這樣，他為了消除恐懼，再度努力工作，領到錢後欲望又再度來臨，就這樣不斷地轉。恐懼逼著他努力工作，欲望逼著他把錢花掉，花掉之後恐懼感來了，為了消除它，要再度努力工作，就這樣進入了一個怪圈，永遠跳不出來。

要改變這種狀態，要想讓錢來為你工作，你只需要做到兩件事。

　　第一是轉移恐懼點，大多數人害怕失去一份工作，害怕沒有生存保障。但仔細想想：一輩子被金錢所控制，難道不可怕嗎？一輩子沒有時間上的自由，難道不可怕嗎？一生都在為金錢工作，難道不可怕嗎？停工之日就是停止收入之時，難道不可怕嗎？隨時都有被解雇的可能，難道不可怕嗎？自己賺取微薄的工資，讓別人去發財，難道不可怕嗎？耗費一輩子的時間、精力，僅僅收入微薄的金錢，老了還不敢退休，難道不可怕嗎？再想一想，行動起來去創業，可能有恐懼，但是一輩子當雇員，把自己的命運交給別人來掌握，難道不會更可怕嗎？

　　轉移恐懼點，你就會知道更大的恐懼在哪兒等著你。為了規避更大的恐懼，就必須忍受眼前的恐懼。所以，把恐懼點轉移到不做這件事情的後果上面，完全可以把恐懼變成朋友，讓你知道該做什麼、不該做什麼了。即使是有恐懼你還得去做，因為不做的恐懼大於做的恐懼，這就是我教給大家的控制情緒、戰勝恐懼的方法。

　　大多數人同時也都被欲望控制著，所以不善理財。欲望也是一種情緒，要怎麼控制呢？要延遲滿足你的欲望。也就是多想想：獲得了長期的財務自由，那有多麼快樂，你可以用被動收入去購買汽車，那有多麼快樂；用被動收入去購買房屋，那有多麼快樂；不用工作，都能過著理想的生活，那有多麼快樂；當你購買到最好的西裝、手錶，用的只是你的資本所得，那有多麼快樂；除了資本所得，你的資本還在給你帶來更多的資本，那有多麼快樂；你有一隻金雞在下金蛋，只是用金蛋換手錶、衣服、汽車、房屋，你的金雞卻不會因此消失，那有多麼快樂。

　　只要你懂得延遲滿足某些欲望，而不是一賺到錢就立即去滿足它，你當然就會明白長期的快樂大於眼前的快樂。倘若總是被欲望所控制，讓你的金錢毫無節制地被揮霍掉，留不下任何資金去創業、投資、理財，累積不下任何資金去購買資產，你會遇到的痛苦是什麼？再想想，累積下資金以後再去滿足你的欲望，那有多麼快樂。

　　當你把快樂點放在未來，你就能忍受眼前的欲望，你就能控制眼前的快樂。克服恐懼，把恐懼點轉移到比創富更大的恐懼上，不創富就等於恐懼、把快樂點轉移到創富的長期快樂上，你就能做出生命中最重要的決定，改變你的人生軌跡，而不

499

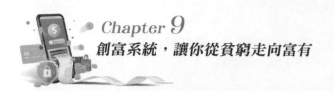

再受情緒所控制。

第二是控制好情緒，這樣你就能利用你人性的本能去做你該做的事情。做該做的事情，要在應該做完的時間內把它做完，不要只是貪圖自己喜歡，這就是一種自律。想要創造更多財富，既需要有財經知識、投資理財能力，又需要找到心靈的動力，能夠控制情緒，更要有行動力、行銷方法、銷售技巧去打造你的賺錢機器。

有些人很有錢但沒有時間，這不太理想；有些人有很多時間但沒有錢，這也不理想；而在擁有更多收入的同時，還能享受更多的時間，這才是最理想的人生。所以，不要把自己變成一台賺錢機器，而要先打造屬於你自己的自動賺錢機器。

我從小不喜歡打卡、簽到，領薪水看別人臉色，我不喜歡為錢而工作。我以前工作的那家公司有二千多名員工，有二十多家分公司。我曾經跟我的總裁講，我只是一名小小推銷員，但我想當你的助理，替你拎公事包，你開口我記筆記，你吃飯我付錢，你口渴我倒水，我給你當助理，不要你任何一分錢薪水。於是我就從一名小小推銷員變成他的助理，而我的目的也達到了，學習如何管理一個大型銷售團隊。

當你不為錢工作的時候，別人知道你不是一般人，願意把合作機會讓給你。多年前我在北京遇到一個人，他說：「杜老師，我想做你的助理。」我說：「你想要當我助理的話，不給錢你幹不幹？」他馬上說願意，我就聘請他了，將近半年的時間，他都免費給我當助理。

半年之後，我在北京的分公司需要一名總經理，我便把位置留給他，因為我覺得他不為錢工作，他一定不是普通人。我在上海也曾遇到這樣的人，他願意免費替我工作半年，只為學到更多東西，他後來也變成了我公司的合夥人了。

不為錢工作，可以帶來心態上的不同，心態上的不同會為你帶來真正建立事業的一種能力，因為你懂得克服恐懼，因為你懂得戰勝欲望，在你不為錢工作的時候，已經完全養成了這種自律的精神。

大多數窮人是腦袋先窮，所以口袋窮，富人是腦袋先富，所以口袋富。很多人

覺得有錢人的想法都很奇怪，其實那是很正常的，因為正是想法不同才導致結果的不同。所以如果你想要有跟他有一樣的結果，你先要了解他有什麼樣的思想。

打造賺錢機器的第一步驟叫改變思想，因為每一個思想都會影響你做決定，你的決定只要一做，就會產生不同的行為，而每個行為都會產生一個結果。你不要問自己你的想法對還是不對，你要問自己，我的結果好不好，你現在擁有的命運，是不是你想要的結果，如果你不滿意你目前的結果，那你應該改變你的想法才對，這叫做命運方程式。

思維沒有對與錯，主要看你要的結果是什麼。每一個人要的結果不一樣，雇員有雇員應該有的想法，自由職業者有自由職業者應該有的想法。如果你不想在左邊，你想在右邊，你就要換掉想法，因為大企業主有大企業主應該有的想法，投資者也應該有投資者具體的想法。

我們說想變富，先要改變思想，那麼如何改變思想呢？

① 輸入潛意識

人的想法分為兩個層次，分別為表意識和潛意識。表意識負責判斷是非和對錯，但是真正影響你的卻是潛意識。潛意識分不清楚事情的是非對錯黑白，一旦你的大腦進入一個想法，潛意識就會像條件反射一樣，命令你執行某種行為。

比如有的人開車，開到路口就自動右轉，有的人喝醉，卻還能走回家，這些都是潛意識的影響，你的表意識越模糊，潛意識就越活躍。

人腦就像電腦一樣，輸入什麼指令，它就輸出什麼行為。如果你的潛意識存了太多負面的想法，你就會做出許多負面的行為，因為潛意識的力量比意識的力量大三萬倍以上。年輕人或者孩子，他們的意識通常比較薄弱，所以比較容易改造潛意識，也比較容易輸入潛意識。

潛意識要怎麼輸入呢？第一是相信，第二是重複。

假如你不相信的事情，別人講多少次也沒用。假如你相信什麼事情，並且重複讓自己看到或聽到同樣一個觀念，時間越長重複的次數越多，重複的次數跟輸入潛意識的效果是成正比的。任何資訊重複一次，只記住 20%，重複十六次大約能記住 95%。

比如這本書，如果你看了一次，你只能知道但不能做到，你必須重複閱讀這本書，如果閱讀的次數超過十六次，這些資訊進入你大腦的效果將超過 95%。

為什麼現在我能夠在亞洲各地演講，我只需要知道我真正要講的主題，上台後我就可以輕鬆地講一天、兩天，甚至三天。我不需要準備，也不需要看講稿，因為所有的資訊已經完全輸入我的潛意識了，我講的次數實在太多了。這就好比我們現在之所以覺得 ABCD 很簡單，九九乘法也很簡單，那是因為我們當初在不斷地把它們輸入大腦，直到可以背誦出來。

所以重複是學習之母，那麼我們可以透過什麼管道來重複呢？

一種方法是可以經由視覺管道。比如你大腦裡面常常可以看到你已經成為企業家的畫面，或是成為百萬富翁、千萬富翁，甚至億萬富翁的畫面。你可以把你想實現的目標變成圖像貼在牆上，這樣你可以常常看到你成功後的景象，這個視覺圖像在大腦裡播放的次數越多，輸入潛意識的效果就越強。

另外可以透過聽覺管道。比如有的人生病了，經常去宗教場所禱告，時間一長他感覺自己的病真的好了，整個人也活得更有自信。從心理學的角度來談，有可能是因為他禱告的聲音輸入了他的潛意識，於是他的潛意識就命令自己的病要快點康復，而祈禱其實就是在輸入潛意識。

所以，你要改變的其實是你潛意識中的思想。每個人潛意識中的思想，又分成四種不同的思想。

第一種叫信念。信念就是你所相信的事實。你從小到大相信什麼，它會形成你的思想體系，進而影響你做出的決定和採取的行動，最終影響你創造出來的結果。

因為你所相信的每一個想法，都在你大腦裡面變成了錯綜複雜的信念系統。

從小我就常常對爸爸講，我不是一塊讀書的料，你不要逼我讀書了。我腦中有一個信念：我不是讀書的料。結果我爸爸說：「只要你唸到半夜十二點，明天考試一定考得非常好。」我回爸爸：「學到半夜十二點我也考不好，不相信我讀到十二點給你看。」

因為我打從心底覺得學到十二點也沒用，所以沒有認真去看書。第二天考試的時候，自然也不會認真去考，結果不用想也知道是考得不好。於是我又跑去對爸爸說：「你看，我不是讀書的料吧？我學到半夜十二點，還是考不好。」

我相信「我不是讀書的料」這樣一個想法，變成了我負面的信念，於是創造出負面的結果，負面的結果導致我更加相信我不是讀書的料，變成一種惡性循環。

有些人做事很有信心，他堅信自己一定會做到，這種信念讓他做出積極的決定，從而採取積極的行動。即使失敗了，他也不會放棄，因為他相信失敗是暫時的，他一定能做到，所以他會堅持到達成目標為止。達成目標導致他有很強的信心和信念來做出更大的事情，這叫良性迴圈。你相信什麼，你就變成什麼，你就會做出什麼事情，這叫信念。

第二種叫情緒。一個人痛苦、悲傷、情緒低落的時候，他就會做出消極的事情；一個人每天都很振奮、開心和快樂，他的行為品質就會有好的表現，所以一個人的情緒和身心狀態，會影響他大腦做出的所有決定和行為。

任何的事情發生，通過你大腦的注意力，會演變成你的情緒。注意力就等於事實，你注意什麼，它就會在你頭腦裡面，不斷地擴大，直到充滿你的生命。那如何改變注意力呢？把你頭腦中好的畫面換成想好的畫面，問自己好的問題，把注意力放在你要的結果上。當發生不好的事的時候，馬上問自己五個問題。

⭐ **發生這件事我學到了什麼：** 不管發生任何事情，即使再不好的事情，你都可以把它當成學習經驗，就當你又上了一課，然後總結你從中得到了什麼

教訓，以後如何避免。當你把它吸收成對你有利的經驗的時候，即使再差的事情，它的發生對你來說都有可能變成好事。

⭐ **發生這件事還有什麼不完美的地方：**「不完美」聽起來和「失敗」是很不一樣的感覺，你要問自己還有什麼不圓滿的地方，而不是問自己這件事是不是很糟糕。

⭐ **發生這件事對我有什麼好處：**因為即使發生再不好的事情，都可以從中找出對你有利的一面，任何事都隱藏著至少一個好處或者機會。

⭐ **哪些錯誤不能再犯：**這樣至少你知道了以後同樣的錯不能再犯，以後你就離你要的結果更近了一步。

⭐ **如何快樂地達成這個目標？**

第三種叫見識。你從小到大所看到的、聽到的、遇到的事物，都會輸入你的大腦潛意識，來影響你的決定、行為和結果，所謂一朝被蛇咬，十年怕草繩，你的心靈版圖擴展到多大的程度，你有沒有見到過億萬富翁是怎麼治理企業的？你有沒有見到億萬富翁是怎麼生活、怎麼賺錢和怎麼享受人生的？你有沒有見到過收入比你高十倍的人，他是怎麼生活的？如果你見過，你就會發現他們跟你真的有很大的不同。因此，你要去拓展你的見識，增加你的心靈版圖，自我溝通也會在你大腦裡面影響你做出決定。

第四種叫自我溝通。你的人生想要什麼樣的答案就看你問自己什麼樣的問題。很多人一天到晚問自己消極的問題，我怎麼這麼倒楣？於是找出很多的原因來證明自己很倒楣。我怎麼這麼不如別人？於是找出很多答案證明自己不如別人。我怎麼這麼窮？於是找出答案來證明自己不會賺錢。

你應該問自己一些積極的問題。為什麼我這麼幸運？學到了這一套課程，你應該問自己，我應該怎麼做才能實踐打造自動賺錢機器的八大步驟，你應該問自己明天怎麼樣多賺 300 萬美元，你不要問自己明年怎麼賺 3 萬元，人生問題的大小決定了你人生結果的大小。

一般人很喜歡問自己小問題，比如大學畢業之後他就會問自己，我怎麼樣才能

找到一份每月 3 萬元的工作？於是他最終得到的工作，月收入不會大於 3 萬。他的結果決定於他問自己的問題。很多人為什麼能賺 30 萬元、300 萬元，甚至是 300 萬美元？因為他問的問題比較大，他可能在問自己，我明年怎麼賺到 3,000 萬元？他可能在問自己，我怎麼樣才能擁有 3 億美元的事業？他問大問題，他得到的答案未必是大答案，但一定比現實的 3 萬元大很多。

在八大步驟中，最關鍵的第一步就是改變思想。思想沒有改變，任何教你的方法步驟對你來說，都會被你排斥掉，你會跳過所有不符合你想法的做法，你只願意去做你自己認為是對的事情。

可是你過去的想法和做法造成了你過去的結果，如果你今天不肯改的話，你什麼時候才能有新的結果呢？有一隻蒼蠅想飛出窗外，往同樣的方向飛一百次，撞到一百次玻璃，他再往同樣的方向飛一百次，他還是只會撞到一百次玻璃，想要飛出窗外，就要有新的方向飛出去。

改變思想，就在給你新方向，協助你引導你，丟找出一片新的天空，找到一個突破口，去突破你的人生困境。如果你現在狀態已經非常好了，事業版圖已經非常大了，你想更上一層樓，還是可以找到突破口，只要你依照我給你改變思想所設立的這些課程去做。

如果今天你聽到的是杜云安老師在教你改變思想，可能一年後你可以多賺十倍、二十倍不是問題，如果今天是李嘉誠來教你改變思想，你可能一年可以多賺上百倍、千倍都有可能。

大量：小錢多了就是大錢

山姆・沃頓（Samuel Walton）開第一家沃爾瑪超市時的策略就是比競爭對手的商品價格要低，並且提供比競爭對手更好的服務。

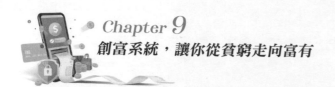

他經常去考察競爭對手的商品價格，消費者都是因為價格更便宜，才聚集到沃爾瑪來購買產品的，而競爭對手的產品因為價格沒有沃爾瑪低，失去很多顧客。當沃爾瑪的消費者逐漸增多的時候，它的進貨量就大了一些，成本低了一些，利潤空間自然也就更大了。

這時山姆‧沃頓主動降價，降價之後又吸引更多人前來，而對手因為打不贏價格戰，紛紛倒閉了。沃爾瑪壟斷了整個城市的市場後，開始拓展連鎖店。連鎖店多了，能夠同時進貨，成本更低了，所以他們的價格就更低了，也在全世界開了千餘家連鎖超市。現在創辦人雖然去世了，但沃爾瑪還是很有錢，當初以為的平凡超市竟能讓家族擁有億萬元資產。

為什麼呢？因為量大是所有致富的關鍵。量大的情況下，不論你是高端價格還是低端價格，你都一定會致富，因為此時賺錢機器正大量生產財富。如果只生產少量財富，你的生活品質就會降低。

前一段時間聽到一個驚人的事實，麥當勞平均一天可以開一間新分店，如果你的公司在一天就可以開一個店，幾年之後你會不會成為億萬富翁呢？所以，如果你想要打造賺錢機器，你想要賺大錢，你就要想如何讓量變大起來。

那要如何讓量變大呢？第一，找更多人來買你的產品；第二，找更多人來賣你的產品；第三，找更多新產品來賣給原來的老顧客。

當你有更多消費者和更多銷售者的時候，你的管道被建立起來了，這台賺錢機器被建立起來後，你拿任何新產品來讓你的老顧客消費，這樣你的量自然會不斷變大，收入也會不斷倍增。

比如保險公司找更多的人來買它的產品，找更多的人來賣它的產品，推出更多的險種來賣給原來的老顧客。比如麥當勞讓更多的人來買它的產品，招募更多人開店，推出更多的新食品、新套餐。

幾乎全世界大型的化妝品公司、日用品公司以及直銷型的企業，都在不斷重複這三件事。凡是賺大錢就要靠量大，凡是靠量大就得做好這三件事。當然，不只是

銷售產品是這樣，如果你投資房地產也是同樣的道理，要把量做大。當你把量變大的時候，你自然會賺大錢。

系統：一隻無形的手

第三個步驟就是讓量變更大的方法，讓你的企業自動為你賺錢的方法，叫做系統化。

什麼叫系統？我在前面講過，雇員沒有擁有系統，他在為系統工作；自由職業者和小企業主自己就是系統；大企業主建立系統並擁有系統，由系統為他工作和賺錢，比如麥當勞在全世界有一套開店系統、培訓系統、賣貨系統、廣告系統，所以老闆不用親自在店裡工作，全世界有很多人在幫它做漢堡包、賣薯條、賣炸雞，這叫靠系統賺錢。投資者則是拿錢出來，投資別人去打造系統。

給系統下一個明確的定義：系統就是一套可以被複製的流程。

當這個可以被複製的系統比較完善的時候，就可以授權給很多人，讓大家一起操作這個系統，銷售量自然很大，而此時不需要老闆去做任何事情。

你到底是需要輕鬆而且銷量大，還是要很辛苦而銷量小呢？如果是前者，那你一定要先讓自己的企業系統化。

不僅如此，系統化之前一定要先標準化。日本麥當勞曾經公開一個秘密，麥當勞總部研究過人們在喝可樂的時候需要怎樣的吸管，才會讓可樂喝起來使人的精神感覺到愉悅。

於是，他們仿照小孩喝母乳的流量製造了吸管，所以，很多人認為在超市買的可口可樂不如在麥當勞喝到的感覺好。

他們連科學化的吸管製作也要複製成標準化，要加多少冰塊才能讓可樂的溫

度最好同樣也做了標準化的規定。而且每一家店的服裝、裝潢、口號、音樂、幾分鐘打掃一次衛生，同樣都做了標準化的規定。一旦標準化了就可以複製給任何一家店，而且消費量會更大。

我常常在課堂上問我的學員：「企業最重要的是人才，對不對？」學員異口同聲地說：「對！」人們長期以來觀念被格式化了，我個人卻認為不是這樣的，我認為系統比人才更重要。想想看，麥當勞、肯德基都是什麼人在管理？很多都是年輕人在管理，阿姨級別的人在工作。

炸薯條的人不幹了，肯德基會倒閉嗎？不會。因為每個人都靠系統工作，而不是靠才華在工作。這些雇員只是賺錢機器的一個螺絲釘，壞了大不了再換一個，而這個機器的流程才是最重要的。麥當勞和肯德基是靠一個系統在經營，而不是靠一個人來經營。

「一個成功的企業 96% 靠系統，4% 靠人」，這是著名企業顧問戴明經常講的一句話，我們都知道日本的服務是最好的，那是因為他們的系統好。戴明是美國人，美國人提出的這個理論卻讓日本人接受了。第二次世界大戰後，日本的企業不斷成長，做出高品質的產品，且價格相對較低，並出口到全世界，正是因為採用了戴明博士的理論。

那是產品重要還是系統重要呢？有些人認為是產品，而我個人認為系統比產品重要。麥當勞的食物是世界上做得最好吃的嗎？不是。炸雞是肯德基做得最好吃嗎？也不是。但你要知道，最賺錢的是麥當勞，炸雞賣最多的是肯德基。

不是最好的食物卻能賣出最多的銷售業績，這是為什麼？就是因為其背後的銷售系統。即使你可以做出比他們還要好吃的食物，但你做不出他們的銷售系統，所以你開的餐廳沒有他們那麼賺錢。

我們再來看看中餐的例子。人們通常會認為中餐沒有這麼好的系統可複製，為什麼呢？因為西餐比較簡單，而中餐比較複雜。一個大廚師培訓一個新的廚師需要多長時間呢？許多人說至少要三年。

那肯德基培養一個炸薯條的員工需要多長的時間呢？答案是只需要一天。因為肯德基有標準的工作流程，只要照著做就好。

我曾經在超市看到一包炸雞粉包裝上的展示圖片非常好看，服務人員介紹說，你只要回去把這個裹在雞肉上，就可以炸出香脆的雞翅。我聽了就買回家，可是炸出來的雞翅卻遠不如包裝上的展示圖片那樣好看。

可見，沒有一個完整的系統，是不可能有一樣的結果的。

那麼如何來擁有系統呢？

第一種方法叫創造。創業成功只有 5% 的機率，五年內有 95% 的公司都會倒閉，所以創造一套系統非常不容易，即使成功了，也要花掉你很長的時間。

第二種方法叫加盟。比如麥當勞說：要加盟麥當勞，請你付我 400 萬元，你自己去找一間店，我來衡量是否可以開，衡量完之後如果可以開，你必須自己出錢買設備、進原料，開始賣東西，付我培訓費、加盟費外，每一年的營利我都要從中分潤。

為什麼你付這麼多，卻還要自費去開店？因為你買的是它背後那套運作麥當勞的系統和模式。

人家奮鬥了幾十年把成果直接授權給你，你節省了幾十年的時間不用再去摸索，你付給別人錢買回自己的時間，加盟正是有效的模式，可以幫你節省時間。在韓國曾有人開麥當勞倒閉，因為不遵守系統的步驟，結果失敗。麥當勞在美國開店成功率最高的全是農民，因為他們沒有知識，所以聽話照做，遵循系統、遵守規範，100% 照做，結果賺大錢。

且麥當勞現在規定的更嚴格了，廁所幾分鐘清掃一次，放什麼音樂，室內燈光的明暗度，漢堡在什麼時段要維持多少的量，每天庫存沒賣掉多久就要扔掉，等等。這個流程都被管制住了，合約簽下去你不照做，就賠錢。因為他們經過科學的驗證，肉片多厚才好吃，麵包烤多久時間才好吃，可樂加多少冰塊喝起來才爽口，吸管的口徑要幾公分，喝起來感覺才最愉悅……這些全都研究測試過。

509

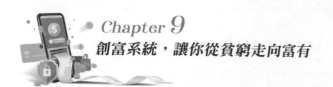

別人經過科學分析證實有效的模式，你只要付錢加盟，立刻可以得到。加盟相對來說，比創造一個系統更快速、更方便賺錢，但是你要會選加盟主。

第三個方法叫購買。如果李嘉誠現在要在中國開餐廳，他不會自己創業，也不會加盟別人，他會直接買下現成的酒店或餐廳；如果他要開廣告公司，那他會買下最賺錢的廣告公司股份。

你可以選擇上述的三種方法去擁有系統，但是很多創業家沒有錢去加盟和購買別人的公司，所以必須自創系統。那麼如何來創造系統呢？

第一步是標準化。什麼叫標準化？有一個五星級大飯店的老闆到一家餐廳去用餐，接連三天，每天兩餐，總共六餐。三天後，他把餐廳老闆找來，說我要買下你這家餐廳。你知道為什麼嗎？

因為連續三天，他都點了相同的菜，結果菜色和味道完全一樣，蔥花多少、排骨多寬、蘿蔔幾片、湯裝多滿和什麼溫度適合入口、海帶的長度等，都是一模一樣的。他覺得這家餐廳很了不起，因為他們的每一道菜都完全標準化了，所以他決定買下這家餐廳。內行人管理一個企業管的是系統，考察一家企業考察的也是系統。

第二步是流程化。什麼叫流程化？如果標準是一個點，那流程就是點與點之間的線。把每一個標準串聯在一起，並且不斷改進流程，讓它更省錢、更快速，讓它服務得更完美，從接到電話什麼時候轉給後勤部，後勤部什麼時候轉給決策部，決策部又什麼時候轉給銷售部，銷售部什麼時候轉給客服部，所有流程都有明確規定。

拿航空公司來說，以前我們訂機票要到民航售票處，後來可以讓各大售票網站或旅行社上門送票，只要撥通電活，告訴對方你的需求，確認資訊後就有人把票送到你家或你住的飯店，賣票的流程大幅改善，顧客感覺很方便，所以銷量因此變大了。

現在你也不用等別人送票上門，可以直接在網上預訂，不用拿到機票，到機場臨櫃或自助報到機刷一下護照，櫃檯自動會給你登機牌，領取電子機票。這個流程

的改進既可以為航空公司省錢，乘客更方便，員工更輕鬆，何樂而不為呢？

第三步叫格式化。什麼叫格式化？管理專家發現，安排一個工人去生產釘子，如果一根釘子有十道工序的話，工人要自己從頭做到尾。如果安排十個工人，一人做一道工序，十個人合力完成一根釘子。比較下來，後者比前者更有效率，釘子的品質也更完美。

格式化就是將制定好的標準放在一個方格內，讓人在方格內 100% 嚴格執行標準，而且一個格子裡面只做一件事情，讓好幾個格子合在一起來完成一項任務。這不只是工業時代生產線上的管理方法，同樣也可以運用在商業時代，在商業活動中創造商業系統。

複製：增加為你賺錢的人

目前有多少人在負責你的收入？如果目前你旗下只有十個人在負責你的收入，而你想要增加十倍收入，那就應該讓一百個人來負責你的收入。

有一次我人在中國大陸講課，問我的學員：「你們當中誰想讓自己的收入越來越高，空閒時間越來越多？」其中有一位女士舉手。我問她：「目前負責你收入的有幾個人？」她說：「一個人，就是我自己。」我說：「如果有十個人在賺錢，每一個人給你 20%，那你的收入就是現在的兩倍。為什麼沒有十個人來養你呢？」她回答不出來。

還有一次，同樣是在課堂上，我問過一位學員……

我：「請問你想增加收入嗎？」

學員：「當然想。」

我：「目前有多少人在負責你的收入呢？」

學員：「只有我自己一個人。」

我：「你一個月收入多少？」

學員：「一個月只能賺 8,000 元人民幣。」

我：「你想賺多少？」

學員：「我想賺 8 萬元人民幣。」

我說，那就把你賺錢的模式教給更多人，當別人因為你的教育和培訓而賺更多錢的時候，你就有權利從中提成了。她是一個銷售人員，於是她開始帶銷售團隊，後來她的月收入果真超過 8 萬元人民幣。

因此要想增加收入，必須記住一句話：增加決定你收入的人。

增加負責你收入的人，就是增加你的銷售網，增加你的銷售分公司，增加你的經銷商，增加你的員工。麥當勞有這樣做，肯德基有這樣做，保險公司有這樣做，幾乎所有賺大錢的公司都有這樣做。

方法很簡單，就是將你的技術複製出去，將你的賺錢能力複製出去，讓別人來代替你工作——不能複製給一個人，而是複製給很多人，讓團隊來為你工作，只要有一個人或是一個團隊可以取代你，你就可以把這個模式複製出去。

即使他們需要賺錢，你付給他們的錢只要小於他們給你賺的錢，只要複製的量大，對你來說就是值得的。在你增加給你創造收入的人時，你還得對他們進行選擇，不是所有人都可以接納進來。更重要的是，你必須讓你增加收入的方式切實可行。

為什麼我要錄製多媒體線上課程呢？因為我要讓那些想加盟我公司的人，也能夠得到我完整的培訓。由於我的時間有限，不能夠同時分身去不同的地方，但只要錄製的線上課程，就可以複製出無數個我，如此一來所有的銷售團隊都可以接受我最正統的培訓。

我不但能夠複製給更多的加盟公司，而且可以複製給更多的銷售團隊，我的收入肯定會越來越高，我的閒置時間也會越來越多。

那麼，可以透過哪些管道來進行複製呢？複製的三種工具：文字化、圖像化、影像化。

⭐ **文字化**：將所有銷售的話術具體成文字，變成一本書，讓我的所有學員和員工都能夠把它們背下來，這就叫文字化。

⭐ **圖像化**：很多餐廳把它們的菜色拍下來，把裝修的過程拍下來，以便讓下一個要開分店的人可以看到，這叫圖像化。

⭐ **影像化**：將做菜過程錄下來，將演講過程錄下來，將員工打電話的流程錄下來，這就叫影像化。

如果你增加收入的方式切實可行，可以透過這三個工具來進行複製，每分每秒都有錢流進你的帳戶，即使你在睡覺或是不再工作，仍有源源不絕的收入進來。所以，富人每分每秒都在做複製工作，以下是我複製的自媒體線上課程連結！

FB 粉絲頁		Podcast （Apple Podcast 請搜尋 〈杜云安〉）	個人成長篇	
TikTok			領導統禦篇	
IG （andy.tu.71）			業務行銷篇	
創富夢工場 YouTube			投資理財篇	

槓桿：以小博大

我每次在課堂上都會提到這個問題：「姚明身高是兩百多公分，如果你身高只有一六〇左右，你們兩個打架誰會贏呢？」一般我得到的回答都是：「肯定是姚明會贏啊！」我說：「錯，你會贏。」

怎麼樣才會贏呢？我說：「假如你在遠處拿彈弓把他的眼睛打壞，他不就倒下去了嗎？你就贏了啊！」他們哄堂大笑，當然，這是玩笑話。

什麼叫做彈弓？彈弓就是槓桿。阿基米德曾說：「只要給我一個支點，我就可以撬起整個地球。」

這個槓桿可以用在賺錢上嗎？如果你的物理老師知道你問這個問題也許會罵你財迷心竅，因為你學槓桿原理是為了考高分而不是為了賺錢。現在，我教你利用槓桿原理可以讓任何一個小企業超過大企業，也就是「以小博大」，它可以讓一個人成為億萬富翁，甚至是零資本創業。下面分享三大槓桿。

① 槓桿一：利用別人的錢幫你賺錢（OPM）

如果你沒有錢，槓桿原理將告訴你如何利用別人的錢為你賺錢。

台灣某知名金融集團是以做保險起家，保險的原理就是，客戶今天花了幾萬元買保險，在他困難的時候可以獲得十萬元以上的理賠。

這樣保險公司不會倒閉嗎？基本上是不會的，因為不可能同一天有很多人申請理賠，除非是近年爆發的 COVID-19 疫情，全台上萬人確診，有事先保險的確診者紛紛向保險公司申請理賠，保險公司因而在短時間內支付了大量的理賠。

但這樣的事件要發生的機率其實很低，保險公司做過統計，在正常情況下，人出現風險的概率對保險公司是安全的，保險公司是把大多數人的錢聚集在一起救少數的人，所以，保險公司在外面賣保險的時候，那些還沒有出事情的人是不會要求

他們賠償的。

保險這件事就是一種槓桿原理，因為保險公司的錢實際上是保戶的，保戶隨時都有可能受保護理賠。那間某知名保險公司的老闆也知道這個道理，所以在大家還沒有退保理賠的時候，他就會運用這筆資金買大量地皮，然後成立公司蓋房，再把房子租出去，收來的租金就是企業所得，原先這些錢是保戶的，之後這些錢卻變成老闆的了。

所以，這個老闆是在利用別人的錢為自己賺錢，就算你退保了，你也要租房子，在經濟發達的時候，大、中、小型企業都要租房子，最後這位老闆變成台灣最大的房東。

想像一下，我借你的錢蓋房子，然後把房子出租給你，收取房租，是不是就等於我用你的錢賺我的錢呢？而這就是一種槓桿原理，只要懂得借力使力，便可以讓你少費力。

一個人投資了一塊地皮蓋房子，假設這個項目總投資為 50 億元，他會不會到銀行申請貸款呢？答案是，會。而且即便他有錢，也不會選擇用自己的錢投資，他會向銀行貸款，銀行當然很樂意借錢給他，因為銀行知道這是一件能獲利的事情。

那他需要自己還貸款嗎？他要在蓋好地基的時候先進行預售，只要拿預售屋的定金就可以用來還貸款了，假設他要蓋五十層樓，他可能賣二十層樓的收入就能回收所有的投資了，那剩下的三十層樓收入，就全進到自己口袋了。

所以只要預售房地產就可以把貸款還了，而且把樓蓋起來還能得到 50 億元的賺錢機器，照這樣的操作，他不用花一分錢就可以得到賺錢機器。雖然事實未必是這樣，但基本原理就是如此，越有錢的人越會借錢。有人會問，他這麼有錢了，為什麼還要借錢呢？因為個人的錢再多也是有限的，他越借錢就會越有錢，銀行的錢無限多，他的投資就會無限大。

如果有個人月收入 3 萬元。他並沒有把 3 萬元全部花掉，花 1.5 萬元，存 1.5 萬元，那這 1.5 萬元花到哪裡去了呢？花到商人那裡去了，比如娛樂、吃飯。另外

1.5 萬元存到銀行，可以賺取一些利息。銀行為什麼願意付利息呢？

因為生意人做生意沒有錢，要向銀行借錢，還銀行更多的利息，銀行也可以賺取中間的利息差。對銀行來說，拿別人的錢借給另外的人，然後賺更多的錢，這就是它的槓桿。

商人呢？把錢借出來後，雖然要還利息，但是他可以透過賺消費者大筆的錢來還銀行，那樣就是值得的。

從這個金錢的流動過程上，你看出什麼了？如果這個月收入 3 萬的人是你，每月花 1.5 萬元，存 1.5 萬元，老闆把你存到銀行的 1.5 萬元借出來，做生意賺你的錢，可以預見你當然越來越窮，老闆越來越富！因為你寧可把錢存進去，也不肯借別人的錢來做生意；而富人寧可把錢借出來，雖然要還利息，但他卻可以賺更多錢。

所以，貧者越貧，富者越富。

② 槓桿二：利用別人的經驗為你賺錢（OPE）

我二十歲的時候，遇到一名五十歲的長輩，我那時就跟他說我未來會賺大錢，成為創富教育專家、暢銷書作家、一流的演說家，因為我樂於從事教育行業，所以我要在教育行業做到第一名。

當時這名五十歲的長輩非常瞧不起我，他說：「你年紀那麼輕，怎麼可能賺到大錢，你既沒有本事，也沒有能力，更沒有經驗。」

雖然我只有二十歲，但我那時在心中已經有了向世界各行各業超過百位億萬富翁學習的念頭，若每個人都給我二十年的經驗智慧，我就擁有二千年的智慧。而這位先生雖然五十歲了，但他不肯學習，只有五十年的經驗和智慧，我賺的錢自然比他多。

我二十五歲創業那年又偶然遇到他，他對我說：「你怎麼可能五年賺到的錢

比我一輩子還多？」我對他說：「雖然我自己沒有經驗，但我懂得利用別人的經驗。」

③ 槓桿三：利用別人的時間為你賺錢（OPT）

我曾在課堂上這麼問過一位學員……

「你為什麼來學習創富教育課程？」

「因為我想使我的收入增加一倍。」

「如果我教你一個使你的收入增加兩倍的方法，你有沒有興趣？」

「有啊！」

「你每天工作多長時間？」

「八小時。」

「從明天開始，你每天工作二十四小時，就會增加兩倍的收入了。」

全場哄堂大笑，誰都知道這是不可能的事情，但從理論上來講，如果每天能工作二十四小時，學員應該能增加兩倍的收入。但正常人都沒有那個體力，所以他的時間再多，也不可能用這部分時間去賺錢，一定要學會用別人的時間去賺錢。

某壽險公司的董事長非常了解這個道理，他招募三十萬名員工來為他銷售保險。讓我們假設一下，如果每人每天為他工作三小時，他一天不用工作，卻有九十萬個小時的時間在為他工作、賺錢。

而前面我們提到的那位小姐，就算一天二十四小時工作，三十天就是七二○小時，每個月的收入也才目前的三倍。而一年十二個月，超多八千個小時，若一百年不眠不休地工作，也只要八十幾萬個小時，所以，若持續一百年、一千二百個月，這位學員賺到的錢也沒有那位壽險公司的老闆一天賺的多，別人一天的收入就可以超過學員百年的收入，只因為那個老闆懂得利用別人的時間。

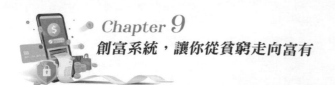
你如果能想出一個方法，讓大部分人在為他自己賺錢的同時，也與你有關係，你就可以更省時、更省力，增加更多的收入！銷售什麼產品可以更輕鬆卻、更暢銷，而且獲利更高？

同樣是銷售產品，你要銷售符合「三高」標準的產品，即高品質、高附加價值、高利潤。而在同樣價格的情況下，高品質的產品一定比較好賣。

高品質的產品可能讓你投入更少，賣掉更多；如果同時又有高附加價值，例如設立售後服務全球據點，你可能投入得更少、賣掉得更多；高品質又具有高附加值，而且還有高利潤，你可能賣掉的產品數量沒那麼多，卻早就已經賺到比賣一般的產品更多的錢了。

所以，要賣就賣有這三項特色的產品，你就可以借助產品本身的推動力去賺更多的錢，這也是為什麼我會拼命讓自己的教育事業越做越好的原因，因為我只銷售高品質、高附加價值、高利潤的產品，所以我可以更輕鬆、更省時、更省力地賺取更多的利潤。你的企業也要做這樣的事情才會符合槓桿原理。

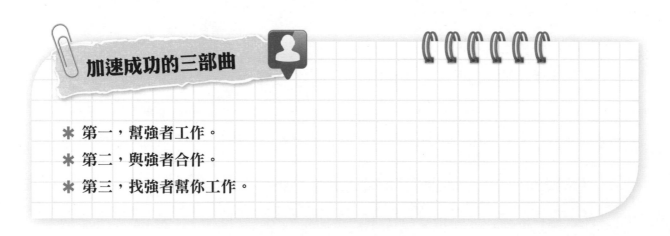

加速成功的三部曲

* 第一，幫強者工作。
* 第二，與強者合作。
* 第三，找強者幫你工作。

在我還默默無聞的時候，沒有人相信我能幫助他們，所以，由我來推銷自己不是最理想的辦法，於是我選擇當時最著名的世界大師作為導師課和教材，因為我所銷售的區域沒有其他人在銷售這些，在沒有其他選擇的情況下，消費者就只能向我購買。

當我慢慢有了實力之後，我開始與成功者合作，與這個行業中的優秀導師合

作，大家為了學習優秀導師的技能，而讓我公司的業績倍增超過 1,000%。

當我的實力慢慢又增加了一些之後，我開始做第三件事情，找強者為我工作。找一個普通人可能薪水比較少，找一個優秀人才，可能要付給他相當於普通人十倍的薪水，但只要他能幫你賺到的錢大於你付給他的錢，你所找的最優秀的人才等於是免費的，既節省時間，又省了培訓費，而且立刻就能賺到錢。

如果是找十個普通人，你還要付出代價培訓他們，給他們時間磨練，等他們得到經驗，且在這過程中，他們還可能會害你損失顧客，也未必能賺到你理想中的收入，因此，找強者幫你工作，即使價格最高，也符合槓桿原理。

任何想要快速成功的人都需要遵循這三個步驟：幫強者工作；與強者合作；找強者幫你工作。

再者，你還要相信接受培訓會產生奇蹟。當初的我內向、害羞，現在的我已經成為在全亞洲進行巡迴演講的教育家，可以對著成千上萬的人演講；當初的我一無所有，現在應有盡有；當初的我連房租都交不起，現在卻是收房租收到忙不過來；當初沒有人認識我，現在的我已經變成暢銷書作家；當初我是一個高中都考不上的差等學生，現在卻有各大學的 MBA 學程請我去授課，其中也有博士生在學習我的創富教育課程。

我這麼說，好像有點自吹自擂或者誇大其詞的嫌疑，但這些的確都是發生在我身上的奇蹟。

我真正要表達的意思並不是我很能幹，也不是我很聰明，因為這一切都是因為我願意接受世界一流的培訓。我願意接受更多的培訓，正是它讓我改變了我的命運，這就是一種槓桿原理。

另外，只要你學好時間管理，就可以用更少的時間賺到更多的錢。你可以更輕鬆卻更賺錢，更省力卻能夠做成更大的事業。什麼叫時間管理？時間管理的目的是為了達成目標。假如今天有一個人現在一年只能賺 100 萬元，他的目標是三年內賺 1,000 萬元。

照他目前的工作方法這樣做下去，他可能十年後也能賺到 1,000 萬元。問題是他想要在三年之內賺到這 1,000 萬元，也就是說要把十年賺 1,000 萬元的事情濃縮到三年的時間裡面來。所以，他必須有一個目標，並且目標有一個期限。他現在三年內要做到能賺 1,000 萬元的事情。換句話說，時間無法管理，時間是一分一秒往前走的，你只能管理事情，每個人一天的時間都是一樣多，但是在這一段時間之內，你做了哪些事情，決定了你時間價值有多高。

所以，時間管理是為了實現目標，如果你沒有一個目標，你的時間做什麼都無所謂，因為你的時間等於失去了價值。但如果你有一個目標，比如財務目標、收入目標、利潤目標、營業目標等，你就必須去做好每一分每一秒的時間管理，讓每分每秒的價值最大化。

另外你要相信時間大於金錢。很多人交錢來上我的課程，他們交的錢並不是買門票、買知識，也不是買我十幾年的時間，而是買他們自己十幾年的時間，否則他們就要花十幾年的時間去學習，去摸索、去犯錯。

因此，你的每分每秒只能做符合以下四個條件的事情，才最有價值。

⭐ 沒有人可以取代，只有你能做，別人無法取代。
⭐ 當你做得非常好的時候會產生最大的績效。
⭐ 你非常熱愛這件事情。
⭐ 你非常擅長這件事情。

一個人可以做很多事，但如果有些事別人能取代，你幹嘛親自去做？如果有些事做起來效果沒那麼好，你幹嘛親自去做？如果你不熱愛這件事情，你幹嘛親自去做？如果你不擅長這件事情，你幹嘛親自去做？

你應該只做對你來說能產生最高價值的那件事。所有權威專家都是一生只做一件事，事情越少越好，事情越精越好，通常權威專家也都會是該領域的天才，因為他發現自己的才能之後，他就選擇一生把這件事做到完美。

比如姚明每天只要把球練好，劉翔每天主要在練習跑步跟跨欄，比爾‧蓋茲每天不斷思考企業未來的方向⋯⋯每個人都有對自己而言的天才領域，你應該首先分析出你的天賦是什麼，然後集中精神做好這件事情。

如果劉翔跟姚明比賽籃球，可能會輸得更慘，如果姚明跟張學友比賽唱歌，也可能會輸得很慘，如果張學友跟比爾‧蓋茲比賽經營企業，可能會輸得很慘，如果比爾‧蓋茲跟泰森比賽拳擊也會輸得很慘，因為這是拿自己的弱項去跟別人的強項比賽。

可是現實生活中有很多人卻在進行這種不公平的比賽，明明他擅長藝術，卻偏偏跑去跟別人比賽商業，於是他在商業上會輸得很慘；明明他擅長銷售，卻偏偏跑去做研究，於是也研究不出什麼來；明明他擅長推理，卻偏偏跑去做銷售，結果也賣不出東西。

因此，每個人都要找出自己的天才領域，人要在適合的位置才可以變成天才，在錯誤的位置就可能變成蠢才。當你找到了你的天賦，並集中精神在那件事情上面，你時間的價值不就翻倍了嗎？你收入要提高不就變得容易多了嗎？

找出天賦之後，你也要培養出規律性和自律性，在同一個時段同一個地點把事情做完、做好。比如早上九點到中午十二點，都安排和客戶見面，下午一點到三點就只做服務，下午三點到六點，你只做領導，下午六點到晚上九點，你只學習。

每個時段做的事情都最好在同一地方進行，在同一時段、同一地點，只做同一件事情，你會集中精力，效率提高，更節省時間成本。在一個慣性中把一件事做到最好，也就是三同時間表。

當你分析出你只做什麼事，不做什麼事後，你要在你的時間表裡排好，在同一時間段，同一地點只做同一件事情，然後你就照著時程表做事。你會發現，你的時間節省了，而你的效率卻提高了，這就是時間管理的功效。

再來則是有效的授權。什麼叫有效的授權呢？就是把所有可以授權的事情全部授權出去。身為一個企業主，對你來說最有生產力、最有價值、最重要、最有累積

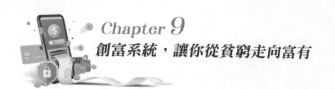
性的事情，是研究企業的未來方向、思考企業戰略計畫、做好正確的決策，而這些正是只有你能做而別人不能做的，當你把這些事做得非常好的時候，就會產生非常大的績效。

所以，你要學會有效的授權，把所有不喜歡的事、不擅長的事、不願做的事、不想做的事、沒價值的事，全都授權出去，讓別人幫你做每一件事情。

世界級的銷售員也都有他的助理團隊。像我也有我的助理團隊，如果你要打電話找我，我可能接不到，如果你給我發 E-mail，我可能也看不到，因為我只做我最精通、最有績效、最熱愛、最擅長且沒有人可以取代的事情，其他事我一律有效授權。

並且把重要的事情授權給對的人，這樣才能更省時、省力地達成更多的企業目標。

接下來送給大家一個價值億萬的問題：如何以更少的時間、金錢、人力，去為更多的人去提供產品或服務？

我從七、八年前開始，每天都問自己這個問題，然後列出所有答案，後來我終於用遠端教育的方法，把我所有的課程都放在我的我要創富教育網上，解決這個問提，你可以隨時隨地在網上學習我一系列的課程，而我不需要再為此花費時間。

這就是我所說的，以更少時間為更多的人提供產品或服務的方法之一。

其實你可以想出更多、更好的工作方法，自己做的更少，卻能讓你賺到更多，這些方法都屬於以更少換更多的槓桿原理。比如公眾演說、行銷等等，只要其中一個方法對你的人生產生改變，你的命運可能就因此改變了。

趨勢：把握趨勢賺大錢

假設水流的方向是從南到北，但是有一個人修的水管卻是東西向的，那他水管

裡的水多不到哪裡去，因為他沒有弄清楚水流的方向。

今天，全世界的錢在什麼市場裡集中、在什麼產業中聚集，你要看清楚，才有可能抓住趨勢，你必須站在對的位置、朝著正確的方向，才會賺到更多的錢。

比爾‧蓋茲在大學二年級時休學創辦了微軟公司，成為世界首富，這當然是因為他的能力、資質也不錯，也是他努力的結果，但從根本上說，最重要的是他的眼力不錯，他抓住了大趨勢。

1997 年，我得到一個資訊，美國《財富》雜誌訪問比爾‧蓋茲：「由於你看趨勢的眼光準，所以成了世界首富，我們想知道下一世紀的大趨勢是什麼？你能分析一下嗎？」

當時是二十世紀末，比爾‧蓋茲的回答是：「二十一世紀的大趨勢是成人培訓。」

我相信了比爾‧蓋茲的話，投入成人培訓這個行業。我看準全世界成人培訓最大的市場是中國的市場，因為說中文的人數比說英文的人數多很多，而我也因此盆滿缽滿。

我知道，全世界說中文最多的地方在中國，所以從 2008 年便開始在中國進行巡迴演講。我在成人培訓這個行業中之所以很輕鬆、很自然就獲得成就以及財富，是因為我哥哥也在 1997 年看準這個趨勢，我們兄弟倆一起努力，事業也真的隨著趨勢成長，水漲船高。

在研究世界富豪發家致富的過程中我發現，他們都非常重視選擇行業、判斷趨勢，因為不是每個行業所賺到的錢都一樣多。姚明不是世界第一的運動員，可是他的收入卻比許多奧運冠軍的收入還高，為什麼？因為他的行業是籃球，籃球的市場比較大，這一點就足以證明：不是每個行業賺的錢都一樣多。

那世界級富豪們選擇行業、判斷趨勢的眼光到底從哪裡來呢？我發現有兩句話非常重要，這兩句話足以使你發家致富。

什麼產品在未來被越來越多的人使用？
什麼產品在未來被人們使用的次數會越來越多？

假如有這樣的產品，它在未來一定是一個能說明你賺大錢的產品。

我不會去投資一個目前使用人數已經很多，以後使用人數也不會一直增加的產業；我也不會去投資一個目前被人們使用的頻率已經很高，以後也不會增加被使用頻率的產品，因為它現在的市場已經飽和。

為什麼通訊產業如此賺錢？因為使用手機的人越來越多，而且人們使用的次數也越來越多，所以各大廠家都想生產手機。未來網路購物的人會不會越來越多？人們在線上購物的次數會不會越來越多？如果會的話，那網路就是一個一定要去研究的賺錢機器。未來吃保健食品的人數會不會越來越多？如果會的話，保健食品產業的商機也是一個世界大趨勢。

根據世界趨勢投資大師吉姆‧羅傑斯跟我討論的結果，A、B、C、D、E（各代表一個英文開頭）產業將有兆億美元的商機，詳細內容可以報名我的〈如何打造賺錢機器〉課程，我會在課堂中詳細教大家！

杜云安老師與世界趨勢投資大師吉姆‧羅傑斯合開
〈如何打造賺錢機器〉首場課程現場

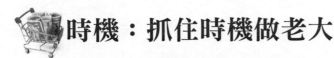

時機：抓住時機做老大

如果你看準了趨勢性的產業，未來有一個產品使用的人數會越來越多，使用的次數會越來越多，但是可能是十年以後，可能是二十年以後，也可能是三十年以後。你不知道什麼時間踏進這個領域，才會讓你快速生產出鈔票來，但你還是要試圖抓住那個趨勢增長的時機點。

比如去太空旅遊可能是不錯的行業，未來想上太空的人會越來越多，去太空旅遊的次數會越來越多。但如果現在你就開一家太空旅遊公司，可能為時過早了，因為是未來會產生巨大的需求，而不是現在。

亞洲首富孫正義一心夢想成為世界首富，他研究了世界上所有的行業，發現要成為世界首富，必須做增長最快速的軟體行業。於是他成立了開發軟體的公司，果然成了億萬富翁，但他再怎麼努力，也沒有超過微軟公司的比爾·蓋茲。他覺得很奇怪，為什麼他始終賺不過比爾·蓋茲呢？

某次，孫正義邀請比爾·蓋茲到日本演講，並趁此機會訪問比爾·蓋茲，想知道他成為世界首富的秘訣。比爾·蓋茲笑了，因為他覺得孫正義要想超越他，實在是太難了。因為雖然都在做軟體，但軟體市場的錢幾乎已經被比爾·蓋茲給賺走了，因為他是世界第一品牌，在全球資源最豐富，掌握最多市場佔有率，是同行中的龍頭老大。軟體行業裡最早做的是微軟公司，你進入軟體行業，你只能大魚吃小魚，被當成小魚吃掉，你想要賺大錢超越別人，你要做下一個大趨勢。

比爾·蓋茲認為其實就是時機。最早做跟中間做還有最晚做，結果自然完全不同，即使你的產品比別人好，你很努力做，但時機不同，賺到的錢就不一樣。當時，比爾·蓋茲告訴孫正義，下一個會產生世界首富的行業，應該是網路，孫正義聽進去了，他雖然看不懂趨勢，但他相信世界首富的話，他決定大舉進攻網路產業，買下一百多間公司的網站，其中有一家叫做雅虎，孫正義花 10 億美元買下股份，然後把雅虎弄上市，上市之後市值最高的時候曾經突破過 500 億美元。

孫正義曾經超越世界首富一天，但因為股價下跌，孫正義最終還是只能成為亞洲富豪，且至今他仍是世界著名的風險投資家，他能判斷趨勢，而且還能判斷時

機。世界上每一個行業都有起步期、成長期、成熟期和衰退期。在 A、B、C、D 哪一點切入市場才是賺錢最快的時候呢？

剛開始時市場成長緩慢，接下來越來越多的人進入，市場慢慢平穩成長，直至最終走向衰退。剛開始做市場很累，處於市場教育、開發階段，當大家都知道這個行業會賺錢都去做以後，市場就慢慢進入競爭、飽和階段。B 階段是最賺錢的時機，誰做都立刻賺錢。股票在上漲的時候，在 B 點進入馬上賺錢；房地產在成長的時候，在 B 點投資馬上賺錢。B 階段過了以後，C 階段、D 階段發展都會比較緩慢，B 點能最快賺錢，而 A 點呢，它能賺最多的錢。

全世界第一個做可樂的是可口可樂，第一個做軟體的叫微軟，全世界第一個做速食連鎖店的叫麥當勞，全世界第一個做炸雞連鎖店的叫肯德基，它們都是市場上最賺錢而且賺最多錢的第一品牌，這些龍頭老大位置都是從 A 點就開始。

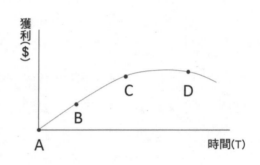

創富教育在 1996 年底進入中國成人培訓領域時，當時是成人培訓的 A 點。我去工商局註冊營業執照時，還沒有辦法註冊到培訓公司，工商局甚至連顧問公司、諮詢公司是什麼意思都不太了解，他們當時告訴我們要去申請點子公司，這也是為什麼我們在成人財商培訓領域當中有一定地位的原因。

而這一切不是我很能幹，而是我進入的時間比較早而已，看準*趨勢*，還要選對時機，你的賺錢機器才能正常地運轉。

馬上行動：該出手時必出手

什麼是行動之父？如果看準時機，下一步你應該做什麼？當然是馬上行動！

抓住時機，馬上行動。這個道理誰都知道，但大多數人卻沒有這個行動力。為什麼？因為他沒有下定決心，唯有先下決心才會採取行動，決心可謂行動之父。

一般人做決定的能力太差了，就像不鍛鍊肌肉，肌肉就會退化一樣；而你若是不常做決定，就很難下決心。所以，沒有決斷力的人是沒有辦法真正創造財富的。決策力法則告訴我們，富人做決定快，改變決心卻很慢，反之一般人是做決定很慢，改變決定卻很快。

富人擁用強而有力的決策力，當他走進辦公室，他面臨無數大大小小的決策，他知道每個決策都必然會有風險，因此必然有做錯決定的可能，但是不做決定的後果，永遠會造成更大的壞處，拖延一項決定的後果，永遠會比做錯決定的壞處還要大。

一般人優柔寡斷、瞻前顧後、怕東怕西，總是下不了決定，這就是一般人不能真正致富最關鍵的因素。美國的拿破崙‧希爾（Napoleon Hill）先生在他還是一個大學生的時候，作為校刊的編輯，他奉命去採訪當時的世界首富——鋼鐵大王卡耐基（Andrew Carnegie）。

採訪完以後，卡耐基非常欣賞他，對他說：「我想請你幫我做一件事情，世界上有天文學、物理學、化學、數學……就是沒有創富教育學。你願不願意研究全世界所有的富人如何創造財富的秘密，然後將這一套學問整理成一套教育系統，分享給那些想要創造財富、追求財務自由的人？我可以給你寫介紹信，你去訪問他們，但這件事你必須堅持二十年，如果驗證這一套教育是有效的，你就可以分享給全世界每一個想要創造財富的人了。」

當時的拿破崙‧希爾聽完這番話後，感覺那麼大的一個任務要交給他，實在是太光榮了。但是當他正在高興的時候，卡耐基又補充了一句話：「你必須花二十年的時間做這件事情，並且自己養活你自己，因為我不會發給你任何一分錢的薪水，你幹不幹？」

年輕的拿破崙‧希爾當時真不敢相信他面前的這個人竟然是世界首富，因為他竟然要自己為他免費工作二十年，但這個人真的是世界首富啊，於是他考慮了二十九秒左右，回答說：「我答應你的要求。」

卡耐基從懷裡拿出懷錶，對拿破崙‧希爾說：「恭喜你，你被錄取了。」

卡耐基曾經問過很多人同樣的問題，有人回答要考慮一天，有人回答要考慮兩天，有人回答要考慮一個禮拜，有人回答要考慮兩個月。但只要有人考慮超過一分鐘，就算他最後答應了，卡耐基也不會錄取他。

這是為什麼？第一，因為這個人不肯付出，猶豫不決；第二，這個人的判斷力有問題。所以就算他答應了，卡耐基也不會用他，因為這樣的人做事不會成功。原來卡耐基選人的標準是看這個人的決斷力強不強。

年輕的拿破崙·希爾在接受這個任務後，果真在這二十年間訪問了世界上各行各業最富有、最傑出的億萬富翁，人數更超過五百人，根據採訪內容，他出版《思考致富》，這是世上第一本關於創富教育的書籍。到現在為止，他的拿破崙·希爾基金會，依然在向全世界提供拿破崙·希爾那些年的智慧結晶。

如何增強你的行動力？世上所有富人都是下決定快，改變卻很慢。你想要有馬上行動的行動力，你就必須增強你的行動力。為什麼有人愛拖延，有人卻能馬上行動？因為行動力只有兩個來源，當這兩個來源在你身上放對了位置，你立刻就充滿動力，當這兩個來源不在你身上，或者是放錯位置的時候，你就會立刻拖延。

第一個來源叫追求快樂，第二個來源叫逃離痛苦。任何人只要能聯想到去行動能帶來一種快樂，他就願意去行動，任何人要想到不去行動會帶來的痛苦，為了要逃離這個痛苦，他也不得不去行動。

有人每天早上六點就起床，因為他聯想到了早起的快樂；聯想到了準時赴約的快樂；聯想到了早上去運動帶來的快樂；聯想到了早起增加工作效率、增加工作時間的快樂，不論聯想到任何的好處，我們都統稱為快樂。於是他早起了，因為他要追求快樂。

但是有些人聯想到，如果遲到的話會不太好，如果睡懶覺的話可能浪費很多時間，他想逃離那些失敗的痛苦，於是他就早起了，所以不管是追求快樂，還是逃離痛苦，都會讓你行動。

但有些人為什麼愛睡懶覺呢？同樣的道理，因為他想到了追求快樂，他覺得

躺在棉被裡很快樂，他覺得繼續做夢很快樂，他想到要起床很痛苦。同樣是追求快樂，逃離痛苦，為什麼讓某些人行動，卻讓某些人拖延呢？因為擺放的位置不一樣，行動是因為你想到行動等於快樂，行動是因為你想到不行動等於痛苦。然而拖延的人，是因為想到行動等於痛苦，不行動反而會有快樂，位置顛倒過來，調換一下結果就不一樣了。

比如有些孩子勤奮讀書，是為了將來能考上大學，畢業後找到好工作，能有一份成就，這是追求快樂型的。但有些孩子好好讀書，是怕將來考不上大學，畢業後找不到工作，會沒法生存，而這是逃離痛苦型。

因此，要明確一個人心目中的快樂跟痛苦是什麼，追求快樂和逃離痛苦都可以激勵一個人馬上行動。有些人走路上班，因為走路上班可以健身、減肥，他在追求快樂。有此人說，我害怕塞車，一塞車就容易遲到，所以我寧可走路上班，他在逃離痛苦，所以他走路上班。

要增強行動力，就要擁有自律的人生，因此有三件事情你需要學會……

⭐ 做所有應該做的事。
⭐ 在應該做完的時間內全部做完。
⭐ 不要管自己喜不喜歡。

當你擁有這樣的思考模式，你頭腦裡面再也沒有我喜歡做還是不喜歡做這個概念，只有應該做和不應該做這個概念了，只要應該做，就立刻去做，只要應該在什麼時間做完，就立刻做完，不管自己喜不喜歡。

人為什麼不容易做決定？因為他擔心做錯決定，怕做完決定後失敗。怕做錯決定，得到不好的結果。

一個人想學開車，但又擔心會出車禍；一個人想要考大學，卻又怕考不上；一個人想結婚，卻又怕以離婚收場，如果總在東怕西怕，當然做不出應有的決定！很多人想做生意，卻擔心賠錢，這就是他們終其一生平平淡淡的原因。

如何克服做錯決定的恐懼？我年輕唸書的時候，走在學校偶然遇見校內最美麗的女同學，人稱校花。當時我想要跟她打招呼，但我心中直接聯想到的就是「她會拒絕我」，這就是害怕失敗的心理。

可是經過心理調整，我說服自己了，我告訴自己：「去打招呼很恐怖，可能會被拒絕，可是不去會更痛苦，因為同學會嘲笑我，我不想被別人嘲笑是膽小鬼。與其丟臉，我寧可選擇被拒絕，因為被拒絕至少我還有勇氣過去，不會被朋友嘲笑。」

所以，當出現這種情形的時候，你要拿一個更大的恐懼來戰勝你眼前的恐懼。想一想你繼續這樣下去，一輩子沒時間、沒錢，無法致富，就這樣浪費二、三十年下去，會付出多少慘痛的代價、浪費多少時間，最終的結果是你想要的嗎？

只想眼前，害怕失敗，你就不敢行動，想想不敢行動所導致的長期的失敗與痛苦，就會激勵你馬上行動！我甚至進一步說服我自己去同校花講話，大不了被拒絕，而且萬一她沒有拒絕我，我不就交到了一個朋友嗎？

反正她本來也不是我的朋友，失敗就失敗，就跟沒去一樣，但如果她也跟我打招呼，我就輕鬆地得到了一個朋友！

就是這樣的想法讓我產生了行動力，敢於同陌生女孩子打招呼。想想看，如果你拿出 10 萬元來創業，最差的狀況是什麼？大不了 10 萬元賠光，本來這 10 萬元也是你老闆發給你的薪水。剛走向社會的時候每個人都是一無所有的，失敗之後大不了跟原來一樣，從頭再來就是了。

不敢下決定，十年之後這 10 萬元也不會變成 100 萬元，最多在銀行裡增加了一點點利息，可是拿去做生意，就有可能賺回 10 萬元、20 萬元、200 萬元，回報無限大！

如果你理智地想一想，做決定還是比不做決定好很多；如果你理智地想一想，做錯決定比不做決定更好。

但一般人卻沒有辦法理性地面對自己，總是用恐懼的情緒來阻礙自己做出決

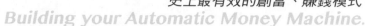

定。做錯決定也比不做決定有幫助嗎？做錯決定，也比不做決定的幫助大。因為你至少學到了東西，下次你就會做出更正確的決定，不會再犯同樣的錯誤；而不做決定的人，則什麼都沒有學到。

成功人士需要正確的決策力來做出正確的選擇，然而正確的決斷力來自充足的經驗。一個人越有經驗，就越能做出正確的選擇。充足的經驗來自哪裡呢？來自錯誤的決定，做錯過很多決定的人，經驗豐富，容易做出正確的決定來獲得成功。

所以，每一次錯誤的決定都說明你離正確的決定更近了一步，離你想要的成功更近了一步。

如果你有任何的創業衝動或者是創造任何一份長期工作的靈感，就要立即做出決定，並採取行動。一份職業只能帶給你一份薪資，並不能帶給你真正的財富；一份事業卻能讓你有長期的收益，甚至在你人不在的時候，事業依然能運轉，這就是職業與事業的差別。

如果你現在擁有的是一份職業，停止工作就停止收入，那麼你就立刻下定決心，先來參加〈如何打造賺錢機器〉的課程，學會去創造一份自己永續的事業吧！

創富夢工場 ®
FORTUNE DREAMWORKS

銷售冠軍製造機

如何複製成交系統

|5大銷售流程 × 7個增加黏著度心法 × 4大行銷策略|

卓越領袖

徹底提升團隊效率並建立領袖魅力

課程價值：39800元

會務教材費：2000/人

- ☑ 領袖必須有培育力
- ☑ 領袖必須有的風範
- ☑ 領袖必須保有平常心
- ☑ 領袖不能欠缺行動力
- ☑ 領袖必須擁有信任感

優勢溝通

世界溝通談判大師 羅傑·道森 畢生智慧盡在其中

- ☑ 如何運用語言及非語言決定溝通結果
- ☑ 如何利用「雙贏溝通」獲得更好的人脈及資源
- ☑ 如何利用「傾聽技巧」在溝通時大有斬獲
- ☑ 如何利用「催眠是溝通」創造更高財富
- ☑ 如何利用「勾心技巧」讓他人完成你要的結果

商戰謀略

- ☑ 如何快速整合資源
- ☑ 如何輕鬆借力打造個人及企業品牌
- ☑ 如何設計你的營銷流程
- ☑ 如何輕鬆建立客戶的信任
- ☑ 如何從標題開始就為你鋪墊成交

TSE
絕對執行力
-如何打造強大戰鬥力團隊-

- ☑ 管人管思想

  你渴望知道團隊夥伴思想的根本所在嗎？

- ☑ 人才到底是什麼

  如何在企業經營管理之中把人放在對的位置？

掃碼了解
更多資訊

創富夢工場
FORTUNE DREAMWORKS

與大師有約系列

如何打造多元化收入

華人智慧銷售力創辦人 臧正民

亞洲執行力權威 杜云安

增加收入的5種方法

富人的賺錢模式

快速致富的七項技能

設計自己的收入模式

正確使用投資工具錢生錢

擴大現金流的六個思維

成功人士高收入六大秘密

資源整合創造客戶四大祕訣

杜云安老師簡歷

現職

創富夢工場國際教育機構 執行長

學歷

東吳大學國際經營貿易系
國立台灣大學企業管理碩士學分班
國立台灣科技大學管理研究所(EMBA)

著作

<TSE絕對執行力>
<商學院MBA無法教的核心賣點>
<把信送給加西亞>
<投資大趨勢>譯者
<行銷天才思考聖經>總策劃
<絕對成交>總策劃

經歷

◆KPMG會計師事務所審計師
◆東吳大學客座講師
◆國立台灣科技大學管理學院客座講師
◆兩岸多家企業內訓(workshop)培訓師
◆台灣社會福利總盟愛心大使

◆中國演說家協會創始副會長
◆喬吉拉德銷售培訓學院院長
◆經濟日報、商業週刊、理財雜誌
　優渥誌、中國廣播電台專訪作家

講題

說服力與影響力~溝通是人與人的橋樑

講綱

企業每天的活動是由許許多多的具體工作所構成。學習有效的溝通表達技巧，在職場及生活
順暢。組織高效溝通，是減少內耗，讓組織運作得以順暢的關鍵，如何向上溝通，向下溝通領
，做好部門平行間的溝通協調，良好高效的組織溝通正是確保組織運作是否順暢，
擔任著最重要的關鍵過程。職場與生活上總是遍布荊棘，你該如何處理、開啟對
、面對衝突？了解造成溝通衝突的原因，處理溝通衝突的原則，學習化解溝通衝
步驟，可以順利的處理溝通衝突。

絡方式: andydu42@gmail.com ■ 0800583168 ■ 宣傳片QR

Xspower

拉力健身棒

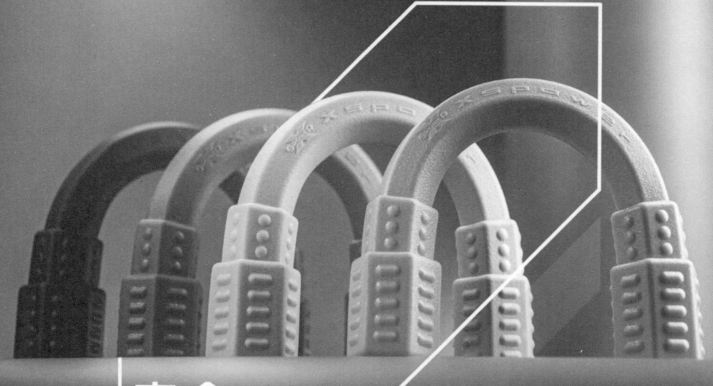

安全 *Xspower*

彈力啞鈴

適用對象 健身人士

瘦身塑身

缺乏運勤

復健使用__

專利設計

造型簡潔，可鍛鍊多部位肌肉力量

提升肌肉力，已受到許多專業運動人士喜愛__

(專利號碼:M613355號)

X spower

產品優點

彈性佳，可提供多種強度訓練要求，無使用空間限制，

無論站姿、坐姿、平躺時、行走時、開車疲倦時均可使用。

運用方法靈活，正常使用下，可快速達到熱身、塑身、增加肌肉力的效果。

在疫情影響下宅運動安全新選擇＿

兩端階段式造型，

同時配合表面紋路及阻抗設計，

在使用時可適合

各種不同手掌大小及施力方式

提供更好的穩定性，

做到好用且鍛鍊效率高的效果

使用方式　購買連結

Xspower

兩端階段式造型，

同時配合表面紋路及阻抗設計，

在使用時可適合各種不同手掌大小及施力方式，

提供更好的穩定性，做到好用且鍛鍊效率高的效果。

購買連結　　使用方式

網友售後好評、

發燒熱賣中。

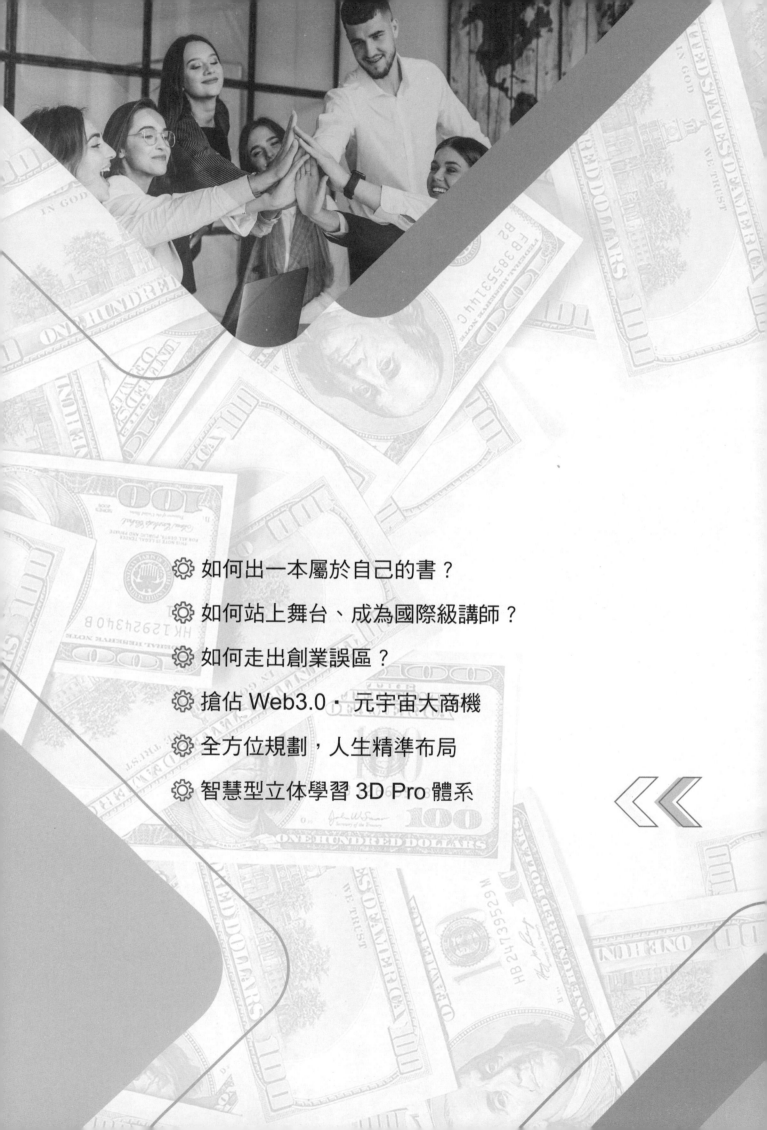

如何出一本屬於自己的書？

如何站上舞台、成為國際級講師？

如何走出創業誤區？

搶佔 Web3.0‧ 元宇宙大商機

全方位規劃，人生精準布局

智慧型立体學習 3D Pro 體系

Building your
Automatic
Money Machine.

史上最強 寫書＆出版實務班

全國最強 4 階培訓班，
見證人人出書的奇蹟。

素人崛起，從出書開始！
讓您借書揚名，建立個人品牌，
晉升專業人士，
帶來源源不絕的財富。

由出版界傳奇締造者、超級暢銷書作家王晴天及多位知名出版社社長聯合主持，親自傳授您寫書、出書、打造暢銷書佈局人生的不敗秘辛！教您如何企劃一本書、如何撰寫一本書、如何出版一本書、如何行銷一本書。

- 理論知識
- 實戰教學
- 個別指導諮詢
- 保證出書

P 企劃

P 出版

W 寫作

M 行銷

當名片式微，
出書取代名片才是王道！！

《改變人生的首要方法
～出一本書》▶▶▶

新絲路視頻5
改變人生的
10個方法
5-1寫一本書

人人適用的成名之路：出書

當大部分的人都不認識你，不知道你是誰，他們要如何快速找到你、了解你、與你產生連結呢？試想以下的兩種情況：

➲ 不用汲汲營營登門拜訪，就有客戶來敲門，你覺得如何？

➲ 有兩個業務員拜訪你，一個有出書，另一個沒有，請問你更相信誰？

無論行銷任何產品或服務，當你被人們視為「專家」，就不再是「你找他人」，而是「他人主動找你」，想達成這個目標，關鍵就在「出一本書」。

透過「出書」，能迅速提升影響力，建立「專家形象」。在競爭激烈的現代，「出書」是建立「專家形象」的最快捷徑。

想成為某領域的權威或名人？出書就是正解！

體驗「名利雙收」的12大好處

　　暢銷書的魔法，絕不僅止於銷售量。當名字成為品牌，你就成為自己的最佳代言人；而書就是聚集粉絲的媒介，進而達成更多目標。當你出了一本書，隨之而來的，將是 12 個令人驚奇的轉變：

01 增強自信心

　　對每個人來說，看著自己的想法逐步變成一本書，能帶來莫大的成就感，進而變得更自信。

02 提高知名度

　　雖然你不一定能上電視、錄廣播、被雜誌採訪，但卻絕對能出一本書。出書，是提升知名度最有效的方式，出書 + 好行銷 = 知名度飆漲。

03 擴大企業影響力

　　一本宣傳企業理念、記述企業如何成長的書，是一種長期廣告，讀者能藉由內文，更了解企業，同時產生更高的共鳴感，有時比花錢打一個整版報紙或雜誌廣告的效果要好得多，同時也更能讓公司形象深入人心。

04 滿足內心的榮譽感

　　書，向來被視為特別的存在。一個人出了書，便會覺得自己完成了一項成就，有了尊嚴、光榮和地位。擁有一本屬於自己的書，是一種特別的享受。

05 讓事業直線上衝

　　出一本書，等於讓自己的專業得到認證，因此能讓求職更容易、升遷更快捷、加薪有籌碼。很多人在出書後，彷彿打開了人生勝利組的開關，人生和事業的發展立即達到新階段。出書所帶來的光環和輻射效應，不可小覷。

06 結識更多新朋友

在人際交往愈顯重要的今天，單薄的名片並不能保證對方會對你有印象；贈送一本自己的書，才能讓人眼前一亮，比任何東西要能讓別人記住自己。

07 讓他人刮目相看

把自己的書，送給朋友，能讓朋友感受到你對他們的重視；送給客戶，能贏得客戶的信賴，增加成交率；送給主管，能讓對方看見你的上進心；送給部屬，能讓他們更尊敬你；送給情人，能讓情人對你的專業感到驚艷。這就是書的魅力，能讓所有人眼睛為之一亮，如同一顆糖，送到哪裡就甜到哪裡。

08 塑造個人形象

出書，是自我包裝效率最高的方式，若想成為社會的精英、眾人眼中的專家，就讓書替你鍍上一層名為「作家」的黃金，它將持久又有效替你做宣傳。

09 啟發他人，廣為流傳

把你的人生感悟寫出來，不但能夠啟發當代人們，還可以流傳給後世。不分地位、成就，只要你的觀點很獨到，思想有價值，就能被後人永遠記得。

10 闢謠並訴說心聲

是否曾經對陌生人的中傷、身邊人的誤解，感到百口莫辯呢？又或者，你身處於小眾文化圈，而始終不被理解，並對這一切束手無策？這些其實都可以透過出版一本書糾正與解釋，你可以在書中盡情袒露心聲，彰顯個性。

11 倍增業績的祕訣

談生意，尤其是陌生開發時，遞上個人著作 & 名片，能讓客戶立刻對你刮目相看，在第一時間取得客戶的信任，成交率遠高於其他競爭者。

12 給人生的美好禮物

歲月如河，當你的形貌漸趨衰老、權力讓位、甚至連名氣都漸趨平淡時，你的書卻能為你留住人生最美好的的黃金年代，讓你時時回味。

書的面子與裡子，全部教給你！

★出版社不說的暢銷作家方程式★

暢銷書都是這麼煉成的！

P PLANNING 企劃　好企劃是快速出書的捷徑！

投稿次數＝被退稿次數？對企劃毫無概念？別擔心，我們將在課堂上公開出版社的審稿重點。從零開始，教你神企劃的 NO.1 方程式，就算無腦套用，也能讓出版社眼睛為之一亮。

W WRITING 寫作　卡住只是因為還不知道怎麼寫！

動筆是完成一本書的必要條件，但寫作路上，總會遇到各種障礙，靈感失蹤、沒有時間、寫不出那麼多內容……在課堂上，我們教你主動創造靈感，幫助你把一個好主意寫成暢銷書。

P PUBLICATION 出版　懂出版，溝通不再心好累！

為什麼某張照片不能用？為什麼這邊必須加字？我們教你出版眉角，讓你掌握出版社的想法，研擬最佳話術，讓出書一路無礙；還會介紹各種出版模式，剖析優缺點，選出最適合你的出版方式。

M MARKETING 行銷　100% 暢銷保證，從行銷下手！

書的出版並非結束，而是打造個人品牌的開始！資源不足？知名度不夠？別擔心，我們教你素人行銷招式，搭配魔法講盟的行銷活動與資源，讓你從第一本書開始，創造素人崛起的暢銷書傳奇故事。

魔法講盟出版班：優勢不怕比

		魔法講盟 出書出版班		普通寫作出書班
①	課程完整度	完整囊括 PWPM	勝	只談一小部分
②	講師專業度	各大出版社社長	勝	不一定是業界人士
③	課堂互動	理論教學＋分組實作	勝	只講完理論就結束
④	課後成果	有實際的 SOP 與材料	勝	聽完之後還是無從下手
⑤	學員指導程度	多位社長分別輔導	勝	一位講師難以照顧學生
⑥	上完課是否能 直接出書	●是出版社，直接談出書 ●出版模式最多元，保證出書	勝	上課歸上課，要出書還是必須自己找出版社

更多詳細資訊，請撥打真人客服專線 02-8245-8318，或上 silkbook○com www.silkbook.com 查詢。

549

Planning 一鼓作氣寫企劃

　　大多數人都以為投稿是寄稿件給出版社的代名詞，NO！所謂投稿，是要投一份吸睛的「出書企劃」。只要這一點做對了，就能避開80% 的冤枉路，超越其他人，成功簽下書籍作品的出版合約。

　　企劃，就像是出版的火車頭，必須由火車頭帶領，整輛火車才會行駛。那麼，什麼樣的火車頭，是最受青睞的呢？要提案給出版社，最重要的就是讓出版社看出你這本書的「市場價值」。除了書的主題 & 大綱目錄之外，也千萬別忘了作者的自我推銷，比如現在很多網紅出書，憑藉的就是作者本身的號召力。

　　光憑一份神企劃，有時就能說服出版社與你簽約。先用企劃確定簽約關係後，接下來只需要將你的所知所學訴諸文字，並與編輯合作，就能輕鬆出版你的書，取得夢想中的斜槓身分 — 作家。

　　企劃這一步成功後，接下來就順水推舟，直到書出版的那一天。

關於 Planning，我們教你：

📝 提案的方法，讓出版社樂意與你簽約。

📝 具賣相的出書企劃包含哪些元素 & 如何寫出來。

📝 如何建構作者履歷，讓菜鳥寫手變身超新星作家。

📝 如何鎖定最夯議題 or 具市場性的寫作題材。

📝 吸睛、有爆點的文案，到底是如何寫出來的。

📝 如何設計一本書的架構，並擬出目錄。

📝 投稿時，如何選擇適合自己的出版社。

📝 被退稿或石沉大海的企劃，要如何修改。

Writing 菜鳥也上手的寫作

寫作沒有絕對的公式，平凡、踏實的口吻容易理解，進而達到「廣而佈之」的效果；匠氣的文筆則能讓讀者耳目一新，所以，寫書不需要資格，所有的名作家，都是從素人寫作起家的。

雖然寫作是大家最容易想像的環節，但很多人在創作時還是感到負擔，不管是心態上的過不去（自我懷疑、完美主義等），還是技術面的難以克服（文筆、靈感消失等），我們都將在課堂上一一破解，教你加速寫作的方程式，輕鬆達標出書門檻的八萬字或十萬字。

課堂上，我們將邀請專業講師 & 暢銷書作家，分享他們從無到有的寫書方式。本著「絕對有結果」的精神，我們只教真正可行的寫作方法，如果你對動輒幾萬字的內文感到茫然，或者想要獲得出版社的專業建議，都強烈推薦大家來課堂上與我們討論。

學會寫作方式，就能無限複製，創造一本接著一本的暢銷書。

關於 Writing，我們教你：

- 了解自己是什麼類型的作家 & 找出寫作優勢。
- 巧妙運用蒐集力或 ghost writer，借他人之力完成內文。
- 運用現代科技，讓寫作過程更輕鬆無礙。
- 經驗值為零的素人作家如何寫出第一本書。
- 有經驗的寫作者如何省時又省力地持續創作。
- 如何刺激靈感，文思泉湧地寫下去。
- 完成初稿之後，如何有效率地改稿，充實內文。

找靈感
產出內文
借助寫手
IDEA

Publication 懂出版的作家更有利

　　完成書的稿件，還只是開端，要將電腦或紙本的稿件變成書，需要同時藉助作者與編輯的力量，才有可看的內涵與吸睛的外貌，不管是封面設計、內文排版、用色學問，種種的一切都能影響暢銷與否；掌握這些眉角，就能斬除因不懂而產生的誤解，提升與出版社的溝通效率。

　　另一方面，現在的多元出版模式，更是作家們不可不知的內容。大多數人一談到出書，就只想到最傳統的紙本出版，如果被退稿，就沒有其他辦法可想；但隨著日新月異的科技，我們其實有更多出版模式可選。你可以選擇自資直達出書目標，也可以轉向電子書，提升作品傳播的速度。

　　條條道路皆可圓夢，想認識各個方案的優缺點嗎？歡迎大家來課堂上深入了解。你會發現，自資出版與電子書沒有想像中複雜，有時候，你與夢想的距離，只差在「懂不懂」而已。

　　出版模式沒有絕對的好壞，跟著我們一起學習，找出最適解。

關於 Publication，我們教你：

- 📝 依據市場品味，找到兼具時尚與賣相的設計。
- 📝 基礎編務概念，與編輯不再雞同鴨講。
- 📝 身為作者必須了解的著作權注意事項。
- 📝 電子書的出版型態、製作方式、上架方法。
- 📝 自資出版的真實樣貌 & 各種優惠方案的諮詢。
- 📝 取得出版補助的方法 & 眾籌出書，大幅減低負擔。

設計

自資

電子書

Marketing 行銷布局，打造暢銷書

一路堅持，終於出版了你自己的書，接下來，就到了讓它大放異彩的時刻了！如果你還以為所謂的書籍行銷，只是配合新書發表會露個臉，或舉辦簽書會、搭配書店促銷活動，就太跟不上二十一世紀的暢銷公式了。

要讓一本書有效曝光，讓它在發行後維持市場熱度、甚至加溫，刷新你的銷售紀錄，靠的其實是行銷布局。這分成「出書前的布局」與「出書後的行銷」。大眾對於銷售的印象，90% 都落在「出書後的行銷」（新書發表會、簽書會等），但許多暢銷書作家，往往都在「布局」這塊下足了功夫。

事前做好規劃，取得優勢，再加上出版社的推廣，就算是素人，也能秒殺各大排行榜，現在，你可不只是一本書的作者，而是人氣暢銷作家了！

好書不保證大賣，但有行銷布局的書一定會好賣！

關於 Marketing，我們教你：

- 新書衝上排行榜的原因分析 & 實務操作的祕訣。
- 善用自媒體 & 其他資源，建立有效的曝光策略。
- 素人與有經驗的作家皆可行的出書布局。
- 成為自己的最佳業務員，延續書籍的熱賣度。
- 如何善用書腰、贈品等周邊，行銷自己的書。
- 網路 & 實體行銷的互相搭配，創造不敗攻略。
- 推廣品牌 & 服務，讓書成為陌生開發的利器。

布局

周邊

網路

活動

掌握出版新趨勢，保證有結果！

在現今愈來愈多元的出版模式下，你只知道一種出書方式嗎？魔法講盟的出版班除了傳授傳統投稿的撇步，還會介紹出版新趨勢——自資出版與電子書。更重要的是，我們不僅上課，還提供最完整的出版服務＆行銷資源，成果看得見！

一、傳統投稿出版：　理論 & 實作的 NO.1 選擇

魔法講盟出版班的講師，包括各大出版社的社長，因此，我們將以業界的專業角度＆經驗，100%解密被退稿或石沉大海的理由，教你真正能打動出版社的策略。

除了 PWPM 的理論之外，我們還會以小組方式，針對每個人的選題＆內容，悉心個別指導，手把手教學，親自帶你將出書夢化為暢銷書的現實。

二、自資出版： 最完整的自資一條龍服務

不管你對自資出版有何疑惑，在課堂上都能得到解答！不僅如此，我們擁有全國最完整的自費出版服務，不僅能為您量身打造自助出版方案、替您執行編務流程，還能在書發行後，搭配行銷活動，將您的書廣發通路、累積知名度。

別讓你的創作熱情，被退稿澆熄，我們教你用自資管道，讓出版社後悔打槍你，創造一人獨享的暢銷方程式。

三、電子書： 從製作到上架的完整教學

隨著科技發展，每個世代的閱讀習慣也不斷更新。不要讓知識停留在紙本出版，但也別以為電子書是萬靈丹。在課堂上，我們會告訴你電子書的真正樣貌，什麼樣的人適合出電子書？電子書能解決 & 不能解決的面向為何？深度剖析，創造最大的出版效益。

此外，電子書的實際操作也是課程重點，我們會講解電子書的製作方式與上架流程，只要跟著步驟，就能輕鬆出版電子書，讓你的想法能與全世界溝通。

紙電皆備的出版選擇，圓夢最佳捷徑！

魔法講盟

公眾演說 A⁺ to A⁺⁺
國際級講師培訓

收人 / 收錢 / 收心 / 收魂

培育弟子與學員們成為國際級講師，
在大、中、小型舞台上公眾演說，
一對多銷講實現理想！

面對瞬時萬變的未來，
您的競爭力在哪裡？
你想展現專業力、擴大影響力，
成為能影響別人生命的講師嗎？
學會以課導客，讓您的影響力、收入翻倍！

我們將透過完整的「公眾演說班」與「國際級講師TTT班」培訓您，教您怎麼開口講，更教您如何上台不怯場，讓您在短時間抓住公眾演說的撇步，好的演說有公式可以套用，就算你是素人，也能站在群眾面前自信滿滿地侃侃而談。透過完整的講師訓練系統培養開課、授課、招生等管理能力，系統化課程與實務演練，把您當成世界級講師來培訓，讓您完全脫胎換骨成為一名超級演說家，晉級A咖中的A咖！

國際級講師	Speaker
兩岸授課	Teaching
提供舞台	Stage
實戰指導	Coach
演說技巧	Technique

為您揭開成為紅牌講師的終極之秘！
不用再羨慕別人多金又受歡迎了！

從現在開始，替人生創造更多的斜槓，擁有不一樣的精彩！

Speak Up, Show Up, and Stand Out

斜槓職涯新趨勢——

超級好講師，徵的就是你！

最好的斜槓就是當講師

★ 你渴望站在台上辯才無礙，為自己創造下班後的斜槓收入嗎？

★ 你經常代表公司進行一對多教育訓練，希望能侃侃而談並成交客戶嗎？

★ 你自己經營個人品牌，卻遲遲無法跨越站上舞台的心理障礙嗎？

★ 你渴望站在台上發光發熱，躍升成為眾人矚目、受人景仰的專業講師嗎？

★ 你想以講師之姿，跨入兩岸多地的培訓市場，利用年假賺人民幣並順便壯遊嗎？

不論您從事任何行業，都應該了解海軍式的會議營銷技巧，以講師斜槓幫助本業！

557

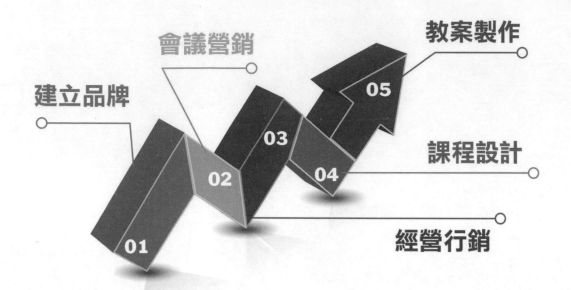

建立品牌　會議營銷　教案製作　課程設計　經營行銷

只要你願意，
魔法講盟幫你量身打造成為超級好講師的絕佳模式，
魔法講盟幫你搭建好發揮講師魅力的大小舞台！

只要你願意，
你的人生，就此翻轉改變，你的未來，就此眾人稱羨，
別再懷疑猶豫，趕・快・來・了・解・吧！

課程說明

　　講師可以手拿麥克風，站上演講台，一邊分享知識、經驗、技巧，還可以荷包賺得滿滿，又能讓人脈源源不絕聚集而來，擴大影響半徑並創造許多合作機會，是很多人嚮往的身分。

　　世界上最重要的致富關鍵，就是你說服人的速度有多快，說服力累積到極致就會變成影響力，影響力來自於說服力，而最極致的說服力就來自於一對多的演說。

聲音
- ·音量音質
- ·語氣語調
- ·話速話量

文字
- ·用字遣詞
- ·關鍵字句
- ·講題內容

肢體＆氛圍
- ·臉部表情
- ·手勢儀態
- ·穿著服飾
- ·裝扮道具

38 %

7 %

55 %

　　如果您想要當講師，背景能力不限，魔法講盟可以一步步協助您做好所有基本功，經過反覆練習後，找到合適的主題，開創自己的講師舞台，助您建構斜槓新人生！

　　如果您是公司老闆，企業規模不限，魔法講盟將協助您培養完善的表達力，在員工和客戶面前侃侃而談，更有效地領導員工並成交客戶！

　　如果您是組織領袖，團隊大小不限，魔法講盟將協助您培養一對多演說的能力，進而建立內部培訓體系，更輕鬆地打造能賺大錢的戰鬥型萬人團隊！

　　如果您是培訓講師，講師年資不限，魔法講盟可以擴充您的授課半徑，擴大您的演說舞台，讓您不僅能把課講好，還能提高每場課程的現場成交業績！

☑ 我們有銷講公式、hold 住全場的 Methods 與演說精髓之 Tricks，
　 保證讓您可以調動並感染台下的聽眾！

☑ 我們精心研發了克服恐懼與成為講師的 CCA 流程，是培訓界唯一真正正確闡明 73855 法則，並應用 BL 式 PK 幫您蛻變的大師級訓練！

☑ 我們擁有別人沒有的平台與舞台：亞洲八大名師、世界華人八大明師、魔法週二講堂……保證讓您成功上台！

☑ 我們有最前沿的區塊鏈培訓系統，可賦能身處於各領域的您，讓您也能成為國際級區塊鏈講師！更培訓您具備區塊鏈賦能之應用實力。

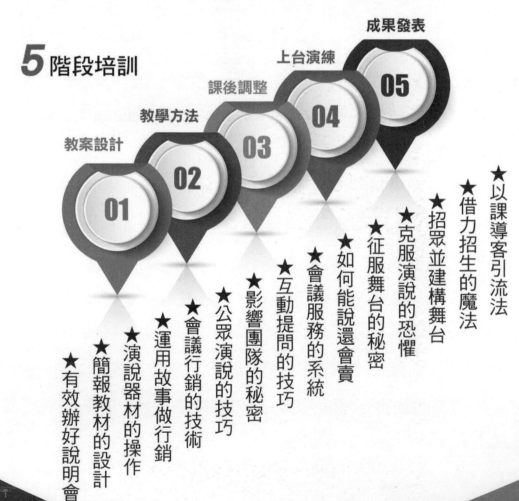

5 階段培訓

教案設計　　01
教學方法　　02
課後調整　　03
上台演練　　04
成果發表　　05

★ 有效辦好說明會
★ 簡報教材的設計
★ 演說器材的操作
★ 運用故事做行銷
★ 會議行銷的技術
★ 公眾演說的技巧
★ 影響團隊的秘密
★ 互動提問的技巧
★ 會議服務的系統
★ 如何能說還會賣
★ 征服舞台的秘密
★ 克服演說的恐懼
★ 招眾並建構舞台
★ 借力招生的魔法
★ 以課導客引流法

以課導客

現在是個「人人都能發聲」的自媒體時代，企業如果想要生存並突破發展困境，用最少的資源達到最大的收益，就必須要學會一種能力，叫做以「課」導「客」！也就是利用課程，來帶動客人上門，這些來上課的學生，要不就是未來的客戶、或能為你轉介紹客戶，要不就是成為你的員工、投資人、供應商、合作伙伴，多個願望均可藉一對多銷講一次達成。

當然，開辦一個有品質的專業課程，吸引潛在顧客自動上門學習，適用於各行各業，例如……

賣樂器的，可以開辦音樂課程；

賣精油的，可以開辦芳香療法的課程；

賣美妝保養品的，可以開辦彩妝課程；

賣衣服的，可以開辦服裝穿搭課程；

賣書的，可以開辦出書出版班課程；

保險業務人員，可以開辦健康理財或退休規畫課程；

不動產仲介人員，可以開辦買房議價或換屋實戰課程；

傳直銷業者，可以開辦健康養生課程或WWDB642之培訓……

企業培養專屬企業講師，創業者將自己訓練成能獨當一面的老師甚至大師，運用教育培訓置入性行銷，透過一對多公眾演說對外行銷品牌形象、提升企業能見度，將產品或服務賣出去，把用戶吸進來，達到不銷而銷的最高境界！

更多詳細資訊，請撥打真人客服專線 02-8245-8318，或上 silkbook○com 新‧絲‧路‧網‧路‧書‧店 www.silkbook.com 查詢。

561

以客引流

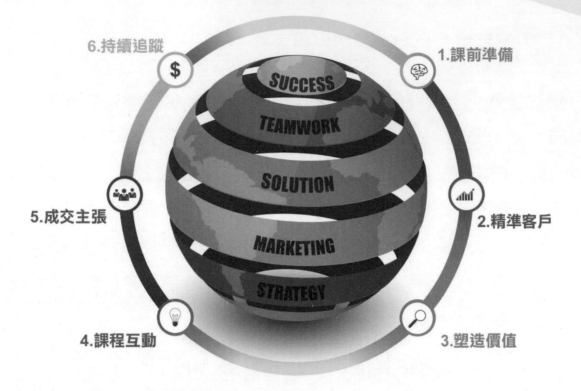

6.持續追蹤 1.課前準備
5.成交主張 2.精準客戶
4.課程互動 3.塑造價值

培訓對象

★ 正在經營個人品牌的部落客、KOL、創業家

★ 擁有講師夢的人

★ 已有演講經驗,想要精進技巧的人

★ 沒有演講經驗,想跨出第一步的人

★ 想擁有下班後第二份收入的人

★ 想提升表達技巧者

★ 教育訓練及培訓人員

★ 企業主管與團隊領導人

★ 對學習講師技巧有興趣者

★ 有志往專業講師之路邁進者

★ 本身為講師卻苦無舞台者

★ 不畏懼上台卻不知如何招眾者
★ 想營造個人演說魅力者
★ 想成為企業內部專業講師
★ 想成為自由工作的明星講師
★ 未來青年領袖
★ 想開創斜槓人生者

　　魔法講盟開辦一系列優質課程，給予優秀人才發光發熱的舞台，週二講堂的小舞台與亞洲八大名師或世界八大明師盛會的大舞台，您可以講述自己的項目或是魔法講盟代理的課程以創造收入，協助超級好講師們將知識變現，生命就此翻轉！

輕鬆自由配

　　魔法講盟為各位超級好講師提供各種套餐組合，幫助您直接站上舞台，賺取被動收入，完整的實戰訓練＋個別指導諮詢＋終身免費複訓，保證晉級 A 咖中的 A 咖！

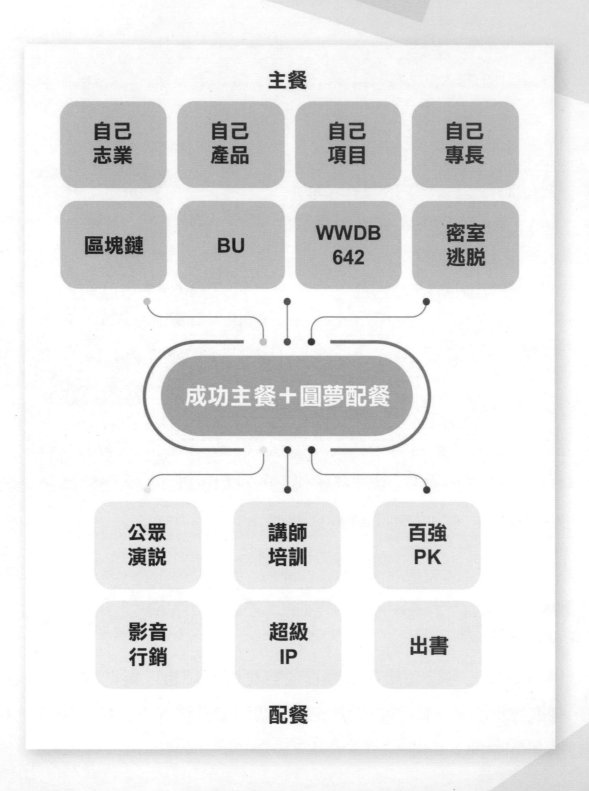

主餐

| 自己
志業 | 自己
產品 | 自己
項目 | 自己
專長 |

| 區塊鏈 | BU | WWDB
642 | 密室
逃脫 |

成功主餐＋圓夢配餐

| 公眾
演說 | 講師
培訓 | 百強
PK |

| 影音
行銷 | 超級
IP | 出書 |

配餐

　　魔法講盟開辦一系列優質課程，給予優秀人才發光發熱的舞台，週二講堂的小舞台與亞洲八大名師或世界八大明師盛會的大舞台，您可以講述自己的項目或是魔法講盟代理的課程以創造收入，協助超級好講師們將知識變現，生命就此翻轉！

⚡ 成功主餐

💡 自己的志業／產品／服務／項目／專長

💡 區塊鏈授證講師

由國際級專家教練主持，即學・即賺・即領證！一同賺進區塊鏈新紀元！特別對接大陸高層和東盟區塊鏈經濟研究院的院長來台授課，是唯一在台灣上課就可以取得大陸官方認證機構頒發的四張國際授課證照，通行台灣與大陸和東盟 10 ＋ 2 國之認可。課程結束後您會取得大陸工信部、國際區塊鏈認證單位以及魔法講盟國際授課證照，魔法講盟優先與取得證照的老師在大陸合作開課，大幅增強自己的競爭力與大半徑的人脈圈，共同賺取人民幣！

💡 Business&You 授證講師

Business & You 的課程結合全球培訓界三大顯學：激勵・能力・人脈，專業的教練手把手落地實戰教學，啟動您的成功基因。魔法講盟投注巨資代理國際級培訓系統華語權之課程，並將全部課程中文化，目前以台灣培訓講師為中心，已向外輻射中國大陸各省，從北京、上海、杭州、重慶、廈門、廣州等地均已陸續開課，未來三年內目標將輻射中國及東南亞55 個城市。15 Days to Get Everything，BU is Everything！

565

💡 WWDB642 授證講師

　　為直銷的成功保證班，當今業界許多優秀的領導人均出自這個系統，完整且嚴格的訓練，擁有一身好本領，從一個人到創造萬人團隊，十倍速倍增收入，財富自由！傳直銷收入最高的高手們都在使用的 WWDB642 已全面中文化，絕對正統！原汁原味！從美國引進，獨家取得授權!!未和任何傳直銷機構掛勾，絕對獨立、維持學術中性!!結訓後可自行建構組織團隊，或成為 WWDB642 專業講師，至兩岸及東南亞各城市授課，翻轉人生下半場。

💡 密室逃脫創業育成

　　在台灣，創業一年內就倒閉的機率高達 90%，而存活下來的 10%中又有 90%會在五年內倒閉，也就是說能撐過前五年的創業家只有 1%！然而每年仍有高達七成的人想辭職當老闆！密室逃脫創業秘訓由神人級的創業導師—王晴天博士主持，以一個月一個主題的 Seminar 研討會形式，帶領欲創業者找出「真正的問題」並解決它，人人都有老闆夢，想要創業賺大錢，您非來不可！

⚡ 圓夢配餐

💡 公眾演說

　　好的演說有公式可以套用，就算你是素人，也能站在群眾面前自信滿滿地開口說話。公眾演說讓你有效提升業績，讓個人、公司、品牌和產品快速打開知名度！公眾演說不只是說話，它更是溝通、宣傳、教學和說服。你想知道的「收人、收魂、收錢」演說秘技，盡在公眾演說課程完整呈現！

💡 國際級講師培訓

　　教您怎麼開口講，更教您如何上台不怯場，保證上台演說＆學會銷講絕學，讓您在短時間抓住演說的成交撇步，透過完整的講師訓練系統培養授課管理能力，系統化課程與實務演練，協助您一步步成為世界級一流講師，讓你完全脫胎換骨成為一名超級演說家，並可成為亞洲或全球八大名師大會的講師，晉級 A 咖中的 A 咖！

💡 兩岸百強講師 PK 賽

禮聘當代大師與培訓界大咖、前輩們共同組成評選小組，依照評選要點遴選出「魔法講盟百強講師」至各地授課培訓。前三名更可站上亞洲八大名師或世界華人八大明師國際舞臺，擁有舞臺發揮和兩岸上台教學的實際收入，展現專業力，擴大影響力，成為能影響別人生命的講師，讓有價值的華文知識散佈更深、更廣。凡是入選 PK 決賽者皆可獲頒「兩岸百強講師」的殊榮，為您的個人頭銜增添無上榮耀。

💡 出一本自己的書

由出版界傳奇締造者王晴天大師、超級暢銷書作家群、知名出版社社長與總編、通路採購聯合主講，陣容保證全國最強，PWPM 出版一條龍的完整培訓，讓您藉由出一本書而名利雙收，掌握最佳獲利斜槓與出版布局，布局人生，保證出書。快速晉升頂尖專業人士，打造權威帝國，從 Nobody 變成 Somebody ！魔法講盟的職志不僅僅是出一本書而已，而且出的書都要是暢銷書才行！保證協助您出版一本暢銷書！不達目標，絕不終止！此之謂結果論 OKR 是也！

💡 影音行銷

在消費者懶得看文字，偏愛影音的年代，不論你的目標對象是企業或是一般消費者，影音行銷相對於文字更具說服力與渲染力，簡單又簡短的影片行銷手法，立即完勝你的競爭對手。不用專業拍攝裝備，不用複雜影片剪輯技巧，不用燒腦想創意，只要一支手機就能輕鬆搞定千萬流量的影音行銷術，您一定不能錯過。

💡 打造超級 IP

魔法講盟整合業務團隊、行銷團隊、網銷團隊，建構全國最強之文創商品行銷體系，擁有海軍陸戰隊般鋪天蓋地的行銷資源，協助講師拍攝個人宣傳影片、製作課程文宣傳單、廣發 EDM 宣傳招生，為講師量身打造個人超級 IP。

更多詳細資訊，請撥打真人客服專線 02-8245-8318，或上 新·絲·路·網·路·書·店 silkbook○com www.silkbook.com 查詢。

569

失敗才是創業的常態，
您卡關了嗎？

在台灣，創業一年內就倒閉的機率高達 90%，而存活下來的 10% 中又有 90% 會在五年內倒閉，也就是說能撐過前五年的創業家只有 1%！

571

許多的新創如雨後春筍般出現，最終黯然退場的也不少。
沒有強項只想圓夢的創業、沒有市場需求的創業、搞不定人、
跟風、趕流行的創業項目……
這些新創難逃五年內會陣亡的魔咒！！

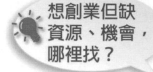
想創業但缺
資源、機會，
哪裡找？

創業夥伴
怎麼選？

資金短缺/融資
用完，怎麼辦？

如何因應競爭
者的包圍？

創業，會遇到哪些挑戰？
從0到1、從生存到成功……
絕對不容易！！

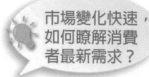
市場變化快速，
如何瞭解消費
者最新需求？

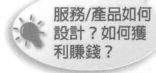
服務/產品如何
設計？如何獲
利賺錢？

經營、管理、領
導的異同為何？

其實，創業跟你想像中的很不一樣……

創過業的人才懂創業家的痛點

☑ 我想創業，哪些事情「早知道」會更好？

☑ 想創業但缺資源、機會，哪裡找？

☑ 盈利模式不清晰，發展陷入迷局？

☑ 我想自創品牌，該如何切入？

☑ 經營團隊能力不能互補，如何精準「看人」？

☑ 如何達成銷售額最大化和成本最小化？

☑ 行銷如何STP精準做到位？

☑ 賺一次的錢？還是持續賺客戶的錢？

☑ 急著賺錢：卻失去了客戶的核心價值，咋辦？

☑ 以為產品比對手好，消費者就會買單嗎？

在創業導師團隊的協助與指引下，

帶您走出見樹不見林的誤區，

一起培養創業腦！

創業導師傳承智慧
拓展創業的
視野與深度

由神人級的創業導師——

王晴天博士親自主持，以一個月一個主題的博士級 Seminar 研討會形式，透過問題研討與策略練習，帶領學員找出「真正的問題」並解決它，學到公司營運的實戰經驗。激發創業者自身創造力，提升尋求解決辦法和對策的技能，完成蛻變，至創業成功財務自由為止！

經由創業導師的協助與指引，能充分了解新創公司營運模式，
同時培養創新思維，
引導您成為未來的新創之星。

不只教你創業，是一起創業

密室逃脫創業培訓，

採行**費曼式學習法**，由創業導師**王晴天**博士親自主持，以其三十多年創業實戰經驗為基調，並取經美國Draper University（DU）、SLP（Startup Leadership Program）、貝布森學院（Babson College）、日本盛和塾、松下幸之助經營塾、中國的湖畔大學……等東西方最夯的國際級創業課程之精華，融合最新的創業趨勢、商業模式，設計規劃**「密室逃脫創業育成」**課程，精煉出數十道創業致命關卡的挑戰！以一個月一個主題的博士級 Seminar 研討會形式，透過學員分組 Case Study、分享解決之道，在老師與學員的互動中進行問題研討與策略練習，學到公司營運的實戰經驗，突破創業困境。再輔以〈一起創業吧〉的專業團隊輔導，手把手一起創業賺大錢！

體驗創業 ➡ 沙盤推演 ➡ 成功見習

Coaching

用行動去學習：
費曼式學習法

Richard Feynman

由諾貝爾物理獎得主
理查德費曼（Richard Feynman）
所創造費曼學習法的核心精神──
透過「教學」與「分享」
加速深度理解的過程，
分享與教學，能加深記憶，
轉換成為內在的知識與外顯的能力。

教學就是最好的內化與驗證
「你是不是真的懂了？」的方式，
如果你不能運用自如，
怎麼教別人呢？

一個人只有通過教・學・做，才能真正學會！　掃碼了解更多▶

576

One can only learn by teaching

書讀得再多、學習得再廣，
如果不能寫出來、不能向別人說出來，
就無法成為自己的東西。

**教學能讓大腦由被動接受轉為
主動創造而刺激學習效能。**

美國國家訓練實驗室研究證實，不同的學習方式，
學習者的平均效率是完全不同的。

30%

傳統學習方式

例如聽講、閱讀，屬
於被動的個人學習，
學習吸收率低於**30%**。

50%

主動學習法

例如小組討論，轉教
別人，學習吸收率可
以達到**50%**以上。

90%

模擬教學學習法

費曼強調的「模擬教
學學習法」，吸收率
達到了**90%**！

而又如何能達到 99％的信度與效度呢？

577

創業有方法，成功也有門道！

Ans: 晴天式學習 &OPM、EMBI……

Learning by Experience

★ 經驗與新知相乘

★ 西方與東方相輔

★ 資源與人脈互搭

「密室逃脫創業育成」課程，提供一套落地實戰，歐美、兩岸都熱衷運用的創業方法論。每月選定一創業關卡主題，由學員負責講授分享，再由創業導師點評、建議策略與指導，並有創業教練的陪伴式輔導，確保您一直走在正確的道路上，直至創業成功為止！

教中學、學中做的授課形式 »

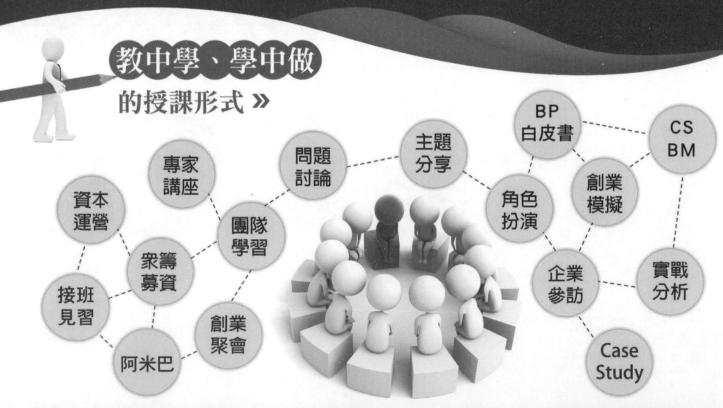

一 起 學 習 ， 共 同 成 長 !!

如何避免陷入創業困境和失敗危機？

創業，或是任何一個新事業，都需要細密、有邏輯性的規劃與驗證。創業者難免在犯錯中學習成長，但有許多錯誤可以透過事前分析來預防，降低創業團隊的試錯成本。

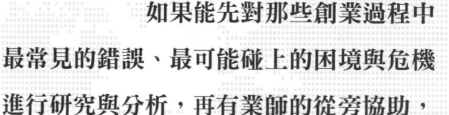

如果能先對那些創業過程中最常見的錯誤、最可能碰上的困境與危機進行研究與分析，再有業師的從旁協助，是不是就能大幅提高成功的機率？

有三十多年創業實戰經驗的王博士，有豐富的成功經驗及宏觀的思維，將帶領有志創業或正在創業路上的你，一一挑戰每月的創業任務枷鎖，避開瞎子摸象或見樹不見林的盲點，少走冤枉路，突破誤區！

沒有空談，只有乾貨

創業
智能養成
×
落地實戰
技術育成

「密室逃脫創業育成」
課程架構與規劃——

我們將新創公司面臨的關鍵挑戰分成：**營運發展、市場、資金、管理、團隊**這五大面向來討論。每一面向之下，再選出創業家要面對的問題與關卡如：**價值訴求、目標客群、行銷、品牌、通路、盈利模式、用人、識人、風險管理、資本運營**……等數十個課題，做為每月主題來研究與剖析，由專業教練手把手帶你解開謎題，只有正視困境，才能在創業路上未雨綢繆，突破創業困境，走向成功。

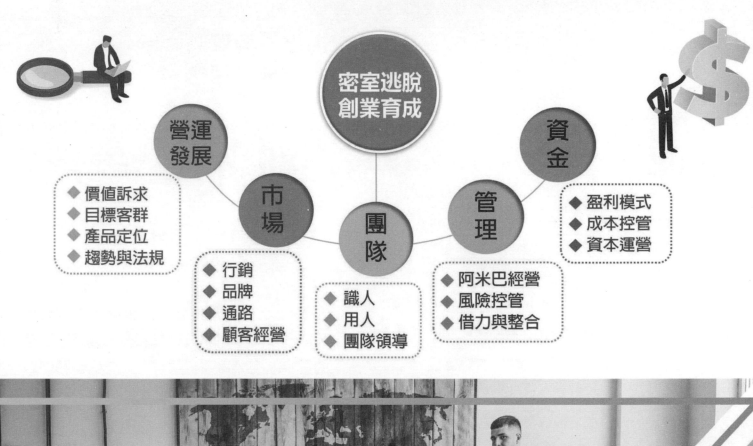

來參加密室逃脫創業培訓的學員，保證提升您創業成功的機率增大數十倍以上！

將帶給您保證有效的創業智慧與經驗，並結合歐美日中東盟……等最新趨勢、新知與必備知識，如最夯的「阿米巴」、「反脆弱」、OKR、跨界競爭、平台思維、新零售、全通路、系統複製、卡位與定位、社群化互聯網思維、沉沒成本、價格錨點、邊際成本、機會成本、USP ➜ ESP ➜ MSP、ROE、格雷欣法則、雷尼爾效應、波特‧五力模型……等全方位、無死角的知識與架構我們已為您備妥！在名師指引下，手把手地帶領創業者們衝破創業枷鎖。

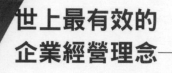

世上最有效的
企業經營理念——

創業／阿米巴經營

**讓你跨越時代、不分產業，
一直發揮它的影響力！**

2010 年，有日本經營之聖美譽的京瓷公司（Kyocera）創辦人稻盛和夫，為瀕臨破產的日本航空公司進行重整，一年內便轉虧為盈，營收利潤等各種指標大幅翻轉，成為全球知名的案例。

這一切，靠得就是阿米巴經營！

阿米巴（Amoeba，變形蟲）經營，為稻盛和夫在創辦京瓷公司期間，所發展出來的一種經營哲學與做法，至今已經超過 50 年歷史。其經營特色是，把組織畫分為十人以下的阿米巴組織。每個小組織都有獨立的核算報表，以員工每小時創造的營收作為經營指標，讓所有人一看就懂，幫助人人都像經營者一樣地思考。

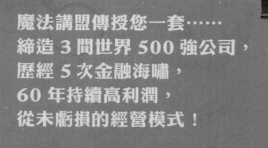

魔法講盟傳授您一套……
締造 3 間世界 500 強公司，
歷經 5 次金融海嘯，
60 年持續高利潤，
從未虧損的經營模式！

☑ 如何幫助企業創造高利潤？
☑ 如何幫助企業培養具經營意識人才？
☑ 如何做到銷售最大化、費用最小化？
☑ 如何完善企業的激勵機制、分紅機制？
☑ 如何統一思想、方法、行動，貫徹老闆意識？

**阿米巴經營＝
經營哲學×阿米巴組織×經營會計**

**將您培訓為頂尖的經營人才，
讓您的事業做大・做強・做久，
財富自然越賺越多！！**

開課日期及詳細授課資訊，請上 silkbook●com 新·絲·路·網·路·書·店

https://www.silkbook.com 查詢或撥打真人
客服專線02-8245-8318

582

元宇宙 股份有限公司

虛實整合的知識服務集團

台灣第一家元宇宙公司，起源於書籍出版和雜誌媒體，但走在趨勢最前沿，積極布局元宇宙・區塊鏈，並致力發展多元產品及知識服務，透過整合性的數位服務，擴大受眾市場，打造元宇宙科技學習平台。

開發相關 DAO&DApp，引領趨勢，與時俱進，跟上元宇宙、區塊鏈與 AI 世代瞬息萬變的腳步，致力於提供專業的知識服務，同步 NEPCCTI，提供以書為核心的知識型服務，助你將智慧變現、創造價值！

台灣最大 元宇宙 區塊鏈 智慧型知識服務

E-Book 電子書
疫後時代，E-Book 帶起閱讀新契機，補齊最需要的知識，學習關鍵技能，競爭力全面提升！

China 簡體版
積極推廣簡體版權，與中國主要城市之出版集團合作，獨資或合資設立文化公司，建構華文單一出版市場。

Training 培訓
開設保證有結果的專業培訓課程，幫助每個人創造價值、財富倍增，得到財務自由與心靈滿足。

NFT
台灣最大 NFT 發行＆經濟總代理商，積極開發 NFT 項目，為目前台灣上架 NFT 平台最多的公司！

Paper 紙本書
全球華文最大的專業發行網絡，擁有最完善的行銷網及最高的書籍曝光度，打造個人 IP& 企業品牌。

Channel 影音說書
致力推廣各種優質好書，讓聽眾在二十分鐘內吸收滿滿的實用知識，用聽的就能飽讀詩書。

International 知識變現全球化
AI 跨語種翻譯技術越發成熟，能快速且正確的大量翻譯各國語言，將國際版權銷往全球市場。

更多詳細資訊，請撥打真人客服專線 02-8245-8318，亦可上新絲路官網 新・絲・路・網・路・書・店 silkbook◦com www.silkbook.com 查詢。

魔法講盟

智慧型
立体學習

重量級專業講師,聯手出擊,
超強師資陣容不容小覷!

★數位原生代的財富密碼★

Web3.0・元宇宙
全方位布局數位大商機

Web3.0 來臨,您準備好了嗎?現為挑戰與機遇並存的時代,
虛擬貨幣、NFT、元宇宙形塑出一個新網路生態圈,
讓我們將危機化為轉機,掌握未來數位趨勢的關鍵時刻!

　　NFT、投資客新寵──虛擬貨幣,以及 Facebook 改名 Meta,引發大眾對元宇宙的熱議等,皆可視為 Web3.0 概念的延伸應用;當 Web3.0 不再只是理論,而是有機會取代現有網路模式,成為革命性的科技趨勢,您應該趁現在趕快了解 Web3.0,以免被浪潮拋在後頭!

 基礎知識建立 ｜  深入淺出教學 ｜ 手把手實作演練

　　我們不談信仰 ,不談市場的好壞,只談新趨勢前沿,真正能創造的價值!即刻進入 Web3.0,領先布局新時代的新商機,開啟一個「由您主宰」的網際網路新時代,奔向元宇宙,迎接新世代的轉型與投資機會,跟上新時代列車!

585

更多詳細資訊,請撥打客服專線 02-8245-8318,亦可上新絲路官網 新・絲・路・網・路・書・店 silkbook◦com www.silkbook.com 查詢

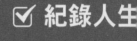

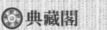

出一本書，就是從Nobody到Somebody的黃金認證

廣播知識，發揮語言專才，讓您的專業躍然紙上！

您知道，自費出版對作者其實更有利嗎？

☑ 出版門檻較低，不用擔心出版社退稿
☑ 書的權利完全屬於作者
☑ 書籍銷售的獲利大多數歸於作者
☑ 製作過程中，作者擁有 **100%** 的自主權

知識工場擁有專業的**自資出版服務**團隊，提供 編輯 → 印製 → 發行 的一條龍式完整服務。只要您具備專業的語言能力，無論英文、日文、韓文…都能在這裡開創您的創作之路，一圓作家夢。

我們歡迎 ✔**各大學院教授** ✔**補習班教師** ✔**有授課的老師**以及 ✔**具語言專才**的您發揮專業，不管是想讓自編的講義或教材廣為人知，成為學習者的標的；想發表學術研究的成果；抑或是想法、專業皆具備，只差落實這一步，我們都能給予您最強力的協助。

您的構想與知識長才，我們替您落實成書

1. 從構思到編寫，我們有專業諮詢服務
2. 針對不同的需求，提供各種優惠專案
3. 從稿件到成書，我們代製，控管品質
4. 完善的經銷團隊，包辦發行，確保曝光

用專業替您背書，代編設計、印製發行優質化的保證，就是 nowledge. **知識工場**

590　想了解更多知識工場自資服務，可電洽 (02)2248-7896，或可寄 e-mail 至：
✉ 歐總經理 elsa@mail.book4u.com.tw　　✉ 何小姐 mujung@mail.book4u.com.tw

用書記錄您的人生

您 是否有滿腔的創作欲望卻不知如何宣洩？
您 是否胸腔中湧動著難以平息的創作熱情？

來吧，讓華文自資出版平台助您一圓作家夢，
由專業的編輯團隊幫您量身打造，
將您的心情點滴、知識結晶、品牌形象……100%完整呈現，
讓您的作品成為架上最璀璨的那顆星！

3大方案，承載您夢想的方舟

 ### 初心方案（3萬元） *For the Beginner*

您將擁有**於每期發行數萬冊的國際級雜誌《東京衣芙ef》一頁專屬彩色形象廣告**，由華文自資出版團隊幫您量身打造，宣傳力度將比派報或媒體刊登等短期曝光更加持久，讓您用低預算即可換來高話題度與高收益。

 ### 經典方案（15萬元） *For those who have a writer's dream*

您將擁有**一本25開200頁的文字專書1千冊**，由華文自資出版團隊幫您量身打造，提供版型與封面設計、編務、印製與行銷至全省實體與網路門市之服務。另**贈與總市值5萬元的經典好禮**：精製書腰與專屬BN。

 ### 星耀方案（32萬元） *For those who want to be a star*

您將擁有**一本25開200頁的圖文彩色專書1千冊**，由華文自資出版團隊幫您量身打造，享受高規格出書待遇。另**贈與總市值18萬元的星耀好禮**：精製書腰、專屬BN、電子報曝光、個人專屬名片、新絲路讀書分享會、《東京衣芙ef》雜誌廣告曝光。

書的意義，由您譜寫 由我們傳揚 *Book for you*

您最專業的出書經紀人
✈ **華文自資出版平台**
www.book4u.com.tw/mybook

詳情請掃QR碼上官網查詢或撥打客服專線

📞 (02) 2248-7896，由專人為您服務

和古人輕鬆對話，穿越古今無代溝

成語好好讀之春秋戰國

國學大師 **郭建球**/編著

定價 380元

46篇兵荒馬亂的左傳記事×29則動盪變革的戰國篇章
在春秋戰國的戰亂舞台上，無數英雄豪傑崛起、敗亡，
交織出一幕又一幕驚心動魄的歷史。

唐詩好好讀

清代 **蘅塘退士**/原著、詩詞專家 **丁朝陽**/編著

定價 420元

311首千古冠絕的唐詩×77位驚才絕艷的詩人
帶你一窺大唐的盛世風華，
品讀悲歡離合的人生滋味。

世說新語好好讀

魏晉的軼聞趣事

南朝宋 **劉義慶**/原著、史學專家 **謝哲夫**/編著

定價 380元

領略世家大族日常中的縱情瀟灑，
帶你一本看盡魏晉時期的政治社會和人文縮影。

典藏閣　行銷總代理 采舍國際 www.silkbook.com

博覽人類經典書
珍藏永恆智慧庫

福爾摩斯
經典全集 上 下

**享譽百年的偵探典型，
一生不可不讀的推理鉅作**

亞瑟・柯南・道爾 / 原著
丁凱特 / 譯者
定價上冊 399 元 / 下冊 420 元

亞森・羅蘋經典
探案集 上 下

**引領預告犯罪之風潮，
史上歷久不衰的紳士怪盜**

莫里斯 ・ 盧布朗 / 原著
楊嶸 / 譯者
定價上冊 420 元 / 下冊 420 元

 典藏閣

行銷總代理
 采舍國際
www.silkbook.com

致,人生道路上的那些磕磕絆絆!

生命,是一連串沒有紅綠燈的岔路口

我們徬徨,猶豫,受傷,衝撞

讓啟思用知識搭一座橋樑,成為你的生命指南針

帶你走過十字路口,擁抱每一個事與願違的時刻

情感解題攻略

How to 找到好伴侶
找到好伴侶,人生翻對面

人生解題攻略

我的紅樓不是夢
在 LGBTQIA+ 的世界,
自由、包容、探索

低潮解題攻略

自卑與超越
人生永遠都有選擇現在的可能性

傷痕解題攻略

克服與重生
覺察傷痕、細數傷痕、
接受傷痕

工作解題攻略 ▶

掙脫瞎忙的鳥日子
你不是不夠努力,
只是還沒用對力

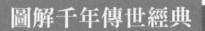   

601

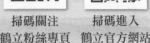

603

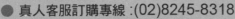

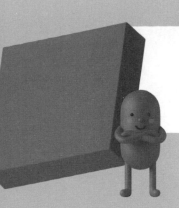

NO.8 區塊鏈眾籌與白皮書的撰寫
售價 ~~17980 元~~ 特價 12980 元　⏱150min

創業時代最偉大的商業模式，徹底顛覆資本與資源的取得方式，給予創業者前所未有的圓夢機會。手把手教你如何快速實現夢想，創業者必備的眾籌入門指南。

NO.9 絕對領導力
售價 ~~14980 元~~ 特價 10980 元　⏱100min

領導者一定只能是菁英嗎？不是當了管理階層才需要，人人必備的速成領導力課程，讓你透過絕對領導力，帶領眾人、帶領自身，邁向人生巔峰。

NO.10 不用超級開朗也能成為主持人
售價 ~~15980 元~~ 特價 10980 元　⏱125min

How To Host？透過主持心法、主持要訣，從主持前的準備，到主持中的注意事項，再到主持後的省思時間，快速從內向閉俗，蛻變為人見人愛的主持大神。

NO.11 最偉大的神探福爾摩斯探案秘辛
售價 ~~24980 元~~ 特價 19980 元　⏱240min

福爾摩斯問世已逾百年，至今仍被改編無數，為人津津樂道。本課程將帶領你進入這位名偵探的推理世界，體驗柯南・道爾筆下的日不落帝國，領略這部百年不朽的傳世經典。

NO.12 風華絕代的民初文學三巨頭
售價 ~~19980 元~~ 特價 14980 元　⏱180min

中國現代文學的奠基人和開山巨匠・魯迅、中國文學與獨立思想的桂冠人物・沈從文、近代新文化運動領袖・胡適，三人共同書寫了中國近代的文學史。翻開現代文學新扉頁，一睹文壇鼻祖風采！

NO.13 老子的 81 則人生短語
售價 ~~20980 元~~ 特價 15980 元　⏱190min

從修身、齊家、治學，到經商、為人處事，任何人都能在《道德經》中找到所需的解方。從哲學、軍事、政治、文學到宗教，老子為後世點亮了顛沛流離中的一盞明燈。

NO.14 從山間到人間的文學絲路
售價 ~~24980 元~~ 特價 19980 元　⏱235min

山海經，一本 2500 年前的旅遊專欄；世說新語，一本 1500 年前的八卦雜誌。透視戰禍裡人性的善良與罪惡，領略神州最悠遠瑰麗的想像畫卷，看見風流名士憂國憂民的深刻哀愁。

NO.15 零基礎速成銷魂文案
售價 ~~15980 元~~ 特價 10980 元　⏱120min

零經驗也能輕鬆寫出誘人文案！無論你是自營工作者、斜槓青年、文案工作者，馬上成為擁有銷量之魂的鈔級文案大師！

● 真人客服訂購專線：(02)8245-8318
● 網頁報名：請至新絲路網路書店 www.silkbook.com 或掃 QR-code
● 匯款報名：玉山銀行 (808) 帳號：0864-940-031696 戶名：全球華語魔法講盟股份有限公司
★ 使用 ATM 轉帳者，請致電新絲路網路書店 (02)8245-8318，以確認匯款資訊，謝謝★

智慧型立体學習

微資創業商機，
啟動多元財富流

你的未來有致富的計畫嗎？

你是「月光族」，

還是每月收入「不滿族」？

羨慕別人有錢，不如學習致富的方法，

現在就加入

推廣世界經典文學、
名家的傳世作品、
大師的智慧經典……，
讓您不只賺大錢，！
還能收穫知識與智慧，賺到心智富足！！
讓錢袋與腦袋共好，共創財富、心智雙豐收！

智慧型立体學習的
微資創富計畫！

我們有 優質獨特的產品 ＋ 公平健全的獎金制度 ＋ 優良穩健的公司營運

這是個機會，唯一的風險就是你沒有參與！

等待永遠停頓，願意了解才是開始──

零門檻　　低成本　　低風險　　隨時可啟動

選擇大於努力，利潤大於死薪水，
輕鬆創業專案，為自己創造可觀的永續收入！！
富裕人生等你來！

客服專線 ☎02-82458318　☎02-82458786

賺錢，也賺知識的
自動財富流

50000元
啟動你的事業機會

一本文學是一個
故事，50本文學經典，就
代表整個時代，你看的不只是
書，而是一個世代的見證！經典傳
承品質人生，值得您擁有珍藏！

整套包含 **50本書的實體書、電
子書、相關讀書會、說書視頻**等線
上線下實體課程，給讀者多元的
立體學習平台，提供以書為
核心的知識型服務！

學習永遠都是最好的投資

有句話說，不怕窮口袋、只怕窮腦袋，
在您學習、長知識的同時，就能順便賺到全世界的財富。

成為智慧型立体學習直銷商，每個人都有機會創造最大的知識變現，
讓財富重新分配，未來的財富由自己決定，創造財富倍增的模式，
即使不工作也有錢賺，而且越賺越輕鬆。

**出席
OPP
即贈**

立即加入微資創業計畫——

| 免費
特訓 | **致富OPP&NDO ▶** |

定期於**每月第三個週二下午**於**中和魔法教室**舉辦

地址：新北市中和區中山路二段 366 巷 10 號 3 樓（🚇 捷運橋和站）

博恩·崔西
教你一年打造
萬人團隊的秘密

or

專注前瞻創新の
智慧型立体學習平台

"邊學邊賺"
業界獨創
讀書上課學習
即可獲利！

智慧型立体學習股份有限公司

起源於書籍出版和雜誌媒體，致力發展多元產品及知識服務，提供以書為核心的知識型服務。集團旗下有創見文化、知識工場、典藏閣等二十餘家出版社與雜誌，中國大陸則於北上廣深投資設立了六家文化公司；采舍國際為全國圖書發行總經銷，有最專業的 B2B 作業體系；有新絲路網路書店、華文自資出版平台等 B2C 系統；魔法講盟更是掌趨勢之先，開設專業且多元的實體與線上課程三百餘種，擁有全台最多的區塊鏈與元宇宙相關圖書及教育培訓師資群，有區塊鏈講師培訓顧問培訓、項目規劃、商機對接……等，為兩岸知識服務領航家，助您將知識變現，創造價值！

同時提升大腦與口袋，向智慧與財務自由邁進 !!

邊學邊賺 — **隨時啟動**
優質的產品 — **零門檻**
穩健的公司 — **低成本**
健全的獎金 — **回本快**

我們將助您跨域成長，讓知識轉換成收入，開啟知識變現的斜槓志業！

☎ 服務專線：02-82458318 或 02-8245878
📍 地址：新北市中和區中山路二段 366 巷 10 號 3 樓

智慧型立体學習股份有限公司股權認購

「天使輪」股權認購權益憑證

憑此憑證可於 2023 年 12 月 31 日前以
30 元／股 認購智慧型立体學習之股權
最低認購股數 1,000 股

→ 2024 年每股 80 元；2025 年每股 150 元

認購流程：

第一步 ▶ 確認認購天使輪價格為 **30** 元／股

第二步 ▶ 匯款至「智慧型立体學習股份有限公司」，帳號如下：
第一商業銀行 中和分行　戶名：智慧型立体學習股份有限公司
帳號：233-10-059783

第三步 ▶ 將匯款單傳真至 02-8245-8718 或 mail 到 jane@book4u.com.tw

第四步 ▶ 請打電話至 02-8245-8786 與會計部蔡燕玲小姐確認

關於股權的相關問題，可諮詢智慧型立体學習高專蔡秋萍小姐→ hiapple@book4u.com.tw

申購者姓名		身份證字號	
聯絡電話		**Email**	
聯絡地址			
認購數量	股	申購金額	
匯款日期		匯款帳號後5碼	

How to 打造自動賺錢機器

編者／王晴天、杜云安
出版者／魔法講盟 委託創見文化出版發行
總顧問／王寶玲　　　　　　　主編／蔡靜怡
總編輯／歐綾纖　　　　　　　文字編輯／Emma
　　　　　　　　　　　　　　美術設計／May

台灣出版中心／新北市中和區中山路2段366巷10號10樓
電話／（02）2248-7896
傳真／（02）2248-7758
ISBN／978-986-271-941-1
出版日期／2023年

全球華文市場總代理／采舍國際有限公司
地址／新北市中和區中山路2段366巷10號3樓
電話／（02）8245-8786
傳真／（02）8245-8718

全系列書系特約展示門市
新絲路網路書店
地址／新北市中和區中山路2段366巷10號10樓
電話／（02）8245-9896
網址／www.silkbook.com

本書採減碳印製流程並使用優質中性紙（Acid & Alkali Free）通過綠色印刷認證，最符環保要求。

碳足跡

國家圖書館出版品預行編目資料

How to 打造自動賺錢機器 / 王晴天 著. -- 初版. -- 新北
市：創見文化出版, 采舍國際有限公司發行, 2023.1 面；
公分--
ISBN 978-986-271-941-1（平裝）

1.CST: 網路行銷　2.CST: 電子商務

496　　　　　　　　　　　　　　111010569

創見文化　　Magic　全球華語講師聯盟